黄河流域生态保护和高质量发展报告（2023）

ANNUAL REPORT ON ECOLOGICAL CONSERVATION AND HIGH-QUALITY DEVELOPMENT OF THE YELLOW RIVER BASIN (2023)

研　创／河南省社会科学院

主　编／王承哲
副主编／李同新　王玲杰

社会科学文献出版社
SOCIAL SCIENCES ACADEMIC PRESS (CHINA)

图书在版编目(CIP)数据

黄河流域生态保护和高质量发展报告.2023 / 河南省社会科学院研创；王承哲主编；李同新，王玲杰副主编.--北京：社会科学文献出版社，2023.9
（黄河流域蓝皮书）
ISBN 978-7-5228-2219-8

Ⅰ.①黄… Ⅱ.①河… ②王… ③李… ④王… Ⅲ.①黄河流域-生态环境保护-研究报告-2023 Ⅳ.①X321.22

中国国家版本馆 CIP 数据核字（2023）第 141151 号

黄河流域蓝皮书
黄河流域生态保护和高质量发展报告（2023）

研　　创 / 河南省社会科学院
主　　编 / 王承哲
副 主 编 / 李同新　王玲杰

出 版 人 / 冀祥德
责任编辑 / 陈　颖
责任印制 / 王京美

出　　版 / 社会科学文献出版社 · 皮书出版分社（010）59367127
地址：北京市北三环中路甲 29 号院华龙大厦　邮编：100029
网址：www.ssap.com.cn
发　　行 / 社会科学文献出版社（010）59367028
印　　装 / 三河市东方印刷有限公司

规　　格 / 开 本：787mm×1092mm　1/16
印 张：31.25　字 数：520 千字
版　　次 / 2023 年 9 月第 1 版　2023 年 9 月第 1 次印刷
书　　号 / ISBN 978-7-5228-2219-8
定　　价 / 188.00 元

读者服务电话：4008918866

智库成果出版与传播平台

《黄河流域生态保护和高质量发展报告（2023）》编委会

内蒙古自治区社会科学院
陕西省社会科学院
山西省社会科学院
山东社会科学院

主要编撰者简介

王承哲 河南省社会科学院院长、研究员。第十四届全国人大代表，中宣部文化名家暨“四个一批”人才，中央马克思主义理论研究和建设工程重大项目首席专家，中国社会科学院大学博士生导师，河南省和郑州市国家级领军人才，《中州学刊》主编。主持马克思主义理论研究和建设工程、国家社科基金重大项目“网络意识形态工作研究”“新时代条件下农村社会治理问题研究”2项以及国家社科基金一般项目2项。出版《意识形态与网络综合治理体系建设》等多部专著。参加庆祝中国共产党成立100周年大会、纪念马克思诞辰200周年大会中央领导讲话起草工作及中宣部《习近平新时代中国特色社会主义思想学习纲要》编写工作等，受到中宣部嘉奖。主持省委、省政府重要政策的制定工作，主持起草《华夏历史文明传承创新区建设方案》《河南省建设文化强省规划纲要（2005-2020年）》等多份重要文件。

李同新 河南省社会科学院党委副书记。长期从事社会科学研究和管理工作，组织的学术活动、撰写的研究综述数十次得到省委、省政府领导肯定性批示，多项决策建议被采纳应用。编撰著作多部，个人学术成果多次获省级及以上奖励。

王玲杰 河南省社会科学院党委委员、副院长，经济学博士，二级研究员。享受河南省政府特殊津贴专家、河南省学术技术带头人、河南省宣传文化系统“四个一批”人才、全省百名优秀青年社会科学理论人才。主持国家级、省部级社会科学研究项目20余项；发表论文80余篇，出版著作20余部。

摘　要

“黄河流域蓝皮书”是我国黄河流域青海、四川、甘肃、宁夏、内蒙古、陕西、山西、河南、山东九省区社会科学院联合组织专家学者撰写的反映黄河流域改革发展的综合性年度报告，是研究黄河流域经济、政治、社会、文化、生态文明“五位一体”建设中面临的重大理论和现实问题的重要科研成果。

《黄河流域生态保护和高质量发展报告（2023）》由河南省社会科学院主编，包括总报告、综合篇、流域篇、生态保护篇、经济篇、文化篇、案例篇和附录8个部分。

总报告认为，2022年以来黄河流域在生态保护与修复、水沙调控、水资源集约节约利用、污染治理、高质量发展、黄河文化、民生福祉、体制机制完善等方面取得了重要进展，未来黄河流域生态保护和高质量发展仍面临因气候变化和极端天气频发导致黄河治理难度加大、水资源短缺对经济社会发展制约作用凸显、“双碳”目标与能源粮食安全保障任务使命艰巨等现实挑战，黄河流域九省区需在完善统筹协调机制、强化绿色发展能力、激发高质量发展内生动力、提升中心城市和城市群承载能力、加快黄河文化体系建设、提高公共服务供给水平等方面持续发力。

综合篇聚焦黄河流域粮食安全的战略地位及实现路径、黄河流域发展指数综合评价两大问题深入研究。流域篇重点总结2022~2023年黄河流域九省区各自的生态保护和高质量发展现状、重要举措和显著成效。报告指出，一年来，黄河流域九省区始终把习近平总书记的重要指示作为深入实施黄河流域生态保护和高质量发展战略的根本遵循和行动指南，坚持问题导向、因地制宜、分类施策，全面加强生态保护治理，着力促进全流域高质量发展，大力保护传承弘扬黄河文化，努力“让黄河成为造福人民的幸福河”。

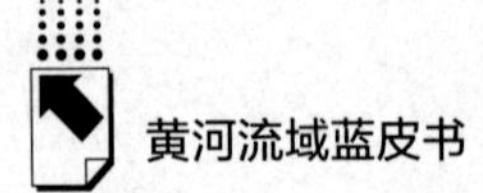

生态保护篇围绕宁夏黄河流域山水林田湖草沙系统治理、内蒙古黄河流域生态环境系统治理与修复、汾河流域生态治理、河南黄河流域环境资源审判机制展开分析。宁夏提出以“山水林田湖草沙生命共同体”理念为指导，通过推进环境污染治理率先区建设、加强生态法治建设等路径，统筹推进黄河流域山水林田湖草沙系统治理。内蒙古提出从构建智慧高效的现代化生态治理体系、加强林草队伍建设、创新生态环境保护制度、推动林草产业高质量发展等方面持续推进黄河流域生态环境系统治理与修复。山西提出完善生态治理制度体系、设立生态治理保障基金、持续推进矿山生态修复等逐步恢复汾河流域生态系统。河南不断探索司法体制改革，扎实推进环境资源案件集中管辖，推进黄河流域生态环境保护深入人心。

经济篇重点研究四川黄河流域传统产业转型与农牧民生计转型联动、数字经济驱动甘肃经济高质量发展、河南沿黄乡村全面振兴的态势与对策等问题。四川黄河流域是国家重点生态功能区，传统产业转型和农牧民生计转型过程统一，互为耦合、协同发力。“十三五”时期甘肃积极推进产业数字化和数字产业化转型，加速构筑政府数字化治理体系，数字经济规模和效益均稳步提升。近年来河南在推进沿黄地区乡村振兴过程中取得积极进展，下一步需要加强乡村生态保护，优化乡村产业体系，推动乡村“四治”融合，锻造乡村人才队伍，助力沿黄乡村全面振兴行稳致远。

文化篇探讨宁夏黄河文化地域特色、中国当代黄河文学、山西黄河渡口文化保护、黄河流域九省区区域文化发展比较、黄河国家文化公园（山东段）建设等内容。报告指出，黄河文化是现今世界古文明中唯一延续的文化体系，要加强黄河文学研究，实施黄河文艺重点选题创作，着力打造黄河文学地理景观 IP 与精神标识 IP。

案例篇选择黄河流域九省区具有代表性的市（县）域，通过总结在推动民族地区文化旅游高质量发展、制造业高质量发展和绿色低碳高质量发展中的实践探索，为黄河流域各省区加快文体旅深度融合、推动制造业转型升级和实现绿色发展提供参考经验。

关键词： 国家战略　生态保护和高质量发展　黄河流域

Abstract

The "*Blue Book of the Yellow River Basin*" is a comprehensive annual report on the reform and development of the Yellow River Basin, written by experts and scholars jointly organized by the Academy of Social Sciences of such 9 provinces and autonomous regions as Qinghai, Sichuan, Gansu, Ningxia, Inner Mongolia, Shaanxi, Shanxi, Henan and Shandong in the Yellow River Basin, which is an important scientific research achievement that studies the major theoretical and practical issues faced in the construction of the "Five-in-One" system of economy, politics, society, culture, and ecological civilization in the Yellow River Basin.

"*Annual Report on Ecological Conservation and High-quality Development of the Yellow River Basin (2023)*" is edited by Henan Academy of Social Sciences, which consists of such 8 parts as General Reports, Comprehensive Reports, Basin Reports, Ecological conservation Reports, Economic Reports, Cultural Reports, Case Study Reports, and Appendix.

The General Report thinks that since 2022, significant progress has been made in the Yellow River Basin in such aspects as ecological protection and restoration, water and sediment control, intensive and economical use of water resources, pollution control, high-quality development, Yellow River culture, people's livelihood and well-being, and improvement of institutional mechanisms, however, in the future, the ecological conservation and high-quality development of the Yellow River Basin will still face such realistic challenges as the increased difficulty in the Yellow River governance due to climate change and frequent extreme weather, prominent constraining effect on the development of economic and social quality due to the shortage of water resources, and the arduous "carbon peaking and carbon neutrality goals" and task and mission of energy and food security guarantee, and the 9 provinces and autonomous regions in the Yellow River Basin need to continue to make efforts in improving the overall coordination mechanism of the Yellow River Basin, strengthening the green development capacity of the Yellow River Basin, stimulating the endogenous driving force of high-quality development in the Yellow River Basin, enhancing the carrying capacity of central cities and urban agglomerations in the Yellow River Basin, accelerating the construction of the Yellow River cultural system, and improving the level of public service supply in the Yellow River Basin.

The Comprehensive Reports focuse on the strategic position of food security in the Yellow River Basin and conducts in-depth research on the comprehensive development index of the Yellow River Basin. The Basin Reports focuse on summarizing the ecological protection, high-quality development status, important measures, and significant achievements of the 9 provinces and autonomous regions along the Yellow River from 2022 to 2023. The Reports point out that over the past year, the 9 provinces and autonomous regions in the Yellow River Basin have always regarded the important instructions of General Secretary Xi Jinping as the fundamental guidance and action guide for their in-depth implementation of the ecological conservation and high-quality development strategy of the Yellow River Basin, adhered to the principles of problem-oriented, adaptation to local condition, and classified policies, comprehensively strengthened ecological protection and governance, focused on promoting high-quality development of the entire Basin, vigorously protected, inherited, and promoted the Yellow River culture, and strived to "make the Yellow River a happy river for the benefit of the people".

The Ecological Conservation Reports make an analysis on the restoration of the ecological environment system in the Basin, the governance of the mountains, rivers, forests, fields, grass and sand systems in Ningxia Yellow River Basin, and the ecological governance of Fenhe River Basin. Ningxia proposes to take the concept of "a community of mountains, rivers, forests, fields, lakes, grass, sand and life" as guide, promote the construction of a starting area for environmental pollution control, strengthen the construction of ecological legal system, and coordinate the governance of the Yellow River Basin's mountains, rivers, forests, fields, lakes, grass and sand systems. Inner Mongolia proposes to continuously promote the governance and restoration of the ecological environment system in the Yellow River Basin by building a smart and efficient modern ecological governance system, strengthening the construction of forest and grass management teams, innovating ecological environment protection system, and promoting high-quality development of forest and grass industries. Shanxi proposes to gradually restore the ecological system of Fenhe River Basin through improving the ecological governance system, establishing an ecological governance guarantee fund, and continuously promoting ecological restoration in mines.

The Economic Reports focuse on studying the linkage between the transformation of traditional industries and the livelihood of farmers and herdsmen in Sichuan Yellow River Basin, the driving force of the digital economy in Gansu, and the path selection for rural revitalization along the Yellow River in Henan. Sichuan Yellow River Basin is a national key ecological functional area. With a unified process of transformation of traditional industry and farmers and herdsmen livelihood, the two are mutually coupled and synergistically exert force. During the "13th Five Year Plan" Period, Gansu had actively promoted industrial digitization and digital industrialization transformation, accelerated the construction of a digital government governance system, and steadily improved the scale and efficiency of the digital economy. In recent years, Henan has made positive progress in promoting the revitalization of rural areas along the Yellow River. The next step is to strengthen rural ecological protection, optimize the rural industrial system, promote the integration of rural "four governance", and forge a rural talent team to assist in the comprehensive revitalization of rural areas along the Yellow River, achieving stability and progress.

The Culture Reports explore such content as the contemporary Chinese literature, the regional characteristics of Ningxia Yellow River culture, the protection of Shanxi Yellow River ferry culture, the construction of the Yellow River National Cultural Park (Shandong section), and the comparative analysis of regional culture. The Report points out that the Yellow River culture is the only cultural system that continues in the ancient civilization of the world today. It also points out there is a need to strengthen the research on Yellow River literature, implement key topic selection and creation of Yellow River literature, and focus on creating the geographical landscape IP and spiritual mark IP of Yellow River literature.

The Case Study Reports select cities (counties) with distinctive and representative characteristics from the 9 provinces and autonomous regions in the Yellow River

Basin and provides reference experience for accelerating the deep integration of cultural, sports, and tourism, promoting the transformation and upgrading of manufacturing industry, and achieving green development in the 9 provinces and autonomous regions of the Yellow River Basin through summarizing the practical exploration of promoting the high-quality development of ethnic and regional culture, high-quality development of manufacturing industry, and green and low-carbon transformation.

Keywords: National Strategy; Ecological Conservation and High-quality Development; the Yellow River Basin

目录

I 总报告

II 综合篇

III 流域篇

Ⅳ 生态保护篇

Ⅴ 经济篇

Ⅵ 文化篇

Ⅶ 案例篇

皮书数据库阅读使用指南

CONTENTS

I General Report

II Comprehensive Reports

Ⅲ Basin Reports

Ⅳ Ecological Conservation Reports

Ⅴ Economic Reports

Ⅵ Cultural Reports

Ⅶ Case Study Reports

总报告

General Report

B.1

谱写人与自然和谐共生新篇章

——黄河流域生态保护和高质量发展报告（2023）

河南省社会科学院课题组*

摘　要： 2023年4月1日，《中华人民共和国黄河保护法》正式施行，为推进黄河流域生态保护和高质量发展提供有力法治保障。2022年至今，黄河流域九省区在生态保护和修复、水沙调控、水资源集约节约利用、污染治理、高质量发展、黄河文化等方面采取了一系列措施，取得了重要进展。但是仍面临气候变化和极端天气

* 课题组组长：王承哲，河南省社会科学院院长，研究员，主要研究方向为科技哲学、政治学、意识形态理论与实践。课题组副组长：李同新，河南省社会科学院党委副书记，主要研究方向为政治学；王玲杰，河南省社会科学院副院长，研究员，主要研究方向为宏观经济、区域经济、生态经济。执笔：王新涛，河南省社会科学院城市与生态文明研究所副所长，研究员，主要研究方向为城市经济；左雯，河南省社会科学院城市与生态文明研究所副研究员，主要研究方向为城市经济；盛见，博士，河南省社会科学院城市与生态文明研究所副研究员，主要研究方向为宏观经济；郭志远，博士，河南省社会科学院城市与生态文明研究所副研究员，主要研究方向为区域经济；彭俊杰，河南省社会科学院城市与生态文明研究所副研究员，主要研究方向为生态经济；赵执，博士，河南省社会科学院城市与生态文明研究所副研究员，主要研究方向为土地管理；秦艺文，河南省社会科学院城市与生态文明研究所研究实习员，主要研究方向为区域经济；程文茹，河南省社会科学院城市与生态文明研究所研究实习员，主要研究方向为城市经济。

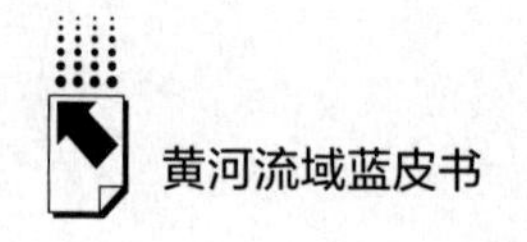

频发引发黄河治理难度加大、水资源对经济社会发展的制约仍然较强、“双碳”目标与能源粮食安全保障任务赋予双重使命等挑战，未来黄河流域生态保护和高质量发展将从控制污染转向系统治理、从条块分割转向协同共治、从过度干预过度利用转向顺应自然休养生息、从高碳增长转向绿色低碳发展、从非均衡转向流域均衡发展。黄河流域九省区要顺应这一发展趋势，在完善黄河流域统筹协调机制、强化黄河流域绿色发展能力、激发黄河流域高质量发展内生动力、增强黄河流域中心城市和城市群承载能力、加快黄河文化体系建设、提高黄河流域公共服务供给水平等方面持续发力，协调推进黄河流域生态保护和高质量发展。

关键词： 黄河流域　生态保护　黄河文化

黄河流域生态保护和高质量发展战略实施以来，沿黄九省区认真学习贯彻习近平总书记关于黄河流域生态保护和高质量发展重要讲话精神，扎实推进黄河流域生态保护和高质量发展，在生态保护、流域治理、水资源集约节约利用、高质量发展、黄河文化保护传承弘扬等方面取得了显著的成效。但是在新发展形势下，仍需要综合研判当前面临的新机遇和新挑战，正视发展中遇到的新问题，统筹协调推进黄河生态保护和高质量发展，让黄河成为造福人民的幸福河。

一　黄河流域生态保护和高质量发展的主要做法和重要进展

（一）分类施策推进生态保护与修复，生态屏障功能不断强化

生态安全是黄河流域最大的安全，生态脆弱是黄河流域最大的问题。2022年以来，沿黄各省区牢固树立“绿水青山就是金山银山”的理念，顺应自然、

尊重规律，分类施策推进黄河流域生态保护与生态修复，推动黄河流域生态保护从过度干预、过度利用向自然修复、休养生息转变，黄河流域生态脆弱现状得到了显著改观。

1. 加强上游水源涵养能力建设

上游三江源地区是名副其实的“中华水塔”，2021 年 6 月，习近平总书记赴青海考察时强调，要把三江源保护作为青海生态文明建设的重中之重，承担好维护生态安全、保护三江源、保护“中华水塔”的重大使命。近年来，青海省深入贯彻落实习近平生态文明思想，江源儿女心怀“国之大者”，扛起源头责任，坚定不移做“中华水塔”守护人，倾力打造生态文明高地，筑牢国家生态安全屏障，终使三江之源水清草盛、“中华水塔”源净流洁。2022 年，青海省湿地面积稳居全国首位，草原综合植被盖度达到 57.8%，湿地保护率达到 64.3%，地表水出境水量超 900 亿立方米，生态系统质量和稳定性不断提升，蓝绿空间占比超过 70%。[①] 上游青海玉树和果洛、四川阿坝和甘孜、甘肃甘南等地区河湖湿地资源丰富，是黄河水源主要补给地。甘肃省着眼加快构建上中下游齐治、干支流共治、左右岸同治的格局，积极与相邻省份沟通衔接，强化联防联控、流域共治和保护协作，推动省际共抓黄河大保护，协同推进大治理，共同唱好新时代“黄河大合唱”。通过自主协商，甘肃已与四川省签订《黄河流域（四川—甘肃段）横向生态补偿协议》，设立 1 亿元黄河流域川甘横向生态补偿资金，专项用于流域内污染综合治理、生态环境保护、环保能力建设，省际流域横向补偿迈出实质性步伐；与宁夏、陕西、青海、内蒙古、四川签订《跨界流域水污染联防联控框架协议》，跨流域水污染联防联控机制更加健全。

2. 加强中游水土保持

水土保持是黄河流域生态保护治理的根本措施，是生态文明建设的必然要求。陕西围绕渭河北岸黄土台塬地面坡度大、水土流失严重等生态问题，开展水土保持和土地综合整治，采取塬面、沟头、沟坡、沟道“四位一体”防护措施固沟保塬，形成渭北塬区综合防护体系。预计到 2025 年，区域内塬面保

---

① 宋明慧：《守住绿水青山，方得金山银山》，《青海日报》，https：//baijiahao. baidu. com/s? id=1755222953184578052&wfr=spider&for=pc，最后检索日期：2023 年 5 月 15 日。

护率达到42%以上，入黄泥沙量显著减少，湿地生态稳定性增强。山西省强化水土保持工作顶层设计，逐步完善水土保持法律法规体系，加大水土保持监督执法力度，全面落实水土保持“三同时”制度，研究制定了《山西省水土保持高质量发展行动方案（2022-2025年）》《全省水土保持管理提升三年行动方案》《全省淤地坝建设管理专项提升三年行动方案》，全面推动全省水土保持高质量发展。河南洛阳市深入贯彻落实黄河流域生态保护和高质量发展重大国家战略，以水土保持、污染防治为重点，推进水土流失综合防治，巩固提升国家水土保持生态文明城市建设成果，维护和增强水土保持功能，减少入黄泥沙，改善生态环境。累计新增水土流失治理面积7300余平方公里，占洛阳市水土流失总面积的70%，治理面积和治理比例逐年大幅增长。《黄河流域水土保持公报（2021年）》显示，2021年黄河流域累计初步治理水土流失面积25.96万平方公里。其中，修建梯田624.14万公顷、营造水土保持林1297.18万公顷、种草237.66万公顷、封禁治理437.32万公顷。黄河流域水土保持率从1990年的41.49%、2020年的66.94%提高到2021年的67.37%，其中黄土高原地区2021年水土保持率达63.89%。

3. 推进下游湿地保护和生态治理

下游的黄河三角洲湿地生态系统是我国暖温带最完整、最具特色的生态系统。修复黄河三角洲湿地生态系统、保障黄河入海口生态系统多样性和健康持续发展，是黄河流域下游生态保护和高质量发展的关键所在。2022年5月，山东成功发行87.06亿元的全国首单黄河流域高质量发展专项债券，用于重点支持黄河三角洲国家级自然保护区湿地修复、黄河口生态提升等项目。2022年11月，作为全国首个陆海统筹型国家公园，黄河口国家公园通过国家评估验收。山东黄河三角洲国家级自然保护区修复湿地20.6万亩，形成了“一次修复、自然演替、长期稳定”的良好湿地修复效果，生物多样性逐年提高，建区时鸟类由187种增加到371种。[①] 山东济南作为黄河流域的中心城市，围绕建设沿黄生态廊道，在建设生态防护林工程、打造城市森林公园和郊野公园等方面深入推进，着力绘就百里黄河绿色生态画卷。2022年，济南全面开展入黄支流综合整

① 《盘点山东环保这一年》，齐鲁网，https://baijiahao.baidu.com/s?id=1753445136696537041&wfr=spider&for=pc，最后检索日期：2023年5月15日。

治，实施济西、白云湖等湿地公园保护修复，完成黄河百里风景区中心景区景观提升工程，节水典范城市建设有序推进，黄河下游绿色生态走廊建设形成景观效果。

（二）统筹水沙调控与防洪安全，黄河安澜底线进一步筑牢

黄河是世界上输沙量最大、含沙量最高的河流，水沙异源、水少沙多、水沙关系不协调是黄河复杂难治的症结所在。2022 年以来，沿黄各省区紧紧抓住水沙关系调节这个“牛鼻子”，围绕以疏为主、疏堵结合、增水减沙、调水调沙，健全水沙调控体系，进一步筑牢黄河长久安澜底线。

1. 科学调控水沙关系

黄土高原是黄河泥沙的重要来源地，陕西省坚持以草固沙、以林拦沙、以坝留沙，积极推进荒漠化水土流失综合治理，实现水土流失面积和强度“双下降”，水蚀风蚀“双减少”，重点实施退耕还林还草、“三北”防护林建设、京津风沙源治理、天然林保护修复等重大生态工程，积极推进淤地坝建设，不断减少入黄泥沙量。河南省强化小浪底水沙调控枢纽功能，深入开展小浪底水库运用方式研究，增强小浪底水库调水调沙后续能力，加强与上中游重点水库群的信息共享和决策协同，完善上中游、干支流水库群的联合调度机制，延长小浪底水库拦沙运用年限，增强径流调节和洪水泥沙控制能力，有效减缓泥沙淤积，维持下游中水河槽稳定。内蒙古在十大孔兑等黄河流域支流的上中游地区推进水土保持修复工程，在中游地区进行引洪滞沙，在流域下游地区进行堤防加固，推动形成以水土保持治理、河道减沙拦沙、放淤调度为重要支撑的水沙调控体系。

2. 着力加强河道治理

近年来，黄河流域天气形势复杂多变，暴雨洪水明显增加，“旱涝交替、旱涝急转”特征更加显著，增强防洪能力、确保堤防不决口是黄河安澜的重要保障。加快推进黄河流域防洪工程建设，初步形成黄河下游相对完善的防洪工程体系。黄河下游累计完成投资 167 亿元，土方 1.8 亿立方米、石方 854 万立方米、混凝土 97 万立方米。全面完成黄河下游标准化堤防建设，累计完成干流堤防帮宽加固 504 公里，新建、硬化防汛路 909 公里，新建和改建险工 41 处、控导工程 66 处；完成沁河、金堤河等下游主要支流河道治理和东平湖蓄滞洪区防洪工

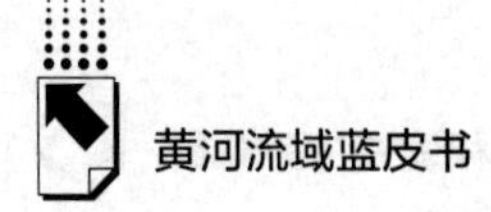

程建设，处理堤岸防护 232 公里，续建和改建险工和控导工程 56 处；完成病险水闸除险加固 32 项，2017 年河口村水库建成投入运用，[①] 基本形成以中游干支流水库、下游河防工程、蓄滞洪区工程为主体的“上拦下排、两岸分滞”黄河下游防洪工程体系。

3. 强化灾害应对体系和应急救援能力建设

建立健全监测预警系统，利用以“上控、中分、下排”联合防凌调控为核心的凌汛灾害综合防治技术体系，精准施策，科学调度刘家峡、海勃湾、万家寨、小浪底等水库，为各河段平稳封开河创造有利条件。2021 年 5 月，黄河流域九省区应急救援联动协议正式签订，2023 年 2 月，青海省组织召开首届黄河流域九省区应急救援协同联动会，推动形成黄河流域大应急、全灾种指挥体系新格局，并挂牌组建了防汛、航空、通信、电力、地质灾害等专业应急抢险救援队伍，提高联合应对事故灾害的能力。依托黄河流域应急救援协同机制，加强主要干支流水文、雨情、旱情、凌情、沙情、水质等监测预警，健全流域气象、水利、河务等部门数据资源共享，充分利用无线广播、有线电视、互联网、手机短信等手段，及时发布预警信息。

（三）全面实施深度节水控水行动，水资源集约节约利用水平持续提升

水资源短缺，是流域最大的矛盾。黄河流域以全国 2%的水资源，承担了全国 12%的人口、17%的耕地以及 50 多座大中城市的供水任务。近年来，沿黄各省区把水资源作为最大的刚性约束，实施最严格的水资源保护利用制度，量水而行，不断提升水资源集约节约利用水平，以水定城、以水定地、以水定人、以水定产，以水资源的可持续高效利用助推经济社会高质量发展。

1. 强化水资源刚性约束

山东坚持“四水四定”原则，在全国率先出台《工业园区规划水资源论

---

① 《初心不改护河安——党的十八大以来黄河防洪减灾工作巡礼》，黄河网，https：//mp. weixin. qq. com/s? _ _ biz = MzA5OTM2ODgxOQ = = &mid = 2650823805&idx = 2&sn = 0426cf51d4911e691c5d94bc26a7efc6&chksm = 8b779661bc001f77280004ebe49f6b26ad0d2fb749dc81c19f7b33f4acf00c46252af2cc8820&scene=27，最后检索日期：2023 年 5 月 15 日。

证技术导则》等地方标准，从规划决策源头充分考虑区域水资源承载力。将国家分配的用水总量控制目标逐级分解下达到各市，全面完成跨设区的市河湖水量分配，15 个市实现了“分水到县”；已确定 8 河 1 湖生态流量保障目标，印发大汶河、大沽河、小清河等 6 条重点河湖生态流量保障方案，16 个市全部制定市级生态流量保障重点河湖名录。2022 年 7 月，由于黄河入鲁水质始终保持在Ⅱ类以上，山东省向上游的河南省兑现生态补偿资金 1.26 亿元，标志着黄河流域省际横向生态补偿机制探索取得重要进展。[①] 四川在全国率先建立水资源督察机制，首批水资源督察涉及成都、遂宁、宜宾、达州、眉山等 5 个试点市，主要围绕水资源配置、用水总量控制、水资源节约集约利用、水资源法律实施等情况开展督察。并提出 2025 年前要实现 21 个市（州）全部派驻，构建形成全覆盖的水资源督察体系和健全完备的制度体系。河南省更是将节水工作主要指标纳入全省经济社会高质量发展综合绩效考核、河湖长制及四水同治考核体系，每年严格开展节水考核并加强考核结果运用。相继出台了《河南省节水行动实施方案》《河南省“十四五”节水型社会建设规划》《黄河水资源节约集约利用专项规划》等，基本形成了层级衔接、定位准确、功能互补、边界清晰、链条完整的节水规划体系。

2. 推动重点领域节水

宁夏进一步拧紧从黄河取水的“水龙头”，实施高标准农田高效节水灌溉工程，全区高标准农田高效节水灌溉面积达到 487 万亩，占全区灌溉总面积将近一半；内蒙古重点推广农业节水增效、工业节水减排和城镇节水降损三大行动，不断提升工业、农业和城镇领域的水资源利用效率；河南把 1952 万亩高标准农田升级为高效节水灌溉田，每年可节水 1 亿多立方米。山西大力推广节水工艺和技术，强化生产用水和工业废水管理，严格控制高耗水行业新建、改建、扩建项目，积极推行水循环梯级利用；2022 年推进永鑫煤焦化废水深度治理综合利用、建龙水系统改造等项目建设；推荐太钢不锈钢、安泰集团等企业申报 2022 年工信部工业废水循环利用试点企业，逐步提高高耗水行业节水型企业建成率。陕西充分发挥高校密集优势，积极推行合同节水，调动社会资

① 《山东 15 个市实现“分水到县”，水资源可持续利用能力明显增强》，齐鲁网，https：//baijiahao. baidu. com/s？ id = 1746630954462217931&wfr = spider&for = pc ，最后检索日期：2023 年 5 月 15 日。

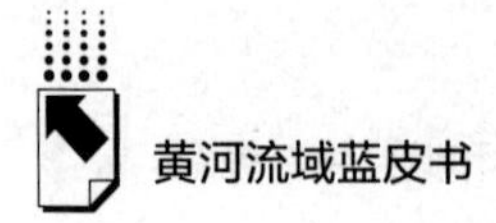

本和专业技术力量参与高校节水改造，已有38%的高校建成节水型高校。山东推出“节水贷”，多家银行针对节水项目和节水企业实施专项信贷政策，培育节水服务产业，扶持节水项目发展。

（四）加强环境污染系统治理，黄河“毛细血管”持续净化

黄河污染表象在水里、问题在流域、根子在岸上。近年来，沿黄各省区以汾河、湟水河、涑水河、无定河、延河、乌梁素海、东平湖等河湖为重点，统筹推进农业面源污染、工业污染、城乡生活污染防治和矿区生态环境综合整治，实施“一河一策”“一湖一策”，黄河“毛细血管”持续净化，节约用水和污染治理成效显著提升。

1. 强化农业面源污染综合治理

农业面源污染防治是实现农业绿色发展、保障农产品质量安全的根本措施，是事关黄河流域高质量发展的水缸子、米袋子、菜篮子。例如，河南根据全国第二次农业污染源普查、环境敏感区、种植养殖业规模等基础数据，将全省划分为30个优先治理、60个重点治理、102个一般治理三种类型县（市、区），实施差异化目标和治理措施。同时，围绕黄河流域生态保护和高质量发展及乡村振兴等重点工作，以黄河流域、各类自然保护地、各类干流和重要支流沿线及村庄周边为重点优先开展农业面源污染治理，全面排查整治以上区域畜禽粪污、农作物秸秆、废弃农用薄膜、农药包装废弃物等农业固体废物乱堆乱放、畜禽养殖废水废液和水产养殖尾水乱排情况。河南南乐县在全国率先建成县域农业面源污染源信息化环境监测预警体系，农业面源污染防治与发展绿色生态农业相结合，初步构建起“农头工尾”“接二连三”的县域循环经济产业链，为黄河流域推进农业面源污染防治和农业绿色发展提供“南乐经验”。

2. 强化工业污染协同治理

作为生态环境部首批试点省份，甘肃率先在黄河流域九省区开展了入河排污口排查试点工作，共对4个水系36条重要干支流的7大类15小类入河排污口进行排查，推动沿黄38个县级及以上工业园区污水集中处理设施建设，严控严管新增高污染、高耗能、高排放、高耗水企业。建立以排污许可为核心的固定源管理制度，累计核发排污许可证5126张，重点管理排污单

位 1799 家。内蒙古加大工业污染治理力度，完成钢铁和焦化企业超低排放改造 5 家、工业炉窑治理 129 台。大力推进冬季清洁取暖改造，呼和浩特市、乌兰察布市、巴彦淖尔市被列为国家北方地区冬季清洁取暖城市。2022 年，全区优良天数比例为 92.9%，PM2.5 浓度为 22 微克/米^3，重污染天气比例为 0.1%，优良水体比例为 76.0%，劣Ⅴ类水体比例为 3.3%，氮氧化物、挥发性有机物、化学需氧量、氨氮四项主要污染物重点工程减排量分别完成年度任务的 222.2%、114.7%、260.1%、314.4%。[①] 生态环境保护各项任务高质量完成，在国家污染防治攻坚战成效考核中被评为“优秀”。

3. 统筹推进城乡生活污染治理

山西深入开展黄河生态保护治理攻坚，完成 62 项省级水污染防治重点工程、5 个县级城市黑臭水体和 54 个农村黑臭水体治理、634 个农村生活污水处理设施建设和 632 个农村环境综合整治，水环境质量明显改善。山西省农村生活污水治理率达到 18.7%，超过国家下达的年度目标 3.7 个百分点。四川积极探索农村生活污水治理新模式，充分考虑环境容量、经济治理和生活习惯等因素，因地制宜，分类施策，科学选定农村生活污水治理模式和合适的工艺路线，实现农村生活污水可再生利用。截至 2022 年 7 月，全省有 17541 个行政村生活污水得到有效治理，治理率达到 61.7%。

（五）优化调整区域城乡发展格局，高质量发展动力更加强劲

沿黄各省区坚持因地制宜、分类施策的原则，从各地实际出发，加快新旧动能转换，粮食和能源安全根基不断夯实，富有地域特色的有较强竞争力的现代产业体系正在形成，区域城乡发展格局和生产力布局不断优化调整，沿黄城市群和中心城市初步形成区域经济重要增长极，全流域高质量发展动力和活力更加强劲。

1. 提升科技创新支撑能力

各省区重点在黄河流域生态环境保护、农业牧业领域开展科技攻关。截至

---

① 《甘肃加强黄河流域工业污染源管控治理　探横向生态补偿机制》，中国新闻网，https://baijiahao.baidu.com/s?id=1708452917324102047&wfr=spider&for=pc，最后检索日期：2023 年 4 月 28 日。《内蒙古自治区 2022 年生态环境保护主要工作完成情况及 2023 年重点工作》，内蒙古自治区人民政府，https://www.nmg.gov.cn/zwgk/xwfb/fbh/zxfb_fbh/202305/t20230504_2305808.html，最后检索日期：2023 年 4 月 28 日。

2023 年 5 月，全国设立的 9 个国家农业高新技术产业示范区中，沿黄省区共有 5 个，分别是陕西杨凌、山东黄河三角洲、山西晋中、河南周口、内蒙古巴彦淖尔，重点在盐碱地农业、高质高效农业、有机旱作农业、生态农牧业等领域实现技术突破。2022 年 10 月，科技部印发了《黄河流域生态保护和高质量发展科技创新实施方案》，统筹提出支撑实现黄河流域生态保护和高质量发展战略目标的科技创新行动与保障举措。2023 年 4 月，黄河流域九省区的技术转移市场平台联合发起成立黄河流域技术转移协作网络，决定 2023 年适时举行黄河流域技术转移协作网络成立大会，共同提升区域科技成果转化协同水平。2022 年，黄河流域九省区全年发明专利授权量共计 118909 件，占全国总量的 17.1%，与 2019 年相比，黄河流域九省区全年发明专利授权量占全国比重提高了 5.1 个百分点；全年共签订技术合同 191043 项，占全国登记技术合同数的 25%；技术合同成交金额达到 9588.69 亿元，占全国技术合同成交金额的 20.6%，与 2019 年相比，黄河流域九省区全国技术合同成交金额占全国比重提高了 0.54 个百分点（见表 1）。

表 1　2022 年黄河流域九省区科学技术领域部分指标比较

省区	发明专利授权量(件)	登记技术合同数(项)	技术合同成交金额(亿元)
青海	458	1133	16.03
四川	25458	23620	1649.77
甘肃	2472	13241	338.57
宁夏	1204	3594	34.37
内蒙古	2054	1527	52.50
陕西	18965	68546	3053.50
山西	5026	1257	162.61
河南	14576	22445	1025.30
山东	48696	55680	3256.04

资料来源：各省区 2022 年国民经济和社会发展统计公报、《关于公布 2022 年度全国技术合同交易数据的通知》。

2. 构建特色现代产业体系

黄河流域各省区根据各地资源禀赋和产业基础，加快国家粮食和能源安全基地建设，统筹推进传统产业升级和新兴产业布局，正在形成特色优势现代产业体系。在粮食安全方面，2022 年，黄河流域九省区粮食总产量达到 24245.6 万吨，占全国粮食总产量的 35.3%，与 2019 年相比，黄河流域九省区粮食总产量增加了 808 万吨，占全国粮食总产量的比例持平①。在能源安全方面，能源基地地位进一步提升，黄河流域九省区为保证国家能源安全做出了较大的贡献。国家第一批大型风电光伏基地布局在全国 17 个省区，于 2022 年全部开工建设，其中，在黄河流域八省区布局建设，总建设规模 6055 万千瓦，占全国总建设规模的 62%（见图 1），第二批大型风电光伏基地已经陆续开工建设。2022 年，内蒙古发电量达到 6440.3 亿千瓦时，位居全国第一，其中，风电发电量内蒙古达到 1019.9 亿千瓦时，居全国第一位；光伏发电量宁夏、青海分别为 184.77 亿、184.28 亿千瓦时，分列全国第一、二位（见表 2）。2022 年和 2023 年一季度，黄河流域九省区光伏发电新增并网容量达到 4301.1 万千瓦，占全国总量的 35.3%，截至 2023 年一季度，光伏发电累计并网容量达到 17539.7 万千瓦（见表2），占全国总量的 41.3%。山西、鄂尔多斯盆地综合能源基地资源建设加快推进，2022 年内蒙古煤炭、电力保供量均居全国第一，山西煤炭日均产量达到 356 万吨，保供 24 个兄弟省份②；2022 年，陕西外送煤炭近 5 亿吨，较好地完成了能源保供任务；同时，积极推动煤炭绿色化发展，山西煤炭先进产能占比提升至 80%。在产业升级方面，大力推动黄河流域优势产业智能化、绿色化改造升级，加快培育新兴产业和新兴动能，形成了一批有较强竞争力的产业集群。河南省超聚变服务器产值突破 230 亿元，比亚迪新能源汽车一期顺利投产，宁德时代新能源电池等一批重大项目落地建设③；山东省以“十强产业”为抓手，大尺寸晶圆制造、高端封测、新型显示等加快发展，潍坊动力装备新入选国家先进制造业集群；青海省重点打造世界级盐湖产业基地、国家清洁能源产业高地，建成全国最大的钾肥生产基地；宁

① 资料来源：根据各省区 2022 年国民经济和社会发展统计公报和 2019 年国民经济和社会发展统计公报计算所得。

② 《政府工作报告——2023 年 1 月 12 日在山西省第十四届人民代表大会第一次会议上》，http://www.shanxi.gov.cn/ztjj/2023sxlh/2023sxlhbg/202301/t20230119_7823686.shtml，最后检索日期：2023 年 5 月30 日。

③ 《政府工作报告——二〇二三年一月十四日在河南省第十四届人民代表大会第一次会议上》，https://www.henan.gov.cn/2023/01-29/2680023.html，最后检索日期：2023 年 5 月 30 日。

夏成为国家唯一的网络枢纽和互联网交换“双中心”省区；成都软件和信息服务、成（都）德（阳）高端能源装备、成渝地区电子信息先进制造等创建为国家先进制造业集群。

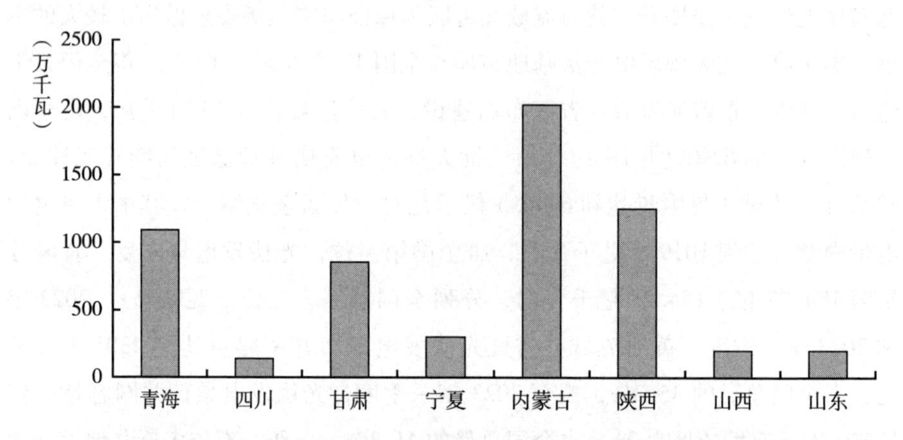

图 1　黄河流域八省区国家第一批大型风电光伏基地项目建设规模

资料来源：《关于印发第一批以沙漠、戈壁、荒漠地区为重点的大型风电光伏基地建设项目清单的通知》。

表 2　黄河流域九省区光伏、风电发电情况

省区	2022 年和 2023 年一季度光伏发电新增并网容量(万千瓦)	截至 2023 年一季度光伏发电累计并网容量(万千瓦)	2022 年风电发电量（亿千瓦时）	2022 年光伏发电量（亿千瓦时）
青海	303.0	1901.7	112.80	184.28
四川	45.4	137.9	134.70	25.98
甘肃	326.5	1446.7	339.40	144.55
宁夏	310.3	1671.7	258.20	184.77
内蒙古	306.4	1714.2	1019.90	162.62
陕西	361.6	1662.4	157.20	105.44
山西	334.1	1791.8	408.30	151.65
河南	1106.8	2662.4	294.90	73.37
山东	1207.0	4550.9	353.70	102.61
总计	4301.1	17539.70	3079.1	1135.27

资料来源：国家能源局网站。

3. 发挥城市群和中心城市带动作用

黄河流域九省区加强区域协作，高质量高标准建设沿黄城市群，中心城市和城市群成为区域发展增长极，支撑带动作用不断增强。黄河流域旨在形成“一轴两区五极”的发展动力格局，以五大城市群为重要支撑的“五极”是黄河流域人口、产业的主要承载区域。山东半岛城市群推动省会、胶东、鲁南三大经济圈协同发展，编制了济南、青岛都市圈发展规划，启动济青发展轴带三年行动，城市群龙头带动作用明显提升。中原城市群着力推动郑州都市圈扩容提质发展，郑开同城化和郑许、郑新、郑焦一体化步伐加快推进。2022 年 6 月，国家发展改革委印发《关中平原城市群建设“十四五”实施方案》，明确了近期关中平原城市群建设的目标定位和重点任务，2022 年 4 月，陕晋甘三省联合印发《关中平原城市群建设 2023 年重点合作事项清单》，明确了 2023 年关中平原城市群建设 5 个方面 14 项重点合作事项，协同推进城市群发展。青海、甘肃联合发布了《关于印发〈甘青两省共同推进兰州—西宁城市群建设 2022 年重点工作任务〉的通知》，在生态共建环境共治、基础设施互联互通、创新和产业发展、对外开放提速提质、市场要素对接对流、公共服务共建共享等领域展开合作。中心城市带动引领作用进一步发挥，高端产业、高端要素和资源不断向沿黄中心城市和重要节点城市集聚，郑州、西安两大国家中心城市和青岛、济南两大区域中心城市经济和人口集聚能力进一步凸显，太原、兰州、西宁、呼和浩特等流域省会城市承载力和带动力进一步增强。

（六）积极保护传承弘扬黄河文化，黄河文化影响力显著扩大

黄河文化是中华民族的根和魂。习近平总书记强调，要推进黄河文化遗产的系统保护，深入挖掘黄河文化蕴含的时代价值，讲好“黄河故事”。黄河流域九省区初步构建了保护传承弘扬黄河文化“1+3+9”规划体系框架，加大对黄河文化遗产的保护展示力度，梳理和挖掘黄河文化发展的历史脉络，推动黄河文化创新性发展，积极打造具有国际影响力的黄河文化旅游带。

1. 加大黄河文化遗产系统保护

根据第三次全国文物普查，黄河流域九省区共有不可移动文物 30 余万处，占全国的 39.73%。《黄河文物保护利用规划》提出到 2025 年，完成黄河文物资源调查，厘清黄河文物的数量、类型、分布、特征及保护利用状况，建立黄

河文物资源数据库。甘肃计划2023年完成《黄河流域甘肃段文物资源调查报告》，加快马家窑遗址、齐家坪遗址等黄河文化史前遗址公园建设。陕西省推进陕西长城、黄帝陵等重要文物保护条例立法，开展西安城墙等重点文物保护单位预防性保护项目，加强古建筑、砖石建筑的监测评估和保养维护，推动国家级文化生态保护区综合性非物质文化遗产馆、陕西黄河记忆非遗展示馆等建设。山东推动文物保护利用"十大工程"，实施一批黄河流域、齐长城、大运河遗产的保护、考古和展示项目。山西实施国宝级文物保护重大专项工程、元代及元以前早期木结构古建筑覆盖性抢救工程、彩塑壁画保护专项工程，实施馆藏珍贵濒危文物、材质脆弱文物保护修复计划。

2. 加强黄河文化传承创新和展示利用

河南、陕西、山东、山西、甘肃、宁夏等省区深度参与中华文明探源工程和"考古中国"重大项目，河南加强夏商文明研究，实施二里头、殷墟等一批重点考古项目。山东实施"海岱考古"工程，开展了焦家遗址、岗上遗址、稷下学宫遗址、跋山遗址发掘研究；陕西继续实施石峁遗址、太平遗址、秦东陵、汉霸陵等重点考古项目，逐步开展清平堡、慈善寺石窟等长城和石窟寺考古。黄河流域九省区积极推进黄河国家文化公园建设，河南要构建三门峡—洛阳—郑州—开封—安阳世界级大遗址公园走廊，重点打造50处核心展示园、20条集中展示带；山东推动黄河口国家公园建设；陕西要建设以壶口瀑布、黄帝陵等为代表的黄河文化核心展示带。推进黄河流域重要文物申报世界遗产，推进石峁遗址申报世界文化遗产，推进黄（渤）海候鸟栖息地申报世界自然遗产等。一批黄河文化博物馆正在加紧建设，黄河国家博物馆于2022年4月封顶，正在加速建设；2023年5月，高青县黄河楼博物馆、黄河碑刻博物馆、黄河文史方志馆、黄河水乡博物馆同时开馆；陕西黄河文化博物馆主体建设已完工，计划于2023年8月底建成，9月开馆；山东提出济南黄河文化博物馆新馆建设。

3. 推动黄河文化和旅游融合发展

强化区域间文旅资源整合和协作，共同打造具有国际影响力的黄河文化旅游带。河南提出打造黄河小浪底、郑州花园口、开封东坝头三大文化旅游片区和黄河豫晋陕、冀鲁豫、豫皖苏三大文化旅游协作区，以"黄河魂·古都韵·中国情"为主题形象，建设郑汴洛黄河文化国际旅游目的地。

2022年9月，河南开启了黄河文化月，开展五大系列25项活动。山东提出建设“沿着黄河遇见海”文化旅游新高地，发起“黄河文化出海”倡议，携手沿黄省区共建品牌、共探文脉、共保生态。2023年4月，黄河文化论坛在东营市开幕。陕西要打造“民族根·黄河魂”文化旅游品牌体系，打造黄河·民族文化寻根之旅、黄河·古都畅游之旅、黄河·生态文化之旅、黄河·红色文化之旅、黄河·非遗之旅等10条黄河文化精品旅游线路。山西提出“黄河之魂在山西”文化旅游品牌，推进“一心引领、一廊贯穿、三带协同”的空间格局。青海提出建设黄河上游文旅产业廊道。内蒙古提出打造黄河“几”字弯文化旅游带，以古都名城、遗址遗迹、世界灌溉工程遗产、黄河标志性自然景观、红色经典旅游景区等为重点，建设一批展现黄河文化的标志性旅游目的地。

（七）着力提升公共服务水平，民生福祉日益改善

习近平总书记指出，黄河中上游七省区是发展不充分的地区，贫困地区要提高基础设施和公共服务水平，全力保障和改善民生。沿黄地区始终坚持人民至上，不断加大民生领域的投资，努力提高人民生活水平和生活品质，增强人民群众幸福感和获得感。

1. 居民收入水平稳步提升

沿黄各省区多渠道增加城乡居民收入，进一步减税降费，增强市场主体活力，提高居民工资性收入，鼓励群众增加经营性收入，推进农业转移人口市民化和就近城镇化双向并举，实现农民持续增收。与2019年相比，2022年黄河流域九省区居民人均可支配收入、城镇居民人均可支配收入、农村居民人均可支配收入均实现大幅增长，其中，四川、甘肃、宁夏、山西、陕西居民人均可支配收入增长幅度高于全国平均水平，与全国平均水平的差距进一步缩小（见表3）。同时也要看到，黄河流域居民收入水平偏低的现状还未发生根本改变，2019年、2022年仅有山东省居民人均可支配收入高于全国平均水平。近年来随着乡村振兴战略的深入推进，农业增产农民增收，农村居民收入增长速度高于城镇居民增长速度，与2019年相比，2022年黄河流域九省区城乡居民收入比均缩小，四川、内蒙古、山西、河南、山东城乡居民收入比均低于全国平均水平，城乡收入差距不断缩小（见图2、图3）。

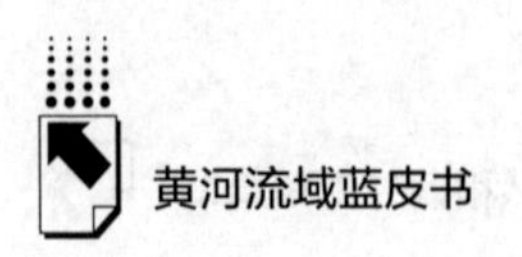

表 3　2019 年、2022 年黄河流域九省区居民收入情况

单位：元

省区	2022 年				2019 年			
	居民人均可支配收入	城镇居民人均可支配收入	农村居民人均可支配收入	城乡居民收入比	居民人均可支配收入	城镇居民人均可支配收入	农村居民人均可支配收入	城乡居民收入比
青海	27000	38736	14456	2.68	22618	33830	11499	2.94
四川	30679	43233	18672	2.32	24703	36154	14670	2.46
甘肃	23273	37572	12165	3.09	19139	32323	9629	3.36
宁夏	29599	40194	16430	2.45	24412	34329	12858	2.67
内蒙古	35921	46295	19641	2.36	30555	40782	15283	2.67
陕西	30116	42431	15704	2.70	24666	36098	12326	2.93
山西	29178	39532	16323	2.42	23829	33262	12902	2.58
河南	28222	38484	18697	2.06	23902	34201	15164	2.26
山东	37560	49050	22110	2.22	31597	42329	17776	2.38
全国	36883	49283	20133	2.45	30733	42359	16021	2.64

资料来源：各省区 2022 年国民经济和社会发展统计公报、《中国统计年鉴（2020）》。

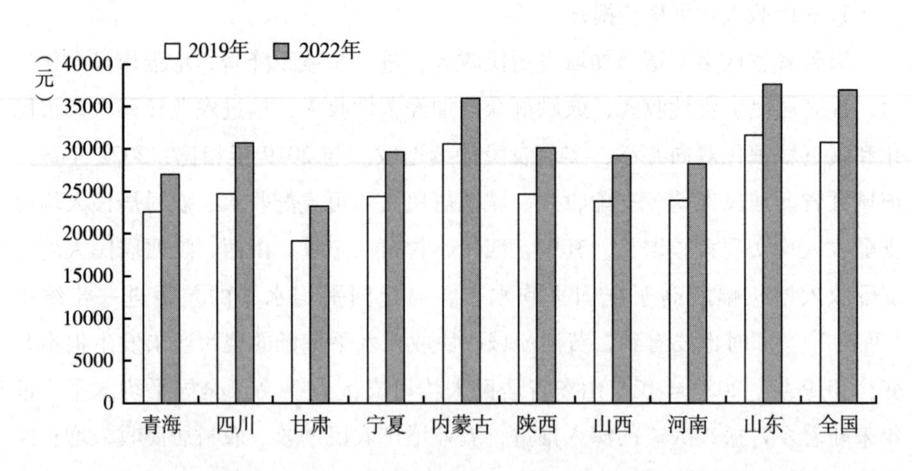

图 2　2019 年、2022 年黄河流域九省区居民人均可支配收入比较

资料来源：各省区 2022 年国民经济和社会发展统计公报，《中国统计年鉴（2020）》。

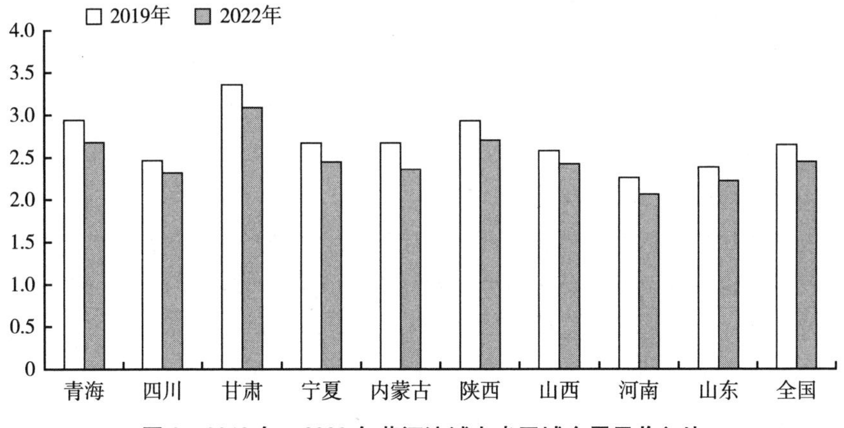

图3 2019年、2022年黄河流域九省区城乡居民收入比

资料来源：各省区2022年国民经济和社会发展统计公报、《中国统计年鉴（2020）》。

2. 千方百计稳就业促就业

就业是最基本的民生，黄河流域九省区采取多种措施稳就业促就业。2022年，山东开发城乡公益性岗位64.3万个，实施十万就业见习岗位募集计划①。河南全力促进重点群体就业，高校毕业生总体就业率超过90%，加快“人人持证、技能河南”建设，新增技能人才403万人②。四川出台“稳就业15条”“青年就业创业13条”等政策措施，面向高校毕业生提供政策性岗位22万个。陕西实施就业优先政策，2022年城镇新增就业42.9万人，高校毕业生初次就业率达到81.9%③。2023年山西大力实施以工代赈，推动公益性零工市场县县全覆盖，让零工等活不再“站马路”。青海统筹谋划公共就业专项服务活动和持续实施职业技能提升行动两大举措全力促就业。宁夏打出促就业“组合

① 《政府工作报告——2023年1月13日在山东省第十四届人民代表大会第一次会议上》，http：//www.shandong.gov.cn/art/2023/2/9/art_ 317172_ 575461.html，最后检索日期：2023年5月30日。

② 《政府工作报告——二〇二三年一月十四日在河南省第十四届人民代表大会第一次会议上》，https：//www.henan.gov.cn/2023/01-29/2680023.html，最后检索日期：2023年5月30日。

③ 《政府工作报告——2023年1月12日在陕西省第十四届人民代表大会第一次会议上》，http：//www.shaanxi.gov.cn/zfxxgk/zfgzbg/szfgzbg/202301/t20230119_ 2272466_ wap.html，最后检索日期：2023年5月30日。

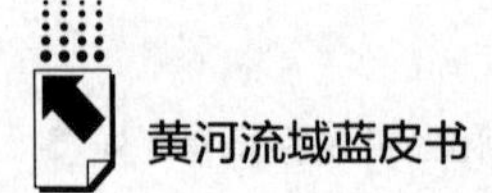

拳”，开展“就业创业促进年”活动，开展“技能宁夏”行动和“创业宁夏”行动，深化就业兜底援助行动，开发城乡公益性岗位，确保每个家庭至少有一人稳定就业。内蒙古深化就业促进“五大行动”，实施离校未就业高校毕业生实名制帮扶行动、“三支一扶”和社区民生基层服务计划、残疾人就业行动。

3. 教育医疗水平不断改善

黄河流域各省区着力补齐教育、医疗等民生领域短板，提高公共服务供给水平，缩小区域间公共服务等级差。2022 年，山东省新改扩建幼儿园 412 所、中小学 295 所，实施新一轮区域医疗能力“攀登计划”，有 3 个国家区域医疗中心获批①。陕西省综合医改持续深化，51 家县级医院入选国家“千县工程”。内蒙古实施职业教育特色专业试点和“工匠班”计划，设立鄂伦春旗大杨树镇高考考点，结束了当地考生 34 年“异地高考”历史，国家区域医疗中心项目建设正式启动，建成街道社区养老服务机构 885 个。

（八）建立健全体制机制和政策体系，高效协同发展合力明显增强

黄河流域生态保护和高质量发展战略实施以来，从中央到地方、多行业、多部门、多层次的组织领导体系基本建立，以《黄河流域生态保护和高质量发展规划纲要》为核心的“1+N+X”规划政策体系框架不断完善，上下游、左右岸、区域间、城市间加快建立合作机制，协同推进黄河流域生态保护和高质量发展。

1. 法制保障更加有力

2023 年 4 月 1 日，《中华人民共和国黄河保护法》（以下简称《黄河保护法》）正式施行，为统筹推进黄河流域生态保护和高质量发展提供了法治保障。《黄河保护法》提出流域管理新机制，提出国家建立黄河流域生态保护和高质量发展统筹协调机制，全面指导、统筹协调黄河流域生态保护和高质量发展工作，将形成国家统筹重大事项—省级协调合作事项的协调机制，明确了部委和县级以上地方政府的工作职责和范围，流域统筹解决“九龙治水”难题，提升了流域管理的整体性、系统性、协同性。《黄河保护法》突出全流域治理

① 《政府工作报告——2023 年 1 月 13 日在山东省第十四届人民代表大会第一次会议上》，http://www.shandong.gov.cn/art/2023/2/9/art_317172_575461.html，最后检索日期：2023 年 5 月 30 日。

的理念，在生态保护与修复、水资源节约集约利用、水沙调控防洪、水污染防治等方面注重全流域的规划与管控。同时将高质量发展的理念贯穿于全篇，首次将黄河文化保护传承弘扬写入立法。

2. 政策体系更加完善

《黄河流域生态保护和高质量发展规划纲要》提出组织编制生态保护和修复等专项规划，研究出台配套政策和综合改革措施，形成“1+N+X”规划政策体系。2022 年 5 月，水利部黄河水利委员会印发《数字孪生黄河建设规划（2022—2025）》；2022 年 6 月，四部委印发了《黄河流域生态环境保护规划》；2022 年 6 月，国家发改委印发《黄河文化保护传承弘扬规划》；2022 年 7 月，国家文物局等多部门联合印发《黄河文物保护利用规划》；2022 年 12 月，中央气象局与黄河流域九省区联合印发《“十四五”黄河流域生态保护和高质量发展气象保障规划》；2022 年 12 月，四部门联合发布了《关于深入推进黄河流域工业绿色发展的指导意见》，这些规划是“1+N+X”规划政策体系的重要组成部分。省级层面上，2022 年 6 月，青海印发《黄河青海流域生态保护和高质量发展规划》；2022 年 4 月，山西省出台《山西省黄河流域生态保护和高质量发展规划》，构建山西“1+N+X”规划政策体系；2022 年 11 月以来，四川省出台了《四川省黄河流域生态保护和高质量发展规划》《四川省黄河文化保护传承弘扬专项规划》《科技支撑四川省黄河流域生态保护和高质量发展行动方案》等一系列规划，至此黄河流域九省区省级层面黄河流域生态保护和高质量发展规划全部编制完成，加上配套政策出台，政策叠加效应逐步显现。

3. 区域协同更加有效

《黄河流域生态保护和高质量发展规划》中提出要构建内外兼顾、陆海联动、东西互济、多向并进的黄河流域开放新格局，黄河流域九省区区域间的联系与合作不断加强。2022 年 7 月以来，黄河流域产教联盟 2022 年高峰论坛在济南举行；黄河流域自贸试验区联盟在济南正式启动；共同签订《黄河流域和谐劳动关系联盟合作协议》，正式成立黄河流域和谐劳动关系联盟；九省区共同签订了《黄河流域公共卫生高质量发展协作区合作框架协议》，标志着黄河流域公共卫生高质量发展协作区成立。2022 年 11 月，在银川召开以“保护黄河绿色发展”为主题的黄河流域生态保护和高质量发展省际合作联席会议，通过了《黄河流域生态保护和高质量发展省际合作联席会议合作共识》。青岛海关牵头建立黄河流域“11+1”关际一体协同机制，提出“陆海联动、海铁直运”物流监管新模式。

二　黄河流域生态保护和高质量发展的形势和展望

（一）面临的形势

黄河流域九省区在中央统一领导下，牢牢把握“共同抓好大保护、协同推进大治理”的战略导向，合力推动黄河流域生态保护和高质量发展取得了阶段性重要进展。作为一项长期、复杂的系统工程，黄河流域生态保护和高质量发展向纵深推进还面临着以下五方面的形势。

1. 中央和地方战略部署带来政策集成效应持续释放

黄河流域九省区在积极落实中央赋予的多重国家战略的同时，结合自身实际科学谋划发展蓝图，实施新时代高质量发展的特色化战略，深入推进各层次各领域的战略协作与政策协同，为扎实推进黄河流域生态保护和高质量发展取得重大战略成果带来了战略叠加效应、政策集成效应和发展协同效应。

一方面，中央层面系统谋划为实现黄河战略目标释放战略叠加红利。党的二十大报告将“推动黄河流域生态保护和高质量发展”作为加快构建新发展格局、促进区域协调发展的重大战略，多重国家战略交汇也为扎实推进黄河流域生态保护和高质量发展持续释放叠加红利。如黄河流域九省区深度融入共建“一带一路”，深化与沿线国家在基础设施、产能、经贸、金融等领域的合作，促进城市间开放协作和陆海港口联动，为黄河流域东西双向开放拓展了广阔前景；流域内部的中西部省份落实新时代推进西部大开发形成新格局、促进中部地区崛起的重大措施，助推沿线城市基于资源要素禀赋和发展基础，深化新旧动能转换，发展特色优势现代产业体系。挖掘黄河流域巨大的待开发市场空间与消费潜能、进一步刺激消费和扩大内需等，为黄河流域生态保护和高质量发展提供了新空间。总体来说，在中央层面的系统谋划部署下，多重重大发展战略叠加持续释放政策红利，将有力地推动黄河流域沿线省区集聚高质量发展动能，在构建“双循环”新发展格局中促进南北发展差距缩小、东西部发展失衡问题改善的同时，推动黄河流域实现更加充分、更加均衡的发展。

另一方面，地方层面科学布局为更好落实黄河流域生态保护和高质量发展战略发挥政策集成效应。黄河流域九省区积极落实国家赋予的各项战略举措，如河南省建设粮食生产核心区、中原经济区、郑洛新国家自主创新示范区等多重国家战略与黄河流域生态保护和高质量发展战略之间相互支撑、相互促进，势必会产生协同倍增效应。与此同时，黄河流域九省区为加快现代化建设，科学制定实施的高质量发展的特色化战略，进一步推动了包括黄河流域生态保护和高质量发展在内的多重重大战略的落实落地。如河南省全面实施的“十大战略”中，位于首位的创新驱动、科教兴省、人才强省战略，能够为黄河保护治理提供更高水平的科技和人才支撑；而文旅文创融合战略的落实，推动河南加强黄河文化遗产系统保护，高质量建设黄河文化旅游带，能够更好地保护传承弘扬黄河文化。中央和地方多层次多领域战略叠加赋能，助推黄河流域九省区充分发挥自身优势，探索多重战略优势叠加、区域联动协作的最佳切入点，为扎实推动黄河流域生态保护和高质量发展提供强有力的政策保障。

2. 气候变化和极端天气频发引发黄河治理难度加大

全球变暖导致气候变化，加上极端强降雨等异常天气频发等影响，黄河流域保护治理的难度持续加大。

一方面，气候变化影响黄河流域水循环和生态系统健康。近年来，黄河流域的气候和水文条件受全球气候变暖及人类活动的共同影响，发生了显著的改变，呈现上游暖湿化和下游暖干化趋势。其中，黄河上游受气候变化影响巨大，源区冰川退缩、积雪消融、冻土退化态势明显，冰川融水调节径流和稳定生态的作用不断降低，同时冰川融水、积雪融水大量汇入低洼的封闭湖盆，导致湖泊水体面积增加、水位快速上涨，极易引发洪涝灾害；与此同时，上游脆弱区和中游产沙区水土流失加剧，水资源量减少、水旱灾害频发、生物多样性减少等问题突出，进一步影响了径流量、水资源及生态环境的变化。黄河流域径流量整体上呈现减少趋势，而且越接近下游减少趋势越明显，造成黄河流域水源涵养功能降低和生态系统健康受损，流域内水资源的供需矛盾也日益凸显。

另一方面，极端天气多发诱发各类地质灾害并加大生态治理难度。如黄河“水少沙多、水沙关系不协调”和“地上悬河”的特殊性，叠加极端强降雨等异常天气，极易引发超标准洪水的风险，并诱发灾害链效应。如河南郑州2021年发生“7·20”特大暴雨后，黄河中下游遭受新中国成立以来最大秋汛。黄河流域集中强降水增多，导致山体崩塌、滑坡、泥石流等地质灾害发生频率增高，易诱发数量更多、范围更广、危害和影响更大的地质灾害。又如黄河的内蒙古河段、甘肃河段等，水量减少和河床泥沙淤积加重，叠加极端寒冷天气影响，容易造成严重的凌汛灾害。再如黄河流域年最低、最高气温均呈现显著增加态势，其中，四川省的极端最低气温达到了零下46℃，在一定程度上加剧了境内高山冰川、草原植被和湿地生态的破坏，导致生态环境保护难度加大。在此背景下，黄河流域九省区发挥科技创新和高端人才的支撑作用，加强对流域内气候变化规律的认识，针对流域不同区域采取差异化保护治理措施，更好地应对气候变化和极端天气频发问题，实现黄河流域高效治理的“良治”显得尤为重要。

3. 水资源对经济社会发展的制约仍然较强

黄河流域面临水资源十分短缺、水生态破坏和水环境污染、水安全隐患等问题，“水”的问题已经成为制约沿线省区经济社会发展的瓶颈之一，是黄河流域实现高质量发展亟待解决的一个关键性问题。

一是缺水是黄河流域生态保护和高质量发展面临的最大矛盾。黄河流域水资源供需矛盾十分尖锐，其水资源总量不足长江流域的7%、全国总量的3%，却承担着全国15%的耕地面积和12%的人口的供水任务。山东省、山西省以及河南省沿黄引黄受水区人均水资源量不足全国的1/6，水资源短缺问题随着生产生活生态用水量持续增大将更加突出。与此同时，水资源短缺与用水方式粗放问题并存，沿黄部分地区用水量已经超过黄河水资源的承载能力，银川、咸阳、太原、安阳、濮阳等沿线城市已经形成地下水漏斗区。经济社会用水挤占河湖生态水量，造成地下水水位明显下降和过度引流，黄河流域生态保护和高质量发展的供水保障问题亟待解决。

二是黄河流域迫切需要解决突出的水生态环境问题，改善沿线各省区生态环境质量。如水土流失仍是黄河流域亟待解决的重要生态问题，严重的水土流失问题不仅恶化了黄河流域的生态环境，还破坏了土地资源，降低耕地的生产能力，影响了部分沿线地区群众的生产生活环境。与此同时，黄河水环境质量差于全国平均水平，中游部分河段污染问题较为突出，加上流域乱占、乱拆、乱堆、乱建等问题，对流域生态环境保护和经济社会发展造成严重危害，亟须加强黄河流域环境污染的综合治理、系统治理、源头治理。

三是水安全成为黄河流域最大的“灰犀牛”。水安全是生存的基础性问题，黄河流域面临着水旱灾害、水沙不协调、泥沙淤积、地上悬河及断流等问题，亟须全面提升黄河流域大治理大保护能力，有效确保黄河水安全、防范水危机，从根本上改变黄河为患不止的局面，保障黄河长治久安。

4. 流域发展不平衡不充分问题仍将较长期存在

黄河流域的大多数省份仍处于工业化、城镇化加速发展阶段，与全国其他省份相比，经济社会发展相对落后。各省区之间经济联系比较薄弱，流域内经济发展不均衡，区域间的发展水平差异扩大，严重制约了黄河流域九省区实现高质量发展。

一是经济发展不均衡。2022 年，黄河流域经济总量达到 30. 70 万亿元。其中，山东、河南和四川 3 个省的 GDP 之和占到了黄河流域 GDP 总量的 66. 95%，其余 6 个省区 GDP 之和仅为黄河流域 GDP 总量的 33. 05%。而黄河入海口所在的山东省 GDP 达到了黄河源头所在地青海省的 24. 22 倍，黄河流域区域经济整体上呈现“东强西弱、下强上弱”的特征，内部经济发展不均衡现象突出①。

二是创新能力分布不均衡。黄河流域科技创新能力与长江流域、粤港澳大湾区等相比差距仍然较大，根据《中国区域创新能力评价报告 2022》评价结果，沿黄省区只有山东和陕西排名位于前十名，宁夏、甘肃、内蒙古位于倒数后五名，黄河流域内部各省区科技创新发展水平也存在较大差距。

三是沿线产业倚能倚重。黄河流域作为煤炭资源富集区，沿黄省区产业体系普遍存在二产过重、三产过轻、倚能倚重耗水等问题，多以发展能源化

---

① 资料来源：《2022 年山东省国民经济和社会发展统计公报》《2022 年河南省国民经济和社会发展统计公报》《山西省 2022 年国民经济和社会发展统计公报》《2022 年陕西省国民经济和社会发展统计公报》《内蒙古自治区 2022 年国民经济和社会发展统计公报》《宁夏回族自治区 2022 年国民经济和社会发展统计公报》《2022 年甘肃省国民经济和社会发展统计公报》《2022 年四川省国民经济和社会发展统计公报》《青海省 2022 年国民经济和社会发展统计公报》。

工、原材料、农牧业为主导。特别是黄河“几”字弯内，许多城市以装备制造、传统能源化工为主导产业，同质化现象比较突出。这些城市拥有的大量煤炭、化工、冶炼等传统企业，也不同程度存在产业链条延伸不够、成长性不足，绿色发展技术水平不高、发展低质低效等突出问题。在传统产业转型升级压力大的同时，黄河流域高技术产业和战略性新兴产业的发展相比全国其他区域较为滞后，创新能力、高端人才的不足和具有较强竞争力的新兴产业集群的缺乏，导致传统路径依赖和新旧动能转换不快等长期性问题尚未得到较好的解决。

四是部分社会民生领域供需失衡。沿黄省区基础设施和公共服务的历史欠账较多，尤其是甘肃、青海等省份地方财力薄弱，教育、医疗等基础设施建设相对滞后，公共服务水平与群众对美好生活的期盼差距大，区域、城乡发展不均衡，民生领域还有不少短板亟待补齐，均在一定时期内影响黄河流域高质量发展的进程。

5.“双碳”目标与能源粮食安全保障任务赋予双重使命

黄河流域是我国重要的能源富集区和粮食生产核心区，落实“双碳”目标、推动绿色低碳发展、保障国家能源安全和粮食安全是黄河流域九省区必须肩负的重大使命任务。

一是沿黄省区面临实现“双碳”目标的区域差异化路径。黄河流域整体碳排放总量占到了全国的1/3，但流域内部各省区低碳发展水平不均衡，各自的碳排放阶段已出现分化。如根据相关研究，山东省、内蒙古自治区、山西省的碳排放量占黄河流域碳排放总量的比重偏大。相关省区面临基于自身资源禀赋、能源消费结构、产业结构和生态环境保护重要任务等实际，构建实现“双碳”目标的差异化路径，推动能源结构调整和产业绿色低碳转型，同时注重与沿黄其他省区低碳发展的协同性和整体性，共同促进黄河流域顺利实现“双碳”目标。

二是亟须以破解缺水问题为突破口保障国家能源和粮食安全。黄河流域是我国重要的粮食生产基地，粮食总产量占全国总产量的1/3以上。同时，黄河流域也是全国重要的能源、煤化工基地，煤炭储量达到了全国总储量的一半以上。黄河流域水资源极度短缺，水资源总量与能源生产和粮食生产总量空间不匹配，成为制约其能源和粮食发展的关键问题。因此，黄河流域九省区面临加强协作、构建黄河流域以“水—能源—粮食”为纽带的协同安全体系，以水资源高效利用确保国家能源和粮食安全。

（二）发展展望

近年来，沿黄各省区积极推进黄河流域生态保护和高质量发展战略，取得了重要进展。进入全面建设社会主义现代化国家新征程后，黄河流域在生态保护、协同治理、生态修复、发展方式、民生保障等方面有了更高的要求，生态保护和高质量发展有了更高的目标，形成新的战略导向。

1. 从控制污染向系统治理转变，生态环境质量明显改善

与长江流域相比，黄河流域降水量明显不足、上游局部地区生态系统退化、中游水土流失严重、下游生态流量偏低，生态环境十分脆弱，着力推动生态环境治理尤为迫切。近年来，黄河流域以水污染防控为重点持续推进生态环境治理，水环境质量整体上有了显著提升。根据《2021 中国生态环境状况公报》，黄河流域监测的 265 个国考断面中，Ⅰ～Ⅲ类水质断面占 81.9%，比 2020 年上升 2.0 个百分点；劣Ⅴ类水占比 3.8%，比 2020 年下降 1.1 个百分点，干流水质为优，主要支流水质良好。但是，控制污染、水环境治理仅仅是整个黄河流域生态环境系统保护的一个方面。实际上，生态环境改善的关键在于提升生态系统的多样性、稳定性、持续性，主要体现为水源涵养功能的不断提升、生物多样性的逐渐提高、生态系统可持续发展功能的稳步增强。

因此，黄河流域保护与治理将是一个长期而艰巨的系统工程，需要在控制污染、改善水生态质量的基础上，推动黄河全流域生态环境功能的系统性恢复，实现从控制污染改善水生态向生态系统治理转变，主要从三方面入手：一是统筹推动流域全生态要素系统改善。统筹流域山水林田湖草沙等生态要素，从源头上系统开展生态环境的保护与治理，系统推进水环境、水生态、水资源、水灾害的保护治理。二是以水为核心做好系统发展规划。把水资源作为最大的刚性约束，坚持以水定城、以水定地、以水定人、以水定产，统筹人口布局、城市规划和产业发展。三是因地施策分类推进。推动流域上下游协同联动、共同发力。上游以涵养水源和生态系统修复为主，筑牢黄河流域治理第一道生态防线。中游以防风固沙、水土保持为重点，构筑泥沙入黄的中间生态防

线。下游则聚焦水沙调节、滩区治理和生物多样性维护，守好黄河入海的最后一道生态防线。

2. 从条块分割向协同共治转变，管理体制机制更加健全

习近平总书记强调，推进黄河流域生态保护和高质量发展要“共同抓好大保护，协同推进大治理”。显然，协同共治是实现黄河流域生态有效保护与成功治理的关键。实际上，协同最初是一个物理学概念，是指系统内部各单元或各个组成部分协调一致、共同作用而产生的新结构和新功能，呈现明显的整体效应，最终体现为“1+1>2”的协同效应。协同概念提出以后，逐步被引入经济、管理、生态治理等领域，并形成协同理论，成为系统科学的重要分支。协同治理理论集中体现为多元协同共治，与流域生态的系统性治理内在要求高度契合，有助于破解黄河流域生态治理的碎片化问题，应成为黄河流域生态治理的理论支撑。

黄河流域是一个由山水林田湖草沙等自然要素，与人口、产业、城镇等人文要素构成的自然社会系统，其治理必然是多治理层次、多生态维度、多空间尺度的协同共治过程。黄河流域治理必须坚持系统协同思维，运用协同治理理论，统筹谋划，协同共治。这就要求治理体制与协同治理需求相匹配，能够做到政令统一、全域畅通、高效协同，实现从条块分割向协同共治转变。

然而，长期以来黄河治理协同效应并未显现。从纵向治理来看，水利部黄河水利委员会是黄河流域最高级别的治理机构，虽是水利部的副部级直属事业单位，但行政级别和治理强度低于沿黄各省区政府，自然缺乏总揽全局的聚合力和协调各方的实际能力。就横向治理而言，黄河流域生态环境治理主要采取属地治理原则，对于土地沙化、环境污染、水土流失、水资源保护等具体问题，由各地各部门开展分头管理和局部治理，造成“谋局部”居多而“谋全局”严重不足。显然，黄河流域生态环境治理存在明显的碎片化问题，影响了整体协同治理效果。

黄河流域生态治理，需要引导各级各地的政府、企业和社会组织多方参与，强化跨层级、跨部门和跨区域协同，着力推进纵横向府际协同、政府与非政府（企事业单位、居民）间内外协同、开发与保护间协同，建立共同行动体系，构建共商共享的流域治理格局，增强各项治理举措的协同性，防止轻重失当、顾此失彼，最终实现全流域协同共治。

3. 从过度干预、过度利用向顺应自然、休养生息转变，流域生态功能显著提升

党的二十大报告提出“尊重自然、顺应自然、保护自然，是全面建设社会主义现代化国家的内在要求”，成为我国国土空间生态保护修复的根本遵循。实际上，近年来我国在国土空间生态保护修复实践中也逐渐形成了“尊重自然、顺应自然、保护自然”的共识。这与国际上“基于自然的解决方案”（Nature-Based Solutions）的探索高度契合。黄河流域作为水资源极度缺乏、生态体系极为脆弱的国土空间系统，更应该做到尊重自然、顺应自然、保护自然，加快从过度干预、过度利用向顺应自然、休养生息转变，显著提升生态可持续发展的系统功能。

然而，近年来从黄河生态系统保护方式和治理效果来看，没有做到充分尊重自然，更没有实现从过度干预、过度利用向顺应自然、休养生息转变。黄河流域水资源先天匮乏，加之“以水定发展”方针实施不到位，致使地表和地下水资源严重不足，直接影响黄河流域生态植被，尤其是地表植被十分脆弱，不同程度地出现林地、草地、湿地衰退，沙漠化、水土流失、盐碱化和生物栖息困难等生态问题。针对这些问题，一些地方虽然加大了保护与治理力度，但由于没有充分遵循生态系统自然修复的内在规律，生态保护和治理效果往往很不理想。比如，近年来，国家在黄河流域已经投入了1200多亿元的草原生态保护资金，但一些地方由于草种草地单一并未形成有效的生态群落，人工草原仅在建设初期有些成效，第二年或第三年便开始退化，出现了“短期改善，长期恶化”的窘境。

黄河流域生态保护和治理，需要充分尊重自然、顺应自然、保护自然，根据上中下游不同的气候、土壤、地质特点，依据生态学规律促进黄河流域生态环境演替，因地制宜培育原生态植被、草皮以及水生生物，定点定向培育生物系统。与此同时，开展技术创新，增加回用水资源，提高水资源利用效率，科学保护流域生物资源，持续修复生态系统，显著增强黄河流域生态系统可持续发展功能。

4. 从高碳增长向绿色低碳发展转变，经济社会转型升级步伐加快

加快推动从高碳增长向绿色低碳发展转变，是黄河流域实现高质量发展的必由之路，可以从两个层面来分析。

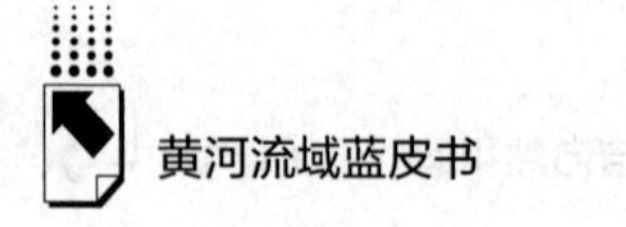

从生态承载力来看，高碳粗放的发展方式与脆弱的资源环境承载力极不适应，成为黄河流域从高碳增长向绿色低碳发展转型的自然生态倒逼力量。一方面，由于能源矿产资源丰富，沿黄各省区逐步形成了以能源资源密集型产业为主导的产业结构。黄河流域的煤炭储备量占全国的50%以上，其中内蒙古、山西和陕西是中国目前产煤规模最大的3个省区。在经济快速增长阶段，沿黄各省区的煤炭、石油、化工、钢铁、冶金、建材等高耗能、高耗水、高污染产业快速扩张，加剧了水资源短缺和生态环境污染。另一方面，黄河流域是我国水资源最为稀缺的地区之一，水生态十分脆弱。黄河水资源总量不到长江的7%，人均占有量仅为全国平均水平的27%，以全国2%的水资源为全国1/3的人口和1/4的GDP提供支撑，水资源开发利用率已经高达80%，远超河流水资源开发利用率40%的生态红线。

从战略指引及政策引导来看，高碳粗放的发展方式与相关政策引导以及“双碳”战略指引极不适应。进入经济新常态后，我国及时调整政策方向，逐渐淡化对经济增速的关注，而持续增强对经济发展质量的引导，加快发展方式向绿色低碳转型，绿色发展理念和发展方式成为当今发展的主旋律，推动经济逐渐步入高质量发展阶段。特别是，以习近平同志为核心的党中央做出了“力争2030年前实现碳达峰，2060年前实现碳中和”的重大战略决策，为新发展阶段我国推动黄河流域生态保护和高质量发展指明了战略方向，成为黄河流域从高碳增长向绿色低碳发展转变的战略引导力量。

综上可见，与其他地区相比较，黄河流域面临从高碳增长向绿色低碳发展转型的需求更为迫切。黄河流域要积极贯彻新发展理念，认真落实国家“双碳”战略目标要求，彻底摆脱对高碳粗放发展的路径依赖，坚持宜水则水、宜山则山，宜粮则粮、宜农则农，宜工则工、宜商则商，推进产业绿色低碳转型，加快形成绿色生产生活方式。同时，要充分发挥区域中心城市经济和人口承载力强的引领带动作用，尤其是要率先实现兰州、银川、西安、洛阳、郑州和济南等中心城市高质量集约发展，更好引领带动全流域高质量发展。

5. 从流域非均衡向均衡发展转变，群众幸福感获得感不断增强

黄河流域地跨三大地形阶梯、东中西部地区，区位条件、资源禀赋和经济基础差别较大，导致沿黄省区的公共服务水平、基础设施完善程度、人民生活保障能力差距较大，发展不平衡不充分的问题较为突出。

从区域发展差距来看，黄河流域由于长期受到生态脆弱性、高碳产业占比较大、创新发展不足等因素影响，经济发展水平在全国发展格局中处于弱势地位，推动区域从非均衡向均衡发展转变的任务十分迫切。近年来，我国区域经济呈现“南快北慢”的发展态势，且南北分化持续扩大。2020 年黄河流域九省区常住居民人均可支配收入为 26362.44 元，比全国居民人均可支配收入低 5826.56 元；农村常住居民人均可支配收入 14569.6 元，比全国农村居民人均可支配收入低 2561.4 元。

从两个特殊类型地区来看，黄河流域存在上游少数民族聚集区、下游滩区这两个特殊类型地区，其基础薄弱、贫困程度较深，明显加重了流域非均衡发展的态势，因而推动这两个特殊类型地区从非均衡向均衡发展转变的任务尤为迫切。一是上中游少数民族聚集地区。黄河流域少数民族主要集中在青、甘、宁、蒙、陕等省区，这些地区贫困人口占比高，贫困程度深，是地区均衡发展的短板，其中，青、川、甘的藏族地区，尤其是甘肃的临夏州和四川的凉山州，被列入“三区三州”深度贫困地区，更是地区均衡发展的突出短板。二是下游滩区。滩区受到黄河行洪、滞洪、沉沙场功能长期制约，基础设施建设、工业化和新型城镇化均受到极大的限制，现代经济基础非常薄弱，已形成具有典型地域特征的贫困区。因此，因地制宜，多措并举，推动两个特殊类型地区快速发展，不断增强群众幸福感、获得感，应成为新时期推进黄河流域生态保护和高质量发展的战略核心任务。

为此，需要坚持以人民为中心的发展思想，坚持共同富裕方向，抢抓新时期西部大开发、加速新时代中部崛起、“一带一路”倡议的战略机遇，加快实现流域从非均衡向均衡发展转变，聚焦重点区域、重点人群，推动区域协同发展和错位发展，持续改善欠发达地区兜底保障能力和产业支撑能力，增强自我发展能力，释放发展潜力，不断缩小地区差距和不同群体收入差距，让更多发展改革成果惠及人民。

三　推进黄河流域生态保护和高质量发展的对策建议

（一）加强顶层设计，完善黄河流域统筹协调机制

不谋全局者，不足谋一域。黄河流域是一个相互联系、相互协同的整体性

系统，在空间上涵盖上中下游、干支流、左右岸，在要素上统筹山水林田湖草沙，在产业上包含工农业生产和服务业，参与主体也包括党委政府、企业、居民等，必须站位全局，放眼流域内外，加强顶层设计，构建纵向到底、横向到边的统筹协调、系统完备、运行高效的统筹协调机制，形成黄河流域生态保护和高质量发展的系统性强大合力。

1. 推动流域政策规划协同

黄河流域生态保护和高质量发展是重大国家战略，首先，在国家层面加强顶层设计，站在全流域的视角，统一制定谋划黄河流域生态保护和高质量发展重大政策、重大规划、重大项目，并确定年度的发展目标、重点任务、跨省区的重大工程等，同时，突出流域防洪、水资源管理、水土保持、监测、调度、监督等工作。其次，坚持全流域“一盘棋”，根据国家黄河流域生态保护和高质量发展规划，优化调整各省区相关总体规划，制定实施定位准确、边界清晰、功能互补、统一衔接的各专项规划体系，形成包含“国家规划—省区规划—专项规划”在内的完善协调的规划体系。再次，聚焦防洪减灾、河道治理、生态环保、国土整治、科技创新、水利、交通、能源、文化传承创新、公共服务等重点领域，建立健全省际河湖长联席会议制度，加强地方政府间的分工合作与联动协调，明晰流域各地方政府的职责权益。最后，围绕加强政策规划的协同，设立黄河流域生态保护和高质量发展专家咨询委员会，邀请不同区域、不同领域的专家，为涉及黄河流域跨区域、跨行业、跨部门的重大政策、重大规划、重大项目等问题提供专业咨询和决策参考。

2. 推动流域防灾减灾联动

习近平总书记在黄河流域生态保护和高质量发展座谈会上指出，洪水风险依然是流域的最大威胁。贯彻落实习近平总书记的重要指示精神，要把推动流域防灾减灾联动放在重中之重的位置。首先，建立健全科学高效的综合性防洪减灾联动机制，制定实施防灾减灾应急预案和联合处置方案，对黄河干支流控制性水工程实施统一调度，强化流域上中下游联动，确保流域防汛抗旱、防凌措施有效实施，全面提升黄河流域防治洪涝等灾害的能力。其次，完善水沙调控机制。按照“增水、减沙、调控水沙”的基本思路，各省区在加强信息互通共享的基础上，减轻水库及河道淤积，增强水库、河流泄洪排沙功能，增强水利枢纽的调水调沙功能，提高泥沙资源化利用水平，提高水沙调控能力。最后，各省区加强衔接，推进黄河干支流控制性水工程、标准化堤防、控制引导河水流向工程等防洪工程体系协同建设和管理，实施病险水库除险加固和山洪、泥石流灾害防治，提升干支流河道综合治理水平，加强岸线资源开发与保护，确保防洪安全。

3. 推动流域执法监管协作

2022 年 10 月 30 日，第十三届全国人民代表大会常务委员会第三十七次会议通过《黄河保护法》，并于 2023 年 4 月 1 日开始实施。《黄河保护法》的实施，不仅为流域执法监管提供了依据，而且为流域执法监管提供了方向。首先，推动全流域建立跨区域的执法监管协作体系，围绕联勤联动、跨区域执法案件办理、专项执法行动、突发事件应急处置等重点工作，完善相关规定，便于更好地协作解决具体执法案件中涉及的案件管辖、法律适用、程序衔接等问题。其次，提高全流域执法监管协作能力。加强跨区域执法业务交流，强化联合培训、联合演练、观摩研讨，推动跨行政区互派执法人员挂职锻炼。最后，推动全流域执法监管的力量互补与资源共享，探索实施全流域、跨区域执法案件异地委托检查布控、调查取证、文书送达、协助执行等方面的协作。

4. 加强流域信息协同共享

只有实现流域信息的协同共享，才能推动流域统筹协调机制的充分发挥。首先，组织建立智慧黄河信息共享平台。按照国家、水利部和数字孪生黄河共建共享相关技术要求，在黄河流域多维多时空尺度数据底板、水利模型和水利知识的基础上，建立信息资源共建共享机制，集成共享黄河流域内数据底板信息、雨水工情监测信息、业务管理信息、模型服务、知识服务、云计算服务等，编制统一的资源目录。其次，加强区域内、部门间、行业内信息共享，通过信息共享互通、服务云化、云边端协同，共享流域生态环境保护信息，进一步提高流域管理科学化水平。最后，定期向社会公众公布黄河流域自然资源状况、野生动物资源状况、生态状况等相关信息，定期公布黄河流域土地荒漠化、沙化调查及水土流失等监测结果，加强数据共享和成果应用，促进黄河流域生态保护和高质量发展。

（二）加强系统治理，强化黄河流域绿色发展能力

坚持生态保护优先，科学把握上中下游生态差异与共性，有机结合水域与

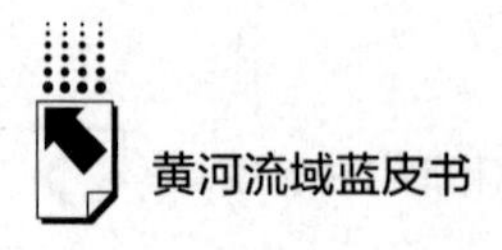

周边环境体系，立足于全流域和生态系统的整体性，统筹谋划、协同推进全社会共同参与形成黄河流域生态环境大保护、大治理的格局。

1. 加强流域整体生态建设

根据流域特征，上中下游突出各自生态建设关键环节。上游以水源涵养能力建设为重点，坚持山水林田湖草沙一体化治理，持续推进“一河三山”“一屏两障”“两山七河一流域”等生态安全屏障建设工程，稳步修复黄河河湖补水功能。中游以水土保持系统治理为重点，建立健全“固、护、封、阻”相结合的荒漠化沙化综合防护体系，加大黄土高原水土流失防治力度，重点筑牢泥沙集中来源区综合治理，实现水土流失面积和强度“双降”。巩固提升中下游干支流生态环境，加强水土保持林、水源涵养林等水系工程建设，推动黄河入海口湿地与水系联通工程。推动沿黄复合型生态廊道建设，营造乔灌木结合、针阔落叶常青植物结合、防护与美化结合的廊道生态景观。加强湿地生态数据集成分析和综合应用，有效提高生态环境风险预警和防范能力。

2. 加强环境污染系统治理

加强农业面源污染综合治理，加大耕地土壤环境治理保护，实施高标准农田建设和农田土壤修复工程，分级分类实施耕地污染治理。强化工业污染规范治理，摸清全流域沿岸排污口现状，推进黄河干支流入河排污口整治行动，关停并转“散乱污”企业。强化危固废风险管控，对全流域危固废污染状况进行排查，建立全链条垃圾收运处置体系，加大存量治理力度。大力推进清洁生产。强制性督促煤炭化工重金属等行业清洁生产，鼓励性推动其他行业企业清洁生产，拓宽低排放改造和工业污染特别排放限值适用领域，全面提升工业清洁生产比例和水平。提高城乡生活污废处理能力，加强城镇生活污水、工业废水、农业农村污水资源化利用。加大矿区修复生态治理，量体裁衣推进矿山区域改造升级，强化“边开采、边治理”举措。重点开展尾矿库、尾液库专项整治行动，推进历史遗留尾库处理，实施尾矿废石综合利用示范工程。

3. 推动生产生活绿色低碳发展

提高水资源节约集约利用水平，进一步加强水资源的循环利用；鼓励企业安装节水设备，强化节水设施的有效使用，降低工业用水量；在农村片区有序推进“投、建、管、服”的现代农业产业模式，减少农业用水总量，提升农业用水效率。发展可再生能源。推进工业清洁产业转型，严格执行工业污染排放标准，加大技术研发投入，发展低能耗低污染化工能源产业，培育全产业链绿色可持续试点示范项目。全面践行低碳理念，推广新能源汽车等绿色交通工具，更新交通、环卫、物流等公共领域清洁能源车辆。加快建立生活垃圾处理分类系统，推动生活建筑垃圾资源化试点建设，积极探索市场化垃圾收运新模式。加快生活垃圾焚烧处理设施建设，提高城乡生活垃圾处理水平。推动绿色施工管理模式，加强建筑扬尘、道路渣土等防治工作。推动冬季清洁取暖改造，因地制宜建设生物质能等分布式新型供暖方式。鼓励沿黄生态保护区、省区开展富有特色的志愿者活动，积极创造居民参与生态治理的机会，有效推动全社会形成生态环境大保护、大治理格局。

（三）加强创新驱动，激发黄河流域高质量发展内生动力

黄河流域 9 个省区，其中 7 个是欠发达地区，传统产业转型升级迟缓，新兴产业发展滞后，创新驱动发展动力严重不足。黄河流域推动生态保护和高质量发展战略的实施，必须把创新放在发展全局的核心地位，加快实现由要素驱动向创新驱动转变。加强科技创新对产业发展的引领，加快构建绿色、协同、高效的现代产业体系，全面增强高质量发展的内生动力。

1. 提升科技创新驱动能力

坚持把创新作为黄河流域生态保护和高质量发展的第一动力，大力发展节水产业和节水技术，推动产业转型升级，为黄河流域生态保护和高质量发展提供强劲动力支撑。聚焦制约黄河流域生态保护和高质量发展的水安全、水生态、植被保护恢复、水沙调控等重点问题和瓶颈因素，多渠道持续增加研发投入，积极开展重大科学实验和技术攻关，破解制约发展的“卡脖子”问题。从全国创新资源一盘棋大局和流域系统治理的视角，做好重大科技创新资源和重要创新平台的统筹布局，增强创新资源开放联动效应。发挥黄淮海平原、汾渭平原、河套灌区等农产品主要产区的资源禀赋优势，加强农牧业技术创新，加快推动杨凌、黄河三角洲等农业高新技术产业示范区建设。加快推进流域内国家重点实验室、产业创新中心、工程研究中心等科技创新平台建设，谋划建设黄河流域生态保护修复协同创新共同体、黄河三角洲现代农业技术创新中心等一批创新联合体，构建上中下游高效协同的创新体系。严格落实国家各类鼓励创新优惠政策，多措并举激发各类主体创新活力，加快培育具有核心竞争

力、科技活力强的领军型企业，更好地发挥企业创新主体地位。优化创新生态环境，完善科技创新投融资机制，综合运用政府采购、税收优惠、奖励机制等政策措施，促进科技成果转移转化。

2. 建设特色优势现代产业体系

根据黄河流域资源约束强、生态环境脆弱的基本特征，坚定走绿色低碳发展道路，以生态保护为前提，发挥资源禀赋和特色产业优势，全面构建支撑高质量发展的现代产业体系。粮食生产方面，坚定守牢耕地红线，在黄淮海平原、汾渭平原、河套灌区等粮食主要产区，大力建设高标准农田，支持发展节水型设施农业，积极推广优质粮食品种种植，积极提升粮食产量和品质。农牧业生产方面，充分挖掘流域特色农牧业资源优势和发展潜力，优化农牧业生产力布局，夯实农牧业发展基础，进一步做优做大做强现代农牧业。上游的青海、宁夏、内蒙古等地区，加快推动牦牛藏羊繁育、优质饲草料、现代牧业、奶源等基地建设，并推动农牧业产品的增值，促进产业提质增效。制造业领域，要加快传统产业转型升级步伐，推动产业基础再造、产业链整体提升。坚决淘汰落后产能，提高环保、质量、技术、能耗、安全等标准，加快退出落后产能，严格控制新增过剩产能。新兴产业培育方面，抢抓新一轮技术变革和产业变革的历史机遇，瞄准全球新兴产业发展方向和发展前沿，积极发展人工智能、新一代信息技术、生物技术、海洋装备等高成长、高带动、高集聚的战略性新兴产业，加快构建现代产业体系新支柱。加快数字经济发展和应用，推动数字技术和制造业、农牧业、文化旅游等产业的深度融合发展，培育产业发展新动能。

3. 优化流域营商环境

从长远来看，优化营商环境决定着黄河流域沿线地区发展的活力后劲，也是影响全流域高质量发展的“生命之线”。要持续深化“放管服”改革，加快营造开放透明、公平公正的市场环境，坚持各类市场主体一律平等，鼓励民间资本积极参与黄河流域生态保护和高质量发展战略的实施全过程。持续深入推进“互联网+政务服务”建设，加快流域一体化政务服务平台建设，全面推广“一网通办、一事通办”。全流域深入推广政务服务“最多跑一次”模式，打造高效便捷的政务服务环境。落实全流域“一张清单”政务服务模式，用优良的政务服务环境吸引外资企业、民营企业等各类投资主体。加大对民营企业、民间资本等市场主体的引入，通过特许经营等方式，加大对黄河支流河段生态建设和环境保护的支持力度。全面深化要素市场改革，采用占补平衡、增减挂钩等方式促进土地指标流域内流转调剂；进一步消除劳动力和人才跨区与城乡流动的障碍，促进人力资本在更大范围内优化配置；完善要素市场制度设计，夯实制度基础，培育壮大数据要素市场、技术市场。加快推进优化营商环境条例地方性立法工作，完善营商环境评价体系，在有条件的地方开展营商环境评价，以评价促进营商环境优化，建设市场化法治化国际化营商环境。

（四）加强核心带动，增强黄河流域中心城市和城市群承载能力

中心城市和城市群是区域发展的重要增长极，在地区经济发展中起着龙头带动作用。与长江流域和沿海发达地区相比，黄河流域多数地区经济社会发展相对滞后，其中一个重要原因就是中心城市和城市群整体实力不强，带动作用不明显。黄河流域生态保护和高质量发展战略的顺利推进，必须发挥好核心城市的引擎和带动作用，以沿黄都市圈、城市群的建设和一体化发展，引领黄河全流域协调发展和高质量发展。

1. 增强中心城市引领带动作用

与长江流域相比，黄河流域城市整体实力不强，全国进入“GDP 万亿俱乐部”的 24 个城市中，黄河流域仅有 4 个，即青岛、郑州、济南和西安。全国 9 个国家中心城市，黄河流域也只有郑州和西安两个城市入列。即使是郑州和西安这两个国家中心城市，也仅刚刚跨过“GDP 万亿俱乐部”门槛，在 9 个国家中心城市中处于相对落后位置。首先，要加快推进郑州和西安国家中心城市建设，增强国家中心城市核心引擎作用，提升流域带动能力。其次，山东作为黄河流域经济实力最强的省份，济南要加快推进“大强美富通”现代化国际大都市建设，青岛要加快建设开放、现代、活力、时尚的国际大都市，发挥好山东半岛城市群在流域内的龙头作用。最后，还应积极提升兰州综合实力，发挥兰州作为西北地区综合交通枢纽、商贸物流中心、科技创新中心等重要功能；增强西宁中心城区核心带动功能，提升创新等高端要素集聚能力，建设辐射服务西藏新疆、连接川滇的现代化区域中心城市。

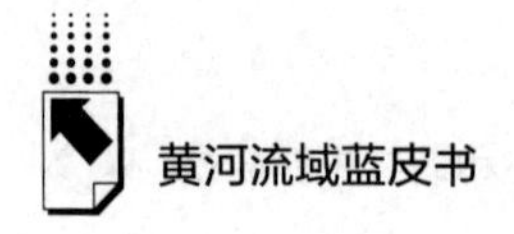

2. 高质量高标准建设沿黄都市圈和城市群

城市群和都市圈的建设，离不开高能级的中心城市，要依托郑州和西安两个国家中心城市和济南、青岛、兰州、西宁、呼和浩特等区域性中心城市，加快培育建设沿黄都市圈和城市群，加强中心城市与周边城市区域的优势互补和协同发展，推进人口、产业、交通、公共服务、市场要素的一体化对接，建设引领和支撑黄河流域高质量发展的核心区。以郑州国家中心城市建设为引领，加快推进郑州都市圈扩容提质，加快建设包含开封、许昌、新乡、焦作、洛阳、平顶山、漯河、济源示范区等城市在内的“1+8”都市圈。以西安国家中心城市建设带动关中平原城市群发展，推动榆林、延安深度融入呼包鄂榆城市群、黄河“几”字弯都市圈，全力建设具有国际影响力的国家级城市群。以济南为中心，加快推动济泰同城化、济淄同城化、济德同城化，打造山东省会经济圈；以青岛为中心，加快推进青潍日、烟威一体化进程，协同建设胶东经济圈；以临沂、济宁、菏泽、枣庄四市为主体，打造乡村振兴先行区、转型发展新高地、淮河流域经济隆起带，建设鲁南经济圈。推进西宁与海东一体化发展，加快交通、水利、信息等重大基础设施建设的互联互通，打造经济生态文脉共同体，建设现代化西宁—海东都市圈。加快建设兰州—西宁城市群，发挥兰州、西宁两个中心城市对周边地区的辐射带动能力。坚持交通先行，加快推进呼和浩特、包头、鄂尔多斯和乌兰察布四个城市的一体化进程，并推动基础设施、产业体系建设、生态环境保护等领域的共建共享。加强顶层设计和规划先行，推动流域内部轨道交通、通信网络等基础设施建设与互联互通，为人员往来和要素流动提供便利，增强人口集聚和产业协作能力。

3. 坚持流域联动协同发展

要使中心城市和城市群真正成为黄河流域高质量发展的主要载体，就必须强化城市间的协同发展，通过黄河“几”字弯都市圈和城市群的联动发展，打造特色鲜明、优势互补、高效协同的发展新格局，统筹沿黄生产生活空间布局，促进公共服务设施共建共享，共同推动流域合作共赢发展。推动流域联动协同发展，需要整合全流域优势资源，通过中心城市之间的强强联手，相邻中小城市之间的抱团取暖，实现小区域的联动，在小联动的基础上推进更大范围的联动发展，最终推动资源在全流域的优化配置和功能整合。在联动发展的具体内容上，一是推动生态环境共保共建共治，各中心城市应统筹谋划、协同推进，立足于全流域和生态系统的整体性，共同抓好大保护、协同推进大治理；二是推动教育医疗联动发展，应破解公共服务区域性结构失衡、圈层式递减的矛盾；三是推动产业互补联动发展，应以产业链、价值链、供应链为基础，准确定位各个城市的产业发展并不断优化产业结构，形成协作紧密、集约高效的产业板块，从而释放产业空间集聚效应、重组效应和溢出效应，打造黄河流域优势产业链和产业生态圈①。

（五）加强保护传承，加快黄河文化体系建设

黄河不仅是一条波澜壮阔的自然之河，也是一条源远流长的文化河流。习近平总书记曾经指出，“黄河文化是中华文明的重要组成部分，是中华民族的根和魂，要保护、传承、弘扬黄河文化。”坚持法制化保护、活态化传承、现代化发展、国际化交流，加强沿黄地区历史文脉延续保护与传承，深入挖掘黄河文化时代价值，促进文化和旅游深度融合，推动黄河流域文化实现整体保护、活态传承、创新发展。

1. 加强黄河文化遗产系统保护

黄河文化星河灿烂，有河湟文化、关中文化、河洛文化、齐鲁文化等特色鲜明的地域文化，各种历史文化遗产星罗棋布。开展黄河文化系统保护的前提是要尽快摸清流域内文物古迹、非物质文化遗产等重要文化遗产的家底，因此，要全面开展黄河历史文化资源的调查和认定，尽快建立黄河文化资源数据库。加快建设黄河文化遗产廊道，对黄河文化遗产进行系统性保护，对濒危遗产遗迹遗存实施抢救性保护。加大对陕西石峁、山西陶寺、河南二里头、山东大汶口等重要遗存遗址的保护力度，积极开展周祖陵、大明宫、西汉帝陵、唐代帝陵、北宋皇陵、邙山陵墓群等遗址的整体性保护和修复工作，支持条件成熟的遗址建设考古遗址公园。全面开展古镇、古村、古渡口、古栈道等文化遗迹遗存的系统性保护和修复工作，加强古长城抢救性保护和重点长城点段保护利用，加快甘肃长城国家文化公园和山东齐长城国家文化公园建设进程。支持大同、西安、洛阳、开封等城市挖掘历史文化资源，开展历史文化保护和城市风貌塑造。实施黄河流域“考古中国”重大研究项目和中华文明探源工程，

---

① 左雯：《流域联动促中心城市高质量发展》，《中国社会科学报》2020 年 9 月 16 日，第 3 版。

尽快厘清黄河文物价值体系。完善联合打击和防范文物犯罪长效机制，从严打击盗掘、盗窃、非法交易文物等犯罪行为。建立健全黄河流域非物质文化遗产保护名录体系，加大对黄河流域戏曲、武术、民俗、传统技艺等非物质文化遗产的保护。积极开展文物保护科技创新，加强文物保护现代信息技术和数字技术的应用。

2. 传承弘扬好黄河文化

深入实施中华文明探源工程，积极开展黄河文化传承创新工程，推进西安、郑州、洛阳等地黄河历史文化主地标城市建设。加快推动黄河国家文化公园规划和建设，改建和新建一批黄河文化博物馆，加强对黄河历史文化的展示。积极开展“中国黄河”国家形象宣传推广活动，在国家文化年、中国旅游年、世界文化旅游大会、丝绸之路国际文化艺术节、丝绸之路国际电影节等国际性节日和活动中，融入黄河文化元素，向国际社会全面展示真实、立体、发展的黄河流域。加强同尼罗河、多瑙河、莱茵河、伏尔加河等世界大河流域的交流合作，支持黄河流域沿线城市与共建“一带一路”国家和地区广泛开展人文合作，促进中外文化和文明的交流。积极开展面向海内外的寻根祭祖活动，打造黄河流域中华人文始祖发源地文化品牌。讲好新时代黄河故事，加强黄河题材文学艺术、戏剧、纪录片等创作，并向海外积极推广，推动黄河文化“走出去”。大力弘扬长征精神、延安精神、焦裕禄精神、沂蒙精神等，用以滋养初心、淬炼灵魂。丰富黄河文化产品和服务供给，支持开展群众性文化活动，提高黄河流域基本公共文化服务覆盖面和适用性。

3. 推动文化旅游深度融合发展

黄河流域文化和旅游资源丰富，要“推动文化和旅游融合发展，把文化旅游产业打造成为支柱产业”①。加快流域文化旅游资源的全面整合，建设一批能够展现中华文化的标志性旅游产品，推动文化和旅游在黄河实现全域融合。上游地区的青海、宁夏、甘肃等地要立足于自然风景优美、生态资源丰富、民族文化多彩、地域特色鲜明的资源优势，补齐旅游配套设施短板，加快高品质旅游产品的开发。中游地区的山西、陕西、河南等地要依托丰富的古都、古城、古迹等历史文化遗存，突出地域文化特点，打造世界级历史文化旅

① 《黄河流域生态保护和高质量发展规划纲要》。

游目的地。下游地区的山东要围绕泰山、孔庙等世界著名历史文化遗产，大力弘扬中华传统文化。依托陕甘宁、吕梁山、沂蒙山等革命老区和根据地，打造黄河红色旅游走廊。此外，要坚持保护优先的理念，将敦煌石窟、龙门石窟、大同云冈石窟打造成为中国特色历史文化标识，擦亮“中国石窟”文化品牌。

（六）加强民生改善，提高黄河流域公共服务供给水平

“黄河流域是多民族聚居地区，黄河流域经济社会发展相对滞后，特别是上中游地区和下游滩区，是我国贫困人口相对集中的区域”，加强和改善黄河流域民生，增强高质量基本公共服务供给，对于中国式现代化进程的顺利推进、全国各族人民共同富裕目标的实现具有重要意义。要坚持以人民为中心的发展思想，增强公共服务供给能力和水平，加强普惠性、基础性、兜底性民生建设，让黄河真正成为造福人民的幸福河。

1. 稳步提高教育医疗质量和水平

流域上中游的少数民族地区和山区基础教育与医疗卫生事业较为薄弱，普遍存在投入少、底子薄、发展弱等问题。应当由国家层面牵头，加快构建流域基础教育均衡发展的长效经费投入保障机制，尽快补齐流域基础教育短板。特别是要落实好贫困地区、边远地区教师津贴和乡镇工作补贴政策，鼓励有条件的地区提高补贴标准，引导绩效工资向艰苦地区倾斜，改善落后地区师资待遇。高等教育方面，选择一批基础较好的高校，通过省部共建和对口支援等多种方式，支持有条件的高校积极开展“双一流”大学和学科建设，弥补流域高等教育质量不高的短板。支持流域内高校围绕黄土高原水土保持、生态保护修复、水资源高效利用、弘扬黄河文化等关键领域设置一批重点学科，培养一批专业化人才。加强教育资源共享互通，畅通流域教育资源大循环，创新合作模式，拓宽合作领域，携手共建黄河流域九省区教育共同体，打通九省区“人才供给链”、“科技转化链”和“区域服务链”，共建开放、协同、联动的教师教育体系，促进资源互通、共享协作机制建立，共同推进黄河流域教育事业高质量发展。积极优化医疗资源配置，以基层公共卫生服务体系为重点，加大政府财政资金投入。实施“黄河名医”中医药发展计划，加快推动黄河流域中医药产业发展。加快黄河流域疾病预防控制体系现代化建设，建立健全集“防、控、治、研、学、产”于一体的公共卫生防疫体系。发挥好东西部对口

支援等机制的作用，加强东西部医疗协作，破解黄河流域西部地区、山区和少数民族地区医疗资源匮乏的困境。

2. 有效提高社会保障水平

千方百计稳定就业，创造就业机会，发挥基础设施、环境治理、植树造林等重大工程拉动就业作用，引导高校毕业生、退役军人、返乡人员等群体积极投身到黄河流域生态保护和高质量发展国家战略中来，以稳就业促增收保民生。加强户籍制度、基础教育、社会保障等方面的政策创新，加大对各类人才到新疆、西藏、青海等边疆、高原地区就业创业安居的支持力度，并增进与全国其他地区的自由交流。积极落实好基本养老保险全国统筹政策，加快推进基本养老保险流域统筹。进一步完善城乡医疗保险制度，缩小城乡医疗保障差距，进一步落实异地就医结算，有序扩大跨省异地就医定点医院覆盖面，为异地就医提供更大便利。加快健全社会救助体系，完善农村留守儿童和妇女、老年人关爱服务体系，做好对孤寡老人、残障人员、失独家庭等弱势群体的关爱服务。

3. 提升特殊类型地区发展能力

以黄河上中游的贫困地区、民族地区、革命老区、生态脆弱地区等为重点，巩固拓展脱贫攻坚与乡村振兴有效衔接，稳定提升中低收入群体收入水平，有效缩小流域地区发展差距和贫富差距。第一，贫困地区要健全防止返贫监测和帮扶机制，持续改善经济薄弱地区发展条件和农民生产生活条件，努力保障脱贫人口稳定脱贫不返贫，全力让脱贫群众迈向富裕；加大上中游易地扶贫搬迁后续帮扶力度，继续做好东西部协作、对口支援、定点帮扶等工作。第二，民族地区要增强自我发展能力，加强基层公共服务设施和文化旅游基础设施建设投入，鼓励民族地区积极发展特色旅游和文化产业，增强民族地区稳定发展的内生动力。第三，革命老区要聚焦红色文化传承弘扬，增加政府和民间资本投入，完善革命老区基础设施体系和文旅产业发展体系，增强红色文化旅游资源转化能力。第四，生态功能区要坚持生态保护优先，完善各类生态补偿机制，严禁不符合生态保护的各类开发活动，加快实施生态移民搬迁，为黄河流域生态保护和高质量发展战略实施提供坚强生态屏障①。

---

①《甘肃黄河流域生态保护和高质量发展规划》。

参考文献

黄燕芬、张志开、杨宜勇：《协同治理视域下黄河流域生态保护和高质量发展：欧洲莱茵河流域治理的经验和启示》，《中州学刊》2020 年第 2 期。

王志芳、高世昌、苗利梅、罗明、张禹锡、徐敏：《国土空间生态保护修复范式研究》，《中国土地科学》2020 年第 3 期。

彭绪庶：《黄河流域生态保护和高质量发展：战略认知与战略取向》，《生态经济》2022 年第 1 期。

马军、刘晴靓、张瑛洁、宋丹、罗从伟：《黄河流域生态保护和高质量发展——基于区域生态与资源平衡思想的谋划》，《城市与环境研究》2022 年第 1 期。

高国力、贾若祥、王继源、窦红涛：《黄河流域生态保护和高质量发展的重要进展、综合评价及主要导向》，《兰州大学学报》（社会科学版）2022 年第 2 期。

金凤君、林英华、马丽、陈卓：《黄河流域战略地位演变与高质量发展方向》，《兰州大学学报》（社会科学版）2022 年第 1 期。

宋洁：《新发展格局下黄河流域高质量发展“内外循环”建设的逻辑与路径》，《当代经济管理》2021 年第 7 期。

彭俊杰：《黄河流域“水-能源-粮食”相互作用关系及其优化路径》，《中州学刊》2021 年第 8 期。

赵忠秀、闫云凤、刘技文：《黄河流域九省区“双碳”目标的实现路径研究》，《西安交通大学学报》（社会科学版）2022 年第 5 期。

综合篇

Comprehensive Reports

B.2

黄河流域粮食安全的战略地位及实现路径

林 珊　于法稳*

摘　要： 黄河流域不仅是我国重要的生态屏障和经济地带，而且是我国粮食生产的主要区域，黄河流域粮食安全在保障国家粮食安全中具有重要的作用。因此，在黄河流域生态保护和高质量发展国家重大战略背景之下，分析黄河流域粮食安全的战略地位及实现路径，具有重要的现实意义。本文从黄河流域区域层面、省级层面分析了粮食生产情况，在此基础上，对实现黄河流域粮食安全的资源投入及面临的环境形势进行了剖析，从加强党的领导、注重资源保护、加快绿色转型、依靠科技创新、推动机制创新等方面，提出了实现黄河流域粮食安全的路径。

关键词： 黄河流域　粮食安全　绿色转型

* 林珊，中国社会科学院大学应用经济学院博士研究生，主要研究方向为生态经济学；于法稳，管理学博士，中国社会科学院农村发展研究所二级研究员，主要研究方向为生态经济理论与方法、生态治理、绿色发展等。

粮食安全是“国之大者”，粮稳天下安。党的十八大以来，以习近平同志为核心的党中央把粮食安全作为治国理政的头等大事，提出确保谷物基本自给、口粮绝对安全的新粮食安全观，牢牢把住粮食安全主动权。“中国人要把饭碗端在自己手里，而且要装自己的粮食。”任何时候，都要把粮食安全作为首要任务。为此，要严守耕地红线，稳定粮食播种面积，加强高标准农田建设，切实保障粮食和重要农产品稳定安全供给。

黄河流域是我国重要的生态屏障和重要的经济地带，在我国经济社会发展和生态安全方面具有十分重要的地位。同时，黄河流域是我国粮食生产的主要区域，2022 年黄河流域粮食产量为 24255 万吨，占全国粮食总产量 68653 万吨的 35.33%，其中，四川、河南、山东、内蒙古四省区又是我国的粮食主产区，对于保障国家粮食安全具有重要的作用。

黄河流域生态保护和高质量发展是重大国家战略，在此背景之下，黄河流域承担着多重战略任务，不仅承担着生态保护治理、提升流域生态安全屏障功能的战略任务，而且承担着促进全流域高质量发展、改善人民群众生活水平的社会任务；同时，更承担着流域粮食生产的政治任务，为保障国家粮食安全发挥应有的功能。

本报告在阐述黄河流域粮食生产状况的基础上分析其战略地位，剖析实现黄河流域粮食安全面临的困境，提出黄河流域粮食安全的实施路径。

一 黄河流域粮食安全的战略地位

本部分从黄河流域的区域、省级两个层面，分析黄河流域粮食生产情况，以期对黄河流域粮食生产的总体情况，以及在国家粮食安全中的战略地位有个完整的认识。需要说明的是，由于一些省区并不都属于黄河流域，省级层面数据以及由此汇总的黄河流域数据，相对于真正属于黄河流域的地市或者县级层面的数据明显偏大，但并不影响对问题的总体分析。

（一）黄河流域区域层面粮食生产情况

农业生产是自然生产与社会生产相统一的过程，除了自然因素是影响粮食产量的重要因素之外，农业生产资料投入、劳动力投入、土地投入等经济因素，以及粮食价格、农业补贴等政策因素也对粮食产量影响极大。其中，粮食播种面积是决定粮食产量的重要变量。对黄河流域粮食生产而言，水资源的可获得性也是影响粮食产量的关键因素。本部分基于粮食播种面积的变化，分析黄河流域的粮食生产情况。

1. 黄河流域粮食播种面积及变化

2022 年，黄河流域粮食播种面积为 42429.3 千公顷，占全国粮食播种总面积的 35.86%。为了分析黄河流域粮食播种面积及其占全国粮食播种总面积比例的动态变化，以“十一五”时期、“十二五”时期、“十三五”时期粮食播种面积的平均值进行对比分析（见表 1、图 1）。“十一五”时期黄河流域粮食播种面积为 38507.7 千公顷，占全国粮食播种总面积的 35.63%。以“十一五”时期为分析基期，到“十二五”时期增加到 41337.5 千公顷，增加 2829.8 千公顷，增长 7.35%；到“十三五”时期增加到 42216.0 千公顷，增加 3708.3 千公顷，增长 9.63%。与“十一五”时期相比，2022 年增加 3921.6 千公顷，增长 10.18%。

表 1　黄河流域粮食播种面积变化情况

单位：千公顷，%

区域	“十一五”时期	“十二五”时期	“十三五”时期	2021 年	2022 年
全国	108090.3	115934.8	117417.8	117630.8	118332.0
青海省	269.8	280.8	283.8	302.4	303.5
四川省	6341.4	6251.6	6288.2	6357.7	6463.5
甘肃省	2644.4	2733.0	2639.2	2676.8	2699.8
宁夏回族自治区	813.3	763.2	706.5	689.3	692.3
内蒙古自治区	5351.3	6265.0	6807.0	6884.3	6951.8
陕西省	3142.7	3085.5	3033.9	3004.3	3017.5
山西省	3041.3	3257.0	3160.3	3138.1	3150.3
河南省	9729.8	10689.5	10902.8	10772.3	10778.4
山东省	7173.9	8011.9	8394.4	8355.1	8372.2
黄河流域	38507.7	41337.5	42216.0	42180.4	42429.3
占全国的比例	35.63	35.66	35.95	35.86	35.86

资料来源：国家统计局。

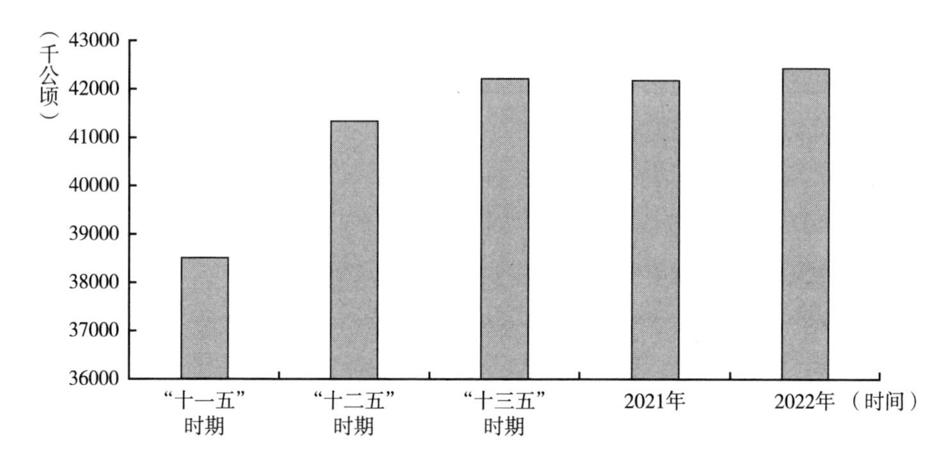

图1　不同时期黄河流域粮食播种面积情况

资料来源：国家统计局。

从黄河流域粮食播种面积占全国粮食播种总面积比例动态来看，“十二五”时期为35.66%，比“十一五”时期上升了0.03个百分点；“十三五”时期为35.95%，比“十一五”时期上升了0.32个百分点；2021年、2022年相较于“十一五”时期，分别上升了0.23个百分点、0.23个百分点。

从上述数据可以看出，黄河流域粮食播种面积不断增加的同时，其占全国粮食播种总面积的比例总体也增加。这就表明，近年来黄河流域粮食生产得到了足够重视，也印证了黄河流域粮食安全的战略地位所在。

2. 黄河流域粮食产量及变化

从绝对量的动态变化来看，黄河流域粮食产量呈现递增的态势。“十一五”时期，黄河流域粮食产量为18201.39万吨，占全国粮食总产量的比例为34.54%。以“十一五”时期为分析基期，“十二五”时期粮食产量为21354.83万吨，增加了3153.44万吨，增长17.33%；同期全国粮食产量增长18.84%，增长幅度大于黄河流域；“十三五”时期粮食产量为23226.06万吨，增加了5024.67万吨，增长27.61%；到2022年，粮食产量达到24255万吨，与“十一五”时期相比，增加了6053.61万吨，增长33.26%；同期全国粮食产量增长30.27%，增长幅度低于黄河流域2.99个百分点（见表2、图2）。

表 2　黄河流域粮食产量变化情况

单位：万吨，%

地区	"十一五"时期	"十二五"时期	"十三五"时期	2021 年	2022 年
全国	52700. 91	62629. 05	66265. 39	68284. 75	68653
青海省	99. 22	103. 71	104. 67	109. 09	107
四川省	3061. 34	3315. 22	3495. 69	3582. 14	3511
甘肃省	864. 40	1104. 50	1147. 92	1231. 46	1265
宁夏回族自治区	334. 42	371. 26	377. 38	368. 44	376
内蒙古自治区	2029. 07	2957. 73	3477. 55	3840. 30	3901
陕西省	1113. 83	1212. 41	1238. 02	1270. 43	1298
山西省	1026. 13	1319. 62	1380. 38	1421. 25	1464
河南省	5371. 94	6051. 98	6638. 47	6544. 17	6789
山东省	4301. 04	4918. 40	5365. 98	5500. 75	5544
黄河流域	18201. 39	21354. 83	23226. 06	23868. 03	24255
占全国的比例	34. 54	34. 10	35. 05	34. 95	35. 33

资料来源：国家统计局。

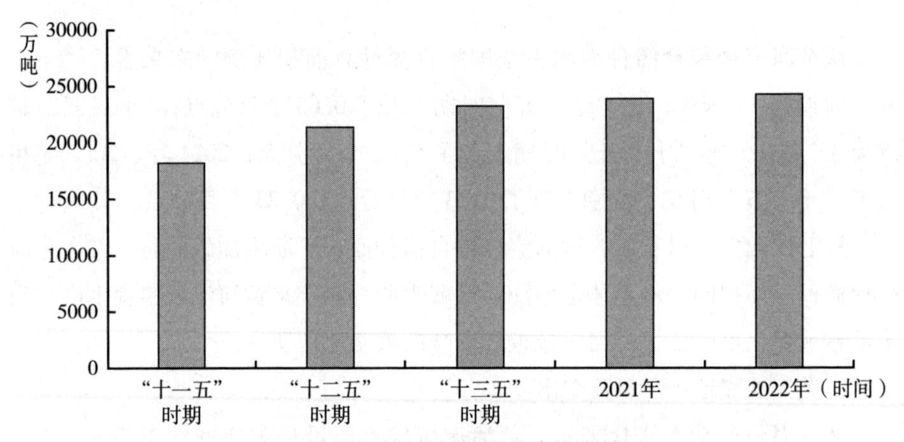

图 2　不同时期黄河流域粮食产量情况

资料来源：国家统计局。

从相对量的动态变化来看，黄河流域粮食产量占全国粮食总产量的比例有少许波动，但总体上也呈现递增的态势。"十二五"时期为 34. 10%，比"十一五"时期下降了 0. 44 个百分点；"十三五"时期为 35. 05%，比"十一五"时期上升了 0. 51 个百分点；2021 年、2022 年分别为 34. 95%、35. 33%，比"十一五"时期分别上升了 0. 41 个百分点、0. 79 个百分点。

从上述数据可以看出，黄河流域粮食生产不仅在产量上实现了递增，在保障国家粮食安全中的作用也明显提升。由此也表明了黄河流域粮食安全的战略地位，更凸显了在黄河流域生态保护和高质量发展背景下，保障流域粮食安全的极端重要性。

（二）黄河流域省级层面粮食生产情况

众所周知，黄河流域是连接青藏高原、黄土高原、华北平原的生态廊道，是我国重要的生态屏障。黄河流域作为西北和华北典型的生态屏障过渡带，发挥着水源涵养、防风固沙、生物栖息等生态功能，是重要的“物种基因库”和“气候调节库”。分布在黄河流域上、中、下游的省份发挥着不同的生态功能，因此，在实现黄河流域粮食安全方面，九省区具有较大的差异性。

1. 黄河流域不同省区粮食播种面积及变化

表3是黄河流域九省区2006年以来粮食播种面积及其变化情况。这里以“十一五”时期为基期分析不同省区粮食播种面积及在流域粮食播种面积中占比的变化情况。自黄河流域上游到下游，青海省是重要的生态功能区，其粮食生产并非是其重点功能。因此，粮食播种面积较小，但播种面积也实现了递增。“十一五”时期，青海省粮食播种面积为269.8千公顷，与其相比，“十二五”时期、“十三五”时期及2022年，粮食播种面积分别增长4.08%、5.19%、12.49%；从粮食播种面积占整个流域粮食播种面积的比例来看，青海省仅为0.70%，在九省区中是最低的，而且在实现粮食播种面积绝对量增长的同时，“十二五”时期、“十三五”时期相对量则呈现递减态势。相对于“十一五”时期，“十二五”时期、“十三五”时期分别递减了0.02个百分点、0.03个百分点，2022年提升了0.02个百分点。

表3　黄河流域九省区粮食播种面积变化情况

单位：千公顷，%，个百分点

区域		“十一五”时期	“十二五”时期		“十三五”时期		2022年	
		面积	面积	增长率/占比变化	面积	增长率/占比变化	面积	增长率/占比变化
黄河流域		38507.70	41337.50	7.35	42216.00	9.63	42429.30	10.18
青海省	面积	269.80	280.80	4.08	283.80	5.19	303.50	12.49
	比例	0.70	0.68	-0.02	0.67	-0.03	0.72	0.02

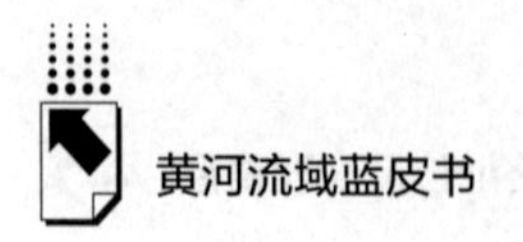

续表

区域		"十一五"时期	"十二五"时期		"十三五"时期		2022 年	
		面积	面积	增长率/占比变化	面积	增长率/占比变化	面积	增长率/占比变化
四川省	面积	6341.4	6251.6	-1.42	6288.2	-0.84	6463.5	1.93
	比例	16.47	15.12	-1.35	14.90	-1.57	15.23	-1.24
甘肃省	面积	2644.4	2733.0	3.35	2639.2	-0.20	2699.8	2.09
	比例	6.87	6.61	-0.26	6.25	-0.62	6.36	-0.51
宁夏回族自治区	面积	813.3	763.2	-6.16	706.5	-13.13	692.3	-14.88
	比例	2.11	1.85	-0.26	1.67	-0.44	1.63	-0.48
内蒙古自治区	面积	5351.3	6265.0	17.07	6807.0	27.20	6951.8	29.91
	比例	13.90	15.16	1.26	16.12	2.22	16.38	2.48
陕西省	面积	3142.7	3085.5	-1.82	3033.9	-3.46	3017.5	-3.98
	比例	8.16	7.46	-0.70	7.19	-0.97	7.11	-1.05
山西省	面积	3041.3	3257.0	7.09	3160.3	3.91	3150.3	3.58
	比例	7.90	7.88	-0.02	7.49	-0.41	7.42	-0.48
河南省	面积	9729.8	10689.5	9.86	10902.8	12.06	10778.4	10.78
	比例	25.27	25.86	0.59	25.83	0.56	25.40	0.13
山东省	面积	7173.9	8011.9	11.68	8394.4	17.01	8372.2	16.70
	比例	18.63	19.38	0.75	19.88	1.25	19.73	1.10

资料来源：国家统计局。

上文提到，九省区中的四川省、内蒙古自治区、河南省、山东省是我国的粮食主产区，"十一五"时期，这四省区的粮食播种面积为 28596.4 千公顷，占黄河流域粮食总播种面积的比例为 74.26%。与此相比，"十二五"时期、"十三五"时期及 2022 年，四省区粮食播种面积持续增加，分别增长 9.17%、13.27% 和 13.88%；同期，所占比例分别为 75.52%、76.73% 和 76.75%，分别增长 1.26 个百分点、2.47 个百分点和 2.49 个百分点。黄河流域粮食播种面积最大的省份是河南省，粮食播种面积占整个流域粮食播种面积的 1/4 之多。具体来讲，"十一五"时期，河南省粮食播种面积为 9729.8 千公顷，占整个流域粮食播种面积的 25.27%；"十二五"时期、"十三五"时期及 2022 年，粮食播种面积分别为 10689.5 千公顷、10902.8 千公顷、10778.4 千公顷，分别比"十一五"时期增长 9.86%、12.06% 和 10.78%；所占比例分别增长了 0.59 个百分点、0.56 个百分点、0.13 个百分点。4 个粮食主产省区不同时期粮食播种面积变化情况，如图 3 所示。

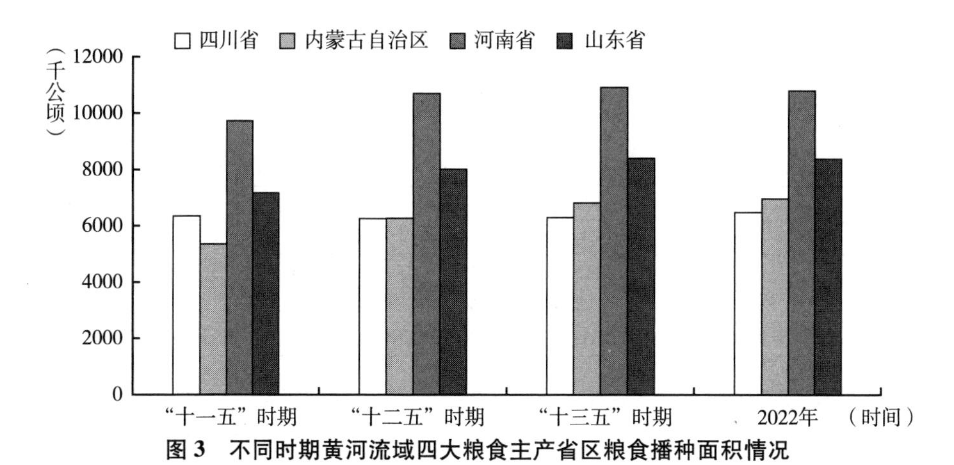

图 3　不同时期黄河流域四大粮食主产省区粮食播种面积情况

资料来源：国家统计局。

2. 黄河流域不同省区粮食产量及变化

表 4 是黄河流域九省区不同时期粮食产量变化情况。对四川省、内蒙古自治区、河南省、山东省四大粮食主产省区而言，“十一五”时期粮食产量为 14763. 39 万吨，占黄河流域同期粮食产量的 81. 11%；“十二五”时期，粮食产量为 17243. 33 万吨，比“十一五”时期增长 16. 80%；“十三五”时期粮食产量为 18977. 69 万吨，比“十一五”时期增长 28. 55%；2022 年粮食产量为 19745. 00 万吨，比“十一五”时期增长 33. 74%。从四大粮食主产省区粮食产量占黄河流域粮食产量的比例来看，没有大的变化，基本上保持在 81%左右。一个值得注意的现象是，这四大粮食主产省区中，四川省、河南省、山东省粮食产量占黄河流域粮食产量的比例，与“十一五”时期相比，都是下降的。此外，青海省、宁夏回族自治区、陕西省粮食产量占黄河流域粮食产量的比例也都是下降的。图 4 是黄河流域九省区不同时期粮食产量变化情况。

表 4　黄河流域九省区不同时期粮食产量变化情况

单位：万吨，%，个百分点

地区	“十一五”时期	“十二五”时期		“十三五”时期		2022 年	
	产量	产量	增长率/占比变化	产量	增长率/占比变化	产量	增长率/占比变化
黄河流域	18201. 41	21354. 82	17. 33	23226. 07	27. 61	24255	33. 26

续表

地区		"十一五"时期	"十二五"时期		"十三五"时期		2022 年	
		产量	产量	增长率/占比变化	产量	增长率/占比变化	产量	增长率/占比变化
青海省	产量	99.22	103.71	4.53	104.67	5.49	107.00	7.84
	比例	0.55	0.49	-0.06	0.45	-0.10	0.44	-0.11
四川省	产量	3061.34	3315.22	8.29	3495.69	14.19	3511.00	14.69
	比例	16.82	15.52	-1.30	15.05	-1.77	14.48	-2.34
甘肃省	产量	864.40	1104.50	27.78	1147.92	32.80	1265.00	46.34
	比例	4.75	5.17	0.42	4.94	0.19	5.22	0.47
宁夏回族自治区	产量	334.42	371.26	11.02	377.38	12.85	376.00	12.43
	比例	1.84	1.74	-0.10	1.62	-0.22	1.55	-0.29
内蒙古自治区	产量	2029.07	2957.73	45.77	3477.55	71.39	3901.00	92.26
	比例	11.15	13.85	2.70	14.97	3.82	16.08	4.93
陕西省	产量	1113.83	1212.41	8.85	1238.02	11.15	1298.00	16.53
	比例	6.12	5.68	-0.44	5.33	-0.79	5.35	-0.77
山西省	产量	1026.13	1319.62	28.60	1380.38	34.52	1464.00	42.67
	比例	5.64	6.18	0.54	5.94	0.30	6.04	0.40
河南省	产量	5371.94	6051.98	12.66	6638.47	23.58	6789.00	26.38
	比例	29.51	28.34	-1.17	28.58	-0.93	27.99	-1.52
山东省	产量	4301.04	4918.40	14.35	5365.98	24.76	5544.00	28.90
	比例	23.63	23.03	-0.60	23.10	-0.53	22.86	-0.77

资料来源：国家统计局。

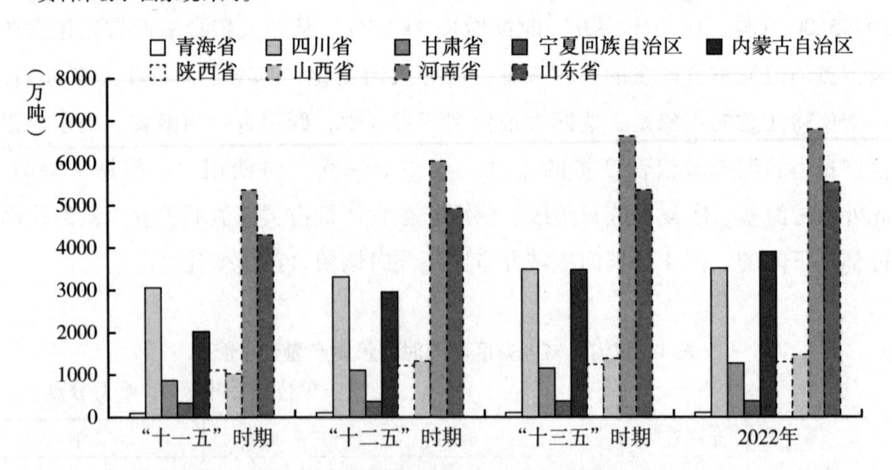

图 4　不同时期黄河流域九省区粮食产量变化情况

资料来源：国家统计局。

二　实现黄河流域粮食安全的资源投入及面临的环境形势

从上面的分析可以看出，黄河流域粮食产量实现了持续增加，表明流域各级党委、政府积极响应党中央、国务院的号召，将粮食生产作为“三农”工作的重中之重。在实施黄河流域生态保护和高质量发展国家重大战略时代背景之下，高质量实现黄河流域粮食安全仍然面临着严峻的形势。

（一）粮食生产中的水资源要素投入情况

水、耕地是粮食生产的两大最基本的资源要素。由于耕地资源数据短缺，这里从区域、省级两个层面重点分析黄河流域农业水资源利用量及其效率。

1. 有效灌溉面积及其变化情况

改革开放40多年来，黄河流域农业生产条件尤其是农田水利条件得到了有效改变，在粮食生产中发挥了重要作用。一个重要指标就是耕地有效灌溉面积，表5是黄河流域不同时期耕地有效灌溉面积的变化情况。

从表5可以看出，“十一五”时期黄河流域耕地有效灌溉面积为19655.2千公顷，占全国耕地有效灌溉面积的33.85%。以此为分析基期，黄河流域耕地有效灌溉面积实现了持续增加，“十二五”时期增长3.74%，年均增长0.74%；“十三五”时期增长9.42%，年均增长1.82%；2021年增长11.48%。三个不同时期增长率均低于全国平均水平。从占全国耕地有效灌溉面积的比例来看，整体上也呈现下降的态势，“十二五”时期为32.00%，下降1.85个百分点，“十三五”时期为31.53%，下降了2.32个百分点；2021年为31.68%，下降了2.17个百分点。

表5　黄河流域不同时期耕地有效灌溉面积变化情况

单位：千公顷，%

地区	“十一五”时期	“十二五”时期		“十三五”时期		2021年	
	数量	数量	增长率	数量	增长率	数量	增长率
全国	58069.9	63720.7	9.73	68213.4	17.47	69160.3	19.10
黄河流域	19655.2 (33.85)	20389.5 (32.00)	3.74	21506.6 (31.53)	9.42	21912.5 (31.68)	11.48

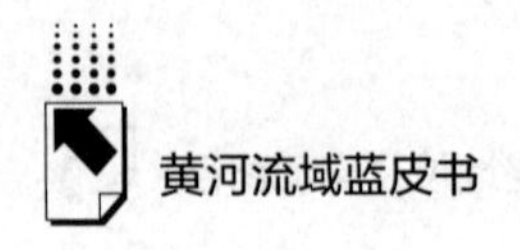

续表

地区	"十一五"时期	"十二五"时期		"十三五"时期		2021年	
	数量	数量	增长率	数量	增长率	数量	增长率
青海省	221.6	213.9	-3.47	211.1	-4.74	219.2	-1.08
四川省	2514.1	2656.3	5.66	2913.1	15.87	2992.2	19.02
宁夏回族自治区	444.7	494.6	11.22	528.2	18.78	552.5	24.24
甘肃省	1182.1	1295.5	9.59	1330.8	12.58	1338.6	13.24
内蒙古自治区	2884.9	3050.8	5.75	3180.2	10.24	3199.1	10.89
陕西省	1295.9	1244.9	-3.94	1282.3	-1.05	1336.8	3.16
山西省	1243.5	1378.0	10.82	1510.8	21.50	1517.4	22.03
河南省	4995.6	5127.4	2.64	5319.5	6.48	5463.1	9.36
山东省	4872.9	4928.1	1.13	5230.6	7.34	5293.6	8.63

注：表中括号内的数字是黄河流域有效灌溉面积占全国有效灌溉面积的比例。
资料来源：国家统计局。

从九省区耕地有效灌溉面积来看，河南省、山东省、四川省、内蒙古自治区4个粮食主产省区耕地有效灌溉面积较大，"十一五"时期为15267.5千公顷，占流域耕地有效灌溉面积的77.68%。相对于该时期，"十二五"时期增长3.24%，"十三五"时期增长9.01%，2021年增长11.01%。从相对量来看，4个不同时期基本上保持在77%左右。一个值得关注的现象是，青海省作为重要的生态功能区，相对于"十一五"时期，其耕地有效灌溉面积从"十二五"时期到2021年，持续在下降；陕西省耕地有效灌溉面积在"十二五"时期、"十三五"时期都是减少的，到2021年才实现了增加。耕地有效灌溉面积直接影响着土地生产能力，影响着粮食安全。图5是2021年黄河流域九省区耕地有效灌溉面积情况。

2. 农业用水量及其变化情况

从生态学视角来讲，水资源是影响粮食生产能力的关键要素。水资源数量直接决定粮食产量的高低，而水质则直接影响着粮食的品质。表6是黄河流域及其省区不同时期农业用水量变化情况。从中可以看出，"十一五"时期，黄河流域农业用水量为825.46亿立方米，占全国农业用水量的22.50%；与此相比，"十二五"时期，黄河流域农业用水量增长1.67%，"十三五"时期、2021年，黄河流域农业用水量分别减少了0.50%、5.59%。从占全国农业用水量比例来

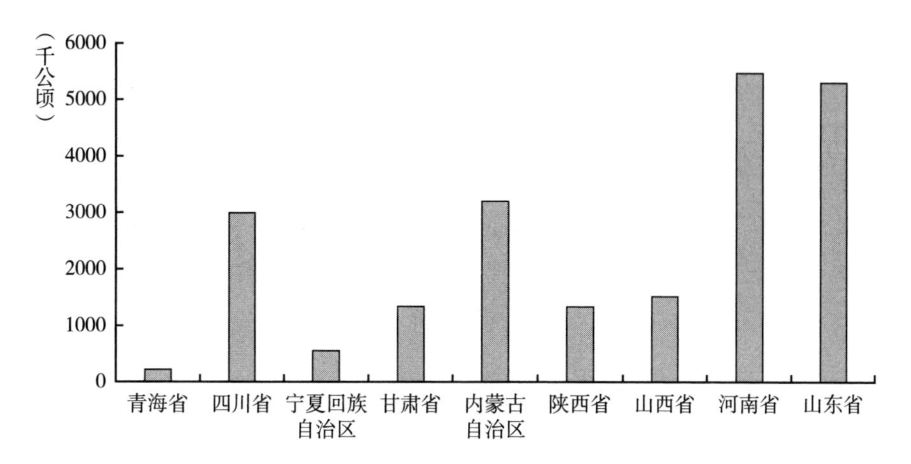

图5　黄河流域九省区2021年耕地有效灌溉面积

看，呈现波动下降的态势。这些数据表明，黄河流域农业用水量增加可能是来源于耕地有效灌溉面积的增加，而农业用水量减少可能有多方面的原因，一是节水技术的推广应用，二是农业灌溉难以及时获得足够的水源，无法实现充足的灌溉。

表6　黄河流域不同时期农业用水量变化情况

单位：亿立方米，%

地区	"十一五"时期	"十二五"时期		"十三五"时期		2021年	
	数量	数量	增长率	数量	增长率	数量	增长率
全国	3667.90	3853.2	5.05	3704.38	0.99	3644.3	-0.64
黄河流域	825.46（22.50）	839.26（21.78）	1.67	821.32（22.17）	-0.50	779.3（21.38）	-5.59
青海省	21.90	22.14	1.10	19.00	-13.24	17.5	-20.09
四川省	120.88	143.14	18.41	156.28	29.29	158.6	31.20
甘肃省	95.08	96.42	1.41	89.28	-6.10	82.6	-13.13
宁夏回族自治区	66.96	62.84	-6.15	57.58	-14.01	56.9	-15.02
内蒙古自治区	138.26	136.28	-1.43	139.44	0.85	137.5	-0.55
陕西省	56.54	57.66	1.98	56.72	0.32	54.6	-3.43
山西省	34.76	43.16	24.17	44.06	26.75	40.8	17.38
河南省	131.50	129.06	-1.86	122.72	-6.68	115.00	-12.55
山东省	159.58	148.56	-6.91	136.24	-14.63	115.8	-27.43

注：表中括号内的数字是黄河流域农业用水量占全国农业用水量的比例。
资料来源：国家统计局。

从省区层面农业用水量变化来看，河南省、山东省、宁夏回族自治区农业用水量都实现了持续下降；四川省、山西省农业用水量则呈现持续增加，其余省区有增有减，但2021年都实现了下降。

表7、图6是黄河流域不同时期农业用水比例变化情况。从中可以看出，黄河流域农业用水比例实现了持续递减，与全国平均水平表现出大致相同的变化态势。需要注意的一个现象是，黄河流域农业用水比例在不同时期均高于全国平均水平，但高出的百分点呈现持续下降态势。

表7 黄河流域不同时期农业用水比例变化情况

单位：%

地区	"十一五"时期	"十二五"时期	"十三五"时期	2021年
全国	62.14	62.90	61.88	61.56
黄河流域	68.04	66.70	64.55	63.05
青海省	69.61	79.13	73.76	71.43
四川省	55.42	58.46	60.85	64.92
宁夏回族自治区	91.13	88.31	85.35	83.55
甘肃省	78.01	79.32	78.77	75.02
内蒙古自治区	77.01	74.06	72.95	71.73
陕西省	67.50	64.64	61.56	59.48
山西省	58.92	58.90	58.98	56.20
河南省	58.60	56.59	52.40	51.59
山东省	72.03	68.08	62.84	55.12

资料来源：国家统计局。

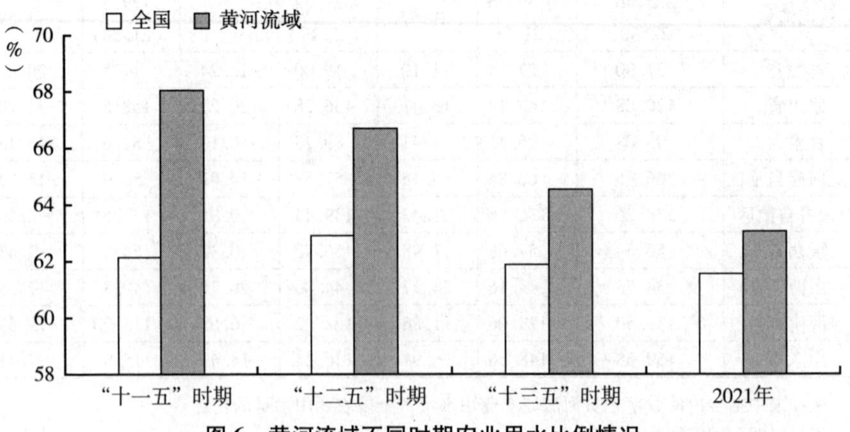

图6 黄河流域不同时期农业用水比例情况

从省区层面来看，宁夏回族自治区、甘肃省、内蒙古自治区的农业用水比例相对较高，均超过了70%，而宁夏回族自治区高达80%以上。山西省、河南省农业用水比例相对较低，不同时期均在60%以下。

3. 农业用水效率及其变化情况

分析农业用水效率，可以采用单位农业用水的粮食产量作为指标。为了准确分析农业用水效率，严格地说是粮食生产用水效率，采取如下方法匡算粮食生产用水量：

$$Water\text{-}grain = \frac{Area\text{-}grain}{Area\text{-}crop} \times Water_{agri}$$

式中，*Water-grain* 是粮食生产用水量，*Area-grain* 是粮食播种面积，*Area-crop* 是农作物播种总面积，$Water_{agri}$ 是农业用水量。基于此，用水效率公式如下：

$$E\text{-}water = \frac{Grain\text{-}yield}{Water\text{-}grain}$$

式中，*E-water* 为用水效率，*Grain-yield* 为粮食产量。据此计算结果见表8、图7。

表8　黄河流域不同时期农业用水效率情况

单位：千克/米³，%

地区	“十一五”时期	“十二五”时期		“十三五”时期		2021年	
	数量	数量	增长率	数量	增长率	数量	增长率
全国	1.44	1.63	13.19	1.79	24.31	1.87	29.86
黄河流域	2.21	2.54	14.93	2.83	28.05	3.06	38.46
青海省	0.45	0.47	4.44	0.55	22.22	0.62	37.78
四川省	2.53	2.32	-8.30	2.24	-11.46	2.26	-10.67
甘肃省	0.91	1.15	26.37	1.29	41.76	1.49	63.74
宁夏回族自治区	0.50	0.59	18.00	0.66	32.00	0.65	30.00
内蒙古自治区	1.47	2.17	47.62	2.49	69.39	2.79	89.80
陕西省	1.97	2.10	6.60	2.18	10.66	2.33	18.27
山西省	2.95	3.06	3.73	3.13	6.10	3.48	17.97
河南省	4.09	4.69	14.67	5.41	32.27	5.69	39.12
山东省	2.70	3.31	22.59	3.94	45.93	4.75	75.93

资料来源：国家统计局。

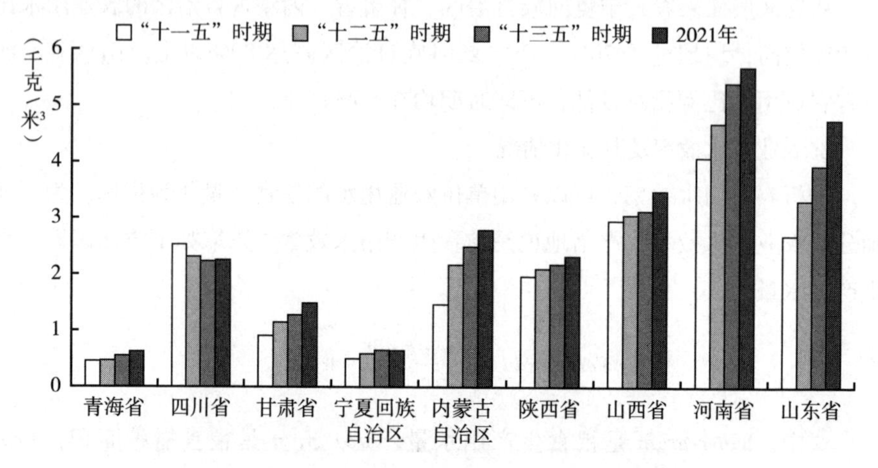

图7　黄河流域九省区不同时期农业用水效率

从表8可以看出，"十一五"时期黄河流域农业用水效率为2.21千克/米³，以此为分析基期，"十二五"时期、"十三五"时期以及2021年，农业用水效率都高于全国平均水平，并且实现了持续增长，增长率分别为14.93%、28.05%、38.46%。

从省区农业用水效率来看，河南省、山西省、山东省较高，并且实现了持续增加；只有四川省农业用水效率是连续递减的，与"十一五"时期相比，"十二五"时期、"十三五"时期以及2021年分别下降了8.30%、11.46%、10.67%。

4. 黄河流域水质状况分析

新时代，实现农业绿色发展，确保农产品质量安全的核心是耕地土壤质量的保护以及灌溉水水质的保护。因此，在黄河流域生态保护和高质量发展战略背景下，保障黄河流域水质、为流域提供优质的灌溉水源具有重要的意义。

从整体上来看，2021年黄河流域水质良好。在监测的265个国考断面中，Ⅰ～Ⅲ类水质断面占比为81.9%，劣Ⅴ类水质断面占比为3.8%。黄河干流水质为优，主要支流水质良好。从表9可以看出，主要支流、省界断面中，劣Ⅴ类水质断面占比分别为4.5%、4.1%，是未来实施地表水治理的重点区域。

表 9　2021 年黄河流域水质状况

单位：个，%

水体	断面数	Ⅰ类	Ⅱ类	Ⅲ类	Ⅳ类	Ⅴ类	劣Ⅴ类
流域	265	6.4	51.7	23.8	12.5	1.9	3.8
干流	43	14.0	81.4	4.7	0	0	0
主要支流	222	5.0	45.9	27.5	14.9	2.3	4.5
省界断面	74	8.1	62.2	17.6	8.1	0	4.1

资料来源：《2021 中国生态环境状况公报》。

（二）粮食生产中的化学投入品情况

化肥在农业生产尤其是粮食生产中发挥了巨大作用，本部分重点分析黄河流域粮食生产中化肥投入及生产效率变化情况。通过分析，可以为全面实施黄河流域生态保护和高质量发展国家重大战略，以及粮食安全战略提供政策导向。

1. 化肥投入及其变化情况

表 10 是黄河流域及各省区不同时期化肥投入情况。从中可以看出，“十一五”时期，黄河流域化肥施用量为 1331.75 万吨，占全国化肥施用量的 36.46%。与该期相比，“十二五”时期、“十三五”时期及 2021 年，黄河流域化肥施用量不但没有减少，反而增加了，分别增加了 16.67%、11.33%、2.26%。同期，黄河流域化肥施用量占全国化肥施用量的比例也呈现递增态势，尽管增加的幅度不大。

表 10　黄河流域不同时期化肥投入情况

单位：万吨，%

地区	“十一五”时期	“十二五”时期		“十三五”时期		2021 年	
	数量	数量	增长率	数量	增长率	数量	增长率
全国	3652.52	4176.52	14.35	3970.12	8.70	3619.86	-0.89
黄河流域	1331.75	1553.77	16.67	1482.66	11.33	1361.91	2.26
青海省	4.20	4.80	14.29	3.80	-9.52	2.53	-39.76
四川省	165.40	167.93	1.53	151.21	-8.58	131.71	-20.37

续表

地区	“十一五”时期	“十二五”时期		“十三五”时期		2021 年	
	数量	数量	增长率	数量	增长率	数量	增长率
甘肃省	58.29	68.02	16.69	58.55	0.45	51.59	-11.49
宁夏回族自治区	24.04	26.09	8.53	24.16	0.50	21.96	-8.65
内蒙古自治区	120.96	161.70	33.68	170.85	41.25	190.47	57.47
陕西省	128.77	172.49	33.95	161.83	25.67	143.93	11.77
山西省	88.95	105.16	18.22	98.50	10.74	92.39	3.87
河南省	408.99	509.34	24.54	506.47	23.83	457.60	11.89
山东省	319.78	339.97	6.31	317.80	-0.62	283.14	-11.46

资料来源：国家统计局。

从省区层面上看，青海省、四川省、山东省化肥施用量在“十三五”时期及 2021 年均实现了递减；甘肃省、宁夏回族自治区只在 2021 年实现了下降，其余省区化肥施用量都出现了不同程度的增加。在化肥综合利用率还不高的情况下，化肥施用量增加容易导致未得到有效利用的部分，随着地表径流进入耕地土壤或者地下水体，或者直接进入了水体，导致一定程度的面源污染。这自然成为黄河流域生态保护和高质量发展中应解决的一个关键问题。

2. 化肥生产效率及其变化情况

在化肥综合利用率还不高的情况下，化肥生产效率直接影响着粮食生产。本部分用单位化肥生产粮食产量作为化肥生产效率的指标，对黄河流域及九省区不同时期化肥生产效率进行分析。需要说明的是，用于计算化肥生产效率的化肥施用量做了适当的调整，以农用化肥施用量为基础，估算用于粮食生产的化肥施用量，然后用粮食产量除以估算的粮食生产化肥施用量，计算结果见表 11。

表 11　黄河流域不同时期化肥生产效率情况

单位：千克/千克，%

地区	“十一五”时期	“十二五”时期		“十三五”时期		2021 年	
	数量	数量	增长率	数量	增长率	数量	增长率
全国	14.43	15.00	3.95	16.69	15.66	18.86	30.70
黄河流域	13.67	13.74	0.51	15.67	14.63	17.53	28.24

续表

地区	"十一五"时期	"十二五"时期		"十三五"时期		2021 年	
	数量	数量	增长率	数量	增长率	数量	增长率
青海省	23.63	21.59	-8.63	27.58	16.72	43.07	82.27
四川省	18.51	19.74	6.65	23.12	24.91	27.20	46.95
甘肃省	14.83	16.24	9.51	19.61	32.23	23.87	60.96
宁夏回族自治区	13.91	14.23	2.30	15.62	12.29	16.78	20.63
内蒙古自治区	16.77	18.29	9.06	20.35	21.35	20.16	20.21
陕西省	8.65	7.03	-18.73	7.65	-11.56	8.83	2.08
山西省	11.54	12.55	8.75	14.01	21.40	15.38	33.28
河南省	13.13	11.88	-9.52	13.11	-0.15	14.30	8.91
山东省	13.45	14.47	7.58	16.89	25.58	19.43	44.46

资料来源：国家统计局。

从表 11 可以看出，黄河流域不同时期化肥生产效率呈现明显的递增态势，与“十一五”时期相比，“十三五”时期、2021 年均实现了较大幅度的增加，增长率分别为 14.63%、28.24%。但无论是化肥生产效率的绝对量，还是不同时期的增长率，黄河流域均低于全国平均水平。

（三）黄河流域水土流失及治理情况

1. 流域水土流失面积及其强度构成

《黄河流域水土保持公报（2021 年）》数据显示，2021 年黄河流域水土流失面积为 25.93 万平方千米，占黄河流域总面积 79.47 万平方千米的 32.63%。其中，轻度、中度、强烈、极强烈、剧烈侵蚀面积分别为 17.02 万平方千米、5.72 万平方千米、1.97 万平方千米、0.96 万平方千米、0.26 万平方千米，分别占流域水土流失总面积的 65.64%、22.06%、7.60%、3.70%、1.00%，见图 8。从侵蚀类型来看，水力侵蚀面积 18.86 万平方千米，占水土流失总面积的 72.73%；风力侵蚀面积 7.07 万平方千米，占水土流失总面积的 27.27%（见表 12）。

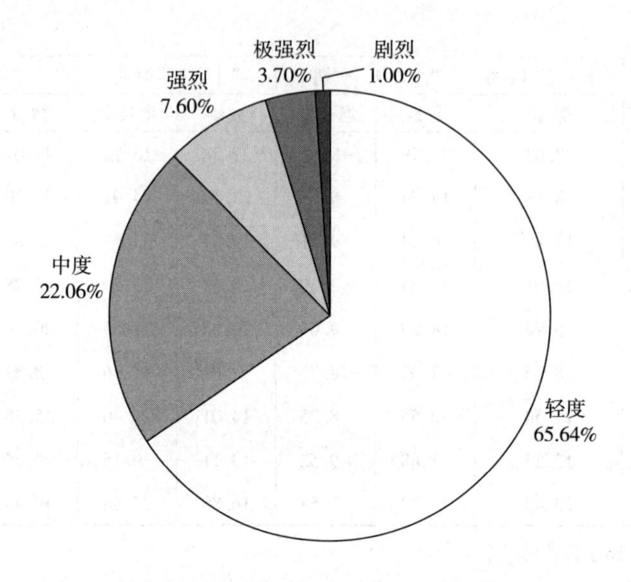

图 8　2021 年黄河流域各强度等级土壤侵蚀构成示意

表 12　2021 年黄河流域水土流失面积及强度构成

单位：万平方千米，%

侵蚀类型		合计	轻度	中度	强烈	极强烈	剧烈
水土流失	面积	25.93	17.02	5.72	1.97	0.96	0.26
	占比	100	65.64	22.06	7.60	3.70	1.00
水力侵蚀	面积	18.86	11.11	4.87	1.79	0.91	0.18
	占比	100	58.91	25.82	9.49	4.83	0.95
风力侵蚀	面积	7.07	5.91	0.85	0.18	0.05	0.08
	占比	100	83.59	12.02	2.55	0.71	1.13

资料来源：《黄河流域水土保持公报（2021 年）》。

2. 黄河流域分省区水土流失面积及其强度构成

黄河流域分省区水土流失面积见表 13、图 9。从中可以看出，黄河流域水土流失主要发生在内蒙古自治区、陕西省和甘肃省，流失面积分别占整个流域水土流失总面积的 25.41%、18.36%、17.93%。水力侵蚀则主要发生在甘肃省、陕西省和山西省，流失面积分别占整个流域水力侵蚀总面积的 24.44%、

24.28%、19.51%；风力侵蚀则主要发生在内蒙古自治区、青海省和宁夏回族自治区，流失面积分别占整个流域风力侵蚀总面积的65.63%、20.08%、6.93%。

表13 黄河流域分省区水土流失面积及强度

单位：万平方千米，%

省区	流域内面积	水土流失面积	轻度	中度	强烈	极强烈	剧烈
青海	14.43	3.39(23.49)	2.62	0.47	0.15	0.10	0.05
四川	1.71	0.32(18.71)	0.32	0	0	0	0
甘肃	14.56	4.65(31.94)	2.66	1.18	0.49	0.26	0.06
宁夏	6.28	1.54(24.52)	1.03	0.34	0.11	0.05	0.01
内蒙古	14.91	6.59(44.20)	5.03	1.12	0.30	0.09	0.05
陕西	13.23	4.76(35.98)	2.64	1.31	0.48	0.27	0.06
山西	9.59	3.68(38.37)	1.95	1.12	0.40	0.18	0.03
河南	3.48	0.75(21.55)	0.56	0.15	0.03	0.01	0
山东	1.28	0.25(19.53)	0.21	0.03	0.01	0	0
合计	79.47	25.93(32.63)	17.02	5.72	1.97	0.96	0.26

注：表中括号内的数字是每个省区水土流失面积占本省区流域面积的比例。
资料来源：《黄河流域水土保持公报（2021年）》。

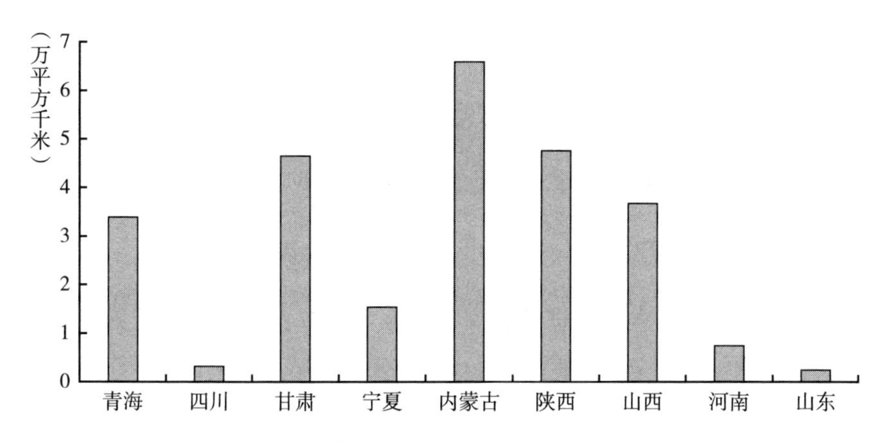

图9 黄河流域分省区水土流失面积

从水土流失率来看，黄河流域九省区中水土流失最为严重的是内蒙古自治区，水土流失面积占本区流域面积的比例高达44.20%；紧随其后的是山西省，

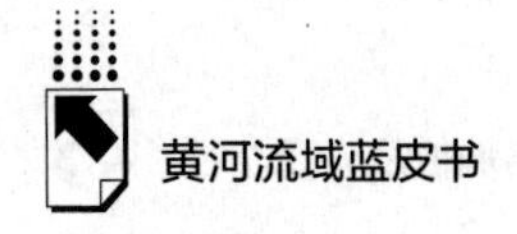

水土流失面积占本省流域面积的38.37%；陕西省、甘肃省水土流失面积分别占各省流域面积的35.98%、31.94%。水土流失率较低的四川省、山东省，该比例分别为18.71%、19.53%。

3. 流域水土流失治理情况

《黄河流域水土保持公报（2021年）》数据表明，截至2021年，黄河流域累计初步治理水土流失面积25.96万平方千米。其中，修建梯田624.14万公顷、营造水土保持林1297.18万公顷、种草237.66万公顷、封禁治理437.32万公顷。

水土保持率是指区域内水土保持状况良好的面积（非水土流失面积）占国土面积的比例，是反映水土保持总体状况的宏观管理指标，是水土流失预防治理成效和自然禀赋水土保持功能在空间尺度的综合体现。《黄河流域水土保持公报（2021年）》表明，黄河流域水土保持率从1990年的41.49%、2020年的66.94%提高到2021年的67.37%，其中黄土高原地区2021年水土保持率63.89%。

三 实现黄河流域粮食安全的路径选择

2023年“中央一号文件”提出，全力抓好粮食生产，各省（自治区、直辖市）都要稳住面积、主攻单产、力争多增产。黄河流域是我国粮食生产的主要区域之一，对国家粮食安全发挥着重要作用。新时代，应采取有效措施，强化黄河流域粮食生产，实现黄河流域粮食安全，助力国家粮食安全。

（一）加强党的领导，为实现粮食安全提供组织保障

习近平总书记强调，保证粮食安全，大家都有责任，党政同责要真正见效。黄河流域各级党委、政府应以高度的政治责任感，将粮食安全作为工作的重中之重。

1. 要强化粮食安全的责任意识

黄河流域各级党委、政府应始终与党中央保持高度一致，全面树立粮食安全的责任意识，严格落实地方粮食安全主体责任，下大力气抓好粮食生产。特别是，黄河流域4个粮食主产省区和粮食生产重点县的党委、政府要尤其重视。

2. 要强化粮食安全的风险意识

近年来，尽管黄河流域粮食产量持续增加，但必须清醒认识到，未来影响粮食安全的风险因素依然存在。特别是，黄河流域可能导致耕地减少的多种因素交织在一起，再加上农业生产水资源日益短缺等因素，都会对流域粮食安全造成一定的影响。

3. 要树立粮食安全的底线思维

2023 年“中央一号文件”提出，坚决守牢确保粮食安全和防止规模性返贫两条底线。黄河流域各级党委、政府，应全面树立底线思维，将流域粮食安全放在重要的战略地位。尤其是在黄河流域生态保护和高质量发展背景下，实现粮食安全任务艰巨、使命光荣。为此，黄河流域各级党委、政府要着眼于国家战略需要，把实现黄河流域粮食安全这根弦绷紧，把抓粮责任压实，把粮食稳产保供根基筑牢。

（二）注重资源保护，筑牢粮食安全的根基

耕地资源、水资源是粮食生产最基本的生态要素，是筑牢粮食安全的根基。换句话说，实现粮食安全不仅需要一定数量的耕地面积，更需要一定数量的优质耕地面积；不仅需要充足的灌溉用水，更需要一定的优质灌溉用水。因此，新时代实现黄河流域粮食安全，需要加强水土资源保护，提升水土资源质量。

1. 实施最严格的耕地保护制度，确保耕地数量

基于保障国家粮食安全的需要，党中央、国务院一再强调加强耕地保护，严守 18 亿亩耕地红线。黄河流域粮食安全在国家粮食安全中具有重要的地位，尤其是山东省、河南省、四川省、内蒙古自治区作为粮食主产区，保护耕地尤为重要。为此，应实施最严格的耕地保护制度，严格控制工业化、城镇化对优质耕地的占用，尤其是应严格控制违规占用耕地的行为。在中央生态环保督察中，建议将耕地保护作为重要内容进行督察，同时，黄河流域省级层面的生态环保督察中，也将耕地保护作为重要的内容，以细化各级党委、政府的责任清单，并建立领导干部任期耕地保护责任制，形成溯源追责机制。

2. 加强土壤的改良，提升耕地质量

粮食安全的保障，切实可行而且有效的途径是提高单位面积产量。黄河流域也需要大力推进高标准农田建设，同时采取工程、生态、农艺等措施，改善耕地土壤质量，提高土地生产率。尤其是，应注重黄河流域四大粮食主产省

区，以及一些粮食生产重点县的基本农田建设，为确保黄河流域粮食安全打下坚实的基础。

土壤污染治理、水土流失治理也是黄河流域未来耕地质量提升的重要途径。为此，在确保耕地土壤不再受污染的前提下，通过创新测土配方技术、土壤污染治理技术等措施，对污染土壤进行治理。同时，加大黄河流域重点区域的水土流失治理，提升耕地土地生产能力。

3. 注重流域水资源保护，实现其可持续利用

随着工业化、城镇化的进一步发展，以及全球气候变化所产生的影响，黄河流域水资源、水生态、水环境面临更加严峻的形势。要以水资源管理的“三条红线”为原则，确保流域粮食生产对水资源的需求，尤其是黄河流域4个粮食主产省区。为此，要以提高灌溉用水效率为着力点，明确节水的重点区域，并注重不同区域的技术开发与集成；同时，要以区域水环境保护为核心，调整产业结构，切实为粮食生产提供清洁灌溉水资源，从而实现粮食生产数量与质量的“双安全”。

（三）加快绿色转型，提升粮食生产环境的健康水平

粮食安全不仅包含数量安全，更包含质量安全。尤其是，新时代生态消费需求日益旺盛，要拥有安全、优质、健康农产品的供给能力，前提是要确保粮食生产环境系统是健康的。为此，需要从影响农业生产环境质量的因素着手，通过实现生产资料的绿色化、生产过程的清洁化以及生产废弃物的资源化，一方面减少农业面源污染物的流量，另一方面减少农业面源污染物的存量。

1. 基于生产资料的绿色化，实现减量增效

减少农业面源污染流量，一个有效措施就是实现化肥农药等化学投入品的减量增效。为此，一是以化肥减量增效为重点，根据黄河流域农业面源污染分布情况，选择优先治理区域，并分区分类采取治理措施，提升主要农作物氮肥利用率、测土配方施肥技术覆盖率，因地制宜依据区域土壤条件，确定合理的施肥标准；同时，从有机肥生产、施用两端着手，采取降低生产成本、运输成本以及给予施用补贴等措施，推广有机肥施用范围，以实现逐步减少面源污染物流量、改善农业生产环境质量、增加优质生态农产品供给的目的。二是以专业化社会服务组织，开展统防统治并逐步提高覆盖范围，提升主要农作物绿色防控技术覆盖率，提高防治效果，减少农药使用量。同时，因地制宜推广生物

农药、生物可降解塑料薄膜。此外，应严格规范兽药、饲料添加剂的生产和使用，在流域选择适当区域，探索中药与畜牧业相结合之路，在保障畜禽产品质量的同时，减少畜牧业对环境的污染。

2. 基于生产过程的清洁化，减少面源污染

农业生产过程的清洁化，在减少农业面源污染流量的同时，还可以减少农业面源污染的存量，提高农业生产环境系统健康水平。一是在黄河流域范围内，因地制宜选择循环型生态农业示范基地，建立有效的种植业、养殖业协调发展的产业体系，发展循环型生态农业。根据循环型生态农业原理，在具有规模化养殖区域，构建以农作物生产为基础的生态农业产业循环体系，实现种植业与养殖业的协调发展，使养殖业为种植业提供有机肥料。二是逐步建设高标准农田，农作物秸秆为养殖业提供饲料，实现区域内种植、养殖、农产品加工产业之间的农业大循环，实现经济、社会和生态效益的统一。同时，采取农艺措施、生态措施等，对农业生产环境实施修复，尤其是耕地土壤污染严重区域、重金属污染区域，逐步提升耕地土壤质量，保障粮食产量的同时，提升粮食质量。

3. 基于生产废弃物的资源化，减少二次污染

近年来，农业废弃物，如畜禽粪污、农药包装物、废弃农膜等，成为农业面源污染的重要来源。针对农业废弃物导致的面源污染问题，需要从源头消减，这是治本之策。同时需要探索废弃物资源化利用的有效出口，实现废弃物资源化利用全链条各个节点的有效衔接。为此，一是加强畜禽粪污资源化利用能力建设，完善规模养殖场粪污处理设施装备配套，提升畜禽粪污综合利用率。二是推进农作物秸秆资源化利用。解决农作物秸秆综合利用与焚烧问题，最根本的途径是为农作物秸秆综合利用找到有效的出路，并有相应的技术做支撑以及有配套政策为其提供保障。应结合农作物生产以及农业发展实际，因地制宜选择区域性农作物秸秆资源化利用的模式。三是强化农业废弃物的回收利用。完善农业废弃物回收利用的相关机制，采取相应的政策性措施，制定农药包装物、塑料薄膜回收奖励办法，提高农民参与的积极性，发挥销售企业在农药瓶、肥料袋等包装物回收中的作用。以部分补贴的形式，鼓励农药经营单位负责回收，由有资质的企业集中处理，减少对环境和水源的污染。这样就可以实现农业废弃物回收利用链条的畅通，提高农业废弃物资源化利用率，减少农业废弃物对环境的二次污染。

（四）依靠科技创新，提升粮食生产水平

科技创新是提高土地生产能力、保障粮食安全的根本出路，也是新时代实现农业绿色发展的有力支撑。为此，应基于黄河流域粮食安全的重点领域，强化农业技术创新，构建有助于粮食安全的技术体系，推进要素投入精准减量，提高农业绿色发展的效率。

1. 围绕资源效率提升，开展科学研究及技术创新

黄河流域存在不同于其他区域的资源问题，应立足于黄河流域生态保护和高质量发展国家重大战略的实施，围绕黄河流域水土资源保护中基础性、战略性、系统性的科学问题，进行理论研究，并探索适宜黄河流域上中下游不同区域水土资源保护的技术及模式，提升水土资源的质量。尤其是，针对农业深度节水、精准施肥用药、重金属及面源污染治理、退化耕地修复等，开展技术攻关，并注重技术的区域适宜性。

2. 围绕投入品的减量增效，进行技术创新

围绕农业高效节水、精准施肥用药、重金属及面源污染治理、退化耕地修复等，实施关键技术攻关。同时，基于生物农药、生物可降解薄膜等投入品，开展技术创新，研发一批绿色投入品，并加大推广应用范围，实现化肥农药减量化，从流量上减少面源污染的产生。

3. 围绕农业废弃物资源化利用，进行技术创新

农业废弃物资源化利用的关键，是寻找到资源化利用的出口，并以有效的技术作支撑。为此，应以畅通农业废弃物资源化链条为前提，通过技术集成及创新，提高资源化利用率；需要特别注意的是，每一种技术都是一把“双刃剑”，应对农业废弃物资源化利用技术潜在的负面效应进行全面评估，以减少对农业生产环境的影响。

（五）推动机制创新，保障粮食安全的可持续性

实现黄河流域粮食安全的可持续性，需要推动机制创新，如建立完善重点区域的生态补偿机制、实施农业生产环境的动态监测机制等。

1. 完善重点区域的生态补偿机制

黄河流域粮食主产区、粮食生产重点县为保障国家粮食安全作出了巨大贡

献，但同时失去了很多发展机会。依据中央经济工作会议精神，保障种粮农民合理收益，中国人的饭碗任何时候都要牢牢端在自己手中。为此，应开展黄河流域粮食主产区、粮食生产重点县等重点区域的生态补偿，科学核算出补偿标准，将国家财政资金倾向于粮食主产省区、重点县的生态补偿；同时，应畅通粮食主产销区的横向生态补偿机制。

2. 实施农业生产环境的动态监测机制

农业生产环境状况如何，直接决定了技术选择趋向。为此，应借助现代信息技术，开展农业生产环境监测，特别是土壤理化指标的动态监测，精准获得农业生产环境状况的系统数据，基于大数据对农田生态系统污染进行多元素融合处理，提出科学的治理方案，为农业绿色发展提供科学支撑。

参考文献

董战峰、璩爱玉、郝春旭：《黄河流域高质量发展：挑战与战略重点》，《中华环境》2020 年第 Z1 期。

林珊、于法稳：《黄河流域生态环境治理的成效、问题与对策》，载李群、于法稳主编《中国生态治理发展报告（2020~2021）》，社会科学文献出版社，2021。

王夏晖：《协同推进黄河生态保护治理与全流域高质量发展》，《中国生态文明》2019 年第 6 期。

徐勇、王传胜：《黄河流域生态保护和高质量发展：框架、路径与对策》，《中国科学院院刊》2020 年第 7 期。

于法稳、代明慧、林珊：《基于粮食安全底线思维的耕地保护：现状、困境及对策》，《经济纵横》2022 年第 12 期。

于法稳、方兰：《黄河流域生态保护和高质量发展的若干问题》，《中国软科学》2020 年第 6 期。

于法稳、林珊：《碳达峰、碳中和目标下农业绿色发展的理论阐释及实现路径》，《广东社会科学》2022 年第 2 期。

于法稳、林珊：《新型生态农业发展的突出问题、目标重塑及路径策略》，《中国特色社会主义研究》2022 年第 Z1 期。

于法稳、林珊、王广梁：《黄河流域县域生态治理：特征、核心与路径》，载索端智主编《黄河流域生态保护和高质量发展报告（2022）》，社会科学文献出版社，2022。

B.3
黄河流域发展指数报告（2023）

曹 雷　董黎明　杨玉雪*

摘　要： 黄河流域生态保护和高质量发展是重大国家战略，党的二十大报告明确提出要推动黄河流域生态保护和高质量发展。本报告首先从黄河流域发展基本内涵出发，基于新发展理念，构建了包含创新发展、协调发展、绿色发展、开放发展、共享发展5个维度共20个具体指标的黄河流域发展指数综合评价体系。然后运用主成分分析法对2022年黄河流域九省区发展水平进行综合评价分析，结果显示，2022年黄河流域高质量发展并不充分，具体表现在排名落后的宁夏创新发展和绿色发展落后明显，山西创新发展和开放发展存在不足，甘肃对外开放及协调发展相对落后；分省区来看，陕西综合发展水平最高，排名第一，宁夏则位于末位。最后，根据当前黄河流域发展存在的短板弱项，针对性地提出以创新驱动推动高质量发展提速增效、以对外开放凝聚高质量发展活力，同时注重提升系统治理能力等对策建议来推动黄河流域生态保护和高质量发展。

关键词： 黄河流域　黄河指数　创新驱动

一　引言

黄河是中华民族的母亲河，是中华民族生存、发展和永续存在的摇篮，在

---

* 曹雷，河南省社会科学院统计与管理科学研究所高级统计师，主要研究方向为现代化监测、新型城镇化；董黎明，河南省社会科学院统计与管理科学研究所中级统计师，主要研究方向为经济统计、应用统计；杨玉雪，河南省社会科学院统计与管理科学研究所研究实习员，主要研究方向为产业经济、区域经济。

中华民族5000多年文明史上，有3000多年的全国政治、经济、文化中心在黄河流域。党的十八大以来，以习近平同志为核心的党中央，立足新发展新阶段，全面掀开了黄河流域生态保护和高质量发展新篇章。习近平总书记多次深入黄河沿线实地考察，足迹遍布沿黄九省区，先后两次专门就黄河流域生态保护和高质量发展主持召开座谈会并发表重要讲话，强调“黄河流域在我国经济社会发展和生态安全方面具有十分重要的地位”，将黄河流域生态保护和高质量发展上升为重大国家战略，开启了黄河治理、保护和高质量发展的新征程。2020年10月，中共中央、国务院印发《黄河流域生态保护和高质量发展规划纲要》，系统全面部署了黄河流域生态保护和高质量发展。自黄河流域生态保护和高质量发展上升为国家战略以来，沿黄各省区围绕解决黄河流域存在的矛盾和问题，开展了大量工作，整治生态环境问题，推进生态保护修复，完善治理体系，高质量发展取得新进步，但仍存在一些刚性制约因素导致黄河流域生态保护和高质量发展战略落实不到位。在生态环境方面，流域本底脆弱、水资源刚性约束的顽疾始终未能得到很好地解决；在经济社会发展方面，作为我国第二大河的黄河自西向东流经九个省区，流域东西跨度大，不同地貌下各省区的地理条件也不尽相同，囿于以上自然因素，黄河流域的上中下游地区在经济社会发展、科技创新以及民生改善等方面存在明显的空间异质性，沿黄各省区高效协同发展机制仍有待完善，在流域经济空间开发的整体性方面仍有待提高，高质量发展不平衡不充分仍是黄河流域亟须解决的短板问题。

在此背景下，动态评价黄河流域综合发展水平，科学评判流域治理情况及各省区间差异，对建立纵横联动的流域协同机制、解决流域发展不平衡不充分矛盾、协同推进流域经济发展和环境保护、保证黄河流域生态保护和高质量发展战略落实到位，具有深远的战略意义和重要的现实价值。

二　评价指标体系构建

1. 指标选取原则

本报告基于新发展理念“创新、协调、绿色、开放、共享”五个层面，遵循科学性、可操作性、典型性、可比性等原则进行指标选取。科学性即准确收集各类指标数据，客观、真实、严谨地反映黄河流域生态保护和高质量发展的实际情况，科学性是从整体把握黄河流域生态保护和高质量发展的基础；可操作性即在兼顾整体时序性和空间对比性的前提下考虑指标的可获得性，优先选取国家或者地方相关部门发布的官方数据，保证指标数据的可信性与客观性；典型性即针对黄河流域的具体情况、地域特征，选取针对性的指标，以全面系统、有针对性地反映黄河流域生态保护和高质量发展情况；可比性即可以进行横向、纵向的比较，应减少绝对指标和存量指标自身的波动变化，在降低对测算综合评价指数影响的同时，综合评价流域生态保护和高质量发展水平。同时，为了避免指标内涵重叠，尽量少选取总量指标，确保黄河流域各省区之间横向可比。

2. 指标体系构建

黄河流域发展指数的测算前提是构建科学、完善、可行的评价指标体系，本报告基于生态环境保护和高质量发展的 2 个子系统共 5 个维度，综合选取 20 个三级指标，来构建黄河流域发展指数综合评价指标体系，具体情况见表 1。

表 1　黄河流域发展指数综合评价指标体系

序号	一级指标	二级指标	三级指标	指标单位	指标属性
1	黄河流域发展指数综合评价指标体系	创新发展	每万人发明专利授权量	项	+
2			技术市场成交额/GDP	%	+
3		协调发展	常住人口城镇化率	%	+
4			城乡居民收入比	–	–
5			城乡居民消费比	–	–
6			第三产业增加值占 GDP 比重	%	+
7		绿色发展	单位 GDP 电耗	千瓦时/万元	–
8			人均用电量	千瓦小时	–
9			地表水达到或好于Ⅲ类水体比例	%	+
10			空气质量优良天数比例	%	+
11			PM2.5 年均浓度	微克/米^3	–
12			森林覆盖率	%	+
13		开放发展	人均进出口总值	元	+
14			外资开放度	%	+
15			外贸依存度	%	+

续表

序号	一级指标	二级指标	三级指标	指标单位	指标属性
16		共享发展	人均 GDP	元	+
17			人均一般公共预算支出	元	+
18			每万人卫生机构床位数	张	+
19			每万人拥有卫生技术人员数	人	+
20			每十万人口高等学校在校生人数	人	+

创新发展维度，创新是地区经济发展的引领性动力，是构建现代化经济体系中不可或缺的战略性支撑，也是拉动黄河流域沿线城市经济社会发展的主要驱动力，能够以较强的推动力促进黄河流域综合竞争力的提升。创新维度主要反映的是地区科研创新力度及创新转化成果对该区域经济发展质量的贡献率，因此本报告选取每万人发明专利授权量（项）、技术市场成交额/GDP（%）相关指标来反映黄河流域的创新发展情况。

协调发展维度，协调作为新时代地区高质量发展的重要评价标准，涉及城乡之间的协调、不同区域之间的协调以及不同产业之间的协调。协调维度能够反映城乡发展差距的缩小对地区经济发展的贡献度，因此本报告选取常住人口城镇化率（%）、城乡居民收入比、城乡居民消费比、第三产业增加值占 GDP 比重（%）相关指标反映黄河流域的协调状况。

绿色发展维度，绿色发展是以效率、和谐、持续为目标的经济增长和社会发展方式，旨在顺应自然促进人与自然和谐共生，以最少的资源和环境为代价获取最大的经济社会效益，是实现经济高质量发展的先决条件。黄河流域高质量发展应当以绿色为底色。本报告主要从资源消耗、环境污染、环境保护三个方面来反映黄河流域的绿色发展状况，具体选取单位 GDP 电耗（千瓦时/万元）、人均用电量（千瓦小时）、地表水达到或好于Ⅲ类水体比例（%）、空气质量优良天数比例（%）、PM2.5 年均浓度（微克/米^3）、森林覆盖率（%）相关指标反映黄河流域的绿色发展状况。

开放发展维度，开放既是新发展理念和高质量发展的核心内容，又是推动高质量发展的必由之路，主要解决的是内外联动问题，通过开放发展促进黄河流域各省份之间互联互通，推动黄河流域融入世界大局。考虑到数据的可得性，本报告具体选取人均进出口总值（元）、外资开放度（%）、外贸依存度（%）相关指标反映黄河流域的开放发展状况。

共享发展维度，共享是中国特色社会主义的本质要求，共享发展不仅贯穿于社会发展的各个环节，还体现在社会发展的各个领域，共享发展体现当前实现共同富裕的程度。因此本报告主要从收入分配、社会保障、公共服务三个层面来构建共享发展评价指标体系，具体选取人均 GDP（元）、人均一般公共预算支出（元）、每万人卫生机构床位数（张）、每万人拥有卫生技术人员数（人）、每十万人口高等学校在校生人数（人）相关指标反映黄河流域的共享发展状况。

3. 指标资料来源

本报告选用的数据主要来源于 2022 年黄河流域九省区生态环境状况公报、国民经济和社会发展统计公报和统计年鉴。缺失的数据采用趋势预测法补齐。

三　评价模型的构建

1. 指标数据标准化

当前学术界关于测算量化发展水平的方法有很多，多集中于层次分析法、熵值法、主成分分析法等。本报告选取主成分分析法反映综合指数五个层面的量化结果，主成分分析法的不同之处在于，能从数量较多的原始变量中析出几个少数关键的主成分，同时这些主成分能够最大限度保留原始变量的信息，更能充分反映各维度分项指数对总指数的贡献程度。由于各原始指标的属性和量纲量级不同，为降低指标原始数据的影响，在进行主成分分析前需对数据做标准化处理，以保证数据的可比性。

黄河流域发展指数综合评价指标体系由 20 个三级指标组成，采用极差法对原始数据进行标准化处理，计算公式如下：

对于正向指标：$z_{ij} = \dfrac{x_{ij} - x_{j\min}}{x_{j\max} - x_{j\min}}$

对于负向指标：$z_{ij} = \dfrac{x_{j\max} - x_{ij}}{x_{j\max} - x_{j\min}}$

其中：

z_{ij} ——原始指标标准化后的数值；

x_{ij}——指标原始数据；

x_{jmin}——原始指标最小值；

x_{jmax}——原始指标最大值。

2. 指标赋权方法

本报告采用客观赋权法中的主成分分析法对各指标权重进行测算，可避免主观赋权法受人为因素影响较大的缺陷，其基本原理如下：

对 p 维随机变量，设总体 $X=(x_1, x_2, \cdots, x_p)^T$ 的期望为 μ，协方差矩阵为 Σ，X 的 m 个主成分为 $y_1, y_2, \cdots, y_m$，二者关系为：

$$
\begin{aligned}
y_1 &= \alpha_{11}x_1 + \alpha_{12}x_2 + \cdots + \alpha_{1p}x_p \\
y_2 &= \alpha_{21}x_1 + \alpha_{22}x_2 + \cdots + \alpha_{2p}x_p \\
&\cdots \\
y_m &= \alpha_{m1}x_1 + \alpha_{m2}x_2 + \cdots + \alpha_{mp}x_p
\end{aligned}
$$

y_1 是 X 的所有线性组合中方差最大的，y_2 是其他与 y_1 不相关的一切 X 的线性组合中方差最大的，按方差从大到小的顺序挑出部分主成分 $y_1, y_2, \cdots, y_k$ 并且满足：

（1）$y_1, y_2, \cdots, y_k$ 保留原始变量 $x_1, x_2, \cdots, x_p$ 的大部分信息（>80%）；

（2）$k \ll p$；

（3）$y_1, y_2, \cdots, y_k$ 互不相关。

其中，k 由主成分的累计方差贡献率确定，主成分 y_i 方差贡献率计算公式如下：

$$\omega_i = \lambda_i / \sum_{j=1}^{p} \lambda_j, i = 1,2,\cdots,p$$

其中，λ_i 为总体 X 协方差矩阵 $\sum$ 的特征值，且 $\lambda_1 \geqslant \lambda_2 \geqslant \cdots \lambda_p \geqslant 0$，方差贡献率代表主成分 y_i 对原始变量信息的概括程度。前 k 个 ω_i 的和为前 k 个主成分的累计贡献率：

$$\sum_{i=1}^{k} \omega_i = \sum_{i=1}^{k} \lambda_i / \sum_{j=1}^{p} \lambda_j$$

通常取使累计贡献率达到 80%的最小 k 为主成分个数。

四　黄河流域发展指数综合评价结果及其分析

为了系统全面体现黄河流域的发展情况，分别从黄河流域生态保护和高质量发展三级指标层面、二级指标五个维度以及总指标层面分别进行评价分析。

1. 指标赋权结果

通过运用主成分分析法计算得到黄河流域发展指数综合评价指标体系各个三级指标权重，结果见表 2。从创新发展的维度来看，技术市场成交额/GDP 的权重相对较大，为 6.768；从协调发展的维度来看，第三产业增加值占 GDP 比重的权重最大，为 5.440，城乡居民消费比权重最小，为 3.624；从绿色发展的维度来看，森林覆盖率的权重最大，为 5.067，地表水达到或好于Ⅲ类水体比例权重最小，为 3.415，同时该指标权重是 20 个指标中最小的；从开放发展的维度来看，外资开放度的权重最大，为 7.943，该指标权重是 20 个指标中最大的，外贸依存度权重相对较小，为 6.224，开放发展维度的三级指标整体权重相对较大；从共享发展的维度来看，每十万人口高等学校在校生人数的权重最大，为 5.452，每万人卫生机构床位数的权重最小，为 3.677。

表 2　黄河流域发展指数综合评价指标权重

序号	一级指标	二级指标	三级指标	指标权重
1	黄河流域发展指数综合评价指标体系	创新发展	每万人发明专利授权量	5.267
2			技术市场成交额/GDP	6.768
3		协调发展	常住人口城镇化率	3.984
4			城乡居民收入比	4.149
5			城乡居民消费比	3.624
6			第三产业增加值占 GDP 比重	5.440
7		绿色发展	单位 GDP 电耗	4.500
8			人均用电量	4.960
9			地表水达到或好于Ⅲ类水体比例	3.415
10			空气质量优良天数比例	4.404
11			PM2.5 年均浓度	3.959
12			森林覆盖率	5.067

续表

序号	一级指标	二级指标	三级指标	指标权重
13	黄河流域发展指数综合评价指标体系	开放发展	人均进出口总值	6.774
14			外资开放度	7.943
15			外贸依存度	6.224
16		共享发展	人均 GDP	3.733
17			人均一般公共预算支出	5.306
18			每万人卫生机构床位数	3.677
19			每万人拥有卫生技术人员数	5.358
20			每十万人口高等学校在校生人数	5.452

注：指标权重合计数和部分数据因小数点后取舍而产生的误差，均未做机械调整。

2. 专项指标分析

（1）创新发展维度。由于数据标准化后最大是1，最小是0，为了便于后续数据处理，将0全部位移0.001（下同）。根据标准化后的数据，在创新发展维度，黄河流域九省区每万人发明专利授权量排名第一的是内蒙古，排名末位的是山西；从技术市场成交额/GDP来看，排名第一的是陕西，内蒙古在该指标上表现落后，排在最后一位。综合来看，不同省区在创新发展维度不同指标层面的排名差异较大，并未出现某个省区指标均靠前的情况（见表3）。

表3　黄河流域创新发展指标情况

省份	每万人发明专利授权量	技术市场成交额/GDP
青海	0.843	0.023
四川	0.181	0.246
甘肃	0.860	0.308
宁夏	0.024	0.050
内蒙古	1.000	0.001
陕西	0.380	1.000
山西	0.001	0.217
河南	0.607	0.159
山东	0.267	0.382

（2）协调发展维度。在协调发展维度，从常住人口城镇化率来看，排名第一的是内蒙古，排名末位的是甘肃，除河南外，黄河流域中下游省份平

均水平优于上游省份平均水平；从城乡居民收入比来看，排名第一的是河南，排名末位的是甘肃；从城乡居民消费比来看，排名第一的是河南，排名末位的是甘肃；在城乡居民收入比和城乡居民消费比两项指标上，黄河流域不同省区排名相近，均表现为河南城乡收入和城乡消费差距小，协调发展水平相对较高；从第三产业增加值占 GDP 的比重来看，排名第一的是山东，排名末位的是内蒙古，黄河流域中游两省份表现相对较差，位次分别为倒数第二、第三（见表 4）。

表 4　黄河流域协调发展指标情况

省份	常住人口城镇化率	城乡居民收入比	城乡居民消费比	第三产业增加值占 GDP 比重
青海	0.502	0.398	0.767	0.438
四川	0.289	0.748	0.967	0.953
甘肃	0.001	0.001	0.001	0.883
宁夏	0.843	0.621	0.500	0.289
内蒙古	1.000	0.709	0.767	0.001
陕西	0.682	0.379	0.717	0.273
山西	0.678	0.650	0.633	0.062
河南	0.200	1.000	1.000	0.703
山东	0.718	0.845	0.417	1.000

（3）绿色发展维度。在绿色发展维度，从单位 GDP 电耗来看，排名第一的是四川，排名最后一位的是青海；从人均用电量来看，排名第一的是河南，排名最后一位的是内蒙古；从地表水达到或好于Ⅲ类水体比例来看，排名第一的是青海，排名最后一位的是内蒙古；从空气质量优良天数比例来看，排名第一是青海，排名最后一位的是河南；从 PM2.5 年均浓度来看，排名第一的是青海，排名最后一位的是河南；从森林覆盖率来看，排名第一的是陕西，排名最后一位的是青海。综合来看，青海在水资源和空气质量层面均排第一，但同时其单位 GDP 电耗和森林覆盖率明显落后，排名末位；河南的单位 GDP 电耗和人均用电量排名十分靠前，但空气质量在黄河流域九省区最差，可见黄河流域不同省份在不同指标上的表现强弱程度不一，不存在某个省份大多数指标均领先发展的现象（见表 5）。

表 5　黄河流域绿色发展指标情况

省份	单位 GDP 电耗	人均用电量	地表水达到或好于Ⅲ类水体比例	空气质量优良天数比例	PM2.5 年均浓度	森林覆盖率
青海	0.001	0.148	1.000	1.000	1.000	0.001
四川	1.000	0.993	0.984	0.763	0.461	0.833
甘肃	0.624	0.852	0.869	0.793	0.813	0.097
宁夏	0.045	0.022	0.679	0.593	0.663	0.267
内蒙古	0.380	0.001	0.001	0.883	0.963	0.394
陕西	0.939	0.852	0.885	0.340	0.326	1.000
山西	0.767	0.719	0.587	0.270	0.363	0.333
河南	0.985	1.000	0.420	0.001	0.001	0.447
山东	0.868	0.748	0.455	0.227	0.438	0.170

（4）开放发展维度。与其他维度不同，黄河流域不同省份在开放发展维度的不同指标上表现出接近的现象。青海在人均进出口总值、外资开放度以及外贸依存度上排名均处于最后一位，而山东在此三项指标上排名均第一，其他省份在该三项指标上也呈现相似的位次，总体来说黄河流域下游省份开放发展领先于除四川以外的上游省份，整体呈现下游>中游>上游的趋势。究其原因可能是山东处于我国沿海地带，优越的地理位置给山东外资利用和外贸发展方面带来极大便利，而青海地处高原，区位劣势使其开放发展相对落后（见表6）。

表 6　黄河流域开放发展指标情况

省份	人均进出口总值	外资开放度	外贸依存度
青海	0.001	0.001	0.001
四川	0.353	0.228	0.449
甘肃	0.051	0.030	0.109
宁夏	0.088	0.249	0.105
内蒙古	0.175	0.077	0.146
陕西	0.359	0.160	0.367
山西	0.143	0.112	0.163
河南	0.247	0.099	0.344
山东	1.000	1.000	1.000

（5）共享发展维度。在共享发展维度，从人均 GDP 来看，排名第一的是内蒙古，排名末位的是甘肃；从人均一般公共预算支出来看，排名第一的是青海，排名末位的是河南；从每万人卫生机构床位数来看，排名第一的是四川，排名末位的是宁夏；从每万人拥有卫生技术人员数来看，排名第一的是陕西，排名末位的是河南；从每十万人口高等学校在校生人数来看，排名第一的是陕西，排名末位的是青海。综合来看，黄河流域不同省份在不同指标层面表现有强有弱，且存在较大差距，处于同一空间流域的省份也差异较大，例如在人均 GDP 以及每万人卫生机构床位数层面，表现最优及最劣的均位于黄河流域上游（见表 7）。

表 7　黄河流域共享发展指标情况

省份	人均 GDP	人均一般公共预算支出	每万人卫生机构床位数	每万人拥有卫生技术人员数	每十万人口高等学校在校生人数
青海	0.306	1.000	0.608	0.685	0.001
四川	0.443	0.154	1.000	0.183	0.171
甘肃	0.001	0.282	0.764	0.173	0.405
宁夏	0.482	0.491	0.001	0.412	0.201
内蒙古	1.000	0.612	0.521	0.651	0.103
陕西	0.736	0.282	0.657	1.000	1.000
山西	0.557	0.272	0.344	0.065	0.321
河南	0.333	0.001	0.771	0.001	0.540
山东	0.797	0.052	0.466	0.452	0.232

3. 二级指数综合分析

根据前文测算的权重，计算出黄河流域综合发展五个维度的分指数，结果如表 8 所示。

表 8　黄河流域分维度发展指数

省份	创新发展指数	协调发展指数	绿色发展指数	开放发展指数	共享发展指数
青海	4.596	8.812	12.522	0.021	12.358
四川	2.616	12.940	22.189	6.993	8.060
甘肃	6.611	4.814	17.199	1.260	7.444

续表

省份	创新发展指数	协调发展指数	绿色发展指数	开放发展指数	共享发展指数
宁夏	0.463	9.322	9.225	3.229	7.712
内蒙古	5.274	9.708	11.417	2.710	12.947
陕西	8.769	8.373	19.327	5.988	17.469
山西	1.474	8.035	13.333	2.872	6.886
河南	4.274	12.394	13.097	4.601	7.035
山东	3.993	13.316	12.767	20.941	8.645

（1）创新发展指数。在创新发展方面，黄河流域不同省份的创新发展水平存在较大差异，处于黄河流域中游的陕西创新发展指数最高，为 8.769，处于流域上游的宁夏创新发展指数最低，仅有 0.463，陕西是宁夏的 18.94 倍。创新发展维度，九省区中陕西、甘肃、内蒙古、青海、河南 5 个省区高于黄河流域创新发展平均水平（4.230）。值得注意的是，黄河流域上游有 3 个省份位列全流域创新发展前五，同处于流域中游的山西和排名第一的陕西差距较大，流域下游两省份创新发展处于中间水平，整体来说，黄河流域创新发展平均水平呈现中游>下游>上游的现象。另外，从黄河流域发展指数综合评价指标体系的五个维度来看，创新发展整体水平远低于其他维度，是新时代推动黄河流域实现高质量发展的短板所在。

（2）协调发展指数。在协调发展方面，处于黄河流域下游的山东协调发展指数最高，为 13.316，处于黄河流域上游的甘肃协调发展指数最低，为 4.814，山东是甘肃的 2.77 倍。协调发展维度，九省区中山东、四川、河南三个省区高于黄河流域协调发展平均水平（9.746），数量仅 1/3。黄河流域九省区协调发展水平相对来说差距不大，且流域中游两省份之间和下游两省份之间的协调发展更为均衡，整体呈现下游>上游>中游的现象。总体来说，黄河流域九省区的协调发展水平在黄河流域生态保护和高质量发展五个维度中处于中间偏低水平。

（3）绿色发展指数。在绿色发展方面，处于黄河流域上游的四川绿色发展指数最高，达到 22.189，同时是黄河流域九省区在所有指标中表现最好的一个，同处于黄河流域上游的宁夏绿色发展指数最低，仅为 9.225，四川是宁夏的2.41倍，是黄河流域发展指数综合评价指标体系五个维度中动态范围最小的。绿色发展维度，九省区中仅有四川、陕西、甘肃三个省份高于黄河流域绿色发展平均水平（14.564），仅占流域1/3。同时我们看到，在黄河流域发展指数综合评价指标体系五个维度中，绿色发展指数排名最好，这与党的十八大以来，黄河流域坚持“绿水青山就是金山银山”的绿色发展理念，坚定不移走生态优先、绿色发展之路密不可分。总体来说，黄河流域绿色发展水平整体呈现中游>上游>下游的现象。

（4）开放发展指数。在开放发展方面，处于黄河流域下游的山东开放发展指数最高，为20.941，处于黄河流域上游的青海开放发展指数最低，仅有0.021，是黄河流域九省区在所有指标里面表现最差的一个，山东的开放发展指数是青海的997.19倍，同时是黄河流域发展指数综合评价指标体系五个维度中动态范围最大的。开放发展维度，九省区中同样仅有山东、四川、陕西三个省份高于黄河流域开放发展平均水平（5.402）。总的来说，黄河流域开放发展水平整体呈现下游>中游>上游的现象。这与黄河流域不同省区所处的地理位置关系密切，下游的山东是黄河流域唯一的沿海省份，对外开放基础深厚，对外开放平台能级较大，而上游的青海、甘肃等省份位于西北内陆地区，对外开放先天条件不足，新时代下，可通过深度参与共建“一带一路”来提升其开放发展水平。

（5）共享发展指数。在共享发展方面，处于黄河流域中游的陕西共享发展指数最高，为17.469，同处于黄河流域中游的山西共享发展指数最低，为6.886，陕西是山西的2.54倍。共享发展维度，九省区中依然仅有陕西、内蒙古、青海三个省区高于黄河流域共享发展平均水平（9.840）。值得一提的是，下游河南的共享发展指数为7.035，仅相当于黄河流域平均共享发展水平的71.49%，是河南黄河流域发展指数综合评价指标体系五个维度里横向对比表现最差的一个，可能的原因是河南是我国传统的农业大省、人口大省，而高水平大学数量少、河南考生上好大学的机会小。总体来看，黄河流域各省区共享发展水平差距不大，呈现中游>上游>下游的现象，且共享发展指数整体在黄河流域发展指数综合评价指标体系五个维度中处于中间靠上的水平。

4. 黄河流域发展综合指数分析评价

根据黄河流域发展指数综合评价指标体系五个维度指数及其综合权重，通过计算可以得到黄河流域发展综合指数，如图1所示。根据计算结果，我们可以清晰地看到，黄河流域生态保护和高质量发展整体水平仍然较低，最高的陕西（59.927）综合指数仍不足60，最低的宁夏（29.950）甚至不足30，仅有陕西、山东、四川3个省份的综合发展指数高于黄河流域平均水平（43.781），数量仅占全流域的1/3。

从综合指数排名结果来看，排名第一的是黄河流域中游的陕西，其次是下游的山东，接着是上游的四川，可见，在黄河流域上、中、下游均有发展质量相对较高、发展水平相对突出的“领头羊”省份。排名末位的是上游的宁夏，其次是中游的山西，接着是上游的甘肃，可看出黄河流域处于同一地理区间的省份之间发展也存在较大差异。综合指数最高的是陕西，为59.927，综合指数最低的是宁夏，为29.950，陕西是宁夏的2倍。进一步分析可知，陕西在生态保护和高质量发展不同维度上表现属于中上等水平，其中创新发展指数和共享发展指数均为黄河流域九省区第一名，具体来看，其技术市场成交额/GDP、森林覆盖率、每万人拥有卫生技术人员数及每十万人口高等学校在校生人数4个三级指标均排名第一，多个第一拉高了陕西的总指数。而宁夏在不同维度上的表现不尽如人意，其创新发展指数和绿色发展指数均为最后一名，且其协调发展指数和共享发展指数排名也处于中下位置。由此可见，黄河流域不同省份之间高质量发展不协调不充分等问题依然突出，新的发展阶段，排名倒数的宁夏需要重点在创新发展能力和绿色发展水平上加压奋进；山西也应注重其创新发展，培育创新动能，同时加大开放力度；甘肃则需要在推动更大水平对外开放以及增强城乡协调发展上下功夫。

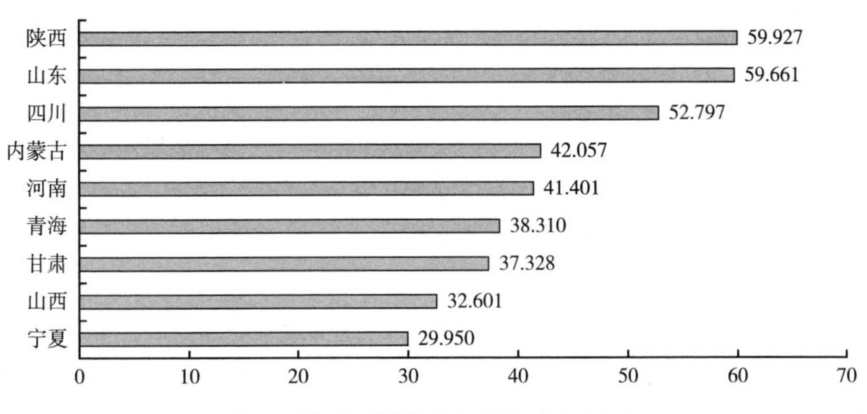

图1　黄河流域发展综合指数（2022年）

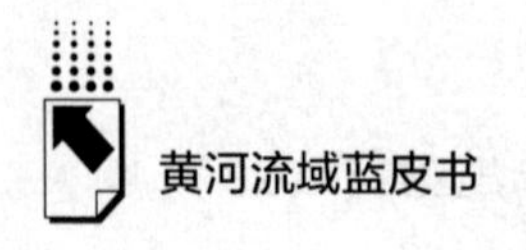

五　提升黄河流域生态保护和高质量发展的对策建议

要破解黄河流域生态保护和高质量发展的一系列难题，沿黄各省区必须坚持以习近平生态文明思想为引领，以促进人与自然和谐发展、区域结构调整和增长方式转变为基本目标，遵循综合协调、保护优先、区域差异等原则，并基于流域内不同区域的资源环境承载能力、现有开发密度和未来发展潜力等，构建在保护中发展、在发展中保护的长效机制，以高度的思想自觉和行动自觉谱写新时代黄河流域生态保护和高质量发展的新篇章。

1. 着力创新驱动，推动高质量发展提速增效

一是聚焦重点领域关键环节技术研发。流域各省区要紧盯世界科技创新前沿，聚焦创新科技发展，加大高精新技术研发投入强度，将着力点放在新能源、生物医药、智能制造等领域，争取早日取得突破性进展。注重企业创新引领，健全以市场为主导的发展机制，真正发挥企业在创新决策、技术研发以及成果转化等方面的作用，鼓励和引导企业走“专精特新”发展道路，积极开展基础性前沿性创新研究，构建技术创新公共服务平台。二是推动跨领域跨行业创新融合。坚持“战略急需、支撑产业、基础牢固、错位竞争”原则，着眼未来国家重大战略和创新资源要素，打破不同创新领域创新主体之间的壁垒，推动创新主体之间的合作向纵深发展，激发释放人才、技术等要素活力，完善产业创新链。三是激发科技人员积极性。实施柔性人才引进政策，注重培养创新人才和青年科技人才，造就一批具有高水平的科学家、科技领军人才和高水平创新团队。对当前相对陈旧的科研评价激励制度进行改革完善，给高技术人才提供流动通道，在科研人才、资金等方面赋予领军人物更大的支配权和决策权，优化科研人员成果转化收益分配。

2. 着力对外开放，凝聚高质量发展活力

一是提升对外、对内双开放战略格局。对外主动适应国际经贸规则重构新趋势，学习借鉴发达国家先进经验，加快建立开放型经济新体制，增强黄河流域区域辐射带动能力；对内加强同沿黄各省区的交流互鉴，统筹建立上中下游系统协调发展长效机制。二是积极发展外向型产业集群。加快建设“一带一

路”和跨境多式联运交通走廊，提高边境经济合作区、跨境经济合作区发展水平，力争形成全方位、多层次的立体开放格局。三是提升对外贸易转型升级。要巩固传统行业在全球价值链中的优势地位，提高产品竞争力；加强新兴行业研发投入、创新发展模式建设，抢占全球市场份额。四是“引进来”与“走出去”协同发展。进一步扩大开放领域，放宽市场准入限制；支持流域内有实力企业“走出去”，深度融入全球产业链和价值链。

3. 着力系统治理，集聚发展合力

一是统筹推进全流域系统治理体系。沿黄各省区要充分认识黄河流域生态治理工作的极端重要性，坚持“山水林田湖草沙”生态空间一体化保护和环境污染协同治理原则，加快推动建立跨区域、多部门协同共治的联合治理机制，明确责任分工，统筹区域生态修复和环境综合治理，打造河道水生态带、滩涂湿地生态带，实现源头治理、过程管控、效果达标，确保黄河流域长治久安。二是推进全流域水沙调控工程。紧紧抓住水沙关系调节这个“牛鼻子”，构建完善的水沙调控体系，完善监测预警系统，加强沙土流失严重地区植被覆盖，增强流域生态环境储水固沙功能，保障黄河防洪安全和供水安全。三是实施黄河河道滩区综合治理工程。沿黄各省区要进一步压实各级河湖长责任，明确履职内容、履职标准、监督方式，定期召开专题会议研究黄河河道及滩地被占问题整治工作进展情况，确保河湖管理责任落到实处。探索运用“河长通”等信息化手段，提高河湖监管效率，纵深推进河湖“清四乱”行动，改善河道周边环境，巩固好“携手清四乱，保护母亲河”及农作物禁种活动成果。

4. 着力节约集约，统筹推进水资源利用

黄河流域当前仍面临水资源刚性约束难题，一是强化用水指标最大刚性约束。沿黄各省区要全面落实国家节水行动，按照“节水优先”治水方针，坚持以水定城、以水定产，妥善处理“水—地、水—产、水—城、水—人”关系，坚决抑制不合理用水需求，缓解流域水资源供需不匹配矛盾，构建流域经济社会发展与水资源和谐共生局面。二是构建全流域水资源节约利用体系。加快黄河流域现代化水网统一规划，统筹协调黄河水、南水北调水、地表水等水系综合利用，构建健康可持续的水资源开发利用体系。深化水价改革，创新市场机制，促进流域水资源优化配置和集约节约高效利用。三是全面推进全流域节水型社会建设。严格用水全过程管理，实施水资源总量强度双控，明确用水总量指标，合理确定各地用水配额。积极推进实施旱作雨养项目与高效节水灌溉工程建设，加快推进农村厕所改革，促进农业节水增效。深入开展工业节水技术推广，做好节水型企业创建。推进城市老旧供水管网系统更新改造，降低公共供水管网损漏概率；实施雨污分流与植树增绿等工程，加快建设海绵城市，积极推动国家节水型城市与节水型社会建设。

5. 着力守正创新，讲好新时代黄河故事

一是深入推进文化遗产的考古研究和系统性保护。制定黄河文化遗产保护专项规划，加大对文化保护和传承的支持力度与资金投入，重点推进物质文化遗产的考古发掘、保护修复和非物质文化遗产的传承，加大数字技术在文物保护方面的应用。二是建设黄河文化旅游带。推动区域互动，整合流域内古都、黄河、运河等线性文化旅游资源，实现旅游线路延伸、服务升级，打造精品旅游品牌，提升“临黄河·知中国”黄河文化旅游品牌形象。三是建好用好黄河国家文化公园，推进黄河文化遗产的系统保护。世世代代守护好老祖宗留给我们的宝贵遗产，展现中华文明的人文底蕴和精神特质，让其成为读懂中国的一扇窗口；研究阐释黄河文化的时代价值，用创意、科技让黄河文化活起来，做大做强中华文化重要标志，共同讲好新时代“黄河故事”，共同奏响河湟文化、河洛文化、齐鲁文化等“大合唱”。四是加强国际国内文化交流。根据我国不同节气、传统节日等广泛开展不同主题的文化旅游节，创新形式联合开展民俗节等，在讲好黄河故事的同时提升黄河文化国际国内影响力。

参考文献

习近平：《在黄河流域生态保护和高质量发展座谈会上的讲话》，《求是》2019 年第 20 期。

张可云、张颖：《不同空间尺度下黄河流域区域经济差异的演变》，《经济地理》2020 年第 7 期。

王孝松：《“两个大局”下的更高水平对外开放》，《人民论坛》2021 年第 2 期。

郭佳钦、田逸飘：《基于五大发展理念的长江经济带经济高质量发展研究》，《统计与管理》2021 年第 9 期。

高晓光、蒋凤玲：《河南黄河流域生态保护和高质量发展路径研究》，《南方农机》

2021年第13期。

金凤君、林英华、马丽、陈卓：《黄河流域战略地位演变与高质量发展方向》，《兰州大学学报》（社会科学版）2022年第1期。

于善甫：《打造黄河流域生态保护和高质量发展核心示范区的路径研究》，《当代经济》2022年第4期。

董黎明：《人口变动对消费的影响研究》，《统计理论与实践》2022年第11期。

流 域 篇

Basin Reports

B.4

2022～2023年青海黄河流域生态保护和高质量发展研究报告

阿琪 李舟*

摘 要： 青海是“中华水塔”“三江之源”，是国家重要的生态安全屏障，在黄河流域具有不可替代的战略地位。本报告总结了2022～2023年青海黄河流域在“黄河流域生态环境保护和高质量发展”战略、国家公园建设、“高原美丽乡村/城镇”建设、水资源管理、产业“四地”建设和“河湟”文化品牌打造等方面的相关举措，归纳了在生态、产业、社会和文化等方面的高质量发展上取得的成效，并针对青海生态脆弱、产业薄弱、生态保护与经济发展矛盾和文旅发展滞后等问题提出了持续加强生态保护修复、优化产业结构转型升级、健全生态补偿机制、保护传承弘扬黄河文化等对策建议。

关键词： 黄河流域 生态建设 经济社会发展 青海省

* 阿琪，青海省社会科学院社会学研究所助理研究员，主要研究方向为农村社区；李舟，青海省社会科学院科研管理处助理研究员，主要研究方向为发展社会学。

新时代以来，以习近平同志为核心的党中央将黄河流域生态保护和高质量发展上升为国家重大战略，明确提出让黄河成为造福人民的幸福河。习近平总书记两次到青海考察，两次参加全国人民代表大会青海代表团审议，向青海指明了“三个最大”的省情定位，即“青海最大的价值在生态、最大的潜力在生态、最大的责任也在生态”。总书记的讲话确定了青海在黄河流域生态保护和高质量发展格局中的战略地位与发展定位，这为青海经济社会发展和生态文明建设指明了方向。青海省既是黄河源头区，也是干流区，为了不折不扣地贯彻落实总书记提出的“三个最大”，青海省以“生态保护优先”理念协调推进高质量发展，推动改善民生，确保“一江清水向东流”。

一　青海黄河流域生态环境与经济社会发展概况

1. 青海黄河流域自然地理条件

青海黄河流域位于我国西北部、青藏高原东北部，总体走向呈“S”形。黄河发源于青海省巴颜喀拉山北麓，干流流经青南草原、河湟谷地流入甘肃。在青海省境内，黄河干流长度为1694公里，占黄河总长的31%；流域面积为15.23万平方公里，占黄河流域总面积的19.3%；多年平均出境水量达264.3亿立方米，占全流域径流量的49.4%。青海作为黄河源头区、干流区，生态地位重要、生态价值突出。青海黄河流域平均海拔在3000米以上，最高海拔超过6000米。黄河干支流在青海省域内流经2市6州的35个县（市、区）（见表1），青海黄河流域土地面积27.78万平方公里，覆盖全省78%的县级行政区域，是青海省生态保护和高质量发展的核心区域。

表1　青海黄河流域干支流流经区域

行政区域	干流流经区域	支流流经区域
玉树州	曲麻莱县	称多县
果洛州	玛多县、玛沁县、达日县、甘德县、久治县	班玛县
黄南州	河南县、尖扎县	同仁市、泽库县
海南州	同德县、兴海县、贵南县、共和县、贵德县	

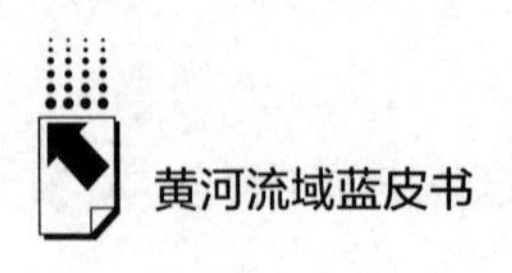

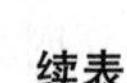
续表

行政区域	干流流经区域	支流流经区域
海东市	化隆县、循化县、民和县	乐都区、平安区、互助县
海西州		天峻县
海北州		海晏县、祁连县、门源县、刚察县
西宁市		城中区、城东区、城西区、城北区、湟中区、大通县、湟源县

资料来源：《青海黄河流域生态保护和高质量发展规划》。

2. 青海黄河流域经济社会发展水平概况

截至 2022 年底，青海省常住人口 595 万人，城镇人口 366 万人，常住人口城镇化率为 61.43%①。青海省是多民族地区，主要民族有汉族、藏族、回族、土族、撒拉族、蒙古族等，民族自治地区面积占青海省总面积的 98%。少数民族人口 294.35 万人，占常住人口的比重为 49.47%②。长期以来，青海省受到地理环境和地理区位等因素的影响，整体发展基础十分薄弱、经济社会发展不够充分，2022 年全省国民生产总值 3610.07 亿元，占全国生产总值的 0.298%。青海省黄河流域地区 2022 年度生产总值为 3587.54 亿元，占全省生产总值的比重为 99.4%。青海黄河流域 69.32% 的生产总值分布于西宁市、海西州等黄河支流区域，黄河源头地区地广人稀，人口规模小、社会发展滞后，该区域一直以来都欠缺现代意义上的大规模经济开发，黄河源头地区经济总量整体偏低且增速缓慢（见图 1）。

2022 年，青海黄河流域三次产业结构占比为 10.36 ∶ 44.12 ∶ 45.52，第二产业和第三产业在三次产业结构中比重达到 89.64%，成为青海黄河流域的支柱产业，第二产业比全国同期水平高 4.22 个百分点，第三产业比全国同期水平低 7.28 个百分点，传统产业占比较高，现代性服务业占比较低。与此同时，流域内上下游间产业结构存在差异，玉树、海北等农牧业占比较高，第二产业比重普遍低于下游、支流的西宁、海西等地区，虽然第三产业比重整体较高，但由于经济总量偏低并未有效提升流域整体经济效益（见图 2）。

① 资料来源：《青海省 2022 年国民经济和社会发展统计公报》。
② 资料来源：《青海省 2022 年国民经济和社会发展统计公报》。

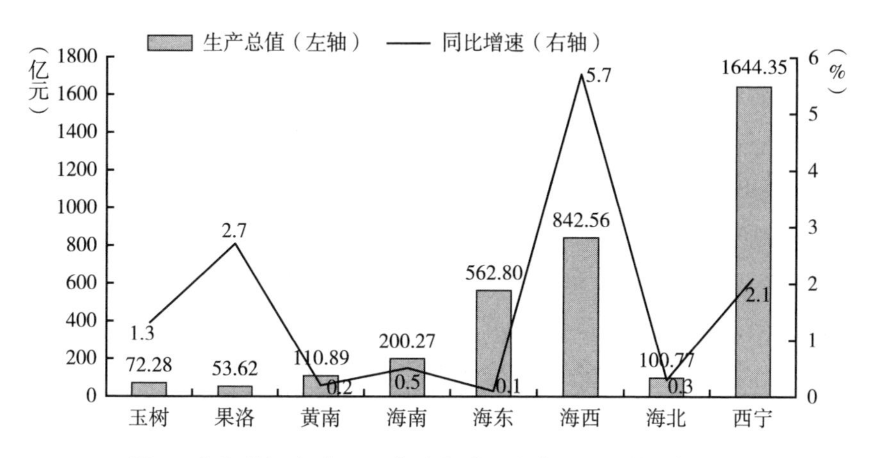

图1　青海黄河流域2022年度各地区生产总值及其增长速度

资料来源：青海黄河流域各市州2022年国民经济和社会发展统计公报、《2022年青海统计年鉴》。

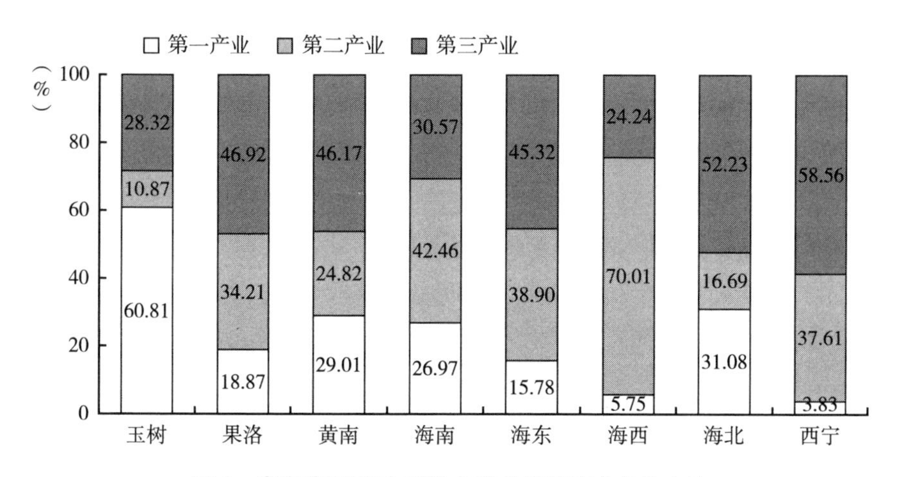

图2　青海黄河流域2022年度各地区产业结构占比

资料来源：青海黄河流域各市州2022年国民经济和社会发展统计公报、《2022年青海统计年鉴》。

二　2022年青海黄河流域生态保护和高质量发展的举措

1. 坚持生态保护优先，深入贯彻黄河战略

作为黄河发源地，青海在黄河流域中发挥着至关重要的战略作用，黄河流

域生态保护和高质量发展战略（以下简称“黄河战略”）以及近年来起草和发布的各类相关政策文件都对推动青海省整体发展提出了更高要求。保护“中华水塔”是青海省的职责所在，青海省委、省政府高度重视青海黄河流域建设，对应中央政策要求和沿黄各省区出台的相关政策，积极组织编制相关法律法规和实施方案，从2022年6月至2023年5月，陆续发布了多个有关黄河战略的规划与实施方案（见表2），扎实推进黄河流域的生态保护和高质量发展。

表2　2022~2023年编制或出台的青海黄河流域相关政策文件

文件名称	发布单位	发布日期
《青海黄河流域生态保护和高质量发展规划》	中共青海省委 青海省人民政府	2022年6月
《黄河流域生态环境保护规划》	生态环境部 国家发改委 自然资源部 水利部	2022年6月
《黄河青海流域文化保护传承弘扬规划》	青海省文旅厅 青海省发改委 青海省文物局	2022年10月
《“十四五”黄河流域生态保护和高质量发展气象保障规划》	中国气象局 沿黄九省(自治区)政府	2022年12月
《黄河青海流域水资源保护专项行动实施方案》	青海省检察院 青海省水利厅	2023年5月

2. 立足生态文明高地，全力建设国家公园示范省

2021年以来，青海省全面、准确、深入贯彻习近平总书记在黄河流域生态保护和高质量发展座谈会上的重要讲话精神，根据“把青藏高原打造成全国乃至国际生态文明高地”的发展要求，制定《关于加快把青藏高原打造成为全国乃至国际生态文明高地的行动方案》，提出建设国家公园示范省目标。以“青海在以国家公园为主体的自然保护地体系建设上走在前头”为总体目标，发布《国家公园示范省建设2022年工作计划》，着力推动打造国家公园示范省新高地。出台《青海建立以国家公园为主体的自然保护地体系示范省建设三年行动计划（2020—2022年）》，就自然保护地统一分级管理新体制、

规划标准体系、自然保护地空间布局、自然保护地管理能力等方面确定了30项具体工作任务。截至2022年底，青海已经建成10个自然公园、7个国家级自然保护区和1个世界自然遗产地。三江源国家公园于2021年底正式获批成立，祁连山国家公园完成体制试点，青海湖国家公园2022年6月正式进入创建阶段，根据《青海湖国家公园创建方案》拟于2024年完成设立工作。

3. 统筹城乡协调发展，努力打造“美丽高原”

青海省自2014年开始积极推进“高原美丽乡村”建设，内容涉及村庄环境综合治理、基础设施和公共服务设施建设、农牧区住房，以“每年300个高原美丽乡村建设”为目标，补齐乡村基础设施短板，纵深推进乡村环境治理，优化村容村貌，不断改善农牧区人口居住环境。2020年，在六年“高原美丽乡村”建设的基础上，青海在全国率先推进“高原美丽城镇示范省”建设，转变城镇发展方式、推动城镇化提质增效，促进城乡统筹发展，走出一条西部地区开发建设的新路子。2022年，根据乡村振兴、城乡融合发展中有关乡村建设的新要求、新目标，青海黄河流域各级政府根据各自实际拟定本年度“高原美丽乡村建设实施方案”以及“高原美丽城镇建设实施方案”，以加大生态修复治理、推动生态绿色建设、推进城镇基础设施建设、提升城乡公共服务水平、推进区域协同发展、促进河湟文化传承等为主要举措，推动美丽高原生态保护和社会发展。

4. 切实加强水资源管理，坚决守好“中华水塔”

青海是长江、黄河和澜沧江的发源地，是维系高原生态系统和周边地区生态平衡的安全屏障，也是我国淡水资源的重要补给地。“十四五”时期，针对面临的水生态保护和修复治理推进缓慢、水利基础设施建设不足、水短缺、水治理体系不健全等问题，青海省全面落实《中共中央关于制定国民经济和社会发展第十四个五年规划和二〇三五年远景目标的建议》中的相关要求，积极践行“节水优先、空间均衡、系统治理、两手发力”的治水思路，坚持量水而行、节水为重，强化水资源刚性约束。以水资源优化配置和节约保护为重点，强化取用水监管，多部门联合开展青海黄河流域水资源保护专项行动，开展问题专项整治，健全管理长效机制，落实最严格水资源管理制度，全面提高用水效率和效益，推动黄河流域取用水秩序持续好转，助力生态文明高地和产业“四地”建设，为推进现代化新青海建设提供水资源支撑。

表 3　2022~2023 年青海黄河流域水资源节约集约利用领域相关政策文件

年份	发布文件
2022	《青海省贯彻落实黄河流域深度节水控水行动实施方案》
2022	《青海省 2022 年度黄河流域深度节水控水工作清单》
2023	《黄河青海流域水资源保护专项行动实施方案》
2023	《关于进一步加强水资源管理工作的实施意见》

5. 多方协同发力，统筹推进“四地”建设

2018 年，全国生态环境保护大会提出加快构建产业生态化和生态产业化并重的生态经济体系；2021 年，青海扎扎实实落实习近平总书记对青海发展的殷切期盼，在结合自身省情实际的基础上提出“建设世界级盐湖产业基地，打造国家清洁能源产业高地、国际生态旅游目的地和绿色有机农畜产品输出地”产业“四地”建设。2022 年以来，青海省印发《国际生态旅游目的地青海湖示范区创建工作方案》《打造青海绿色有机农畜产品输出地专项规划（2022-2025 年）》，根据《国务院关于印发 2030 年前碳达峰行动方案的通知》和《中共青海省委青海省政府贯彻落实〈关于完整准确全面贯彻新发展理念做好碳达峰碳中和工作的意见〉的实施意见》，2022 年 12 月，青海省制定并发布《青海省碳达峰实施方案》，此外聚焦“实现生态产品价值打造生态文明高地”主题，承办第三届中国（青海）国际生态博览会，纵深推进生态文明建设，奋力打造生态文明高地，促进生态产品价值实现。

6. 传承历史文脉，合力打造黄河文化品牌

黄河文化是中华文明的核心组成部分，牵系中华民族的根与魂，青海沿黄各区域要推进黄河文化遗产的系统保护，深入挖掘黄河文化蕴含的时代价值，延续历史文脉，坚定文化自信。青海黄河流域的黄河、湟水河、隆务河等带状分布的水系是青海经济发展的重点区域，同时也是黄河文化的重要承载区域，孕育了河湟文化、热贡文化、格萨尔文化等一系列特色鲜明的地域文化，以黄河水系为轴发展形成了多元融合的青海黄河文化。

2022 年，青海省文旅相关部门联合发布《黄河青海流域文化保护传承弘扬规划》，提出“打造河湟文化品牌”“以文塑旅，以旅彰文”等发展目标，以西宁市、海东市为重点区域，整合利用自然生态、历史文化、非物质文化遗

产和优秀民族民间文化等资源，切实加强青海黄河流域生态环境保护，有效保护黄河文化资源，有力打造河湟文化品牌，不断产出黄河文艺精品，持续深化文化交流合作，打造覆盖多个行政区域的“黄河生态文化保护区”“黄河生态旅游示范区”“黄河文化遗产廊道建设区”等文旅功能区，推进黄河文化遗产廊道、黄河国家文化公园（青海段）建设，助力打造国际生态旅游目的地。

三 青海黄河流域生态保护和高质量发展的成效

1. 生态环境进一步改善

2022 年，青海省在“扎扎实实推进生态环境保护”重大要求前提下深入践行习近平生态文明思想，牢牢把握“三个最大”省情定位认识，大力推进减污降碳协同增效、污染防治攻坚，在大气污染防治、水环境治理和水生态修复、土壤污染防控、生态环境督察监管等多方面取得了积极成效，全省生态环境质量在较高水平上持续改善。2022 年底，青海省长江、黄河、澜沧江的出省境断面水质持续保持在Ⅱ类及以上、湟水河出省境断面水质一直保持在Ⅲ类水平、草原综合植被覆盖度提升至 57.9%、全省空气质量优良天数比例达95%以上，完成了当年针对绿化、水质、空气质量等多个生态环境保护指标制定的目标任务（见表 4）。

表 4　青海黄河流域生态环境保护主要指标

规划指标		2020 年	2021 年	2022 年
生态保护	森林覆盖率(%)	7.5	7.5	7.5
	草原综合植被覆盖度(%)	57.4	57.8	57.9
	湿地保护率(%)	64.31	64.32	64.32
	国家公园占自然保护地面积比例(%)	55.6	77.17	75.66
环境保护	空气质量优良天数比例(%)	97.2	95.6	96.4
	地表水国控断面达到或好于Ⅲ类水体比例(%)	100	100	100
	三大河流干流出省境断面水质	Ⅱ类及以上	Ⅱ类及以上	Ⅱ类及以上
	湟水河出省境断面年均水质	Ⅲ类	Ⅲ类	Ⅲ类

资料来源：青海省 2021 年国民经济和社会发展统计公报、青海省 2022 年国民经济和社会发展统计公报、青海省 2021 年国土绿化公报、青海省 2022 年国土绿化公报、各环保部门数据。

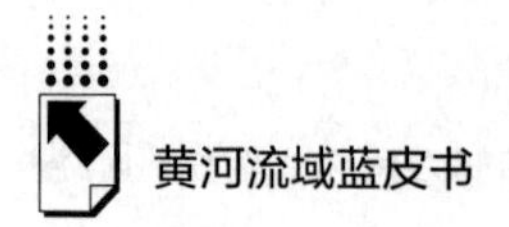

青海省干旱少雨、生态脆弱，多年平均降水量只有291毫米，是全国水土流失严重的省份之一。2022年，青海全省共实施水土保持项目51项（其中，小流域综合治理28项，坡耕地整治5项，新建淤地坝4项，病险淤地坝除险加固14项），总投资3.41亿元对461.65平方公里的水土流失面积实施治理。目前，青海省水土流失治理工作整体取得了显著成效，水土流失面积、水土流失强度均呈现逐年下降趋势，水源涵养能力稳步提高，水土保持功能持续稳固，为筑牢国家高原生态文明战略高地建设和巩固脱贫攻坚成果、助力乡村振兴战略提供水利保障支撑。

2. 生态环境保护法治体系持续完善

在保护生态环境方面，青海始终坚持最严格制度、最严密法治，建立健全生态环境领域引领性和重点领域地方性法规，不断完善生态法治体系，全面提升治理能力现代化水平。2021年以来，全省出台《青海省生态环境保护条例》《青海省实施河长制湖长制条例》《青海省循环经济促进条例》等政策法规，制定《青海省生态环境系统提升行政执法质量三年行动计划（2022—2024年）》，修订《青海省生态文明建设促进条例》，加快完善生态文明建设地方性法规规章体系。青海省生态环境厅联合省发改委等部门印发《青海省企业环境信息依法披露制度实施方案》，强化企业生态环境保护主体责任，提升企业现代环境治理水平，完善“天空地”一体化生态环境监测体系，实现省域主要生态区域全覆盖，着力推进行政执法体系建设和治理能力现代化。

3. 产业“四地”建设成效明显

2022年，青海通过全力推进“四地”建设，不断夯实构建现代化经济体系的产业基础，产业发展取得明显成效，有力促进了供给侧转型升级、有效带动了需求侧企稳提质。聚焦建设世界级盐湖产业基地发展，不断壮大盐湖资源产业链，初步建成“钾、钠、镁、锂、氯”产业集群，钾肥、碳酸锂产业稳步发展，有力保障青海绿色农业发展、新能源发展。以“绿色低碳”为导向，全力推动清洁能源产业高质量发展，利用青海水、风、光等能源优势积极开发清洁能源、构建新型电力系统、发展新型储能，将能源优势转化为产业优势，电网建设稳步有序，能源产业实现立体布局。向打造国际生态旅游目的地目标迈出新步伐，丰富旅游产品供给、充分呈现区域特色，推出200余条高端旅游路线，其中7条直接入选全国“十大黄河旅游带”精品线路，在持续挖掘青海黄河流域特色资源的基础上培育了红色旅游、乡村旅游等文旅新业态；全面促进行业秩序规范、推动文旅产业高质量发展，完善交通旅游服务设施、规范文旅经营服务。绿色有机农畜产品产业链转型升级、结合科技创新推动绿色生产，遴选4个先行示范市（州）和4个先行示范县进行打造，推动共建工作升级，粮食作物种植面积、产量和仓储量再创新高，化肥农药提质增效行动再上新台阶。

4. 人民生活品质稳步提升

2022年，青海省持续加强兜底性、基础性、普惠性民生保障工程建设，民生事业政府公共财政支持力度得到进一步提升。就业目标超过预期，居民收入增速高于同时期经济增速，义务教育、职业教育、高等教育发展质量稳步提升，居民卫生健康水平不断提高，大众文化事业繁荣发展，社会保障体系更加健全，社会大局和谐稳定。补齐城镇生活污水和垃圾处理设施短板，城镇清洁取暖率达到84%。积极推动城乡协调发展，为农牧民实施居住改善工程，牧区饮水安全工程供水保证率提高至95.6%，妥善解决三江源地区27万农牧民清洁供暖问题。不断推进以县域为重点的新型城镇化建设进程，整治提升农村人居环境，高原美丽乡村建设项目落地一半行政村。推动黄河流域上游主要城市跨区域协调发展，生态保护方面统筹推进全流域污染系统治理，根据兰西城市群“十四五”发展实施方案切实推进区域间社会经济发展合作，省际连接线、高速公路等公共设施重点工程稳步实施。

四　2022~2023年青海黄河流域生态保护和高质量发展面临的制约因素

1. 生态环境脆弱，生态保护治理难度较大

青海省地处青藏高原，省域内各大山脉、河流沟壑交错，地貌多样，地形复杂，自然条件恶劣，自然灾害发生率高，属于内陆干旱缺水生态脆弱区，黄河流经的玉树、果洛、黄南、海南、海北等干流地区生态系统自我修复能力弱。受到地理位置和海拔气候等自然地理条件的制约，青海黄河流域耕地集中分布于东北部的河湟谷地一带，土地贫瘠且细碎化程度高，可供开发利用的后备耕地资源有限，加之受全球气候变暖和人类破坏活动增强等多种因素叠加效

应影响，重要水源补给生态功能区土地盐碱化、板结化、黑土化等生态退化问题愈加严重。近年来，黄河源头地区水土流失、土地沙化、石漠化和鼠虫害时有发生，此外湖泊水位下降明显、冰雪消退迅速，黄河源头的生态功能被严重削弱，复杂的生态关系加剧了青海黄河流域的生态保护修复治理难度。

2. 产业整体发展质量不高，经济基础薄弱

青海黄河流域长期以来受到区位、地理位置、人口数量等因素的制约，经济发展水平在全国处于较低层次，制约产业实现高质量发展的问题主要表现在三个方面。一是第二、第三产业结构失衡。数据显示，近五年青海省第二产业增加值比重升至43.9%，第三产业增加值比重降为45.6%，低于全国平均水平7.2个百分点，并且由于生产性服务业发展不充分，产业结构占比最高的服务业未能有效带动青海省整体经济效率。二是传统工业占比大、惯性强。长期以来，青海依赖水电、盐湖、石油、天然气等要素投入推动经济发展，资源、能源、化工等重工业是第二产业的传统支柱，这使得初级重化工业在第二产业中比重较高、高新技术产业比重偏低、生产性服务业缺乏，产业发展总体上呈“重型化”趋势，结构失衡、产业转型升级的内生动力不足，无法有效推动经济快速转型。三是农牧业发展层次较低。近年来，高原特色农牧产品推广宣传力度增加，但青海省农牧业长期存在发展质量不高的问题，农牧业龙头企业总体规模偏小、重量级龙头企业少，多为初级加工产品，高品质绿色有机农畜产品精深加工力度不足，高附加值产品供应能力不足，市场品牌培育滞后，产品竞争力较弱，产业链总体处于价值链中低端，产业发展关联度低、协同性弱，产业整体发展质量不高。

3. 经济社会发展与生态保护矛盾突出

青海省作为“中华水塔”守护者，肩负着确保青藏高原生态安全、黄河流域水安全等多重使命，必须始终坚持“生态优先”“绿色发展”，实行最严格的生态保护制度。近年来，较为规范、完善的生态保护体系逐渐形成，但青海黄河流域干支流区域的经济发展由于资源开发利用和生态保护之间的矛盾冲突受到生态保护相关措施的制约。首先，区域内各类基础设施建设和经济社会发展相关建设项目、政策和资金等生产要素因此推行缓慢、难以落地；其次，青海省矿产资源种类丰富、分布广泛，但考虑到青海省特殊的地理位置和生态地位，政府针对生态环境保护出台了一系列规定，从而对本地自然资源开发利

用产生了一定程度的限制；最后，青海黄河流域第二产业中重工业占比较大，为了防止三江源水质和下游地区人民生活用水不被工业污染问题影响，环保督察对重工业企业的生产和排放等环节提出了较为严苛的要求，第二产业因此整体发展受限。

4. 黄河文化资源挖掘保护力度不足，文旅融合发展滞后

黄河在青海境内流经的区域中孕育了河湟文化、热贡文化等历史悠久、底蕴深厚的黄河文化内容，青海沿黄地区风景优美、文化繁荣，旅游资源丰富，但黄河文化资源一直未能得到充分且合理有效的开发。因为文化资源定位模糊，加之缺乏创意，大部分非物质文化遗产以及文化产品的潜在价值未能得以有效发掘利用。区域文化产业发展不均衡，文化产业体量偏小，文旅融合的旅游业尚在起步阶段。旅游新业态、新产品不多，产业链有限，文化特色不明显，旅游服务体系不健全，在基础设施配备方面，大多景点只能提供少量餐饮、住宿以及停车场服务，尤其是部分国家级景区未能合理合规配置游客集散中心，与休闲旅游发展相关的服务设施也相当缺乏，尚未形成青海黄河流域文化旅游产业高质量发展示范区或集聚区。

五　推进青海黄河流域生态保护和高质量发展的对策建议

1. 持续加大生态保护修复力度，着力构建现代化生态治理体系

高度重视生态保护修复治理问题，根据青海黄河流域在黄河战略中的生态功能区划，以建设水源涵养生态功能区为重点，加大三江源、祁连山等地区的生态保护监管力度，扩大草地、湿地保护面积，限制毁林开荒、无序采矿、过度放牧等损害生态系统的社会生产生活行为，将开发建设对流域生态的破坏或污染力度降到最低，推动流域生态环境质量的提升。坚持以自然恢复为主、植树造林为辅，推进实施一批重大生态保护修复和建设工程。坚持统筹保护与发展，以生态环境保护、生态系统干扰和破坏最小化为前提，严格控制开发范围和强度，以点状开发为主要形式，合理布局城镇、有效推动产业发展，实现经济社会发展和生态环境保护协同共进，形成人与自然和谐发展的现代化建设新格局。

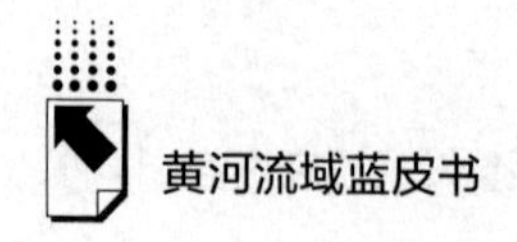

2. 优化产业结构转型升级，着力构建现代化产业体系

以“四地”建设带动青海黄河流域产业高质量发展，深入实施创新驱动发展战略，扎实推动传统产业发展延伸产业链，有效推进现代农牧业规模化、品牌化生产，打造绿色循环产业体系，开展对锂电等新材料、光伏等新能源、生物医药等新兴产业的探索工作，通过利用新技术、新能源提高清洁能源使用效率，加快青海黄河流域传统产业转型升级。加快构建绿色低碳循环发展的能源体系、产业体系，以现代绿色低碳工业体系建设为目标，实施工业领域碳达峰行动。依据国家产业培育规划大力发展战略性新兴产业，培育壮大节能环保、清洁能源等新兴产业，通过产业融合、产业集群等创新方式，着力构建现代化黄河流域产业链，努力实现生态环境高水平保护和经济社会高质量发展并行的战略目标。

3. 健全生态补偿机制，着力构建省内上下游间、省区间流域协同机制

依托三江源国家公园、青海湖国家公园、祁连山国家公园等各类国家公园园区，统筹推进以国家公园为主体的自然保护地体系示范省建设，进一步提高生态补偿标准，对生态重点保护区的农牧民实行易地搬迁，恢复自然生态植被，进一步完善为保护生态而损害他人利益的补偿机制，提高生态保护者的参与积极性，使那些因生态保护而利益受损的群体得到合理的生态补偿。持续加强顶层设计，优化生态补偿利益核算机制，明确生态补偿原则和各方责任，尤其要重点关注水源涵养区、重点生态功能区、生态修复治理区，建立健全区域间统筹协调机制，以探索出一套符合市场规律和经济发展方向的合作机制。建立健全由国家有关部门牵头组织、沿黄九省区共同参与的保护治理统一协调管理机制，加强黄河流域和区域间的生态环境协同管理。

4. 保护传承弘扬黄河文化，着力构建黄河文化旅游带

深入挖掘河湟文化、热贡文化、格萨尔文化等特色文化在新时代青海黄河文化传承发展中的时代价值，牢牢把握黄河流域生态保护和高质量发展这一重大战略机遇，推动黄河文化创造性转化、创新性发展。开展青海黄河文化资源普查、抽样调查，全方位搜集、挖掘、整理黄河流域文物古迹、民俗歌舞、非物质文化遗产等不同文化类型资源，建立青海黄河文化和旅游资源公共数据库。加强黄河文化主题艺术创作，持续打造黄河文化特色文创产品，将黄河文化、红色文化等区域特色、优势与现有文旅内容融合创新，推动黄河文化融入日常、走向大众、融入区域城镇建设，全面提升青海黄河文化的知名度。深入推进文旅康养产业深度融合，促进文旅资源高度整合，扩充文旅产业发展主体，建设以河湟文化为核心的黄河文化旅游带。

参考文献

安树伟、李瑞鹏：《黄河流域高质量发展的内涵与推进方略》，《改革》2020 年第 1 期。

习近平：《在黄河流域生态保护和高质量发展座谈会上的讲话》，《中国水利》2019 年第 20 期。

高国力、贾若祥、王继源、窦红涛：《黄河流域生态保护和高质量发展的重要进展、综合评价及主要导向》，《兰州大学学报》（社会科学版）2022 年第 2 期。

索端智、张睿婧、童立珺：《黄河源头地区生态保护和高质量发展问题思考》，《青海社会科学》2022 年第 5 期。

于法稳、方兰：《黄河流域生态保护和高质量发展的若干问题》，《中国软科学》2020 年第 6 期。

赵剑波、史丹、邓洲：《高质量发展的内涵研究》，《经济与管理研究》2019 年第 11 期。

B.5

2022~2023年四川黄河流域生态保护和高质量发展研究报告

王 倩　娄伦维*

摘　要： 本报告系统总结了2022~2023年四川省推动黄河流域建设的重要举措，分析了若尔盖国家公园创建、草原湿地建设、生态修复治理和经济高质量发展取得的显著成效，探讨了当前四川黄河流域建设所面临的问题与挑战，并以此为基础认为四川省应切实增强黄河上游水源涵养功能，促进四川黄河流域生态环境与社会稳定健康发展；加强民众参与和激励机制，形成多元协同的治理模式，推进四川黄河流域生态环境保护和高质量发展有机融合；积极发展特色生态产业，推动产业生态化、生态产业化，加强四川黄河流域高质量发展；巩固拓展脱贫攻坚成果，促进农牧民非农就业，提高居民生活水平。

关键词： 黄河流域　生态治理　绿色发展　四川省

黄河流域四川段主要涉及四川境内的石渠、阿坝、若尔盖、红原、松潘5个县，境内黄河干流长174千米，流域面积为1.87万平方千米，是中华水塔的重要组成部分①，对于整个黄河流域和川西北地区的生态环境保护起着

* 王倩，博士，四川省社会科学院副研究员，主要研究方向为区域经济与生态文明；娄伦维，四川省社会科学院区域经济学硕士研究生。

① 《建设黄河流域生态保护和水源涵养中心区，四川能做啥?》，《川观新闻》，https://baijiahao.baidu.com/s? id=1713121679739308260&wfr=spider&for=pc，最后检索日期：2023年5月29日。

关键作用。同时，该流域也是黄河上游重要的生态安全屏障，其战略位置极其重要。保护和改善黄河流域四川段生态环境，促进该区域经济社会高质量发展，不仅关系境内居民的切身利益，也关系整个黄河流域的生态安全与经济发展。

一 2022年四川黄河流域生态保护和高质量发展的举措

2022年以来，四川省全面贯彻习近平总书记在黄河流域生态保护和高质量发展座谈会上的重要讲话精神及习近平总书记对四川工作系列重要指示精神，全面实施黄河流域生态保护和高质量发展战略，推进山水林田湖草沙冰一体化保护和修复工程，推进川西北生态示范区建设，具体开展了以下重点工作。

（一）全面贯彻落实黄河流域建设中央部署

1.省级部署

2022年5月在中国共产党四川省第十二次党代表大会上，四川省委书记王晓晖指出要加快构筑黄河上游生态屏障。2022年7月，省委书记王晓晖主持召开四川省推动黄河流域生态保护和高质量发展领导小组全体会议，听取了四川省黄河流域生态保护和高质量发展工作有关情况汇报，审议了《四川省黄河流域“十四五”生态环境保护规划》《四川省黄河流域水安全保障规划》《四川省黄河文化保护传承弘扬专项规划》等重要文件。2023年4月，副省长尧斯丹带队到阿坝州调研黄河流域生态保护治理等工作，并对黄河流域建设提供了建议。同时，在2022年四川省人民政府工作报告中明确要着力推动黄河流域生态保护和高质量发展，加快创建若尔盖国家公园。2022年11月，四川省人民政府印发《四川省黄河流域生态保护和高质量发展规划》，为四川省推进黄河流域生态保护和高质量发展提供了重要依据。另外，为促进四川黄河流域生态保护与治理相结合，实现经济转型与高质量发展，2022年11月，四川省科学技术厅等六部门共同制定了《科技支撑四川省黄河流域生态保护和高质量发展行动方案》，初步形成四川黄河流域生态保护科技支撑体系。2022 年 12 月，四川省文化和旅游厅、省发展改革委、省文物局联合编制出台了《四川省黄河文化保护传承弘扬专项规划》，提出要保护传承弘扬河源文化，推进四川黄河流域文化旅游业高质量发展。2023 年 3 月，四川省发展改革委副主任陶剑锋带队赴阿坝州若尔盖县、阿坝县实地调研督导 2022 年黄河流域生态环境问题整改工作，并召开工作座谈会部署相关工作。为准确贯彻实施《中华人民共和国黄河保护法》，2023 年 3 月，四川省高级人民法院制定并发布《四川省高级人民法院关于为四川省黄河流域生态保护和高质量发展提供优质司法服务保障的意见》，为下一步四川省黄河流域生态环境保护审判工作提供积极指引和有益参考。

2. 州级部署

2022 年 8 月，阿坝州召开若尔盖国家公园创建、若尔盖“山水工程”项目实施、黄河岸线治理暨超载过牧问题整改工作推进会议，阿坝州委副书记、州长罗振华出席会议并强调，要抢抓“黄河国家战略”和若尔盖国家公园创建契机，大力推进基础设施互联互通、公共服务扩面提质，不断补齐发展短板弱项；大力发展清洁能源、生态文化旅游等产业，打造高质量发展新引擎。2022 年 12 月，阿坝州委书记刘坪主持召开 2022 年州总河长全体（扩大）会议暨全州推动黄河流域生态保护治理和高质量发展领导小组第二次全体会议并讲话。他强调，要认真落实党中央大政方针、省委决策部署和州委工作安排，全力筑牢黄河上游生态屏障。为保护若尔盖生态系统，2022 年，阿坝州在专家技术团队的帮助下，对若尔盖草原湿地生态环境现状进行翔实调研和考察，并编制了《四川黄河上游若尔盖草原湿地山水林田湖草沙冰一体化保护和修复工程实施方案》。甘孜州于 2022 年 8 月召开甘孜州推动长江经济带发展、黄河流域生态保护和高质量发展领导小组会议暨 2022 年总河长全体（扩大）会议，会议指出要扎实推动黄河流域生态保护和高质量发展，切实筑牢长江黄河上游生态屏障，会上审议了《甘孜州黄河流域生态保护和高质量发展“十四五”实施方案》《甘孜州黄河流域生态保护和高质量发展 2022 年重点工作清单》等方案。2023 年 2 月，甘孜州人民政府印发《甘孜州全面推动经济高质量发展的若干政策措施》，包含 10 方面共 30 条政策措施，为甘孜州进一步推动黄河流域高质量发展提供了资金、政策等保障。2023 年 5 月，甘孜州生态环境保护委员会第三次会议暨生态环境保护领域问题整改推进会召开，会议强调要加快推进发展方式全面绿色转型，围绕清洁能源、高原特色农牧业、文化旅游、优势矿产等特色产业，大力发展可持续的绿色低碳产业集群，做好各类资源节约集约利用，不断激发高质量发展的活力动力。

3. 县级部署

2022 年 7 月，红原县召开四川黄河上游若尔盖草原湿地山水林田湖草沙冰一体化保护和修复工程项目调度会，系统分析存在的困难问题，研究部署下一步重点工作，确保“山水工程”建设取得实实在在的成效；2022 年 9 月，红原县召开十三届县委常委会第 31 次会议，会议指出要全力维护生态安全、全力推进绿色发展，切实筑牢长江黄河上游生态屏障。2022 年 11 月，阿坝县召开十四届人民政府第 13 次常务会议，会议指出要大力推进畜牧产业结构调整，增加农牧民群众收入，加快畜牧业现代化进程。2022 年 11 月 6 日，若尔盖县召开若尔盖国家公园创建工作推进会，会议深入贯彻习近平总书记在《湿地公约》第十四届缔约方大会开幕式上的重要讲话精神，研究部署若尔盖国家公园创建相关工作；2023 年 2 月 7 日，十五届若尔盖县人民政府召开第 15 次常务会议，会议针对 2022 年黄河流域生态环境突出问题作整改细化方案，研究审议相关事宜。2023 年 2 月，松潘县委书记王世伟主持召开中共十四届松潘县委第 47 次常委会议，会议组织学习了《中华人民共和国黄河保护法》，并要求进一步加强黄河流域生态保护修复，切实筑牢黄河上游重要生态屏障。2023 年 3 月，石渠县长江黄河生态环境问题暨中央环保督查反馈问题整改会召开，会议学习了《石渠县黄河流域生态修复办法（试行）》，就中央环保督查问题整改及下一步工作提出建议。2023 年 4 月，在《中华人民共和国黄河保护法》实施之际，阿坝州若尔盖县人民检察院党组书记、检察长邵俊带领“鹤翔兰萨 · 九曲清”公益诉讼巡逻队前往若尔盖县唐克镇黄河沿线开展巡河工作，旨在发挥检察公益诉讼职能，对存在的问题及时整改，助力黄河流域生态环境保护。2023 年 4 月，石渠县总河长办组织召开了 2023 年度河湖长工作人员业务培训会，会上集中学习了《中华人民共和国黄河保护法》，并结合石渠县河湖长制工作总体要求进行讲解培训，为全面做好河（湖）长制工作奠定了坚实基础。

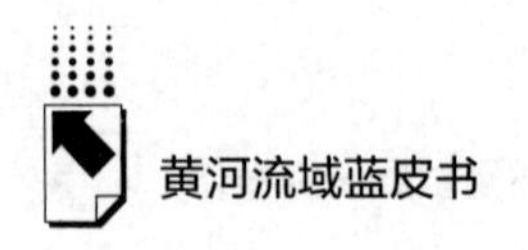

（二）全面实施生态保护与生态修复工程

四川按照国家“重在保护、要在治理”的战略要求，实施严格的生态保护和山水林田湖草沙冰系统治理工程，最大限度涵养水源，筑牢黄河上游重要生态屏障。

2022 年以来，阿坝州主要从两大方面推进生态保护与修复。一方面，阿坝州重点从黄河干支流治理、防沙治沙、减畜增收等方面发力，以遏制沙化涵养水源，提升草原生态状况。一是大力加强岸线流域治理，全面推进“增水减沙”，阿坝州启动实施黄河干流若尔盖段应急工程和白河、贾曲河等支流治理项目，从而促进流域生态环境保护。二是针对不同类型的沙地采取设置高山柳沙障，混合种植披碱草等高原适宜的草种，同时配套围栏禁牧、巡护管理等措施，以确保黄河上游沙移现象减小，逐步转化为半固定沙地，达到高效遏制沙化、涵养水源的目的。三是进一步加强超载过牧治理，全面推进“增草减畜”，通过精准核定天然草原理论载畜量和实际载畜量，制定科学的草原超载过牧减畜实施方案，扎实推进“以草定畜、草畜平衡”，持续加强草原保护管护体系建设。另一方面，为了更好地保护若尔盖生态系统，四川谋划并启动了四川黄河上游若尔盖草原湿地山水林田湖草沙冰一体化保护和修复工程（以下简称“若尔盖山水工程”），并于 2022 年 6 月被纳入国家“十四五”重大工程名录，总投资 52.55 亿元，并获得中央奖补资金 20 亿元①。2022 年 8 月，阿坝州召开若尔盖国家公园创建、若尔盖“山水工程”项目实施、黄河岸线治理暨超载过牧问题整改工作推进会议，会议提出要进一步细化目标任务、提速项目建设、强化统筹协调，高质量推进“山水工程”项目建设，着力建好全州生态保护修复“一号工程”，并签订了《山水林田湖草沙冰一体化保护和修复工程建设目标责任书》。

2022 年以来，甘孜州大力实施草原生态修复项目，坚持后期管护、技术支撑、扩大宣传等措施，持续推进退化草原修复治理，确保黄河上游退化草原植被能够得到有效恢复。2022 年 10 月，甘孜藏族自治州人民政府印发

① 《突出源头性、系统性、根本性，启动保护和修复工程　若尔盖：保护高原之肾》，《四川日报》，https://www.sc.gov.cn/10462/10464/10465/10595/2022/10/26/0b17ab7a34864d2d9f0840209e7bfd38.shtml，最后检索日期：2023 年 5 月 29 日。

《甘孜州加强草原保护修复和草业发展实施方案》，为石渠县全面推进草原生态修复项目提供了重要支撑。同时，在黄河流域生态修复过程中，甘孜州采取全民动员到位、目标分解到位、责任落实到位、部署安排到位、相互配合到位、督促落实到位“六到位”的措施，确保黄河流域生态建设各项工作有序推进。

（三）全力推进若尔盖国家公园建设

四川举全省之力，把创建若尔盖国家公园作为推动黄河流域生态保护和高质量发展的头等大事，统筹推进若尔盖国家公园建设。

积极筹备若尔盖国家公园创建。2022 年初，四川省联合甘肃编制了若尔盖国家公园初步总体规划，确定了拟建区范围，共同研究制定创建工作推进方案，并提出体制机制建设、矛盾冲突调解、生态保护修复等 8 个方面 28 项任务，还逐一明确了责任单位和完成时限①。四川省林草局于 2022 年 7 月印发《若尔盖国家公园创建工作推进方案》并实施，标志着若尔盖国家公园创建工作正式进入实施阶段。

积极推进若尔盖国家公园创建。2022 年 8 月，阿坝州州长罗振华主持召开若尔盖国家公园创建推进专题会议，听取了州林草局、阿坝县、若尔盖县、红原县政府关于若尔盖国家公园创建情况汇报和问题建议，并安排部署了后续创建工作。同月，阿坝州还召开了若尔盖国家公园创建、若尔盖“山水工程”项目实施、黄河岸线治理暨超载过牧问题整改工作推进会议，会议听取了若尔盖国家公园创建工作推进情况，提出要着力在“建机制、强保护、推进度”上下功夫，高标准推进若尔盖国家公园创建，会议还签订了《阿坝州若尔盖国家公园创建工作目标责任书》。2022 年 10 月，阿坝州召开了若尔盖国家公园创建任务州级审查会，会议系统研究了创建任务中涉及的管理体制、生态补偿、区域现状、区域发展、民生保障等问题，并提出修改意见和对策建议，以确保 11 月全面完成创建任务。同月，省林草局党组成员、副局长王景弘组织召开若尔盖国家公园创建工作推进会，他强调要强化举措，蹄疾步稳推进创建

① 《若尔盖国家公园创建进入最后冲刺》，四川在线，https：//www. cqcb. com/malatang/2022-12-07/5110619_ pc. html，最后检索日期：2023 年 5 月 29 日。

工作。2022 年 11 月 5 日，国家主席习近平在《湿地公约》第十四届缔约方大会开幕式视频致辞中向全世界宣布，中国将重点建设若尔盖等湿地类型国家公园[①]。这意味着若尔盖国家公园不仅得到国家支持，还将面向国际展开合作交流，为推进若尔盖国家公园建设指明了方向、提供了遵循。

高质量完成若尔盖国家公园评估。2022 年 12 月初，阿坝州提交相关材料，顺利启动省级自评，意味着若尔盖国家公园创建进入最后冲刺阶段。2022 年 12 月底，阿坝州召开州委十二届二次全会新闻发布会，会上提出阿坝州若尔盖国家公园创建任务已顺利通过省级自评，待正式上报国家公园管理局。2023 年 3 月，四川省林业和草原局、甘肃省林业和草原局联合向国家林业和草原局（国家公园管理局）呈报《关于开展若尔盖国家公园创建成效评估的请示》，申请国家林业和草原局组织开展若尔盖国家公园创建成效评估工作，标志着若尔盖国家公园已完成创建阶段全部创建任务，进入成效评估阶段。

（四）高效率推进高质量发展

四川黄河流域更为坚定不移地走生态优先、绿色发展之路，贯彻落实中央部署，细化领域出台措施为高效率推动高质量发展注入新动力。

一是大力推进现代农牧业发展。2022 年 8 月，四川饲草创新团队到红原县、阿坝县开展饲草产业调研活动，与当地牧民交流种草养畜、牧民饲草生产和牦牛养殖等情况，为牧民赠送梦龙燕麦种子并讲解栽培利用方法。该活动对本区域饲草产业发展、饲草产业科技含量和综合效益提升具有促进作用，对牧区乡村振兴起到积极作用。2022 年 7 月，石渠县人民政府先后印发《关于加快推进石渠县牦牛优势特色产业集群建设的实施意见》《亚克甘孜石渠县牦牛优势特色产业集群建设规划和三年行动方案》，为高质量建设牦牛产业集群明确了发展目标。2022 年 10 月，甘孜藏族自治州人民政府印发《关于加快推进甘孜牦牛产业集群建设的实施意见》，为石渠县大力发展现代牦牛产业提供了重要支撑。2023 年 1 月，《若尔盖县牧草产业发展规划（2023-2030 年）》提出要着力打造若尔盖牧草产业发展环线，对保障若尔

① 《习近平在〈湿地公约〉第十四届缔约方大会开幕式上发表致辞》，外交部网站，http://www.cidca.gov.cn/2022-11/07/c_1211698476.htm，最后检索日期：2023 年 5 月 29 日。

盖县草地生态保护与畜牧业可持续发展水平不断提升具有重要作用。

二是进一步推进文旅产业高质量建设。2022 年 11 月，四川省委书记王晓晖在 2022 年四川省文化和旅游发展大会上强调，要坚持以文塑旅、以旅彰文，加快建设文化强省旅游强省。2022 年 12 月，四川省委、省政府决策部署，四川省文化和旅游厅、省发展改革委、省文物局联合编制出台了《四川省黄河文化保护传承弘扬专项规划》，该规划为推进四川黄河流域文化旅游业高质量发展提供了重要保障。2022 年以来，阿坝州以整州创建国家全域旅游示范区为切入点大力推进黄河流域高质量发展。2022 年 7 月 11 日，阿坝州文体旅游局组织召开了创建国家全域旅游示范区集中攻坚动员暨培训大会，会上印发了《阿坝州文化体育和旅游局关于阿坝州国家全域旅游示范区创建办公室集中攻坚工作方案》。7 月 13 日，阿坝州文化和旅游产业发展领导小组办公室组织召开全州国家全域旅游示范区创建专项联席会议，会议议定，州文体旅游局、州市场监管局、州生态环境局、州住建局分别牵头开展旅游安全、市场秩序、生态环境、厕所革命专项督导，以确保阿坝州国家全域旅游示范区创建工作有力有序推进。2022 年 6 月，甘孜州出台了《甘孜州加快文化旅游产业高质量发展激励措施》，该措施共 10 条 37 个方面，制定了 3 年内甘孜州将通过设立文化旅游业发展资金的形式支持发展旅游产业，对文化和旅游消费扩大规模和转型升级具有促进作用，将全方位推动全州文化旅游产业高质量发展。

三是着力推动清洁能源产业发展。在四川省第十二次党代会上，明确提出支持川西北生态示范区加强生态环境保护发展、打造世界级优质清洁能源基地，这为阿坝和甘孜建设国家级清洁能源基地、奋力推进四川黄河流域清洁能源产业发展提供了重要保障。2022 年 8 月，四川省副省长罗强在 2022 年世界清洁能源装备大会上强调，四川要毫不动摇建设清洁能源示范省，推进绿色低碳发展。2022 年以来，阿坝州加快自身清洁能源开发，形成高质量发展新动能最大的支撑优势，出台的《阿坝州建设国家级“水风光一体化”清洁能源基地开发实施方案（试行）》，明确了清洁能源项目开发流程、方式和具体细则，为阿坝州清洁能源项目开发奠定了理论和政策基础。2022 年 7 月，全州清洁能源发展专题会议在马尔康召开，会议强调，要加快推进国家级清洁能源基地建设，推动清洁能源产业成为新的增长动能。2022 年 8 月，省政协调研组在阿坝州调研“水风光一体化”可再生能源综合开发基地建设情况时要求将清洁能

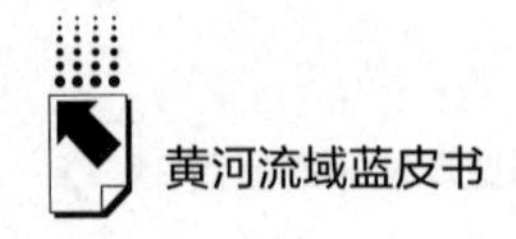

源资源优势转化为产业优势、富民优势。2022 年 12 月 25 日，阿坝州召开州委十二届二次全会新闻发布会，会上提出以采用“光伏+N”、水光互补等模式，大力推进光伏基地建设，统筹谋划阿坝、若尔盖等地 500 千伏、220 千伏骨干网络建设项目等措施，加快推进阿坝州建成国家级清洁能源示范基地，从而带动相关产业和地方经济发展。2022 年以来，甘孜州加快推进国家重要清洁能源基地建设，有序推动以光伏为主的清洁能源开发。在甘孜州第十二次党代会上，甘孜州确定了“坚持一条主线、打造两区三地、培育四大动能、实施五大战略”的战略发展布局，将打造国家重要清洁能源基地列入全州发展的主要方向。

二　2022年四川黄河流域生态保护治理和高质量发展的成效

在四川各级政府和人民群众的通力合作下，四川黄河流域建设在若尔盖国家公园建设、生态修复和保护、产业高质量发展等方面成果显著。

（一）若尔盖国家公园创建取得重要进展，省级自评全面完成

自 2022 年 4 月国家公园管理局同意川甘两省共同开展若尔盖国家公园创建工作以来，阿坝州凝心聚力、主动作为，完成了体制建设、保护修复等 6 个方面 16 项任务，编制了《拟建区内生产经营活动管控意见》《核心区内原住居民有序搬迁建议方案》《社区绿色转型实施方案》等 13 个专项方案。同时，全面完成黄河干流若尔盖段应急处置工程，若尔盖县、红原县及阿坝县完成草原“两化三害”[①] 治理 250 万亩，湿地恢复 2. 3 万亩，建设黄河干（支）流生态防护带 56. 9 公里 6678 亩，完成 492 项生态环境问题整改。另外，制作宣传横幅 40 余幅、宣传碑（牌）8 个[②]，积极发动广大农牧民群众支持和参与若尔盖国家公园建设。通过州、县共同努力，全面高效完成州级创建任务。并且，在阿坝州于 2022 年 12 月底召开的州委十二届二次全会新闻发布会上宣布阿坝州若尔盖国家公园创建任务已顺利通过省级自评。

---

① “两化”指草原退化和沙化，“三害”指鼠害、虫害、毒草害。

② 周米娟：《若尔盖国家公园进入成效评估阶段》，《阿坝日报》2023 年 3 月 17 日，第 4 版。

（二）草原、湿地建设成果尤为显著，生态质量大幅度提高

2022年，若尔盖县以山水林田湖草沙一体化保护和修复工程为契机，大力实施沙化治理、人工种草、改良退化草原等项目10个，治理各类沙化9.73万亩、鼠虫害80万亩，改良退化草原21万亩，人工种草3.5万亩，修复湿地9.75万亩，建成生态拦水坝305个[①]，有效遏制了“两化三害一滩”蔓延趋势。石渠县采取“专业队伍+土专家”方式推进鼠害防治、防沙治沙、草原修复、人工种草、禁牧休牧轮牧以及生态修复工程后续的管理工作，组织林草技术人员进行技术培训。通过努力，该县森林覆盖率达到10.49%，草原植被盖度从2020年的82.5%、2021年的82.6%到2022年的82.7%，稳步增长；实施生态保护修复工程（退化草原改良：每亩可增产30千克鲜草，年可增产鲜草1650吨。人工种草：每亩可增产70千克鲜草，年可产生鲜草3080吨，共计年可产鲜草4730吨）[②]后，项目区草原植被盖度增加，产草量得到提高，经济效益显著。红原县更加注重科学保护，草原禁牧476万亩、草畜平衡643.15万亩，草原植被综合盖度达86.2%[③]，森林面积、蓄积实现“双增长”。松潘县于2022年扎实开展“大规模绿化全县”行动，植树种草2.1万亩，管护修复林地、草地、湿地778.6万亩，成功举办了首届岷江源国家湿地保护与发展文化论坛，岷江源国家湿地公园科普馆开馆运营[④]。

（三）依托“若尔盖山水工程”，生态修复治理进一步加强

2022年以来，四川沿黄各县有序推进“若尔盖山水工程”，重点做好草原“两化三害”治理、生态修复治理等工作，流域生态环境得到进一步改善，为筑牢黄河上游生态屏障做出了重要贡献。

“若尔盖山水工程”建设成效突出，获得国家重视并走向世界。2022年，

---

① 胡泉涌：《若尔盖县十五届人民代表大会第二次会议政府工作报告》，2023年1月10日。

② 石渠县林草局：《石渠县林业和草原局关于2022年生态保护工作总结（书面）》，2022年10月14日。

③ 蔡华、姜国春：《奏响高原畜牧凯歌　奋蹄现代化新红原——红原县经济社会高质量发展纪实》，《阿坝日报》2023年1月6日，第2版。

④ 郭华：《松潘县第十五届人民代表大会第二次会议政府工作报告》，2023年1月7日。

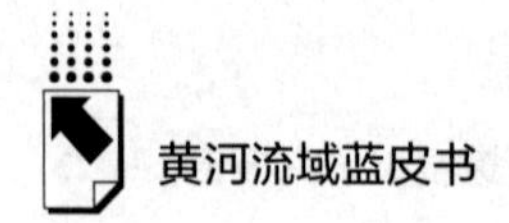

总投资52.6亿元的四川最大生态保护修复类项目——“若尔盖山水工程”落地阿坝，并作为“中国山水工程”的组成部分入选联合国首批十大“世界生态恢复旗舰项目”。截至2023年4月，“若尔盖山水工程”39个子项目，已开工子项目36个，占项目总数的92.31%，二级子项目133个，已开工121个，占项目总数的90.98%，已完工二级子项目27个，占项目总数的20.3%，到位资金31.7亿元，累计完成投资19.43亿元，其中，中央奖补资金6.59亿元①。2022年以来，松潘县统筹山水林田湖草沙冰系统治理，投入资金3.9亿元，实施“山水工程”和长江黄河流域生态保护高质量发展项目，修复河岸带生态350亩，治理水土流失41.3平方公里、灾害隐患点17处、“两化三害”22万亩，草原超载过牧降至3.4%。其中，川主寺镇金河坝漳腊金矿废弃露天矿山生态修复被列为全省生态修复模范样板工程②。在红原县，“若尔盖山水工程”红原项目落地实施，若尔盖国家公园（红原部分）创建任务有序推进。红原县坚持综合施策，投入3.28亿元实施若尔盖湿地水源涵养能力提升工程、虎头山水毁河段生态综合治理等18个项目③。阿坝县改良天然草原19万亩，治理沙化土地2.06万亩，鼠虫害防治60万亩，恢复湿地植被1.47万亩④。

（四）创新开展黄河上游干支流综合治理，沿岸生态防护带建设初期成效凸显

黄河干流若尔盖段应急处置工程作为四川在黄河干流启动的第一个生态护岸工程，于2022年高质量完成。若尔盖着力清河安河，投资1.1亿元，实施白河干流、阿西隆曲等生态护岸工程，疏浚治理河道120公里，治理水土流失111平方公里；投资7425.6万元，提前35天建成黄河干流应急处置工程5.06公里、观景廊道2.2公里⑤，在全省调度会议上获省长表扬。黄河干流若尔盖

① 阿坝藏族羌族自治州发展改革委：《阿坝州推动黄河流域生态保护和高质量发展工作简报（第四期）》，http：//fgw. abazhou. gov. cn/abzfzggw/c105310/202305/5c731b93284d4c2c848e06aff2158868. shtml，最后检索日期：2023年5月29日。

② 郭华：《松潘县第十五届人民代表大会第二次会议政府工作报告》，2023年1月7日。

③ 周冉：《红原县十五届人民代表大会第二次会议政府工作报告》，2023年1月10日。

④ 《阿坝县：多举措保护生态成效显著》，《阿坝的阿坝》，https：//mp. weixin. qq. com/s/r04Df0BMRAfKoMaPmvFY1w？scene=25#wechat_ redirect，最后检索日期：2023年5月29日。

⑤ 胡泉涌：《若尔盖县十五届人民代表大会第二次会议政府工作报告》，2023年1月10日。

段应急处置工程的完工有效保护了沿岸群众生命财产安全，极大促进了生态保护、社会稳定和经济发展，为后续黄河干流四川段治理积累了经验、探索了路子、奠定了基础。

自 2022 年 5 月，阿坝州正式启动黄河入川干支流生态防护带建设以来，阿坝州沿黄四县积极展开建设工作，进一步为黄河增添了绿色底色。松潘县建设黄河干（支）流生态防护带 2.6 公里①。若尔盖高效建成黄河生态防护带 40.37 公里，黄河含沙量较 2018 年下降 21%、降至 0.3 千克/米^{3}②。红原县新建生态防护带 71.2 公里 3992 亩、堤防护岸 33.04 公里、河岸缓冲带 12.7 公里，综合治理水土流失 143.26 平方公里、河道 24.2 公里、地质灾害 2 处、废弃工矿取料点 173 处，牲畜超载率降至 4.99%以下，6 个建制镇污水处理设施实现全覆盖③。阿坝县完成黄河干支流域生态防护带建设 20.43 公里 2685.41 亩④。

（五）坚持绿色发展，经济社会发展动能明显增强

坚持生态优先、绿色发展是黄河流域建设的根本理念，四川沿黄各县依托丰富的生态、文化资源和特色农牧资源，通过转变发展方式提高地区高质量发展能力。

因地制宜推动产业转型，现代农牧业发展全面加强。阿坝州沿黄四县（阿坝县、若尔盖县、红原县、松潘县）加快推进畜牧业转型升级，创新“种草养畜+N”工作机制，32.2 万头牛羊通过混合推广“三结合”⑤ 及“4218”⑥ 标准化养殖模式出栏，有效缩短了牲畜饲养周期，改变了“夏肥、秋壮、冬瘦、春亡”的恶性循环，从而确保黄河流域草畜平衡和牧区群众减畜不减收。其中，红原县牦牛现代农业园区成功创建省五星级现代农业园区，邛溪镇被认

① 郭华：《松潘县第十五届人民代表大会第二次会议政府工作报告》，2023 年 1 月 7 日。

② 胡泉涌：《若尔盖县十五届人民代表大会第二次会议政府工作报告》，2023 年 1 月 10 日。

③ 周冉：《红原县十五届人民代表大会第二次会议政府工作报告》，2023 年 1 月 10 日。

④ 《阿坝县：多举措保护生态成效显著》，《阿坝的阿坝》，https://mp.weixin.qq.com/s/r04Df0BMRAfKoMaPmvFY1w?scene=25#wechat_redirect，最后检索日期：2023 年 5 月 29 日。

⑤ “三结合”指以“放牧、补饲、圈养”三种饲养方式相结合。

⑥ “4218”模式指将天然草场自然生长到 4 岁左右、体重达 200 公斤左右的牦牛进行 100 天（10 天过渡期+90 天保健饲养期）标准化饲养，体重增加 80 公斤左右出栏。

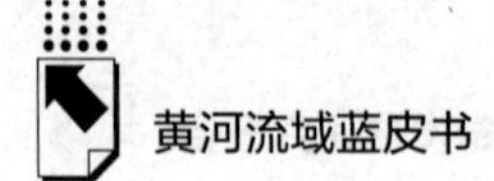

定为第十二批全国“一村一品”示范镇。另外，石渠县作为甘孜州黄河流域重要的畜牧县，通过整合“人、草、畜”资源要素，大力发展绿色畜牧业。2022年3月开始，该县长沙干玛乡、虾扎镇、长须贡玛乡等6个乡镇新建6座集体牧场，实施牦牛放牧、饲养“分区”管理①。同时，石渠县推进现代科学养殖，与传统养殖方式不同，园区采取“放养+圈舍补饲”养殖方式，实施标准化、科技化、现代化养殖和管理，不仅让牦牛走出了“夏肥、秋壮、冬瘦、春亡”的循环，还最大限度降低了草场的承载压力。

旅游收入显著提高，文旅产业建设提质增效。一方面，阿坝州依托“九大文旅品牌”②，精心打造了“全域九寨休闲之旅、黄河文化体验之旅、熊猫家园亲近之旅、藏羌走廊探寻之旅、雪山草地红色之旅”五条旅游线路；新增4A景区2个、全国县域旅游发展潜力百强县3个、省级全域旅游示范区3个，国家全域旅游示范区创建集中攻坚成效明显；成功举办州文旅发展大会、雅克音乐季等重大活动，打造“童话公路”文旅IP，并获得“全国自驾旅游第一州”称号，2022年阿坝州接待游客3665.1万人次，实现旅游收入324.2亿元③。2023年1~4月，阿坝州累计接待游客1084万人次，实现旅游收入83.6亿元④，两项数据均达到历史最高水平。其中，2022年，若尔盖县旅游总收入超过16亿元，直接带动了若尔盖县域经济的发展，当地牧民依托景区，实现了产业转型和增收致富⑤。红原县走出了“线上线下”双轨运营新路子，并入选全国第一批“红色草原”县。松潘县入选2022（第五届）中国县域旅游发展潜力百强县市，全年接待旅游人数660万人次，实现旅游总收入55.7

① 《江河上游看变迁·甘孜丨草原增绿 生态增效 甘孜黄河流域生态保护和产业发展两手抓》，四川在线，https：//sichuan. scol. com. cn/ggxw/202210/58745322. html，最后检索日期：2023年5月29日。

② “九大文旅品牌”指大九寨、大熊猫、大草原、大长征、大雪山、大冰川、大彩林、大地震遗址和大禹故里。

③ 阿坝藏族羌族自治州发展和改革委员会：《2022年国民经济和社会发展计划执行情况及2023年计划草案的报告（书面）》，2022年12月27日。

④ 《阿坝州：生态治理加快实施！阿坝州水环境质量位列全国前列》，《四川发布》，https：//baijiahao. baidu. com/s？id=1766656406891940280&wfr=spider&for=pc，最后检索日期：2023年5月29日。

⑤ 《〈跃龙门看经济〉四川篇丨新赛道加速跑》，《河南新闻广播》，https：//www. hntv. tv/rhh-5426573312/article/1/1630047358569246721，最后检索日期：2023年5月29日。

亿元[①]。另一方面，甘孜州利用“生态+旅游”发展模式，加大精品旅游线路推广力度，打造“国道317高原丝路文化走廊”，推出了“丝路甘孜·川西秘境”系列主题活动，2023年“五一”假期全州接待游客108.35万人次，实现旅游综合收入11.91亿元，较上年同期分别增长153.87%、153.94%[②]，两项数据大幅度上涨。

立足清洁能源禀赋优势，国家重要清洁能源基地建设进一步加强。阿坝州稳妥发展水电产业、积极推进光伏开发。2022年，阿坝州金川电站、双江口电站等重大能源项目加快推进，俄日、红卫桥等水电项目建成投产，新增清洁能源装机18万千瓦。兆迪水泥、希望水电入选全省“绿色工厂”，全州规模以上工业增加值增长23.7%，增速居全省首位[③]。其中，松潘县有序开发绿色清洁能源，完成屋顶分布式光伏试点示范项目。若尔盖县积极建设清洁能源基地，麦溪扶贫光伏、降扎下石门电站并网发电，加快推进4万千瓦光伏治沙试点项目，新增光伏及水电装机6.7万千瓦[④]。甘孜州利用“生态+能源”的发展方式，大力推行在草原上面建光伏电站、下面种牧草的“牧光互补”模式，目前建成投运清洁能源装机1715万千瓦，增加牧草产量的同时又改善草原生态，生态富民效益逐步显现[⑤]。

三　四川黄河流域生态保护和高质量发展面临的问题

四川省委、省政府支持川西北地区加快建设国家生态文明示范区、全域旅

① 郭华：《松潘县第十五届人民代表大会第二次会议政府工作报告》，2023年1月7日。

② 许齐棋：《“五一”假期甘孜州旅游市场火爆》，https://www.sc.gov.cn/10462/10464/10465/10595/2023/5/4/51f0c47592f34562a6210592911bbef9.shtml，最后检索日期：2023年5月29日。

③ 阿坝藏族羌族自治州发展和改革委员会：《2022年国民经济和社会发展计划执行情况及2023年计划草案的报告（书面）》，2022年12月27日。

④ 胡泉涌：《若尔盖县十五届人民代表大会第二次会议政府工作报告》，2023年1月10日。

⑤《甘孜州四条措施推进生态文明建设示范区加快成势》，四川新闻网，https://baijiahao.baidu.com/s?id=1766766446499288077&wfr=spider&for=pc，最后检索日期：2023年5月29日。

游示范区和国际生态文化旅游目的地，为四川黄河流域生态保护和高质量发展打下了坚实基础。同时，四川黄河流域生态保护和高质量发展还面临一些突出问题，主要表现如下。

（一）四川黄河流域水量仍然不足，极端天气使得地区缺水问题尤为严重

首先，整个黄河流域仍然处于极度缺水的状况。从整个流域的水资源量和人口数量来看，黄河流域耕地面积占全国总量的12%，人口占全国总量的9%，但整个流域的水资源量只有全国总量的3%左右。也就是说，黄河流域的水资源人均以后，其占有量只能达到全国平均水平的27%。同时，黄河流域的水资源开发利用率已经很高，一般河流的生态警戒线是40%，但黄河流域的水资源开发利用率已经达到了80%，部分平原地区的地下水开采量更大，能占到可开采量的92%①。黄河流域不仅面临水资源匮乏的问题，水资源利用率持续上升也让供需矛盾进一步扩大，而黄河流域除了有不少重点能源化工基地以外，还是重要的农产品主产区，全国1/3的肉类和粮食都从这里产出，要想全面推动黄河流域持续高质量发展，改善缺水问题显得尤为迫切。

其次，四川作为黄河上游重要的水源涵养地、补给地，肩负着为黄河补水蓄水的责任，但在2022年，其水资源短缺尤为严重。据四川省水利厅公布的数据，阿坝州水土流失面积达到10204平方千米，占土地面积的11.99%，甘孜州水土流失面积为19052平方千米，占土地面积的12.48%②，说明两州水土流失面积占比仍然较大，阻碍了其增强水源涵养能力。同时，四川大部分地区处在亚热带季风气候区，夏季多雨，所以夏季正是雨水补给的重要时期。而2022年的夏季，四川遭遇持续严重的高温干旱，其降水比常年少了51%，加上高温带来的蒸发，河流水量随之大幅度减少。

（二）民众参与度仍然较低，对《黄河保护法》认识尤为不足

在四川黄河流域，民众参与生态环境治理的自发性较弱。虽然当前生态文

① 《黄河水，为啥少了?》，上观新闻，https：//export. shobserver. com/baijiahao/html/481914. html，最后检索日期：2023年5月29日。

② 资料来源：四川省水利厅。

明建设和生态环境治理已成为时代性政治任务，但治理主要采取自上而下的模式，政府在生态环境治理中居于主导地位，民众的主体地位并未得到充分认知。同时，我国公民特别是民族地区民众对生态环境治理的主体意识并未得到激发而凸显，主动参与环境治理的理念尚未树立。此外，由于民族地区受教育程度相对较低、生活较为困难，日常的关注点更多放在生产生活上，而对生态环境治理的关注和思考并不多，参与生态环境治理的积极性较弱。具体落实到四川黄河流域5个县，《黄河保护法》实施以来，多数区域通过会议或调研的形式对其进行了学习，但学习深度和普及程度还远远不够，政府部门对其重要性认识还有待深化，宣传工作尤其需要进一步加强。当地民众对《黄河保护法》基本知识了解不足，对其重要性认知不够，进而参与生态保护的意愿较低，社会参与黄河生态保护行动欠缺，不利于四川黄河流域可持续发展。

（三）经济社会发展水平依然落后，巩固脱贫攻坚战成果形势险峻

四川黄河流域境内经济发展依旧落后，区域经济总量较小。在2022年四川省各市州GDP排行榜中，阿坝州和甘孜州分别以GDP 462.61亿元、471.94亿元排名全省倒数第一和第二，两者经济总量分别占全省的0.82%、0.83%，经济总量明显较少，对全省的经济贡献度不高，经济发展在全省相对落后。对比2021年，两州2022年GDP增速分别达到1.3%、3.5%，虽然总量有所增加，但是相比同为自治州的凉山州6.0%的增速，阿坝和甘孜仍然有很大的进步空间。

另外，黄河所流经的四川5个县都是中国较早确定的特困连片地区和深度贫困区，其经济基础薄弱，发展动力不足。从全省来看，2022年5个县GDP分别为：红原县20.45亿元、石渠县21.50亿元、阿坝县21.73亿元、松潘县30.00亿元、若尔盖县32.8亿元，在全省183个区县中分别排名第173、171、170、163、160位①，排名居全省末尾，经济表现较差。从全州来看，在阿坝州发布的2022年阿坝州分县（市）人均GDP情况中，松潘、阿坝、若尔盖、红原4个县人均GDP均低于全州人均水平，排名靠后，增速方面，红原县2022年人均GDP同比下降。说明黄河流域境内人们的生

① 以上数据均来自四川省统计局。

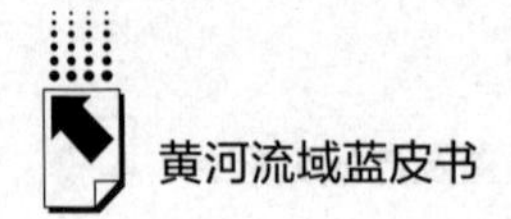

活水平普遍较低，购买力较弱，尤其是红原县人们的生活水平下降，贫困程度加深，返贫风险加大。

（四）产业结构仍然不合理、特色农牧业提质增效仍待进一步加强

第一、二、三产业之间发展不协调，结构不合理。四川黄河流域自然生态本底脆弱和水资源量有限，环境承载力较弱，导致流域境内适合人口和产业集聚的区域第二、三产业发展规模有限，不具备吸纳生态脆弱地区过载的农牧业人口的能力，使得区域内三次产业发展不均衡。2022 年，阿坝州三次产业分别拉动经济增长 0.9 个、0.1 个、0.3 个百分点，三次产业结构为 19.9∶24.7∶55.4①，甘孜州三次产业结构为 17.85∶27.84∶54.31②。总体都呈现出三、二、一的产业发展结构，说明四川黄河流域农牧业占比低，未能充分发挥第一产业对经济增长的主要拉动作用，工业发展不充分，过度依靠以旅游业为主的第三产业，产业结构不合理。并且，以旅游业为主导的经济结构单一，容易受突发性事件影响而发生经济波动，对当地民众生产生活产生较大冲击。

另外，四川黄河流域农牧产业高质性弱，高附加值的主要加工产品产量减少。四川沿黄区域特色农牧产品品类较少，产量不够高，坚果、羊等产量较 2021 年下降。2022 年阿坝州主要农产品生产情况：全年中草药材、蔬菜及食用菌、水果类产品产量都实现了增长，但粮食总产量较上年下降了 0.6%，食用坚果产量下降 11.2%；主要畜产品生产情况：全年肉类总产量 10.90 万吨，增长 2.1%。其中，猪肉、牛肉产量实现了增长，但羊肉产量下降 3.0%。从农牧业产业链附加值来看，上游种植、养殖和下游零售的附加值较低，而中游农牧产品精加工的附加值较高。阿坝州 2022 年主要农牧加工制品产量呈现下降态势，鲜肉、冷藏肉、精制食用植物油和熟肉制品较 2021 年均减少，尤其是精制食用植物油减少了 97.6%，使得该区域农牧产品附加值较低，当地民众收益低于成本，且未能充分发挥农牧产业对整个经济的拉动能力。

---

① 阿坝藏族羌族自治州统计局：《阿坝藏族羌族自治州 2022 年国民经济和社会发展统计公报》，2023 年 4 月 20 日。

② 甘孜藏族自治州统计局：《甘孜藏族自治州 2022 年国民经济和社会发展统计公报》，2023 年 4 月 12 日。

四　四川黄河流域生态保护和高质量发展的对策建议

针对四川黄河流域建设过程中突出的问题，需要从提高水源涵养能力、增强绿色发展内生动力等方面进一步推动四川黄河流域生态保护和高质量发展，切实筑牢黄河上游生态屏障，保障人民群众安居乐业。

（一）切实增强黄河上游水源涵养功能，促进四川黄河流域生态环境与社会稳定健康发展

一是持续推进若尔盖国家公园建设，加强川甘两省协同合作，共同打造全球高海拔地带重要的湿地生态系统和生物栖息地，巩固提升黄河上游最大“蓄水池”。二是加强若尔盖、长沙贡玛两大国际重要湿地和漫泽塘、嘎曲、日干乔、喀哈尔乔等重要湿地生态保护修复，以保护好黄河水源主要补给地。三是大力实施生态水位提升工程，开展退牧还湿和季节性禁牧还湿，对中度及以上退化区域实施封禁保护，恢复提升退化沼泽和湖泊湿地功能，从而提高黄河上游水源补给能力。四是稳步实施超载过牧草原减畜，并完善草原生态保护补助奖励和减畜补助政策；同时，制定实施转产转业配套政策，以确保当地居民收入只增不减、牲畜数量只减不增。

（二）加强民众参与和激励机制，形成多元协同的治理模式，推进四川黄河流域生态环境保护和高质量发展有机融合

一是加强对民众的生态教育，提高他们的生态意识和环保能力，积极开展环保知识普及、生态志愿者培训、生态文化体验等活动；同时，加强对民众的激励机制，鼓励他们积极参与生态环境治理，如设立生态志愿者奖励、环保文化奖励等，从而推动民众参与生态环境治理，形成全社会共同保护生态环境的良好氛围。二是在实施生态环境治理的过程中，还需要注意加强与民族地区居民的沟通和协商，充分尊重和保护他们的文化与生活方式，确保生态环境治理与民族地区居民的利益保持一致。三是要充分发挥各级政府部门和社会组织的作用，形成多元协同的治理机制，促进各方资源的整合和优化利用，推动生态

环境治理工作的顺利开展。四是促进多元主体共同推进民众《黄河保护法》意识教育：其一，政府应当发挥主导作用，保障公众接受《黄河保护法》意识教育的渠道；其二，应当重视环保组织的社会作用，环保组织可以通过组织动员公众参与黄河保护活动来宣传普及基本知识，比如举办专业知识讲座，通过趣味游戏吸引公众参与，来提高公众的生态意识；其三，应重视培养公众参与黄河保护的主人翁意识，让公众通过舆论监督或者举报投诉污染环境、破坏生态的行为，积极参与到黄河保护工作中。

（三）积极发展特色生态产业，推动产业生态化、生态产业化，加强四川黄河流域高质量发展

一方面，要加快发展高原特色农牧业。大力推动传统农牧业向现代农牧业转型升级，推进高原现代农业园区基础设施建设，加快创建国家和省级现代农业园区；因地制宜发展设施农业，大力建设青稞、油菜、高原果蔬、道地中药材等特色农业基地；积极发展特色草产业，建立优质牧草良种繁育体系，建设优质高产人工饲草基地和优质饲草种子基地。另一方面，要积极发展特色加工业。推进农牧产品产地初加工和精深加工，合理布局加快建设集中加工区，重点开发市场前景好、附加值高的青稞、牦牛、奶制品、粮油、果蔬、食用菌等特色产品，培育壮大农特产品加工企业。

（四）巩固拓展脱贫攻坚成果，促进农牧民非农就业，提高四川黄河流域居民生活水平

一是要加强防止返贫动态监测帮扶，建立有效的监测体系和跟踪机制，及时发现和纠正返贫情况，密切关注收入变化和“两不愁三保障”巩固情况，定期核查和动态清零，以确保贫困户不会再次陷入贫困；大力实施产业富民行动，发展特色农牧、文化旅游、民族手工艺等增收产业，促进农村一二三产业融合发展，让农牧民更多分享产业增值收益。二是要促进农牧民转产就业。加快实施农牧民技能提升行动，引导农牧民多渠道转产就业；开展农牧民就地转化为生态工人试点，促进农牧民转变为生态管理员；搭建劳务合作平台，有序开展劳务输出；鼓励农牧民就地就近创业，支持国有企业、政府投资项目吸纳当地劳动力就业。

参考文献

褚松燕：《环境治理中的公众参与：特点、机理与引导》，《行政管理改革》2022年第6期。

郭险峰、封宇琴：《四川黄河流域生态环境治理的逻辑、难点与对策》，《西昌学院学报》（社会科学版）2021年第1期。

吕忠梅：《习近平法治思想的生态文明法治理论之核心命题：人与自然生命共同体》，《中国高校社会科学》2022年第4期。

马红涛、楼嘉军：《黄河流域经济-环境-旅游耦合协调时空分异及影响因素》，《社会科学家》2021年第12期。

任海军、唐天泽：《黄河流域上游产业生态化与生态产业化协同发展研究》，《青海社会科学》2023年第1期。

孙佑海：《〈黄河保护法〉：黄河流域生态保护和高质量发展的根本保障》，《环境保护》2022年第23期。

王秀英、陈帅等：《非农就业对农户收入的影响研究——基于黄河流域中上游地区1770户调研数据》，《干旱区资源与环境》2023年第4期。

周强伟、李萌：《长效机制推进四川黄河流域生态保护与高质量发展》，《当代县域经济》2021年第10期。

周升强、赵凯：《农牧民生计转型路径选择及其影响因素分析——以黄河流域农牧交错区为例》，《干旱区资源与环境》2023年第6期。

张震、徐佳慧等：《黄河流域经济高质量发展水平差异分析》，《科学管理研究》2022年第1期。

B.6
2022~2023年甘肃黄河流域生态保护和高质量发展研究报告

段翠清*

摘　要： 做好黄河流域（甘肃段）生态保护和高质量发展协同推进，对保障黄河全流域生态安全和如期实现国家“双碳”目标有着至关重要的作用。本报告在分析和研判黄河流域（甘肃段）2022~2023年生态保护和高质量发展现状、举措以及成效的基础上，认为黄河流域（甘肃段）高质量发展面临生态环境保护修复与经济社会发展矛盾突出、科技支撑能力较弱、城乡区域发展和乡村内部发展双重不平衡、民众对绿色发展的自我践行程度还不够深入等制约因素。要实现黄河流域（甘肃段）生态保护和高质量发展应从建立健全制度体系，构建现代化治理体系；优化产业结构转型与升级，探索区域高质量协同发展之路；构建四维协同、多元同治的现代乡村文明治理新路径；构建生态产业体系，实现人与自然和谐相处的可持续生态社会；多措并举提升民众践行绿色发展的自觉度等方面探索流域高质量协同发展之路。

关键词： 黄河流域　生态保护和高质量发展　甘肃省

甘肃省位于黄河流域上游，黄河流经兰州、白银、庆阳、定西、天水、武威、平凉、甘南、临夏9个市（州）区域，流域总面积为14.59万平方公里，

* 段翠清，甘肃省社会科学院区域经济研究所副所长、副研究员，主要研究方向为恢复生态学、环境科学。

年径流量172.89亿立方米，流域总长度7752.46千米，占甘肃国土总面积的34.3%。黄河流域（甘肃段）不仅是我国重要的生态安全屏障区和黄河上游水资源涵养区，也为甘肃省经济社会发展提供了丰富的自然资源和重要的经济基础。因此，做好黄河流域（甘肃段）生态保护和高质量发展协同推进，不仅能够保证黄河全流域生态保护和高质量发展战略的有效实施，还能促进“双碳”战略目标的如期实现。

一　甘肃黄河流域生态保护和高质量发展新举措（2022~2023年度）

2022~2023年度，甘肃省委、省政府积极学习贯彻二十大中关于黄河流域生态保护和高质量发展有关精神，多次专题召开黄河流域生态保护和高质量发展推进会议，统筹部署黄河流域高质量发展，全面深入贯彻《黄河保护法》，出台各级各类政策规划，建成一批水利设施工程，逐步形成“1+6+6+4+1”工作思路和目标，高质量指导和推进黄河流域（甘肃段）生态保护和区域协调发展。

1. 不断完善水利设施建设，提升黄河水资源使用效率

近年来，甘肃省委按照“四抓一打通”水利部署方案，不断加强黄河流域水利工程设施建设，有效保证黄河流域（甘肃段）生态保护和高质量发展进程。截至2023年6月，甘肃省完成的水利投资共计205.37亿元，进一步强化黄河流域水资源的集约高效利用。其中投资46.06亿元保障农村水利设施的正常运营，完成各级各类项目241个，包括养护工程3732处，新建大型灌区6个、中型灌区16个，有力保障了粮食安全；投资42.02亿元完成临夏州和政县与康县水系连通项目；投资1.45亿元对定西市关川河水段开展水系连通和蓄水项目、完成白银市水土流失综合治理项目，建成塘坝等各级各类水利设施19804个（座），水土治理面积达到7863.3平方公里。投资1.42亿元，对10.4公里的洮河流域三岔河水环境进行综合治理，使得黄河甘肃段防洪工程全面竣工并投入运行。先后建成了黄河甘南州玛曲县段防洪工程，完成了兰州市榆中县宛川河河道治理及生态修复项目、天水市武山县桦林沟小流域水土流失综合整治项目。全年召开水旱灾害防御会议16次，排查各类水资源问题230个，治理水土流失面积1118平方公里，有力保护了黄河流域生态环境稳

步提升和居民生命财产安全。

重大引水工程——白龙江引水项目被列入2023年甘肃省委、省政府工作报告并取得重大进展，于2023年在甘肃省平凉市召开白龙江引水工程前期建设推进会，被列入全国水网规划纲要、全国150项重大水利项目清单和水利部2023年重点调度的60项重大水利项目清单①。相关领导专家多次前往庆阳市、天水市、平凉市、甘谷县、清水县等白龙江引水工程受水区进行调研，力保该项目2023年能够顺利开工。引洮工程年供水量和水资源利用率逐年提升，截至2022年底，工程年度供水量提升至1.65亿立方米，水资源利用率提升至75%。2022~2023年，甘肃省先后投资7.26亿元，建设总长度为64.74公里、年引水量达1459万立方米的引洮二期庄浪应急供水工程，引洮一期定西市内官、首阳调蓄水池开闸蓄水，天水市城区引洮供水工程实现竣工，为庆阳市、天水市、定西市乡镇居民提供优质水源做好保障。引洮工程于2022年5月入选水利部数字孪生流域建设全国先行先试试点清单，数字赋能引洮供水工程，对水资源实施精准调度，使得工程分水能耗和管理成本分别降低了60%和40%以上。

2. 认真贯彻《黄河保护法》，依法保障黄河流域（甘肃段）高质量发展

《黄河保护法》自2022年10月30日颁布实施以来，甘肃省委、省政府深入贯彻学习，按照“十六字”治水思路的要求，对黄河流域（甘肃段）生态环境和区域发展进行严格依法监督和管理。构建协同机制，出台各类政策、法规、制度，逐步建立健全甘肃黄河流域法规制度体系（见表1）。提高黄河流域水资源节约集约利用水平，出台《甘肃省“十四五”节水型社会建设规划》，规划设置8个一级指标，其中约束性指标4个、指导性指标4个，设置“十四五”时期全省用水总量上限（<121亿立方米），并就工业、农业和居民生活用水指标进行了明确的规定。按照不同属性和用途，将甘肃黄河流域分为以保障工业用水为主要用途的中部沿黄地区、主要进行农业用水的陇中陇东黄土高原地区和以水源涵养并兼顾发展特色畜牧业为主要用途的节水规划地区，同时兼顾居民生活用水，做到因地施策、分类实施，在保障区域产业发展的前提下，全面提升甘肃省水资源的集约利用水平。

---

① 甘肃经济信息网，https：//www.gsei.com.cn/html/1644/2023-03-31/content-421346.html，最后检索日期：2023年4月11日。

表 1　2021~2023 年甘肃黄河流域编制或出台的相关政策文件

相关政策文件名称	时间
《甘肃省黄河流域水资源节约集约利用实施方案》	2022 年 1 月
《甘肃省黄河流域水安全保障规划》	2021 年 12 月
《关于建立服务保障甘肃省黄河流域生态保护和高质量发展检行协作配合机制的意见》	2022 年 6 月
《兰山区域整体工作协调推进实施方案》	2022 年 5 月
《甘肃省取用水管理专项整治行动“回头看”及“三超两无一拖欠”集中整治行动工作方案》	2022 年 7 月
《甘肃省农村饮用水供水管理条例(修订)》	2022 年 7 月
《甘肃省节约用水奖励办法(试行)》	2023 年 1 月
《甘肃省水利工程质量检测管理实施细则》	2022 年 9 月
《甘肃省水利工程责任单位责任人质量终身责任追究管理办法实施细则》	2022 年 5 月
甘肃省地方标准《河流健康评价技术规范》	2023 年 5 月

3. 以构建黄河文化公园为契机，提升黄河文化影响力

甘肃黄河文化历史悠久、形式多样，既有以传承人类华夏文明 8000 年的大地湾遗址为代表的史前文化，又有在漫长的历史长河中逐渐形成和繁荣的藏佛、彩陶、石窟、治水等多样性的历史文化，还有《丝路花雨》《读者》这样富有创造性的现代文化，使得甘肃黄河文化经久不衰、波澜壮阔。2022 年以来，甘肃省委、省政府以国家黄河文化公园（甘肃段）建设为契机，以《华夏文明传承创新区建设“十四五”规划》为指导，以 2025 年基本建成黄河国家文化公园（甘肃段）为目标，全力打造国家黄河文化公园（甘肃段）建设工程。与兰州大学大数据研究中心合作成立黄河国家文化研究院，为黄河文化发扬光大提供学术支撑；启动了黄河文化遗产资源普查工作，将黄河文化发掘与考古相结合，实施黄河文物保护传承工作；黄河三峡炳灵寺成功创建世界文化遗产 5A 级旅游景区，“红军会师 · 征途在前”“壮怀激烈 · 初心不改”“治沙典范 · 生态甘肃”三条线路入选“建党百年红色旅游百条精品线路”，“交响丝路非遗之旅”“滔滔黄河非遗之旅”两条非遗主题旅游线路入选全国非遗主题旅游线路。甘肃全省文旅产业蓄势迸发，2023 年将投资 1280. 57 亿元，实施 425 个文旅项目，较 2022

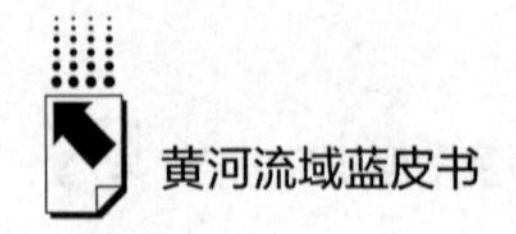

年增加110亿元，力争预期目标实现翻倍①。

同时，甘肃省不断推动沿黄流域各市（州）结合地方特色，做好黄河文化保护传承，提升和拓展黄河文化产业开发水平和规模，讲好黄河文化故事。其中，作为全国唯一一座黄河穿城而过的省会城市，兰州市开创城市黄河文化保护之先河，率先颁布《兰州市黄河文化保护办法》，对黄河古镇、黄河文化旅游活动、羊皮筏子等具有兰州地方特色的黄河文化旅游项目、旅游活动、非物质文化遗产的建设、推广、保护和传承都进行了具体规制；甘肃省图文化创意有限公司设计了以玛曲黄河第一弯、黄河古象化石、大地湾彩陶、炳灵寺石窟、敦煌飞天、黄河母亲像、黄河水车、中山桥为主题的“黄河文化、华夏文明”系列书签②；武威市以“凉州文化”和“铜奔马文化”为重点抓手，推动提升黄河文化知名度和影响力；白银市构建以“非遗+景区+特色小镇+节庆+展销”为一体的黄河文化保护传承发展模式，提升黄河文旅产业的活跃度和发展速度；临夏州依靠独特且丰富的黄河文化资源禀赋，积极加强黄河文化标识工程建设，先后投资191亿元，建成了河州牡丹文化公园、和政古生物化石研究展示中心、甘肃黄河文化博物馆等一批具有黄河文化标识性特征的文旅产业项目。

4. 加快新能源产业机构布局，助力黄河流域高质量发展

2022年，甘肃省委、省政府全面落实立足新发展阶段、贯彻新发展理念、构建新发展格局、推动高质量发展的要求，把新能源作为推动“双碳”部署、抢抓“双碳”机遇的优势产业和主导产业，深化政策研究，深度谋划布局，加快清洁能源基地建设，全面推动新能源产业大发展，成为经济高质量发展的重要牵引和支柱。截至2022年底，先后建成全国首个千万千瓦级酒泉风电基地，金昌、凉州等一批百万千瓦级光伏发电基地，定西通渭百万千瓦风电基地，庆阳、白银等地新能源将作为“陇电入鲁”工程配套电源，得到规模化、基地化开发，河西与河东地区的能源得到规模化的有效开发。

示范项目引领作用突出，积极争取国家政策支持，加快推进国家新能源示

① 甘肃省文化和旅游厅官网，http：//wlt. gansu. gov. cn/wlt/c108541/202302/109114912. shtml，最后检索日期：2023年4月12日。

② 甘肃省文化和旅游厅官网，http：//wlt. gansu. gov. cn/wlt/c108560/202212/2169191. shtml，最后检索日期：2023年4月12日。

范性工程建设。首航节能敦煌10万千瓦光热发电项目成为全国首个百兆瓦级光热发电示范项目；敦煌大成5万千瓦熔盐线性菲涅尔式光热发电项目建成并网，标志着甘肃省拥有自主知识产权的线性菲涅尔技术在国家开展示范推广应用；中核汇能甘肃矿区黑崖子5万千瓦风电项目成为全国首个平价风电上网示范项目；网域大规模720兆瓦时电池储能电站试验示范瓜州项目建成投运，成为全国首个电网侧储能项目，为储能技术提供了新的应用场景。

不断强化并完善甘肃电网网架结构，甘肃电网已通过18回750千伏线路与宁夏、青海、新疆和陕西电网联网运行，输电能力由2016年的1400万千瓦提高到目前的2300万千瓦，形成了东联陕西电网，北通宁夏电网，西接青海电网，西北延至新疆电网，整个西北地区相互调剂、互补调峰的电网架构，提升甘肃电网作为西北电网电力电量交换枢纽的桥梁和纽带作用，巩固了甘肃电网在西北电网“坐中四连”的枢纽地位。

二　甘肃黄河流域生态保护和高质量发展新成效（2022~2023年度）

1. 经济发展水平不断提升，人民生活水平稳固提升

2022~2023年度，甘肃省不断加强黄河流域产业结构优化升级，使得黄河流域（甘肃段）经济产量和人民生活水平不断得到提升。据统计，2022年，黄河流域（甘肃段）区域地区生产总值为8331.8亿元，较2021年增长了8.25%，其中平凉市和庆阳市增长速度最快，分别为15.81%和15.47%，高出区域平均水平7.56个和7.22个百分点；从人均生产总值分布情况看，2022年，黄河流域（甘肃段）人均GDP产值为39477.5元，较2021年增长了11.09%。其中，平凉和庆阳两市增速最快，分别为16.53%和16.03%，高出区域平均水平5.44个和4.94个百分点。除此之外，白银市、定西市和武威市的人均GDP增速都分别高于区域平均水平0.45个、0.67个和1.02个百分点。整体情况看，2022年，黄河流域（甘肃段）各市（州）经济发展速度加快，发展势头良好，区域内各市（州）GDP产值增速排序由高到低为：平凉市、庆阳市、定西市、白银市、武威市、临夏州、天水市、甘南州、兰州市，人均GDP产值增幅排序由高到低为：平凉市、庆阳市、武威市、定西市、白银市、

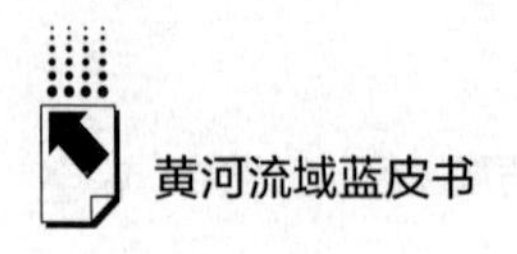

临夏州、天水市、兰州市、甘南州。

区域内良好的经济发展形势提升了民众的生活水平。据统计，2022 年，黄河流域（甘肃段）城镇居民年平均收入为 34579.01 元，农村居民年平均收入为 12372.03 元，分别较 2021 年增长了 4.26%和 6.86%；黄河流域（甘肃段）城镇居民年平均消费支出为 22941.76 元，农村居民年平均消费支出为 10907.24 元，分别较 2021 年增长了 4.73%和 5.45%。城镇与农村居民之间的收入和消费差距分别为 22206.98 元和 12034.52 元，较 2021 年度增长了 2.94%和 1.29%。

2. 持续加强环境监测，生态环境保护成效稳固

2022 年，黄河流域（甘肃段）区域二氧化硫平均浓度为 12.44ug/m^3，同比增长了 1.17%；二氧化氮平均浓度为 26.44ug/m^3，同比增长了 1.71%；可吸入颗粒物（PM10）平均浓度为 54ug/m^3，同比减少了 1.28%；一氧化碳日均值（95th）为 1.23ug/m^3，与上一年度持平；臭氧（90th）日均值为 129.78ug/m^3，同比增长了 2.11%；细颗粒物（PM2.5）平均浓度为 23.33ug/m^3，同比减少了 11.28%；空气质量达到及好于二级的天数为 333 天，同比减少了 2.16%；空气质量达到二级及以上天数占全年比重为 91.21%，同比减少了 2.08 个百分点。

不断加大废水监测与治理力度，有力保障水源地水质质量。2022 年，黄河流域（甘肃段）区域废水污染物排放总量为 8.44 万吨，较 2021 年减少了 20.9%。化学需氧量排放量为 7.41 万吨，同比减少了 19.72%，其中工业源化学需氧量排放量为 0.17 万吨，同比减少了 46.88%，生活源化学需氧量排放量为 7.21 万吨，同比减少了 19.08%；氨氮排放总量为 0.19 万吨，同比减少了 32.14%，其中工业源氨氮排放量为 0.01 万吨，同比减少了 30%，生活源氨氮排放量为 0.18 万吨，同比减少了 33.33%；总氮排放总量为 0.79 万吨，总磷排放总量为 403.39 吨，石油类排放总量为 12.72 吨，挥发酚排放总量为 101.95 千克，同比分别减少了 26.17%、21.92%、39.46%和 42.27%。

3. 清洁能源产业布局和转型成效明显，绿色电力占比提升

截至 2022 年底，甘肃省新能源装机总量达到 3095 万千瓦，占全省总装机容量的 48.7%，高于全国 25.5%的平均水平；实现风光发电量 446 亿千瓦时，占甘肃全省总发电量的 23%，高于全国 12.3%的平均水平；非化石能源占一

次能源消费比重达到26.2%，远高于全国15.6%的平均水平。新能源装机占比由2012年底的21.8%提升至2022年底的48.6%；新能源发电量占比由2012年底的8.8%提升至2022年底的22.7%；非化石能源占一次能源消费比重由2012年底的17.4%提升至2022年底的26.6%；新能源利用率由2016年的60.3%提升至2022年底的96.8%。

随着全国首条以输送新能源为主的酒泉至湖南±800千伏特高压直流输电工程建成和省间交流通道互济能力提升，甘肃省跨区外送电量显著增长，2022年全省外送电量516亿千瓦时，新能源占比达到33.7%，不仅为甘肃省持续发展新能源提供重要支撑，而且在2021年电力调度运行中，为湖南及中东部省份缓解拉闸限电问题作出了贡献，也为全国能源结构调整和碳减排工作作出了积极贡献。除此之外，在国家大力支持下，甘肃省通过推进直购电交易、新能源替代自备电厂发电、加快建设敦煌100%可再生能源利用城市、推进清洁能源供暖和电能替代等示范工程，全力破解新能源消纳瓶颈，截至2022年底，风光电设备利用率达到96.7%，新能源消纳水平得以快速提升。

4. 民众对黄河流域（甘肃段）生态环境质量满意度不断提升

满意度是衡量公众获取客观福利与其期望水平间差异的指标，人民群众的满意度作为黄河流域生态环境保护和高质量发展的衡量指标之一，对全民参与黄河流域生态保护和高质量发展具有重要的推动与影响作用。因此，课题组于2023年3~5月，选取了空气质量、饮用水质量、土壤农药使用情况、生物多样性保护、人居环境植被覆盖率等一些涉及民众切身利益的代表性评估指标，使用“非常满意、满意、一般满意、不满意、非常不满意”五个维度对民众满意度情况进行了调研。本次调研以网络调研和实地走访相结合的方式，共计回收有效问卷473份，被访对象涵盖了汉、回、藏等民族群众，职业范围包括了各级各类阶层，调查结果显示：有57.29%的民众对当地的空气质量和污染源治理效果表示满意，有42.28%的被访民众对家用饮用水水质和当地地表水体水质表示满意，有36.15%的被访民众对当地的农膜回收程度和农药化肥施用量表示满意，有45.67%的被访民众对当地的植被覆盖和生物多样性保护状况表示满意，有46.73%的被访民众对当地公园绿地覆盖和卫生厕所普及状况表示满意。

三　甘肃黄河流域生态保护和高质量发展面临的问题

2022 年，黄河流域（甘肃段）通过构建“四抓一打通”流域部署方案，制定一系列政策措施，采用智慧网络布局全流域监测，稳固了甘肃黄河上游水源涵养区的生态功能，提升了对陇中黄土高原地区水土流失治理成效，使得黄河流域（甘肃段）生态环境得到有效保护，为流域高质量发展奠定坚实的基础。但是，黄河流域（甘肃段）高质量发展也面临生态环境脆弱、区域经济社会发展水平基础薄弱、绿色发展水平支撑能力较弱等方面的问题，具体如下。

1. 生态环境保护修复与经济社会发展矛盾的双重制约

甘肃省地处西北内陆深处，气候干燥，平均海拔 1500~4500 米不等，年均降水量 400 毫米左右，常年蒸发量大于降水量，同时又拥有高原、森林、草原、湖泊、湿地、沙漠、黄土沟壑等多种生态系统，是国家祁连山生态保护和黄河流域上游生态保护治理的重点区域。据统计，在国家划定的重点生态功能区域内，涉及甘肃省 37 个县市区，面积 26.76 万平方公里，约占甘肃省总面积的 62.84%。同时，甘肃省在国内生产总值、产业机构复合化、人均 GDP 产值、城市现代化程度、居民生活水平等方面全国排名较靠后，在 2023 年发布的《2022 年 31 省份经济社会综合发展指数评价比对报告》中，甘肃省经济社会综合发展指数排在全国 31 个省份的第 27 名。而黄河流域高质量发展需要在保护生态环境的基础上形成区域高质量发展的新格局，这意味着黄河流域（甘肃段）在未来的高质量发展过程中需要面临生态环境保护修复治理和经济社会加速发展的双重压力，发展任务十分艰巨。

2. 黄河流域（甘肃段）区域高质量发展所需要的科技支撑能力较弱

甘肃省面对生态资源耗损和经济发展水平落后的不利局面，转变经济发展方式，优化产业结构、提升产业效能等高质量发展方式成为甘肃区域经济社会发展的必然选择。但是，产业结构的转型升级、新型业态经济的发展，以及生产效能的提升都需要以科技水平和人力资源作为支撑。目前，甘肃省整体科技水平在全国范围内一直处于比较落后的处境，规模以上企业的产业水平相对较低，产业结构转型需要的高端管理人才和专业技术人才都十分紧缺，与黄河流域的中东部发达地区差距甚远。企业技术的升级改造、区域产业结构的优化升级，以及农牧业效率的提升都离不开良好的人力资源作为基础，尤其是在面临重大科技产业转型、新型产业注入等方面更是离不开高端人才的支撑。而甘肃区域受所处地理位置和经济社会发展水平的制约，在本地人力资源支撑不足的情况下，还面临对高端人才吸引力度降低、人才流失严重等问题，使得黄河流域（甘肃段）区域经济社会在朝高质量发展方向转变的过程中困难重重。

3. 黄河流域（甘肃段）高质量发展过程中存在城乡区域发展和乡村内部发展双重不平衡问题

甘肃省人口主要集中在中部和东部地区，经济发展呈现中西两侧发展的局面。人口分布和经济布局的不平衡给区域生态环境和城市发展带来了巨大的压力，同时也给黄河流域（甘肃段）区域均衡发展带来很大的挑战。一是区域之间发展的不平衡，使得各区域之间在教育、医疗、交通、城镇化发展水平方面都存在较大的差距，从而使得社会和谐度也产生较大的差别，比如目前甘肃仅有的3个全国文明城市，除了省会兰州市外，金昌市和嘉峪关市都分布在河西地区，黄河流域主要市（州）并没有分布。二是省会城市核心带动作用不强。兰州市作为省会城市，虽然在经济社会发展水平方面都远超其他市（州），但是在产业结构布局、经济总量、城镇化水平、科技水平等方面还远没有发挥省会城市的带动作用，兰州市辅助带动的白银市在第二和第三产业的发展速度和规模水平上也远远达不到高质量发展水平的要求和中心辅助带动水平。三是城乡发展之间的差距依然较大。城乡二元结构发展失衡依然是制约甘肃区域协调发展和农村生态环境治理的重要因素。农村地区为城市提供了丰富的生活资源，同时，化肥、农药、工业废水的使用和排放，造成农村地区土壤和水源的各类污染问题，这对农村生态环境造成了严重的破坏并形成农业生产的恶性循环，对实现美丽乡村的建设目标造成极大的阻力。四是乡村内部之间存在发展不平衡问题。受到地理位置、经济基础等方面的影响，同一区域的不同乡村或者不同区域的乡村之间经济发展进度不一致，生活水平参差不齐，交通医疗等基础设施条件不同等，而且这种发展极度不平衡的现象在乡村社会中尤为明显。

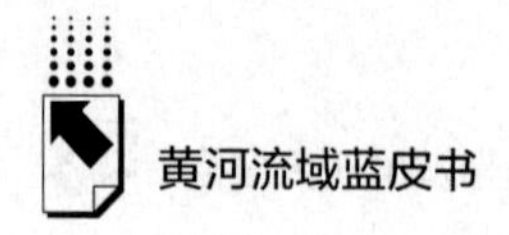

4. 黄河流域（甘肃段）乡村区域高质量发展难度较大，任务艰巨

对于甘肃这样一个农业大省来说，乡村区域的发展水平和进度直接取决于黄河流域（甘肃段）整体的高质量发展进度。从目前的发展进度来看，甘肃省乡村区域在生态经济、生态社会、生态环境方面都存在许多问题。一是乡村产业规模较小、增长方式较粗放。目前甘肃省内乡村绿色产业在规模化、绿色化、市场化等方面的规模都较小，在劳动力承载和应对市场风险方面的能力都较弱，再加上科技水平的不足和增长方式的粗放化，乡村绿色产业一直处于产业链的最末端，无法为农户提供稳定收益和长期有效的增长趋势。二是乡村区域劳动力减少、乡土文化建设基础薄弱。目前甘肃省农村人口呈现逐年递减的趋势，2012 年，甘肃省乡村人口为 1561.20 万人，占全省总人口的 61.22%，2020 年，甘肃省乡村人口减少至 1194.74 万人，占比减少至 47.77%，十年间减少了 366.46 万人。乡村劳动力的减少，使得农村的空心化现象加剧，农村劳动力极度缺失；同时，由于现代物质生活的追求、现代文化元素的过度影响以及乡土文化建设水平的差距，农村乡土文化传承缺失现象比较严重。三是乡村生态环境问题日益凸显。近年来，乡村工业的发展、农药化肥的大量使用、畜禽养殖规模的不断扩大、生活垃圾的逐年增加等问题的日益凸显，使得农村土壤污染问题日益加剧，进而对土壤的可持续发展能力和农村环境治理带来严峻挑战。

5. 黄河流域（甘肃段）民众对绿色发展的自我践行程度还不够深入

民众在工作和生活中自觉践行绿色行为，有助于推动流域高质量发展进度的加快和发展水平的提升。与民众息息相关的绿色行为包括出行方式的选择、日常用品的选择、生活工作习惯的养成以及环保活动的参与程度等。通过本次对流域内民众进行问卷调查的情况看，仍然有三成以上的被访民众选择使用私家车出行、有九成以上的被访民众会在生活和工作中或多或少地使用一次性商品，表明民众在工作和生活中对自己绿色行为的养成还有待进一步提升。绿色发展并不只是国家和政府层面的要求，还需要民众积极参与其中，从生活的各个方面进行自我践行，这样才有助于黄河流域（甘肃段）生态保护成效的巩固和高质量发展目标的加快实现。但是从本次调查的情况看，民众在生活中对绿色行为的自觉执行度和参与度还不够深入，并没有自觉发挥生态环境保护的倡导者、行动者、示范者的作用。

四　推动甘肃黄河流域生态保护和高质量发展的对策建议

1. 建立健全制度体系，构建现代化治理体系

在甘肃区域进行体制机制改革，建立现代化治理体系是黄河流域（甘肃段）进行高质量发展的重要保障。改革是发展的动力，要善于用改革的办法去解决发展中的问题，要深化体制机制改革，培育黄河流域（甘肃段）进行生态保护和高质量协同发展机制的新动能。一是构建合理的战略发展规划和评价指标体系。发展战略作为一项指导性纲领文件，可以指导黄河流域（甘肃段）的发展方向，依据甘肃所面临的实际情况，及时更新和制定纲领性和指导性政策规划，十分具有促进作用。二是加快黄河流域生态补偿机制的健全和完善，积极配合国家做好黄河“八七”分水方案调整，最大限度争取更多甘肃黄河水量分配指标①。三是加强将法律作为生态环境保护治理的重要工具，建立健全生态环境保护的立法监督体系。只有这样，才能在经济社会迅速发展、人民生活水平不断提升的条件下，使甘肃区域生态环境保护治理成效明显，应用更加全面、严格的生态立法制度和完善的上、中、下游区域之间生态补偿制度来有效保障甘肃区域生态系统的完整性和可持续性。

2. 优化产业结构转型与升级，探索区域高质量协同发展之路

黄河流域（甘肃段）建设范围涵盖9个市（州），各地区在资源分布、人才基础、创新能力、人民生活等发展水平方面参差不齐，具有不同的差距。因此，下一步甘肃省应统筹协调各地区在资源分配、产业水平等方面的差距，发挥比较优势，因地制宜，形成生态治理、产业升级、区域统筹的协同治理、保护、发展之路。将甘肃丰富的自然资源进行合理开发和利用，为当地经济社会发展提供水利、矿产以及生态景观等优质的生态资源，为当地居民生活水平的提升提供坚强的物质保障；同时，各区域在协调发展中，应构建生态保护与区域高质量发展的指标体系，将区域产业结构转型升级作为主要发力点，增强科学技术水平在产业结构转型中的应用，用发展、长远的眼光统筹，科学、合理

---

① 《甘肃省人民政府办公厅关于印发甘肃水利“四抓一打通”实施方案的通知》（甘政办发〔2021〕119号）。

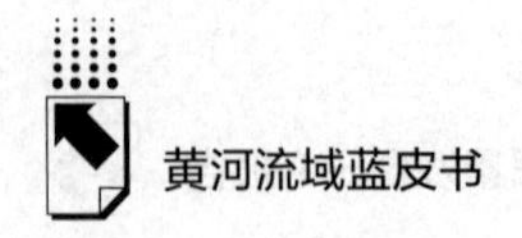

地布局区域产业结构，促进农牧业、工业、服务业的全方位升级。

3. 构建四维协同、多元同治的现代乡村文明治理新路径

黄河流域（甘肃段）流经区域中有2/3属于农牧业区域，因此提升区域乡村治理水平是加快黄河流域（甘肃段）高质量发展的关键举措。一是通过构建生态自然、生态经济、生态社会、生态环境的四维协同发展理念，有序开发乡村自然生态系统资源，合理规划乡土资源，优化乡村生态文明系统构建①。二是因地制宜，通过在农村建立多种人才复合培养新机制、多元化农村金融服务机制、“互联网+”农业信息化服务体制，进而建立健全农村政策服务发展体系。三是加快农村绿色产业体系构建。依据黄河流域（甘肃段）区域的资源禀赋和产业基础，加快农村草食畜产业、中药材产业、优质林果产业、有机蔬菜产业的品牌化培育，形成从源头到产品的一条龙产业链②。

4. 构建生态产业体系，实现人与自然和谐相处的可持续生态社会

人与自然和谐相处是人与社会持续发展的基础，是构建生态社会的终极表现形式。产业体系最终也要能自觉适应自然环境的变化，才能及时消除人与自然之间的矛盾，促进生态社会的可持续进步。一是要增强产业与生态环境的协调度。甘肃省在产业布局方面应牢牢把握绿色高新的产业布局方向，用长远发展的眼光主动布局绿色产业体系，依托丰富的风能、太阳能、核能等能源积极发展新能源产业，并围绕新能源产业积极布局先进的装备制造业，坚定不移地走产业和技术不断革新的绿色发展之路。二是提升环保产品的服务和质量。为民众提供干净的空气、水体、土壤等自然环境是区域高质量发展的建设需要，这就为环保领域带来了巨大的机会和挑战，甘肃省应加强与科研单位的合作，促进科研院所环保成果朝产业化方向转化，提升环保产品的技术服务化水平。三是加强绿色产业体系的保护与管理。甘肃省企业生产水平参差不齐，根据企业产业水平进行分步骤、分层次的绿色产业体系建设，对有实力的国有企业进行绿色产业链的布局，对实力较弱的产业，可以先进行传统产业与绿色产业的融合布局，分阶段实现生态产业布局③。

① 段翠清：《高标准推进“美丽甘肃”建设》，《甘肃日报》2023年3月24日，第8版。

② 王建连、魏胜文、张邦林、张东伟：《乡村振兴战略背景下甘肃农业绿色转型发展思路研究》，《农业经济》2022年第2期，第19~21页。

③ 段翠清：《高标准推进“美丽甘肃”建设》，《甘肃日报》2023年3月24日，第8版。

5. 多措并举提升民众践行绿色发展的自觉度

民众作为美丽甘肃建设的参与者、受益者和建设者，对流域高质量发展水平的提升具有重要的推动作用，尤其是倡导民众养成绿色健康的生活行为，是流域高质量发展水平得以维持和推进的重要抓手。一是要积极引导民众消费方式的转变。目前，随着生活水平的提高，民众对“吃、住、行”等方面的追求也越来越高端，这无形中既消耗了大量的资源，也产生了大量的有害气体，对生态环境造成了一定的负担。因此，应通过监督、引导、宣传等方式，逐渐让民众养成简约舒适的生活行为习惯。二是优化公共设施布局，提升民众享用的便捷程度。通过改善交通设施条件，为民众提供方便快捷的公共交通工具，从而减少私家车的使用频率；通过增加园林绿化面积、兴建市民公园等休闲场所，增加民众生活环境的舒适感，提升民众的绿色行为意识；通过合理布局城市发展规划，配套增加学校、医院等便民公共设施，提升民众享用公共服务设施的便捷度，进而减少不必要的出行和消费。三是要建立健全绿色发展治理体系建设，通过法律监督、强制收费等方式督促民众尽快减少对一次性商品的使用频率；通过优化产业结构升级，增加新能源产业结构占比，对在日常生活中使用新能源相关产品的民众给予一定的补贴奖励，鼓励民众尽可能多地使用新能源产品，以促进绿色产业的发展。

参考文献

李金铠、孟慧红、魏伟：《人水和谐视角下的黄河流域经济-文化-生态和谐发展水平评价》，《华北水利水电大学学报》（自然科学版，网络首发）2023年4月18日。

张慧敏：《黄河流域新型城镇化与农业现代化耦合协调度研究》，《商丘师范学院学报》（人文社会科学版）2023年第4期。

王敏：《黄河流域生态经济带建设的突出问题与破解思路》，《湖北经济学院学报（人文社会科学版）》2023年第4期。

王雅俊、陶乐：《黄河流域绿色金融、产业结构与低碳发展的协调效应测度研究》，《经营与管理》2023年第4期。

张伟丽、魏瑞博、王伊斌、郝智娟、曹媛：《黄河流域经济高质量发展趋同俱乐部空间格局及演变》，《生态经济》2023年第4期。

B.7

2022～2023年宁夏黄河流域生态保护和高质量发展研究报告

王愿如*

摘　要： 在黄河流域生态保护和高质量发展的重大国家战略指引下，宁夏积极推进黄河流域生态保护和高质量发展先行区建设。高质量发展呈现强劲态势，经济发展实现量的合理增长和质的稳步提升，围绕生态安全高质量推进生态文明建设。以黄河流域生态保护和高质量发展先行区建设为引领，实施生态优先战略，打造绿色生态宝地，生态环境质量持续改善。实施创新驱动战略，打造科技创新高地，科技创新不断迈上新台阶。实施产业振兴战略，打造现代产业体系，优势特色产业向高端化、绿色化、智能化、融合化方向持续发展。同时，在统筹推进生态保护和高质量发展中，仍面临许多突出的矛盾和问题。宁夏生态环境脆弱，创新能力不强，产业现代化水平不高，地区发展不平衡。要在先行区的建设过程中，继续深入贯彻新发展理念，持续推动发展动力变革，发展方式绿色转型；大力提升产业现代化水平，推动产业与生态协调发展；积极推进城镇化建设，稳步提升城乡居民收入。

关键词： 生态保护　创新发展　黄河流域　宁夏

* 王愿如，宁夏社会科学院综合经济研究所（“一带一路”研究所）助理研究员，主要研究方向为区域经济、产业经济和财政金融。

一　2022~2023年宁夏建设黄河流域生态保护和高质量发展先行区的重要举措及成效

（一）经济发展实现量的合理增长和质的稳步提升

2022年，宁夏经济总量稳步提升，经济发展平稳运行。地区生产总值达到5069.57亿元，比上年增长4.0%。其中，二季度和上半年的地区生产总值增长均居全国第1位，创造了历史最好成绩。第一产业增加值407.48亿元，增长4.7%。农业坚持保障粮食安全的国家战略目标，以优势特色农业为核心，主要农产品产量稳步增长。第二产业增加值2449.10亿元，增长6.1%。制造业加快增长，高新技术产业发展强劲。规模以上装备制造业增加值比上年增长24.6%，高技术制造业增加值增长31.7%。第三产业增加值2212.99亿元，增长2.1%。投资、消费和外贸平稳增长，拉动经济增长的要素稳定。2022年，固定资产投资比上年增长10.2%，增幅居全国第3位。工业、基础设施、交通运输业、水利、环境和公共设施管理业及信息传输、软件和信息技术服务业投资增长明显，分别增长23.2%、19.1%、14.1%、22.1%、41.1%。疫情影响下的消费市场活力不足，但在12月后逐步稳定恢复。2022年，社会消费品零售总额1338.44亿元，比上年增长0.2%。对外贸易快速增长，2022年，货物贸易进出口总额257.4亿元，比上年增长23.7%，增速排在全国第六。

2022年，宁夏经济结构不断优化，经济发展质量稳步提升。制造业增加值占全区生产总值比重、高技术制造业占规模以上工业比重以及装备制造业占规模以上工业比重等指标实现稳步增长，产值增长幅度大。2022年，规模以上装备制造业增加值比上年增长24.6%，高技术制造业增加值增长31.7%。新业态新模式发展规模不断壮大，2022年，实物商品网上零售额108.2亿元，比上年增长19.3%，1~11月，信息传输、软件和信息技术服务业营业收入同比增长12.6%。市场主体效益稳增，2022年，规模以上国有控股企业增加值比上年增长3.0%，民营企业增长9.8%，大中型企业增长10.9%。1~11月，规模以上工业企业实现营业收入7336.41亿元，同比增长24.4%；每百元资产实现营业收入62.7元，同比增加8.2元；每百元营业收入中的费用为6.66元，同比减少1.61元；应收账款平均回收期50.3天，同比减少4.0天①。

（二）高质量发展呈现强劲态势

依靠科技动能，持续提供高质量发展动力。2022年，宁夏综合科技创新水平指数达到61.4%，排名全国第18位、西北第2位。R&D经费投入强度达到1.56%，排名全国第19位、西北第2位。宁夏启动实施“双百科技支撑行动”，实施重点科技攻关项目176项，重大科技成果转化项目102项，突破了一批关键技术，形成了一批单项冠军。全年登记科技成果802项，同比增长27%，技术合同成交额达34.37亿元，同比增长36%。② 成功举办东西部科技合作推进会、绿色发展国际科技创新大会，获批全国首个东西部科技合作引领区。“科技支宁”东西部合作不断深化，借智创新的“宁夏模式”不断优化。积极培育科技创新主体，多举措支持创新主体高质量发展。2022年，国家高新技术企业达489家，同比增长37%，国家科技型中小企业925家，同比增长65%，自治区科技型中小企业2178家，同比增长38%。各类科技型企业超过2800家，同比增长30%，各类科技创新平台达到738家，同比增长31%。首批备案新型研发机构6家，新培育自治区重点实验室、工程技术研究中心、临床医学研究中心15家。新培育自治区瞪羚企业10家、科技小巨人企业103家、农业高新技术企业41家，组建自治区创新联合体16家③。开展22个县（市、区）科技创新能力监测评价，盐池县成功创建为全国首批创新型县，县域科技创新呈现发展新态势。启动科技体制改革三年攻坚行动，全方位推进科技评价改革、科研管理改革、科技成果评价改革、科技奖励改革等，科技创新体制机制不断高质量发展。

现代化产业体系建设进程不断加快，产业转型升级步伐稳步向前。以新型材料、清洁能源、装备制造、数字信息、现代化工、轻工纺织为核心打造“六新”产业，锻造宁夏工业新优势。宁夏单晶硅产能占全国产能的23%。作为国家“西电东送”战略的重要送端，新能源电力外送规模稳步增长，推动

---

① 《2022年全区经济运行总体平稳、稳中有进》，宁夏统计局官网，2023年1月29日。

② 《奋力谱写创新驱动发展新篇章》，《宁夏日报》2023年2月6日，第7版。

③ 《奋力谱写创新驱动发展新篇章》，《宁夏日报》2023年2月6日，第7版。

清洁能源优势向经济优势转化。煤制油年产能超过400万吨、芳纶产能4500吨，均居全国第一，已经建成全国最大的煤制油和煤基烯烃生产加工基地。以葡萄酒、枸杞、牛奶、肉牛、滩羊、冷凉蔬菜为核心打造“六特”产业，不断实现全产业链布局。宁夏酿酒葡萄种植面积是全国的1/3，已建成116个特色酒庄，葡萄酒年产1.3亿瓶。枸杞产量占全国55%，加工转化率达到28%，深加工产品已外销100多个国家和地区，基本形成了“世界枸杞看宁夏”的格局。[①] 奶牛规模化养殖率达99%，奶牛现代化养殖水平居全国先进行列，乳制品加工总产值达到240亿元以上。2022年，“贺兰山东麓葡萄酒”品牌价值达到301.07亿元，“中宁枸杞”品牌价值达到191.88亿元，“盐池滩羊”品牌价值达到了88.17亿元，世界葡萄酒之都、“枸杞之乡”“滩羊之乡”“高端奶之乡”的品牌基础不断夯实。以文化旅游、现代物流、现代金融、健康养老、电子商务、会展博览为核心打造“六优”产业，推进现代服务扩容增质。2022年，文化旅游资源普查项目第一期完成，普查登记文旅资源31872个，其中，实体资源26706个、非实体资源3245个、集合体资源1921个，形成了近34GB的数据库[②]。2022年，宁夏实现社会物流总额10230.1亿元，增长16.2%，社会物流总费用占GDP的16.6%，新增12家A级物流企业[③]，并且率先在全国实现电子商务进农村综合示范省域全覆盖。2022年，宁夏网络交易额达1734.1亿元，居西北五省区第2位。电子商务市场主体蓬勃发展，网商总数共计14.4万家。直播电商等“直播+”产业新业态蓬勃发展，2022年，电商直播2.87万场，实现交易额39.24亿元[④]。产业博览会、农产品推广会、国际博览会、合作与投资贸易洽谈会等形式多样化的会展博览，为宁夏产品走向国内外市场拓宽了渠道、搭建了平台。

（三）围绕生态安全高质量推进生态文明建设

宁夏实施生态优先战略，以打造绿色生态宝地为目标，生态环境质量持

---

① 李增辉、张文：《宁夏：以新发展理念引领高质量发展》，《人民日报》2022年7月19日，第4版。

② 《资源普查摸清“家底牌”文旅融合再增新动能》，宁夏文化和旅游厅官网，2022年12月2日。

③ 《宁夏社会物流总额首次突破万亿元大关》，宁夏商务厅官网，2023年2月20日。

④ 《电商“新势力”助推我区电商产业向新而生》，宁夏商务厅官网，2023年2月20日。

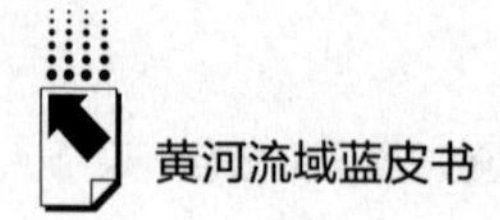

续改善，为推动社会主义现代化美丽新宁夏建设奠定了优美环境基础。2022年，宁夏地级城市优良天数比例达到84.2%，PM2.5平均浓度优于国家下达指标。国家考核的20个断面水质同比总体稳定，黄河干流宁夏段水质连续保持“Ⅱ类进Ⅱ类出”，Ⅲ类及以上优良水体达到90%以上，劣Ⅴ类水体实现动态清零。土壤环境安全清洁，大力推动农用地土壤镉等重金属污染源头防治行动。城镇污水处理厂全部达到一级A排放标准，工业园区全部实现污水集中收集处理，基本消除城市黑臭水体。继续深化落实河湖长制，3670名河长、228名湖长守护河湖，沙湖入选全国美丽河湖优秀案例。围绕建设河段堤防安全标准区目标，建成标准化堤防416公里、坝垛1400余道；完善黄河宁夏段防洪工程体系，增强河道抵御洪凌灾害的能力。修建黄河两岸水源涵养林、水土保持林，年入黄泥沙量由1亿吨减少到2000万吨。水土流失面积减幅达18.9%①。黄河宁夏段河道及滩地被占建筑物与构筑物问题、黄河流域生态环境警示片披露问题、平罗园区煤企偷排废水等问题完成整改。制定碳达峰碳中和实施意见和碳达峰实施方案，有序开展碳排放权改革。完成114家重点排放单位碳排放报告核查工作，初步建立了碳排放强度预测预警机制。启动了贺兰山、六盘山创建国家公园工作，公众气象总体满意度居全国第2位。着力推进生物多样性保护，完成野生动植物资源本底调查。一、二级国家重点保护野生动物分别达到23种和84种，分布在宁夏的国家重点保护野生植物达26种，率先实现自治区、市、县三级打击野生动植物及其制品非法交易联席会议机制全覆盖。

推动绿色低碳大发展，节能增效、绿色低碳、绿色生活协调推进。大力推进清洁能源革命，强化碳排放总量和强度“双控”，遏制高污染、高能耗和低效率的项目盲目发展。文旅产业和生态文明互促互补。突出生态修复功能是发展葡萄酒产业的重要方向，建成生态型葡萄酒产业园，形成葡萄酒产业区、生态区、旅游区空间融通、内涵延伸、功能互补的产业发展新格局。围绕防沙治沙，开发生态修复旅游产品，打造迎水桥沙漠小镇等文旅品牌，将旧煤厂打造成工业遗址公园，退耕还林、水土保持综合治理下的龙王坝村每年接待游客超

① 李增辉、张文：《宁夏努力建设黄河流域生态保护和高质量发展先行区》，《人民日报》2023年2月4日，第1版。

过60万人次。因地制宜发掘比较优势，构建“产”“地”两相宜格局。盐池县万亩盐碱生物科技产业园，利用盐碱地特征，引进渔业养殖、藻类加工企业，实现年产螺旋藻500吨、藻蓝蛋白20吨。持续延伸产业链条，引进藻蓝蛋白提取技术，生产出藻蓝蛋白试剂，因地制宜推动螺旋藻产业发展。化劣为优、培优增效，实现了经济发展和生态保护的双赢。

黄河流域（宁夏段）生态保护补偿机制形成典型经验。宁夏黄河流域生态保护补偿机制被国家发展改革委列入“健全黄河流域生态保护补偿机制典型经验”，并向全国推广。一是完善生态保护补偿激励机制和约束机制。通过提供生态奖补资金和生态补偿金，推动各地区提高生态环境保护主动性。建立空气质量和主要污染物排放总量等考核指标体系，向完成考核任务地区发放奖补金，未完成地区则需缴纳生态补偿金。2018~2021年，累计安排奖补资金8亿元，未完成考核市县共缴纳生态补偿金1.92亿元。[①] 二是建立市、县（区）间横向生态补偿机制。宁夏通过设立黄河宁夏过境段干支流及入黄重点排水沟流域上下游横向生态保护补偿专项资金，由自治区和市、县（区）按照1∶1比例共同筹措，建立了生态补偿“资金池”，生态环境厅、财政厅、水利厅、林草局根据水源涵养、水质改善和用水效率三类指标考核结果分配资金。三是形成市场化、多元化生态补偿手段。用水权、排污权、山林权、用能权围绕节水增效、降污增益、植绿增绿、减排降碳等目标，进行市场化改革，培育交易市场、搭建交易平台，推动生态补偿形成有效市场和有为政府结合的局面。2022年水权交易86笔，交易水量6288万立方米。[②] 截至2022年底，排污权交易成交180余笔，交易量590余吨。[③] 2022年完成林地确权583.2万亩，权属无争议林地确权率达到76.6%。[④] 2022年1~10月，单位工业增加值能耗下降0.3%。[⑤] 四是构建省际横向生态保护机制。宁夏回族自治区人民政府与甘肃省人民政府、内蒙古自治区人民政府分别签订了《宁甘两省区跨界流域突

---

① 《统筹做好“四篇”文章 宁夏推进流域生态保护补偿 筑牢绿色屏障》，国家发展和改革委员会官网，2022年12月29日。

② 《宁夏水利厅在全国水资源管理工作座谈会上作交流发言》，宁夏水利厅官网，2023年3月20日。

③ 李锦等：《宁夏排污权改革实现“三个全覆盖”》，《宁夏日报》2023年2月1日，第1版。

④ 《2022宁夏林草十件大事》，宁夏林业和草原局官网，2023年1月17日。

⑤ 裴云云：《宁夏“六权”改革披荆斩棘直大道》，《宁夏日报》2023年1月6日，第1版。

发水污染事件联防联控框架协议》《宁蒙两区跨界流域突发水污染事件联防联控框架协议》，与甘肃省建立黄河干流及苦水河、葫芦河、泾河、渝河、蒲河（安家川河）、洪河（红河）、茹河等重要支流跨界水环境生态补偿机制，与内蒙古自治区建立黄河干流及都思图河等支流跨界水环境生态补偿机制，为建立黄河流域全域横向生态补偿机制奠定基础①。宁夏初步形成了有效市场和有为政府结合、分类补偿与综合补偿兼顾、纵向补偿与横向补偿协同、强化激励与硬化约束共推的生态保护补偿机制，为黄河流域全域推进生态补偿工作提供了实践经验和有益探索。

二 宁夏建设黄河流域生态保护和高质量发展的制约因素

（一）生态环境脆弱，生态治理难度较大

宁夏地形地貌复杂，三面环沙，防风固沙和涵养水源是长期面临的艰巨任务。宁夏降水稀少，多年平均降雨量 289 毫米，低于黄河流域降水平均值，不到全国平均值的一半，且分布极不均匀，由南向北递减。用水效率不高问题突出。农业灌溉用水占总用水量的 93.1%，高于全国平均水平近 30 个百分点。引黄灌区高耗水作物所占比例偏大，亩均灌溉用水量是全国平均水平的 2 倍，灌溉水利用系数仅 0.38 左右，低于全国平均水平。工业用水量占 4.5%，低于黄河流域平均水平。② 用水结构、用水效率与宁夏水资源紧缺形势不匹配，与现代化建设的需要不相适应。扬水工程、节水改造工程、蓄水工程等水利基础设施的布局及改善压力较大，水管理的信息化水平低，用水管理方式还比较粗放。宁夏北部土地盐渍化较为严重，银北灌区盐碱地已占其总耕地面积的51%以上。③ 2022 年，宁夏水土流失面积约 1.55 万平方公里，占宁夏国土总面积的 20%左右，强烈及以上水土流失面积为 1724.3 平方公里，治理水土流失的难度大、投入高。宁夏地

① 《统筹做好“四篇”文章 宁夏推进流域生态保护补偿 筑牢绿色屏障》，国家发展和改革委员会官网，2022 年 12 月 29 日。

② 《水资源基本情况与特点》，宁夏水利厅官网，2023 年 4 月 27 日。

③ 吴霞等：《基于多光谱遥感的盐渍化评价指数对宁夏银北灌区土壤盐度预测的适用性分析》，《国土资源遥感》2021 年第 2 期，第 124~133 页。

质构造复杂多样，矿产开发环境敏感脆弱，矿山关闭后的生态修复、地质保护、土地复垦等工作的难度大，绿色矿山建设仍面临资金不足、企业管理不到位等问题。生态系统保护和修复重点领域和关键环节的改革仍面临责任主体不明确等诸多矛盾和难点，生态环境保护和治理的法治化建设还比较滞后，信息化和科技支撑覆盖面仍不足，专业人才严重匮乏。自然资源的利用还比较粗放浪费，资源的利用方式未发生根本性改变，综合效益仍比较低，单位 GDP 能耗比较高。

（二）产业现代化水平不高，创新能力不强

宁夏产业发展的现代化水平不高，产业链短，产业竞争力不强。2022 年，宁夏第一产业增加值占地区生产总值的比重为 8.0%，第二产业增加值比重为 48.3%，第三产业增加值比重为 43.7%，第二产业对 GDP 贡献最高。宁夏产业结构倚重倚能的局面没有发生根本性改变，且单位 GDP 能耗偏高。2022 年固定资产投资中，第一产业投资比上年下降 10.0%，第二产业投资增长 23.3%，第三产业投资增长 1.1%。工业投资增长 23.2%，占固定资产投资（不含农户）的比重为 49.0%①，第一产业投资乏力，第三产业的投资增长较低。从产品供给来看，宁夏主要工业品供给仍以原料及初级加工品为主，包括原煤、焦炭、发电等。出口产品包括双氰胺、金属锰、枸杞等，以农产品及初级工业加工品为主，产品供给的质量和层次还比较低，获得的经济效益也比较低。品牌建设和发展的水平较低，“贺兰山东麓葡萄酒”“中宁枸杞”“盐池滩羊”等品牌价值呈现逐年递增的趋势，但品牌创造的综合效益提升不明显。产品的附加值仍比较低，产品价格没有优势，产业融合发展的水平较低。文化旅游、现代物流、现代金融、健康养老、电子商务、会展博览等产业的现代化基础设施的配套不健全，近年来，固定资产投资乏力，经营管理的现代化水平较低。宁夏 R&D 经费投入、专利申请数量以及高新技术产业附加值等方面，较黄河流域部分省区还存在差距，以科技人才、科技投入、科技成果、科技型企业为代表的科技资源不足。科技创新体系建设水平还不高，国家级工程技术研究中心、国家级重点实验室的数量较少，国家级的科技创新平台、创新团队

---

① 《宁夏回族自治区 2022 年国民经济和社会发展统计公报》，宁夏统计局官网，2023 年 4 月 26 日。

占比较低，创新平台的创新成果转化涉及的领域还比较窄。创新平台的运行机制、配套的管理体制和成果转化的机制缺乏多元化和灵活性，创新合作机制也比较单一，创新平台对该模式的运用还存在区域性差距，创新主体以银川为中心对周边市县辐射的能力和水平有待提升。产业数字化、数字产业化发展还处在初级阶段，参与主体的数量少、规模小、水平低，未形成规模化发展态势。新业态、新模式偏少，创新形态比较滞后。

（三）地区发展差距大，区域发展不平衡

宁夏地区间发展不平衡比较明显，银川市经济社会发展总体实力高于其他市，城乡居民可支配收入也有明显差距（见表1）。

表1　2022年1~9月宁夏各市经济发展主要指标

单位：亿元

地区	地区生产总值	第一产业增加值	第二产业增加值	第三产业增加值	社会消费品零售总额	地方一般公共预算收入
银川市	1800.45	64.62	857.46	878.37	601.18	154.74
石嘴山市	501.63	26.9	268.57	206.15	83.58	33.46
吴忠市	605.73	71.29	317.14	217.3	137.85	24.31
固原市	288.25	42.01	63.94	182.31	92.87	32.95
中卫市	403.13	53.75	182.95	166.43	103.58	13.53
全区	3599.18	258.56	1690.05	1650.57	1019.06	426.06

资料来源：宁夏回族自治区统计局。

由2022年1~9月的统计数据分析，从地区生产总值看，银川市地区生产总量占全区地区生产总值比重达50.02%，是排名第二吴忠市地区生产总值的近3倍。从产业看，除第一产业生产总值略低于吴忠市外，第二产业和第三产业的增加值远高于其他市，银川市第二产业增加值和第三产业增加值占全区比重分别达到50.74%、53.22%。从消费看，银川市社会消费品零售总额占全区的比例达59%，是排名第二的吴忠市社会消费品零售总额的4.36倍，是排名第5位石嘴山市的7.19倍。从财政收入看，银川市地方一般公共预算收入占全区总值的36.32%，是排在第5位中卫市的11.44倍。总体来看，银川市经济社会发展水平

远高于其他4个市，部分指标与其他4个市的差距极大。从除银川市外4个市的指标看，固原市地区生产总值与其他地区也存在较大差距。反映出宁夏经济发展的区域性不平衡特点比较突出。此外，从2022年1~9月城乡居民可支配收入数据看，全区城镇居民人均可支配收入为28953元，农村居民人均可支配收入为10523元，城乡居民人均可支配收入比为2.75，高于同期全国平均水平。城乡居民收入差距还比较大，城乡一体化发展还面临许多困难。

三　宁夏推动黄河流域生态保护和高质量发展先行区建设的对策建议

（一）持续推动发展动力变革、发展方式绿色转型

创新是高质量发展的核心驱动力，要将创新驱动与科教兴国、人才强国战略深度融合，在贯彻落实的过程中增强紧密性，提升互动性，发挥联动性。完善科技创新体系建设，将创新平台、创新力量覆盖到全社会范围，加大中小企业科技创新后补助力度，重视基层劳动群体的创新能力培养，营造大众创新的良好氛围。继续增加R&D投入，提高R&D投入的使用效率。积极参与到新型举国体制中，更好发挥宁夏创新力量的作用。完善人才培养、引进和布局机制，构建科学的人才培养体系和评价体系。引进人才要精准、有效，人才布局要与区域协调发展，促进人才在区域间合理流动，打破人才布局失衡局面。发挥人才发展集团市场化引才和服务作用。加强人力资源市场建设，打造国家级人力资源服务产业园。推动能源体系绿色转型，增强能源储备规模和水平。加快工业绿色转型，深入实施新型工业强区计划，持续实施绿色改造，加快新型材料、清洁能源、装备制造、数字信息、现代化工、轻工纺织“六新”产业绿色发展，加强节能、节水、环保、低碳、资源循环利用的技术、工艺和设备的投放与使用，持续降低单位GDP能耗，提升能源利用效能水平。推进农业绿色发展，扩大生态种植、生态养殖规模，增加绿色优质农产品供给。大力推广节水和高效用水技术，提升农业的水资源利用水平，鼓励节水控水，加快用水权改革的落地和实施，用市场化手段推动农业节水。提高服务业绿色发展水平，培育壮大绿色流通主体。推动绿色

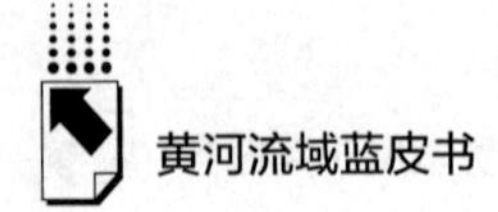

商场、绿色会展、绿色物流建设和发展，扩大绿色建筑材料使用，加大新能源车的利用和推广力度，增加绿色包装、绿色工艺、绿色设计等的供给和消费渠道，提升会展设施材料绿色环保、循环利用水平。发展壮大绿色环保产业，培育节能环保服务业，创新环保管家一体化服务。

（二）大力提升产业现代化水平，推动产业与生态协调发展

产业是高质量发展的着力点，产业转型升级是高质量发展的根本要求。围绕国家新能源综合示范区、国家农业绿色发展先行区、“东数西算”工程等战略机遇，对标对表推进产业现代化水平升级，扩大重点领域投资，加快项目精准部署，促进配套政策支持。培育壮大新兴产业，提升新业态、新模式的容错率，提供更多优质发展平台，创造敢想敢创的良好氛围。打造战略支柱产业集群，汇聚产业集聚发展优势，优化产业园区发展方向，明确产业园区主导产业，持续优化产业园区管理模式。加快产业数字化、数字产业化发展步伐，推动数字经济和实体经济深度融合。加快工业制造、农业生产、公共服务等场景数字化重塑，鼓励企业分阶段进行生产线、供应链环节的数字化、智能化布局。更好发挥数据要素作用，激活数据要素价值，围绕中卫云基地培育数字产业化链条。要更好发挥产业政策与其他政策的合力作用，提高政策在战略层面、政策层面和落实层面的系统性、协同性、配合度，让专项资金、配套政策等更好地发挥其实际效用。持续实施生态系统保护和修复重大工程实施，持续开展大规模国土绿化行动，实施水土保持工程，加强荒漠化治理，争创贺兰山、六盘山国家公园，加快完善自然保护地体系。提高生态保护和修复投资的有效性，持续完善区内和跨省生态补偿机制，不断摸索生态补偿新模式，在生态保护和高质量发展的协调发展上打造更多样板和示范。统筹推进山水林田湖草沙综合治理、系统治理、源头治理，整合治理投入要素，提高投入要素产出效用，扩大综合治理效益。打造绿色生态宝地，构建生态保护和高质量发展大格局，构建布局均衡、功能完善、稳定高效的整体生态系统。

（三）推进城镇化建设，稳步提升城乡居民收入

要加快以县城为重要载体的城镇化建设，推动产城融合、城乡互动、协调共生，打造颜值更高、功能更优的新型城镇。坚持“一县一策”，科学分

类确定县城发展方向，立足资源环境承载力、区位条件、产业基础、功能定位等，建成各具特色、宜居宜业的现代化县城。银川市周边县城要借助与银川比邻的区位优势，提升承接产业转移能力，做好产业配套互补，在重点领域做好衔接工作，形成与其功能互补、产业配套、资源要素便捷高效流动的县城。位于生态功能区的县城，要以绿色发展理念为指导，持续做好保护和修复生态环境，筑牢生态安全屏障工作。适当发展生态产业，研发生态产品，利用好生态资源，同时要服务好生态大局。此外，人口净流失的县城，要做好已有资源的深度整合，促进人口和公共服务的适度集中，不能盲目扩大公共服务规模，造成资源浪费，要探索“小而精”“小而稳”的县城发展模式。持续改善移民地区生产生活环境，推进百万移民致富提升。因地制宜发展特色产业、优势产业，构建企业、农村合作社、生产基地和农户之间的利益联结机制。多举措拓宽增收渠道，保障城乡居民收入提升，缩小城乡收入差距。持续扩大就业，保持就业稳定，培育壮大各类市场主体，保证就业岗位平稳增加，支持中小企业发展，鼓励吸纳更多社会劳动力。营造良好创业环境，完善激励创业的体制机制。完善收入分配机制，着力提高低收入群体收入水平，扩大中等收入群体。完善最低工资和工资支付保障制度，建立健全工资合理增长机制。完善社会保障体系，做好困难群体帮扶救助工作，促进相对贫困群体帮扶政策和配套措施落地。多渠道增加居民财产性收入，创新金融产品，满足居民理财增收需求。做好金融风险防控工作，严厉打击非法集资、网信诈骗等，保障居民财产收入安全。

参考文献

梁言顺：《坚持以习近平新时代中国特色社会主义思想为指导 奋力谱写全面建设社会主义现代化美丽新宁夏壮丽篇章——在中国共产党宁夏回族自治区第十三次代表大会上的报告》，《宁夏日报》2022 年 6 月 16 日。

B.8

2022~2023年内蒙古黄河流域生态保护和高质量发展研究报告*

刘小燕　文　明**

摘　要： 2022~2023年，内蒙古坚持共同抓好大保护、协同推进大治理的战略导向，把黄河流域大保护作为关键任务，全方位贯彻“四水四定”原则；坚持问题导向，以问题整改推动黄河流域生态环境持续改善；聚焦重点领域和薄弱环节，优化沿黄地区经济布局，合理布局人口、城市和产业发展，推动黄河流域高质量发展。但内蒙古黄河流域生态状况稳中向好的基础尚不稳固、高质量发展的矛盾化解尚不充分，继续保持与提升流域生态系统的质量和稳定性任重而道远。内蒙古黄河流域生态保护和高质量发展应在总体谋划下坚持久久为功，正确把握生态保护与经济社会发展中的矛盾关系，有效化解矛盾问题，同时通过提升创新驱动的支撑力、提高政府治理能力和服务能力，不断提高内蒙古黄河流域生态保护能力和发展能力。

关键词： 黄河流域　生态保护　内蒙古

“黄河流域生态保护和高质量发展，是党中央从中华民族和中华文明永续发展的高度做出的重大战略决策，黄河流域各省区都要坚持把保护黄河流

---

* 本文系内蒙古自治区社会科学院2022年度重点项目阶段性成果。

** 刘小燕，内蒙古自治区社会科学院牧区发展研究所研究员，主要研究方向为区域经济与产业经济；文明，内蒙古自治区社会科学院牧区发展研究所副所长、研究员，主要研究方向为民族经济、草牧场制度与草原生态保护。

域生态作为谋划发展、推动高质量发展的基准线，不利于黄河流域生态保护的事，坚决不能做。”① 2023 年 6 月 7~8 日，习近平总书记在内蒙古考察时强调把握战略定力坚持绿色发展，“筑牢我国北方重要生态安全屏障，是内蒙古必须牢记的‘国之大者’”。保护好黄河是内蒙古乃至黄河流域各省区必须坚决扛起的生态文明建设的政治责任，努力开创新时代保护建设美丽母亲河的新局面。

一　2022~2023年内蒙古黄河流域推进生态保护和高质量发展的主要措施与成效

黄河流域生态保护和高质量发展战略实施以来，内蒙古黄河流域统筹推进山水林田湖草沙系统治理，开展了主要支流、湖泊水环境治理与水生态系统的保护修复，开展了强化源头治理的专项整治行动。公报信息显示，内蒙古黄河流域内生态环境安全状况提升，水土流失面积呈逐年减少趋势，地表江河、地下水水质提升。2022~2023 年，内蒙古坚持共同抓好大保护、协同推进大治理的战略导向，把黄河流域大保护作为关键任务，全方位贯彻“四水四定”原则；坚持问题导向，以问题整改推动黄河流域生态环境持续改善；聚焦重点领域和薄弱环节，优化沿黄地区经济布局，合理布局人口、城市和产业结构，推动黄河流域高质量发展。

（一）流域生态保护和高质量发展的顶层设计进一步完善

2022 年 9 月，内蒙古自治区第十三届人大常委会对《内蒙古自治区实施〈中华人民共和国水法〉办法》进行了修改。11 月，内蒙古自治区第十三届人大常委会表决通过了《内蒙古自治区煤炭管理条例》《内蒙古自治区河湖保护和管理条例》，表决通过了自治区人大常委会关于批准《鄂尔多斯市黄河河道管理条例》的决议等。2022 年 7 月以来，内蒙古自治区人民政府印发了《内蒙古自治区矿产资源总体规划（2021—2025 年）》《中

① 《坚持把保护黄河流域生态作为谋划发展、推动高质量发展的基准线》，求是网（2023 年 6 月 1 日），http：//www. qstheory. cn/2023-06/01/c_ 1129661582. htm，最后检索日期：2023 年 6 月 9 日。

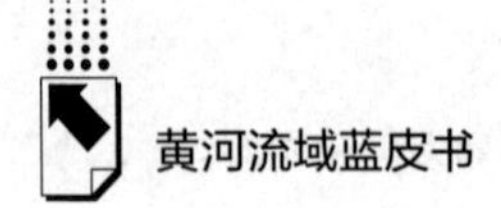

国（鄂尔多斯）跨境电子商务综合试验区建设实施方案》《内蒙古自治区关于加快推进城镇环境基础设施建设的实施意见》《内蒙古自治区推动城乡建设绿色发展实施方案》《关于进一步做好社会资本参与生态保护修复工作的实施意见》《内蒙古自治区新污染物治理工作方案》。内蒙古以规划先行、以法治护航来保障自治区黄河流域生态保护和高质量发展取得长久实效。

（二）黄河安澜体系建设稳步推进

内蒙古黄河流域全域为水资源短缺修复区，域内有我国北方防风固沙功能区、自然生态保护功能区、环境质量与水资源维护区等重要生态功能区。2022年，内蒙古加快实施流域生态系统保护修复工程，把巩固提升流域生态系统质量和稳定性、预防和减少水土流失、持续推进专项整治作为为重点，统筹推进山水林田湖草沙一体化保护修复。

第一，强化水土流失预防保护。内蒙古黄河流域重点推进天然林和草原的保护修复，科学划定和合理安排国土绿化用地，宜林则林、宜草则草、宜荒则荒，建设任务“直达到县、落地上图”，充分发挥林草水土保持功能。2022年，内蒙古完成黄河流域林草生态建设任务800.8万亩①。2022年8月，黄河支流“十大孔兑”综合治理年度水利项目获批实施，项目新建31座淤地坝、综合治理5条小流域、升级改造4条孔兑入黄口、建立112处监测点，该项目力争到2023年6月底，水土流失治理度由32.79%提高到43.6%，提升泥沙监测能力，减少入黄泥沙②。

第二，加固抵御自然灾害防线。内蒙古黄河流域已建成三盛公水利枢纽、海勃湾水利枢纽等工程，并通过实施黄河防洪一期、二期以及重点支流治理等工程，初步形成由水库、枢纽、堤防等组成的防洪工程体系，建

① 《我区超额完成国家下达的国土绿化任务》，内蒙古自治区人民政府网（2022年11月19日），https://www.nmg.gov.cn/zwyw/gzdt/bmdt/202211/t20221119_2174897.html，最后检索日期：2023年5月30日。

② 《十大孔兑综合治理2022年度水利项目获批实施》，鄂尔多斯市人民政府网（2022年8月5日），http://www.ordos.gov.cn/gk_128120/zdjsxm/xmsg/202208/t20220805_3252915.html，最后检索日期：2023年5月30日。

成6个应急分洪区，极大缓解防凌防汛压力①。修订完善了《内蒙古自治区防汛抗旱应急预案》和滩区“一村一策”防汛预案，并于2022年7月签订了内蒙古自治区沿黄六盟市抗洪抢险合作框架协议。通过建立健全沟通协调和交流合作机制，实现内蒙古黄河流域应急管理工作跨地区支援、协同处置、信息互通、资源共享、预案对接、技术互联，建立起更为高效的突发事件应急处置体系，促进流域内应急管理和抗洪抢险工作水平的整体提升。2022年河道整治方面基本完成滩区1178.55亩严重阻碍行洪和影响河势稳定的林木清理整治工作；划定禁种高秆作物管理范围25.91万亩，出台生产种植补贴政策，鼓励改种矮秆农作物，实现年度高秆作物禁限种植目标；推动黄河滩区内38.3万亩原永久基本农田调出工作；制定实施《黄河内蒙古段滩区居民迁建规划（修编）》，按时完成840户、2152人的年度迁建任务②。

第三，持续推进专项整治。在重点湖泊与湿地生态综合治理重点区域，推进退牧还湿、退养还滩、湖泊与退化湿地修复等水生态综合治理。2022年，“一湖两海”年度规划项目全部完工、生态补水顺利完成。乌梁素海水面面积达到293平方公里，岱海水面面积达到44平方公里③。对乌海及其周边、阴山—大青山、贺兰山等地开展历史遗留矿区综合治理，鼓励和支持社会资本实施矿区土地整治、地形地貌重塑、土壤重构和改良、林草植被恢复、受损生态廊道修复等工程，恢复矿区及周边生态环境，合理开展修复后的生态化利用。开展入河排污口排查整治专项行动，2022年完成包括黄河干流及16条主要支流、2879公里岸线、4005平方公里流域现场排查，全面推进监测溯

① 《内蒙古：黄河流域水土流失面积强度“双降低”》，内蒙古自治区人民政府网（2023年3月17日），https://mp.weixin.qq.com/s?__biz=MzAxMTMxMTA4Mg==&mid=2653464935&idx=3&sn=0d8a56154da53302fdf30879518f677b，最后检索日期：2023年5月30日。

② 《深化河湖长制　建设幸福河湖》，内蒙古自治区水利厅发布（2023年3月22日），http://slt.nmg.gov.cn/sldt/slyw/202303/t20230322_2277721.html，最后检索日期：2023年5月30日。

③ 《深化河湖长制　建设幸福河湖》，内蒙古自治区水利厅发布（2023年3月22日），http://slt.nmg.gov.cn/sldt/slyw/202303/t20230322_2277721.html，最后检索日期：2023年5月30日。

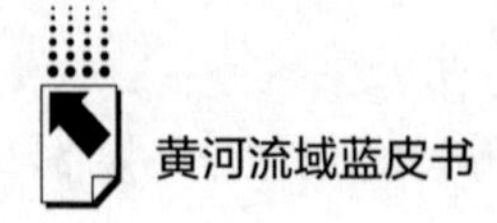

源和整治工作①。截至2023年3月，内蒙古黄河流域35个地表水监测断面中，Ⅰ～Ⅲ类水质断面比例为74.3%，劣Ⅴ类占11.4%，黄河干流9个断面水质全部为Ⅱ类及以上②。

（三）流域水资源高效集约节约利用能力逐步提升

内蒙古黄河流域面积15.19万平方公里，干流河道全长5464公里，流域范围涉及7个盟市、40个旗县（市、区）③。水资源短缺是内蒙古沿黄各地区普遍存在的现实问题，坚持节水优先、量水而行、深度节水是解决黄河流域水资源供需矛盾的必然选择。2022年，内蒙古自治区水利厅印发了《关于强化水资源最大刚性约束全面推进水资源节约集约利用的实施意见》《内蒙古黄河流域深度节水控水行动实施方案》，制定了“总量控制、用途管制，定额管理、累进加价，有效计量（监测）、有序治理”等8项措施，着力推动流域用水由粗放向高效节约转变。

第一，强化“四水四定”刚性约束。2022年，内蒙古黄河流域把地下水“双控指标”细化分解到流域内122个水文地质单元，基本完成“定水”这项基础性工作，对流域内36个各类园区逐步开展水资源区域评估，促进产业布局和规模与水资源承载力相适应④。截至2022年底，黄河流域43个旗县中33个旗县达到县域节水型社会建设标准，乌海市3个旗县（市、区）、包头市9个旗县（市、区）全部建成县域节水型社会达标县（区），建成率达到

① 《自治区2022年生态环境保护主要工作完成情况及2023年重点工作新闻发布会发布词》，内蒙古自治区人民政府发布（2023年4月28日），https://www.nmg.gov.cn/zwgk/xwfb/fbh/zzqzfxwfb/202305/t20230504_2305808.html，最后检索日期：2023年5月30日。

② 《内蒙古：黄河流域水土流失面积强度“双降低”》，《内蒙古日报》官方微信（2023年3月17日），https://mp.weixin.qq.com/s?__biz=MzAxMTMxMTA4Mg==&mid=2653464935&idx=3&sn=0d8a56154da53302fdf30879518f677b，最后检索日期：2023年5月30日。

③ 《全面实施内蒙古深度节水控水行动》，内蒙古自治区水利厅（2022年12月14日），http://slt.nmg.gov.cn/sldt/slyw/202212/t20221214_2188280.html，最后检索日期：2023年5月30日。

④ 《全面实施内蒙古深度节水控水行动》，内蒙古自治区水利厅（2022年12月14日），http://slt.nmg.gov.cn/sldt/slyw/202212/t20221214_2188280.html，最后检索日期：2023年5月30日。

100%①。2022 年，内蒙古全区开展了取用水管理大起底，黄河流域共排查认定工业项目地表水和再生水闲置指标 2521 万立方米，部分闲置指标重新配置于鄂尔多斯市、乌海市、阿拉善盟，用于解决国家、自治区重大项目用水，并在自治区水权收储平台公开交易。

第二，强化农业用水管理和节约集约改造。2022 年，内蒙古黄河流域灌溉规模 10 万亩及以上的农田灌区设置地表水环境质量监测点位、农田灌区监测点位和退水监测点位，同时开展水质监测工作。内蒙古黄河流域农业用水突出“总量控制、定额管理”，将用水总量逐级分解到村、灌区斗口等合理管控单元，严格控制超分水指标取水和无序扩充灌溉面积。通过“全面定价、累进加价”进一步完善农业水价形成机制，利用价格杠杆倒逼用水主体节约用水。2022 年，内蒙古黄河流域继续推进河套、磴口等大中型灌区续建配套与现代化改造。内蒙古河套灌区处于黄河内蒙古段北岸的“几”字弯上，总土地面积 1784 万亩，引黄灌溉面积 1100 万亩，是全国三个特大型灌区之一，也是亚洲最大一首制自流引水灌区，“十四五”河套灌区续建配套与现代化改造项目顺利开展，在全国 124 个现代化改造灌区中任务完成居前列②。河套灌区采取“总量控制、定额管理、以水定播、供够关口”的供水调度原则和“丰增枯减、按比例增减”的水量分配原则，将用水指标分配到各旗县（区）取水口，严格取用水管理。内蒙古黄河流域倡导农技节水，一方面引导沿黄各旗县在保障粮食作物种植前提下，合理安排种植结构，另一方面加大农业节水增效技术、旱作抗旱保苗丰产技术等的研发力度，设立技术攻关项目。

第三，强化城市、工业用水管理和节约集约改造。呼和浩特市等 4 个盟市开展国家首批典型地区再生水利用配置试点建设。包头市、鄂尔多斯市入选全国区域再生水循环利用试点城市，包头市重点开展污水处理厂、再生水管网建设和水体治理等，鄂尔多斯市重点开展“城市排水—再生处理—循环利用”

---

① 《内蒙古自治区县域节水型社会达标创建工作成效显著》，内蒙古自治区水利厅网站（2023 年 1 月 10 日），http：//slt. nmg. gov. cn/sldt/slyw/202301/t20230110_ 2212168. html，最后检索日期：2023 年 5 月 30 日。

② 《推动五大任务见行见效丨河套灌区续建配套与现代化改造项目有序推进》，中国河套灌区网站（2023 年 4 月 4 日），http：//www. zghtgq. com/plus/view. php? aid = 34543，最后检索日期：2023 年 5 月 30 日。

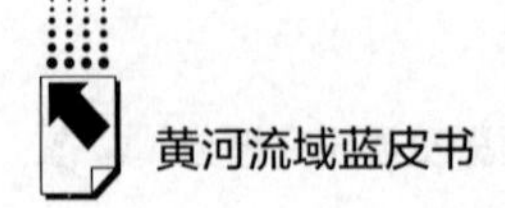

的再生水循环利用体系建设。内蒙古引导流域内高耗水和落后产能工业企业进行节水改造，开展火力发电行业水效对标达标工作。截至2022年底，为510户工业企业提供公益性节水诊断服务，为19个节水技改项目安排节水改造资金5300万元，节水851万立方米，另外通过水权交易累计转让黄河干流水权4.06亿立方米，解决260余个工业项目用水，同时为黄灌区筹措了66亿元节水改造资金①。

（四）区域发展模式逐步调整优化

2022年，内蒙古黄河流域坚持清洁化、绿色化、低碳化的发展方向，加快科技赋能步伐，逐步调整优化区域发展模式。

第一，内蒙古黄河流域持续开展针对盲目上马高污染、高耗水、高耗能项目的问题整治，开展钢铁、焦化行业超低排放改造，燃煤锅炉、工业炉窑深度治理，特别排放限值改造等工作；进行部分挥发性有机物治理、物料堆场封闭等工作；加强矿区扬尘污染整治，严格落实装卸、运输、储存环节扬尘污染控制措施，在工矿企业安装扬尘视频监控高清摄像头。2022年，乌海及周边地区环境空气质量优良天数比例为79.7%，同比上升3.4个百分点，PM2.5平均浓度自2019年首次达标以来，连续四年稳定在达标线以内，环境空气质量持续改善。呼和浩特市、乌兰察布市、巴彦淖尔市被列入国家北方地区冬季清洁取暖城市。呼和浩特市、包头市、鄂尔多斯市被列入全国“十四五”时期“无废城市”建设名单。包头市、鄂尔多斯市被列入首批全国地下水污染防治试验区。包头市首创“散改集+新能源”电煤甩箱运输模式，电煤全程实现集装箱运输，在进入城区后的“最后一公里”由新能源车倒运至电厂，以解决电煤物流运输效率低、污染大、城市碳排放等问题②。乌海市、巴彦淖尔市、包头市、呼和浩特市和鄂尔多斯市被列入生态环境部黄河流域生态保护和高质

① 《全面实施内蒙古深度节水控水行动》，内蒙古自治区水利厅网站（2022年12月14日），http://slt.nmg.gov.cn/sldt/slyw/202212/t20221214_2188280.html，最后检索日期：2023年5月30日。

② 《自治区2022年生态环境保护主要工作完成情况及2023年重点工作新闻发布会发布词》，内蒙古自治区人民政府发布（2023年4月28日），https://www.nmg.gov.cn/zwgk/xwfb/fbh/zzqzfxwfb/202305/t20230504_2305808.html，最后检索日期：2023年5月30日。

量发展联合研究“一市一策”驻点科技帮扶政策城市。包头市被列入国家首批气候投融资试点，建立了气候友好产业政府引导基金，加大对传统产业转型和低碳技术的支持力度，发放自治区首笔“碳减排挂钩”贷款、自治区首笔碳汇权质押贷款、首笔碳汇交易流动资金贷款、首笔碳捕集利用项目前融贷款。

第二，内蒙古黄河流域以科技引领农牧业绿色高质量发展。巴彦淖尔国家农业高新技术产业示范区获国务院批复，在黄河流域西北地区推动硬质小麦和肉羊创新发展，打造特色生态农牧产业集群①。沿黄各旗县实施优质高效增粮项目，创建典型示范区集成示范“五统四控三提两增”技术模式。巴彦淖尔市推进黄河流域西北地区种质基因库建设，开展黄河流域西北地区种质资源普查、收集、保存工作，截至 2022 年 10 月已收集保存 13159 份农作物种子、12000 份牧草和野生植物种子②，在黄河流域生物多样性保护和西北地区种质资源保护上发挥重要作用。

第三，内蒙古加强黄河的文化保护与传承，积极推动学研结合、文创结合、文旅结合，推进内蒙古黄河文化创新发展。内蒙古提出“保护、传承和弘扬黄河文化，深入挖掘黄河文化时代价值，推进文化资源和自然资源有机融合”，并印发了《内蒙古自治区黄河文化保护传承弘扬规划》《内蒙古自治区黄河流域文物保护利用规划》《内蒙古自治区黄河非物质文化遗产保护传承弘扬专项规划》《黄河几字弯文化旅游风情带旅游发展规划（2020－2030 年）》。巴彦淖尔市、包头市、鄂尔多斯市、呼和浩特市分别编制了各自的发展规划。2022 年，内蒙古进行了包头黄河湿地国家公园等 3 个黄河文化公园项目建设、呼和浩特市清水河明长城小元峁段保护利用等 3 个长城文化公园项目建设。2023 年 5 月，由内蒙古博物院、呼和浩特博物院、包头博物馆、乌兰察布市博物馆、鄂尔多斯博物院、内蒙古河套文化博物院、乌海博物馆、阿拉善博物馆 8 家博物馆联合发起成立了内蒙古黄河流域博物馆馆际联盟。同月，内蒙古

① 孙洁：《内蒙古巴彦淖尔国家农高区：科技创新引领现代农牧业高质量发展》，《中国农村科技》2022 年第 10 期，第 12 页。

② 《种好“塞外粮” 科技作支撑》，内蒙古自治区科学技术厅（2022 年 10 月 11 日），https：//kjt. nmg. gov. cn/kjdt/mtjj/202210/t20221011_ 2146782. html，最后检索日期：2023 年 5 月 30 日。

沿黄7盟市10个博物馆共同参展的“黄河从草原上流过——内蒙古黄河流域古代文明展”在阿拉善博物馆开展。内蒙古广播电视台推出大型文化综艺节目《黄河魂》讲述黄河文化、黄河故事，“以黄河述中国，以非遗呈华夏”，全面展示黄河流域文明史，以及新时代黄河流域生态保护和高质量发展的丰硕成果。

第四，内蒙古与其他省区间、内蒙古沿黄各盟市间跨区域协同合作不断增强。2022年8月，黄河流域生态保护警务合作论坛暨西北警务协作区第十二届联席会议上，内蒙古首次倡议沿黄九省区开展黄河流域生态保护警务合作，与会各方签署了《黄河流域生态保护警务合作协议》《西北警务协作区框架协议》。截至2023年6月底，沿黄九省区已签署了“黄河流域生态保护和高质量发展审批服务联盟合作协议”“黄河流域应急救援协同联动协议”“黄河生态经济带知识产权保护合作协议”“黄河流域自贸试验区联盟倡议”“黄河流域公共卫生高质量发展协作区合作框架协议”“黄河流域和谐劳动关系联盟合作协议”“沿黄黄河文化国际传播合作协议”等，在相关领域建立互联互通的信息平台和信息协同共享协作机制。内蒙古沿黄六盟市（除乌兰察布市外）间已形成了突发环境事件应急响应联动合作机制等，加强信息沟通和对口交流合作。另外，沿黄各省区、内蒙古沿黄各盟市间“跨省通办”“跨盟市通办”逐步展开。

二 内蒙古黄河流域生态保护和高质量发展存在的问题

2023年4月，内蒙古自治区党委从“头”至“尾”考察黄河内蒙古段大保护大治理情况后，提出了十项重点工作，分别是着力解决农业“大水漫灌”的问题，着力解决中水、疏干水利用率低的问题，着力解决水土流失的问题，着力解决黄河流域横向生态补偿机制缺失的问题，着力解决环境污染的问题，着力解决整改成效不彰的问题，着力解决涉农资金使用效益不高的问题，着力解决乡村土地闲置的问题，着力解决沿黄文旅产业发展不充分的问题，着力解决农牧民主人翁意识不强的问题。这十项工作反映出的深层次问题是，内蒙古黄河流域生态状况稳中向好的基础尚不稳固、高质量发展的矛盾化解尚不充分，继续保持与提升流域生态系统的质量和稳定性任重而道远。

内蒙古黄河流域内低安全水平区域占总面积的35%，流域内林地总面积中整体质量较差的约占31%，草地总面积中整体状况较差、需优先修复的约占15%，湿地总面积中整体状况较差、需优先修复的约占47%①。内蒙古黄河流域水土保持可控性差、治理难度高，2020年、2021年水土流失面积分别占全流域水土流失面积的25.54%、25.41%，是全流域水土流失最多的区域，流失面积中近1/4为中度以上。内蒙古黄河流域水土保持率比全流域平均水平低11个百分点以上（见表1）。流域水土流失面积中风力侵蚀面积约占70%，需要大力实施林草保护修护工程来治理流域内水土流失。流域降水量低而蒸发量大，水资源天然补给少，加之流域内荒漠化、沙化土地集中，部分区域土壤盐碱化问题突出等，导致流域内植被保护修护难度大。内蒙古黄河流域水土流失面积中水力侵蚀约占30%，集中于流域内黄土高原区、多沙区、多沙粗沙区。近年来，黄河干流头道拐水文站、支流皇甫水文站、支流温家川水文站实测输沙量、含沙量趋于减少，水土综合治理取得明显实效。但是这一区域煤炭等矿产资源丰富，是内蒙古重化工业开发相对集中的地区。在水资源供需矛盾大、水土流失治理难度高、水环境污染防治任务重的多重制约因素叠加下，这一区域需要不断协调配合生态环境保护治理与自然资源开发利用的关系，实现生态保护和高质量发展的双赢。

表1　内蒙古黄河流域水土流失情况

单位：万平方千米，%

年度	流域水土流失面积（全国）		流域水土保持率（全国）	流域水土流失面积（内蒙古）		流域水土保持率（内蒙古）
	合计	中度以上占比		合计	中度以上占比	
2018	—	—	—	7.04	29.92	52.78
2019	—	—	—	6.76	26.01	54.66
2020	26.27	36.06	66.94	6.71	23.47	55.00
2021	25.93	34.36	67.37	6.59	23.59	55.80

资料来源：水利部黄河水利委员会《黄河流域水土保持公报》，历年；内蒙古自治区水利厅《内蒙古自治区水土保持公报》，历年；全国黄河流域总面积79.47万平方千米，内蒙古黄河流域总面积14.91万平方千米。

① 奚雪松、高俊刚、郝媛媛等：《多维复合空间视角下的黄河生态带构建——以黄河流域内蒙古段为例》，《自然资源学报》2023年第3期，第721~741页。

同“十三五”末相比，目前内蒙古黄河流域地表江河水质有所提升，整体为轻度污染，但低于全流域整体的水质状况（全流域为良好）。我国黄河流域201个重要湖泊和水库中有35个受到轻度及以上污染，其中内蒙古黄河流域的重点湖泊乌梁素海水质为轻度污染，重要湖泊岱海水质为重度污染（见表2）。乌海市及周边地区、包头市、呼和浩特市的空气污染问题较为突出，这些城市空气质量存在明显季节性差异，中度及以上污染多发于冬季，夏秋季随着雨量增加、空气湿度增大而空气污染物中污染物相对减少（见表3）。这些城市是内蒙古黄河流域工业化开发较早区域，区域性和结构性污染突出，交叉污染严重，排放叠加效应明显①。在矿区围城、园区围城、工业围城的布局短期内难以优化的现状下，依靠技术创新来实现减污降污的能力需尽快提升。

表2　内蒙古黄河流域地表江河和重要湖泊水质状况

单位：%

时间	Ⅰ~Ⅲ类水质断面占比		Ⅳ类水质断面占比	Ⅴ类水质断面占比	劣Ⅴ类水质断面占比	岱海	乌梁素海
	全流域	内蒙古					
2018年7月	69.5	72.22(无Ⅰ类)	5.56	16.67	5.56	—	Ⅴ
2019年7月	70.7	68.42(无Ⅰ类)	15.79	5.26	10.53	—	Ⅴ
2020年7月	72.9	66.7(无Ⅰ类)	13.30	0	20.00	—	Ⅳ
2021年7月	76.7	75.0(无Ⅰ类)	7.10	10.70	7.10	劣Ⅴ	Ⅴ
2022年7月	71.5	60.8(无Ⅰ类)	28.26	3.60	7.10	劣Ⅴ	Ⅳ
2022年12月	91.0	77.8	16.70	0	5.60	—	—
2023年1月	86.8	90.0	10.00	0	0	—	—
2023年2月	82.8	89.5	5.30	0	5.30	—	—
2023年3月	85.8	88.9	7.40	3.70	0	—	—
2023年4月	83.8	71.0(无Ⅰ类)	14.50	6.50	0	劣Ⅴ	Ⅳ

资料来源：内蒙古自治区生态环境厅《内蒙古地表水水质月报》，各月份；2018年7月、2019年7月、2020年7月内蒙古黄河流域监测断面为20个，其余年间为35个。

① 刘小燕、文明：《2021~2022年内蒙古黄河流域生态保护和高质量发展研究报告》，载索端智主编《黄河流域生态保护和高质量发展报告（2022）》，社会科学文献出版社，2022，第168页。

表 3　内蒙古黄河流域各盟市环境空气质量综合指数

时间	阿拉善盟	乌海市	巴彦淖尔市	鄂尔多斯市	包头市	呼和浩特市
2020 年 6 月	2.49	3.96	2.96	3.30	3.71	3.30
2020 年 12 月	2.49	4.25	3.05	3.06	5.39	4.75
2021 年 6 月	2.56	3.67	3.01	3.09	3.20	2.91
2021 年 12 月	2.15	4.19	3.31	2.76	4.80	4.35
2022 年 6 月	2.69	3.69	2.92	2.72	3.05	2.80
2022 年 12 月	2.38	4.11	3.13	2.60	3.88	3.54
2023 年 4 月	2.99	3.82	2.88	2.82	3.07	2.98

资料来源：内蒙古自治区生态环境厅《城市环境空气质量月报》，各月份；环境空气质量综合指数（已扣除沙尘天气影响）越大，环境空气质量越差。

2018~2021 年我国黄河流域出现连续 4 年丰水之后，从 2022 年下半年开始来水持续偏枯。据水文部门长期径流预报，2022 年 11 月至 2023 年 6 月黄河流域主要来水较多年同期均值偏少 9%，其中上游与多年同期均值基本持平，中游偏少 28%①。内蒙古黄河流域处于我国黄河流域的上游、中游部分河段，黄河担负本区域工农业和城市生活的重要供水任务。内蒙古黄河流域各产业用水结构中，农业（包括农田灌溉、林牧渔畜）用水量占 80%左右，工业和城市用水量占 10%以上，因而一方面需要强化农业用水管理和节约集约改造，加快节水灌溉配套设施建设，另一方面需要强化城市、工业用水管理和节约集约改造，加快城市水循环利用配套设施的建设。另外，从多年地表、地下水取用量来看，黄河地表水量的丰枯与本地区地下水开采有着一定负向相关关系，通过提升产业节水水平、城市节水水平能够缓解本地区地下水开采的压力。

三　推动内蒙古黄河流域生态保护和高质量发展的建议

（一）正确把握和有效化解矛盾问题

2022 年 10 月，中华人民共和国第十三届全国人民代表大会常务委员会第三

① 《2022 年 7 月至 2023 年 6 月黄河可供耗水量分配及非汛期水量调度计划》，《中华人民共和国水利部公报》2022 年第 4 期（总第 62 期）。

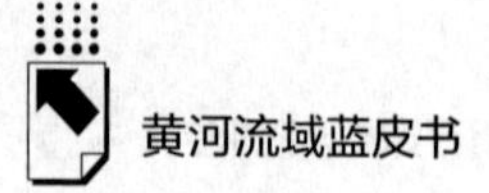

十七次会议通过了《中华人民共和国黄河保护法》，2023年4月1日正式施行，为我国统筹推进黄河流域生态保护和高质量发展提供了法治保障。2022年8月，生态环境部等部门联合印发了《黄河生态保护治理攻坚战行动方案》；2023年1月，中办、国办印发了《关于加强新时代水土保持工作的意见》。这一法、一行动、一意见都彰显了新时期我国黄河流域必须准确把握“重在保护、要在治理”的战略要求，始终把黄河流域生态保护作为黄河流域高质量发展的基准线。

内蒙古黄河流域生态保护和高质量发展要在总体谋划下坚持久久为功，发扬“吃苦耐劳、一往无前，不达目的绝不罢休”的蒙古马精神①，推动流域生态环境持续改善，为我国北方和黄河流域构筑起坚实的生态屏障。注重提升流域生态保护和高质量发展的关联性和耦合性，把二者的多重目标有机融合起来协同发力、相互促进，引导多元主体和社会力量共同参与、共同获益。注重提升流域治理能力和发展能力，按照“严约束、建机制、补短板、重实践”的思路，分析流域生态保护和高质量发展中存在的难点、堵点问题，注重调查研究，从实践中找寻解决问题的方案。受发展阶段、发展水平所限，当前内蒙古黄河流域的生态保护和高质量发展仍然是一个补短板、强弱项、提能力的过程。这三个方面不是单向传递，而是双向传递和循环传递交织在一起的。补短板、强弱项能够为提能力构筑一道防护网，提能力也能为补短板、强弱项提供新的发展路径。内蒙古黄河流域重工业较为密集的区域在产业布局产业结构短期内难以优化的现状下，生态治理能力的提升是补产业短板的一个有效措施。内蒙古沿黄地区水资源短缺的矛盾突出，在水资源先天硬约束下提升水资源使用效率、循环利用水平是补资源短板的一个有效措施。

（二）加强创新体系建设，提升创新体系整体效能

内蒙古黄河流域生态保护和高质量发展的实践探索必须坚持系统观念，“用普遍联系的、全面系统的、发展变化的观点观察事物，才能把握事物发展规律”。坚持系统观念的一个要求就是要不断提高创新思维，发挥“创新是第一动力”的积极作用。提升内蒙古黄河流域创新体系的整体效能，既要进行

① 孙绍骋：《以两件大事为主抓手推进内蒙古现代化建设》，内蒙古自治区人民政府网站（2023年3月23日），https://www.nmg.gov.cn/zwyw/jrgz/202303/t20230323_2278574.html，最后检索日期：2023年5月30日。

全面、全方位的创新，创新理论、创新制度、创新政策、创新科技、创新人才、创新金融等，还要有保障和支持创新的政策、环境、平台和文化，实施以鼓励和保护创新为目的的支持政策，优化创新资源流动平台，打造鼓励创新的氛围。

黄河流域生态保护和高质量发展要贯彻生态优先、绿色发展，量水而行、节水为重，因地制宜、分类施策，统筹谋划、协同推进的原则。“协同”是黄河流域发展战略的最大创新。国家层面建立了黄河流域统筹协调机制，内蒙古在此基础上应建立自治区内协调机制和畅通对外协调的机制，积极主动地开展内蒙古与流域其他省区之间、区内各盟市间全方位协同，在地方性法规、地方政府规章规划方面加强协同，在司法保障协作、司法机关与行政执法机关方面加强协同，在防洪体系建设、综合性防洪减灾体系建设方面加强协同，在重大科技问题研究、关键性技术研究、先进实用技术推广方面加强协同，在黄河流域发展战略与其他区域协调发展战略方面加强协同。

加强创新平台建设，率先建立黄河流域生态保护、修复、治理等技术服务平台，提供技术合作交流、技术评估、技术产权查询服务，特别是要搭建技术交易平台，推动科技成果转化和产业化。加强创新环境和文化建设，提升创新政策的鼓励性和包容性，加大政策帮扶力度，营造创新主体敢于探索、敢于创新的良好社会氛围。加强人才创新，注重人才团队建设。既要加大专业人才团队的引进力度，也要注重培养本土优秀团队。一方面提升本土优秀团队集体攻关、攻坚克难能力，另一方面以优秀团队、优秀项目吸引专业领军人才入驻。

（三）提升政府治理能力与服务能力

随着黄河流域生态保护和高质量发展上升为我国重大区域发展战略，黄河流域的战略定位、战略布局都得到了极大提升。在全面统筹规划下，黄河流域要通过轴区极发展形成点线面结合的全方位发展格局，培育新的发展动能，将黄河流域建设成为“大江大河治理的重要标杆”“国家生态安全的重要屏障”“高质量发展的重要实验区”“中华文化保护传承弘扬的重要承载区”。黄河流域区域政策、环境等方面的变化，对沿黄各省区政府的治理能力与服务能力提出了更高要求。生态环境治理能力是内蒙古沿黄各盟市政府提升治理能力的重点，以提升决策执行能力、依法治理能力、精准治理能力、基础保障能力、引

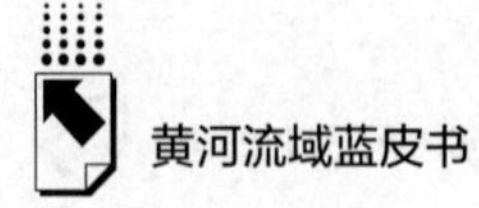

导公众参与能力等推进生态环境治理能力现代化。公共服务职能是各盟市政府的主要职能、核心职能。通过明确职责、优化结构、创新机制、规范行为、监督运作，优质高效、普惠均等地提供基本公共服务①。政府治理能力、服务能力提升的目标是实现人民满意、社会满意。这一目标的工具性措施即为以简政放权、放管结合、优化服务为核心要义的"放管服"②，要明晰发挥政府作用的内容清单。提升政府服务能力，不是要让政府对社会进行无限制服务，而是要以公共性为边界、以公共规则为约束、以公共利益为主体，保障公共服务的整体供给。

参考文献

《内蒙古自治区黄河流域生态保护和高质量发展规划》，《内蒙古日报》2022 年 2 月 24 日，第 6 版、第 7 版、第 8 版。

本书编写组：《牢记嘱托　感恩奋进：五大任务干部读本》，内蒙古人民出版社，2023。

① 薄贵利、吕毅品：《论建设高质量的服务型政府》，《社会科学战线》2020 年第 2 期，第 192 页。

② 田小龙：《后新公共管理改革与中国的服务型政府建设》，《公共管理与政策评论》2023 年第 2 期，第 161 页。

B.9

2022～2023年陕西黄河流域生态保护和高质量发展研究报告

黄　懿*

摘　要： 2022年，陕西在“三水统筹”“协同治理”模式、生态环境质量提升、经济发展质效、民生福祉、顶层设计、生态建设等方面取得了系列进展。但环境空气质量反弹、基础设施及公共服务依然薄弱、生态价值实现渠道少、现代化产业体系构建缓慢等难题仍然存在。进一步推进陕西黄河流域生态保护和高质量发展，需要在融合发展构建新格局、明确方向聚焦新目标、科技引领激发新动能、文化赋能打造新引擎、创新驱动激活内生动力、开放合作激活新动力等方面取得突破。

关键词： 黄河流域　生态保护　陕西省

黄河流域是重要的生态屏障和经济地带，对推动经济社会发展和维护生态安全起着重要作用。2022年是全面学习宣传贯彻党的二十大精神的开局之年，是全面建设社会主义现代化国家、实施“十四五”规划的关键之年。陕西认真落实“疫情要防住、经济要稳住、发展要安全”重要要求，经济运行逐季回稳、稳中有进，生态建设全面推进，黄河流域生态空间治理持续实施、“清废行动”扎实开展，社会实现平稳健康发展。2022年末，陕西黄河流域常住人口3342万人，占全省的84.48%，比2021年下降0.48个百分点；

* 黄懿，博士，陕西省社会科学院农村发展研究所助理研究员，主要研究方向为可持续发展、农村发展。

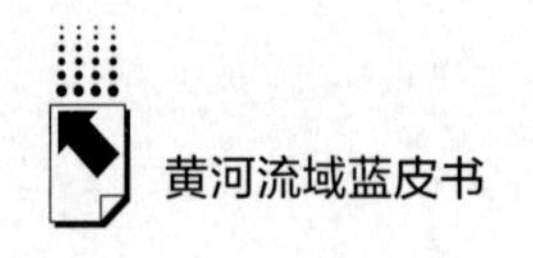

地区生产总值2.95万亿元，占全省的90.03%，比2021年提升0.42个百分点①。

一 2022~2023年陕西黄河流域生态保护和高质量发展状况

（一）“三水统筹”“协同治理”模式取得进展

围绕黄河一级、二级主要支流，开展从水资源管理、水生态环境治理，向水资源、水环境和水生态“三水统筹”“协同治理”模式转变的探索。持续实施黄河流域生态补水，2022年补水24331万立方米，8个国考重要断面生态流量指标全部达标。延安市、榆林市入选第一批全国区域再生水循环利用国家试点城市。西安市、渭南市蒲城县、榆林市高新区3地被确定为国家典型地区再生水利用配置试点城市，并从规划再生水利用布局、加强再生水利用配置管理、扩大再生水利用领域和规模、完善再生水生产输配设施、健全再生水利用政策等方面，开展水资源节约集约和可持续利用的探索。

（二）生态环境质量实现稳步提升

2022年，陕西黄河流域水环境质量进一步改善，大气环境质量略有反弹，土壤环境质量、声环境质量、辐射环境保持稳定，水源地水质达标率保持100%，突发环境事件连续下降。黄土高原成为全国增绿幅度最大的区域，有效治理沙化土地94万亩。黄河流域生态环境警示片反馈35个问题完成整改32个。

1. 环境空气质量

2022年，陕西环境空气质量综合指数平均值比2021年变差3.4%，全省12个市（区）环境空气质量由好到差依次是安康、商洛、汉中、榆林、延安、铜川、宝鸡、杨凌、韩城、西安、咸阳、渭南，长江流域环境空气质量仍然好

① 陕西省统计局、国家统计局陕西调查总队：《2022年陕西省国民经济和社会发展统计公报》，2023；各市（区）统计局：《2022年国民经济和社会发展统计公报》，2023。

于黄河流域。[①] 平均优良天数比2021年减少15.7天，但榆林、延安、商洛的优良天数比2021年均有所增加，其中榆林、延安2市空气质量首次实现全部达标。黄河流域10个市（区）重污染天数均有所减少。陕北地区26个县（区）有15个县（区）空气质量改善，占比57.7%，比关中地区、陕南地区分别高49.9个百分点、20.2个百分点。[②]

2. 水环境质量

2022年，黄河流域陕西段水质有监测记录以来首次达优，65个国控断面中，Ⅰ~Ⅲ类水质断面占93.8%，比2021年高9.2个百分点，比全国黄河流域平均水平高6.3个百分点，全面消除劣Ⅴ类断面。[③] 渭南市、延安市、铜川市、榆林市的水环境质量改善幅度分别列全国339个城市第33位、第37位、第39位、第58位[④]。其中，生态环境、水利等部门联合铜川、渭南、西安3市开展了石川河水生态环境保护抓点示范，石川河干流3个国控、省控断面首次全部达到Ⅲ类。延安、榆林2市开展了清涧河水生态环境治理攻坚行动，清涧河入黄及县界断面水质均达到Ⅲ类标准，清涧河入黄水质不达标问题得以解决。我国最大沙漠淡水湖红碱淖水质仍然重度污染，与2021年相比无变化，是陕西、内蒙古两省区共同面临的生态环境保护难题。

3. 污染治理

采取“一断一策”分段治污，推进重点河流及水质不达标断面开展综合治理。黄河流域10个市（区）分别编制实施国控断面“一断一策”方案，污染物排放量持续减少，水生态环境得到修复，共完成“一断一策”水环境综合治理项目78个。持续开展城镇污水处理提质增效行动。采取在线监测、环境执法、生态环保督察等方法，落实《陕西省黄河流域污水综合排放标准》，严格执行黄河流域城镇污水处理厂排放标准；提标改造黄河流域污水处理厂，105座城镇污

① 安康、汉中、商洛（商南、山阳、镇安、柞水4县）属于长江流域，其他地区属于黄河流域。

② 陕西省生态环境厅：《2022年12月及1~12月全省环境空气质量状况》，http://sthjt.shaanxi.gov.cn/html/hbt/newstype/hbyw/hjzl/dqhjzlnew/83909.html，最后检索日期：2023年5月30日。

③ 申东昕：《2022年陕西水生态环境持续向好》，《陕西日报》2023年2月2日，第2版。

④ 陕西省人民政府新闻办公室：《陕西省人民政府新闻办公室举办新闻发布会介绍2022年陕西省生态环境质量状况》，http://www.shaanxi.gov.cn/szf/xwfbh/202302/t20230223_2275932.html，最后检索日期：2023年5月30日。

水处理厂达标，比 2021 年增加 25 座；26 个城市黑臭水体实现长治久清。开展了黄河流域固体废物排查整治、北洛河入河排污口专项排查等专项执法行动。实施入河排污口“一张图”数字化动态管理，建立黄河流域 5000 余个入河排污口信息图库。健全入河排污口设置审核机制，有效管控新增入河排污口。扎实推进危险废物专项整治三年行动。西安市、咸阳市、神木市 3 地被确定为国家“无废城市”建设城市。深入推进关中地区“一市一策”精准治霾，持续强化秋冬季大气污染综合治理和夏季臭氧污染防控。聚焦关中地区空气质量反弹等问题，出台了《陕西省大气污染治理专项行动方案（2023-2027 年）》，开展了西安、咸阳、杨凌、渭南、韩城等市（区）大气污染治理专项督察。

（三）经济发展质效提升

2022 年，面对需求收缩、供给冲击、预期转弱三重压力，陕西狠抓稳经济一揽子政策，经济逐季回稳，地区生产总值达 3.28 万亿元，增长 4.3%，比全国高 1.3 个百分点。其中，杨凌、榆林、延安、咸阳、西安 5 市（区）的地区生产总值增速高于全省平均水平；杨凌、西安 2 市（区）的地区生产总值增速均高于 2021 年水平；[①] 西安地区生产总值增速、规上工业增速均居 15 个副省级城市和 9 个国家中心城市第 1 位。2023 年，陕西一季度地区生产总值同比增长 5.3%，比 2021 年同期高 0.2 个百分点，比全国高 0.8 个百分点。其中，西安、咸阳、铜川、榆林、杨凌 5 个市（区）的地区生产总值增速高于全省水平，杨凌、榆林、铜川的地区生产总值增速分别达 7.9%、7.7%、7.7%。投资保持较快增长，全省固定资产投资增长 8.1%，比全国高 3 个百分点，列第 8 位。其中，卫生和社会工作投资、教育投资分别增长 41.5%、3.1%；西安、咸阳、宝鸡等关中地区投资增长 8.4%，占比 67%[②]。粮食安全、能源资源安全得到进一步加强。粮食面积稳中有增，产量创历史新高；规模以上工业原煤产量达 7.46 亿吨，累计拉动全国煤炭增长 0.9 个百分点，比 2021 年提高 0.4 个百分点，能源供应链安全性和稳定性不断增强。碳达峰碳

① 陕西省统计局、国家统计局陕西调查总队：《2022 年陕西省国民经济和社会发展统计公报》，2023；各市（区）统计局：《2022 年国民经济和社会发展统计公报》，2023。

② 陕西省统计局：《投资保持较快增长 高质量发展聚势蓄能》，http://tjj.shaanxi.gov.cn/tjsj/tjxx/qs/202302/t20230228_2276417.html，最后检索日期：2023 年 5 月 30 日。

中和有序推进，绿色转型发展深入推进，新能源产业增长15.5%，节能环保产业增长15.2%。其中，新能源汽车产业增长1.44倍，在陕西九大产业中占比提高到5.6%。县域经济是国民经济的重要组成部分，是实现区域协调发展的重要单元。为推动县域经济发展迈出新步伐，促进县域主导产业和产业园区提级扩能，陕西设立了省级县域经济高质量发展专项资金。2022年，神木、府谷2个县（市）入选中国百强县，陕西拥有的中国百强县数量与内蒙古在黄河流域九省区中并列第3；神木、府谷、韩城、靖边等9个县（市）入选中国西部百强县，比四川、内蒙古分别少19个、3个。

（四）民生福祉持续改善

居民收入大幅提升，城乡之间、陕西与全国平均水平之间的收入差距不断缩小。2022年，陕西居民人均可支配收入30116元，比2021年增加1548元。居民人均可支配收入、城镇居民人均可支配收入、农村居民人均可支配收入分别增长5.4%、4.2%、6.5%，比全国高0.4个、0.3个、0.2个百分点。其中，渭南居民人均可支配收入增长最快，达到6.2%；榆林城镇居民人均可支配收入增长最快，达到5.0%；铜川农村居民人均可支配收入增长最快，达到7.1%（见表1）。城乡居民收入差距进一步缩小，2022年陕西城乡居民收入比为2.70∶1，比2021年缩小0.06，黄河流域10市（区）城乡收入差距均比2021年缩小，比值缩小量最大为0.07、最小为0.05。渭南市合阳县、宝鸡市陇县、延安市洛川县入选全国乡村振兴示范县。

表1 2022年全国、陕西、各市（区）居民可支配收入情况

单位：元，%

地区	居民人均可支配收入		城镇居民人均可支配收入		农村居民人均可支配收入	
	收入	增速	收入	增速	收入	增速
全国	36883	5.0	49283	3.9	20133	6.3
陕西	30116	5.4	42431	4.2	15704	6.5
西安	40214	3.9	48418	3.2	18285	5.2
宝鸡	28346	5.8	40388	4.3	16785	7.0
咸阳	28052	5.8	42542	4.2	15239	6.7
铜川	28737	5.3	38327	4.8	13112	7.1

续表

地区	居民人均可支配收入		城镇居民人均可支配收入		农村居民人均可支配收入	
	收入	增速	收入	增速	收入	增速
渭南	25774	6.2	39529	4.7	16183	6.6
延安	29669	5.2	40938	4.2	15237	6.9
榆林	29768	6.0	40355	5.0	16956	7.0
商洛	19682	6.1	29931	4.5	12781	6.8
杨凌	33449	5.5	44277	4.6	17161	6.5
韩城	※	5.4	※	4.4	※	6.4

注："※"表示暂未获得公开数据。

资料来源：国家统计局：《中华人民共和国2022年国民经济和社会发展统计公报》，2023；陕西省统计局、国家统计局陕西调查总队：《2022年陕西省国民经济和社会发展统计公报》，2023；各市（区）统计局：《2022年国民经济和社会发展统计公报》，2023。

传承和弘扬黄河文化取得新亮点。黄河文化区域式、分散式开发逐渐向系统性、有序性保护传承转变。榆林神木酒曲《歌从黄河岸边边来》、陕北道情《一条棉被》获第十九届"群星奖"。宝鸡、渭南2市在国家公共文化服务体系示范区创新发展验收中，获优秀等次。

（五）顶层设计不断完善

2022年，陕西陆续出台了《陕西省黄河流域生态环境保护规划》《陕西省黄河生态保护治理攻坚战实施方案》《陕西省黄土高原地区淤地坝工程建设管理实施细则》《陕西省渭河保护条例》《陕西省入河排污口监督管理工作实施方案》等规划、工作方案、法律文件，从城乡生活污染、工业排污管控、农业面源治理、生态保护修复等方面，全面推动黄河流域生态保护及环境治理工作。设立1亿元年度省级黄河流域生态保护和高质量发展专项奖补资金，用于流域内水环境综合治理、水资源节约集约利用、农业面源污染、工业污染、突出问题整治等项目建设。流域联防共治机制更加完善。2023年，陕西、山西、内蒙古三省区领导分别主持召开推动黄河流域生态保护和高质量发展领导小组会议，观看2022年黄河流域生态环境警示片，研究推动解决沿黄地区生态保护和高质量发展突出问题。围绕水资源、水环境、水安全与清洁能源开发等主题，在西安召开了"2022年黄河流域生态保护和高质量发展学术论坛"，为黄河流域九省区实现“共同抓好大保护，协同推进大治理，合作促进大发展”提供了重要平台。

（六）生态建设积极全面推进

2022年，商洛市商州区获第六批国家生态文明建设示范区称号，宝鸡市麟游县获第六批“绿水青山就是金山银山”实践创新基地称号。省级层面开展了第一批陕西省生态文明建设示范区遴选工作。在生物多样性保护方面，完成了陕西省黄河流域陆域和干流生物多样性调查评估。“陕西红碱淖湿地湖心岛生境修复与遗鸥种群保护”入选全国2022年生物多样性保护优秀案例。西咸新区成为陕西唯一的国家气候投融资试点地区。

二　2022~2023年陕西黄河流域生态保护和高质量发展存在的问题

（一）环境空气质量易反复反弹难题仍需攻克

受能化产业聚集、能源结构偏煤、特殊地形及气候条件等因素影响，持续改善汾渭平原空气质量一直是陕西、山西、河南3省生态保护和高质量发展的难点、重点问题。2022年，汾渭平原PM2.5平均浓度70微克/米^3，比2021年上升12.9%①。陕西国考8市PM2.5平均浓度41微克/米^3，比2021年上升13.9%，比全国339个地级及以上城市平均浓度高41.4%；平均优良天数265.8天，比2021年少22.6天②。西安、咸阳、渭南3市空气质量、空气质量变化在全国168个重点城市排名均靠后，处于倒数几位；关中地区64个县（区）仅有5个空气质量有所改善，58个县变差。第二轮中央环保督察指出对

① 生态环境部：《生态环境部通报2022年12月和1~12月全国环境空气质量状况》，https://www.mee.gov.cn/ywdt/xwfb/202301/t20230128_1014006.shtml，最后检索日期：2023年5月30日。

② 陕西省生态环境厅：《2022年12月及1~12月全省环境空气质量状况》，http://sthjt.shaanxi.gov.cn/html/hbt/newstype/hbyw/hjzl/dqhjzlnew/83909.html，最后检索日期：2023年5月30日。

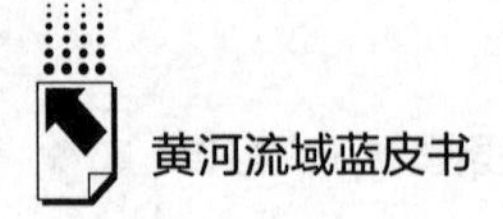

咸阳推动解决大气污染的突出问题“重视不够，决心不大，谋划不足，推进不力”，近5年咸阳细颗粒物平均浓度、优良天数、重度及以上污染天数均处于陕西末位。

（二）基础设施、公共服务薄弱等短板亟须突破

陕北地区尤其是黄河干流、无定河等流域内的县域路网密度不高、通达能力有限，不仅影响县域内城乡生产要素、商品的流通，也影响与外界的联系。同时，由于气候变化等原因，榆林、延安等地年降雨量、频率增加，道路滑坡时有发生，对高速公路等级以下的公路通达性影响较大。除关中地区、榆林神木市以外，大多数县域的市政、网络、数字化等基础设施建设滞后、更新缓慢、维护缺乏，县城交通拥堵、停车难、垃圾清运及处理等问题突出，现有的教育、医疗、就业、住房、文化娱乐等公共服务的内容和质量难以满足群众的需求，与县域经济社会实现高质量发展存在一定差距。同时，城市、县城发展提供的优质公共服务、产业岗位，逐级带走了劳动力等县域经济、乡村经济发展所需资源，乡村产业振兴、县域经济发展难度加大，成为陕西黄河流域高质量发展的短板之一。

（三）生态价值实现渠道有待探索

生态环境保护和经济社会发展相辅相成，生态价值实现是推动生态、经济、社会三者协调发展、可持续发展的重要途径。黄土高原、渭北、六盘山区、毛乌素沙漠等地区水资源短缺，生态环境脆弱。实现生态保护和高质量发展，比关中地区面临更多的生态环境制约。随着黄河流域生态保护和高质量发展战略的实施，国家加大环境保护力度和能源消费总量控制力度，经济发展的节能减排压力陡增。产业发展需要的土地、水等资源可能会逐渐紧缺，更加严格的环境政策可能提高生产成本。2022年，陕北地区部分能化项目受能耗指标影响，未能持续推进。另外，随着退耕还林还草政策的持续实施，陕西黄河流域内有大量林草、农业、生态保护地等资源，林（草）业碳汇、绿色农产品、有机农产品、生态旅游等生态产品有待开发，生态资源的经济价值实现任务重。

（四）现代化产业体系有待构建

高水平生态保护背景下的现代化产业体系构建对传统产业转型提出了绿色化、智能化等要求。从三次产业占比来看，长期以来陕西经济对重化工产业过度依赖，第三产业发展相对不足；第一产业占比、第二产业占比分别比全国高0.6个、8.7个百分点（见表2）。黄河流域10个市（区），渭南、商洛、咸阳、延安第一产业占比较大，均达10%以上；榆林、韩城第二产业占比均为71.4%。从区域发展来看，关中地区水资源、能源资源相对短缺，经济发展、人口集聚伴随着人地矛盾加剧，资源承载力、生态环境承载力处于超载状态；陕北地区能源主导型产业优势明显，资源枯竭、产能落后、环境污染等问题倒逼其产业结构调整升级，但是部分产业升级进展缓慢，第二轮中央环保督察指出，榆林淘汰兰炭落后产能比国家要求时限推迟了9年。高层次人才引进、劳动力聚集、用地结构调整、以水定产、科技转化、环境规制等因素，是陕西黄河流域现代产业体系构建的重要制约。

表2　2022年全国、陕西、各市（区）三次产业占比

单位：%

地区	第一产业	第二产业	第三产业
全国	7.3	39.9	52.8
陕西	7.9	48.6	43.5
西安	2.8	35.5	61.7
宝鸡	8.5	57.5	34.0
咸阳	14.5	47.4	38.1
铜川	7.1	44.4	48.5
渭南	19.6	38.5	41.9
延安	10.1	62.8	27.1
榆林	4.8	71.4	23.8
杨凌	6.8	44.1	49.1
韩城	7.1	71.4	21.5
商洛	13.9	39.9	46.2

资料来源：国家统计局：《中华人民共和国2022年国民经济和社会发展统计公报》，2023；陕西省统计局、国家统计局陕西调查总队：《2022年陕西省国民经济和社会发展统计公报》，2023；各市（区）统计局：《2022年国民经济和社会发展统计公报》，2023。

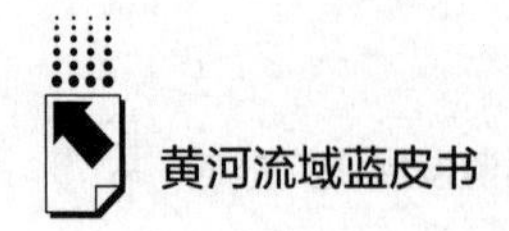

乡村振兴是实现高质量发展的重要板块，现代农业体系是现代化产业体系的重要组成。目前，陕西黄河流域尤其是渭北旱塬、黄河沿岸土石山区、六盘山区、无定河流域等区域，农业生产基础条件相对薄弱，抵御自然灾害的能力较弱，适应现代农业发展要求的新型职业农民相对短缺。蔬菜、家禽、肉牛肉羊、羊乳、苹果等现代农业全产业链仍在建设中，果、畜、枣、小杂粮等大多数农产品加工企业仍停留在初（粗）加工阶段，深加工企业仍然较少、规模较小。“两品一标”产品品牌相对较少，截至2023年6月，陕西有效期内的有机产品、绿色食品认证、全国地理标志农产品合计1625个，在黄河流域九省区中排第7位；比最多的山东少3649个，比毗邻的四川、甘肃、山西、内蒙古、河南分别少689个、737个、1302个、1680个、2576个。[①]

三　持续推进陕西黄河流域生态保护和高质量发展的对策建议

从国内形势来看，黄河流域生态保护和高质量发展战略、乡村振兴战略、推进西部大开发形成新格局、以县城为重要载体的城镇化建设、建设全国统一大市场等国家战略叠加，为黄河流域九省区生态保护和高质量发展树立了转型方向、构建了升级平台，为集聚新要素、培育新优势提供了政策支撑。新一轮西部大开发、乡村振兴等战略的实施，为陕西、青海、甘肃、宁夏等西部省份提供了人才支持，为生态保护和高质量发展带来了新视角、新理念、新探索。近年来，受国际形势、能源短缺等影响，化工、汽车及零部件、机械等行业，出现从欧洲等地区向国内转移的趋势，进一步加速国内传统产业升级、新兴产业布局调整、区域产业分工重构，这些新变化也为陕西推动经济高质量发展提供了产业契机。数字经济蓬勃发展，信息基础设施持续完善，正在不断改变传统意义上的时空距离，为陕西链接更多要素、拓展更广市场、打造更好品牌、实现更优现代化治理等提供了新渠道、新路径。

从省内形势来看，2023年，陕西开展高质量项目推进年、营商环境突破

① 资料来源：全国地理标志农产品查询系统，http：//www.anluyun.com/，最后检索日期：2023年5月30日；全国认证认可信息公共服务平台，http：//cx.cnca.cn/CertECloud/result/skipResultList，最后检索日期：2023年5月30日。

年、干部作风能力提升年“三个年”活动，全力推动奋进中国式现代化新征程，谱写陕西高质量发展新篇章。2023 年第一季度，陕西经济运行稳中有进、进中向好，地区生产总值增长 5.3%，比全国高 0.8 个百分点；第一产业增加值、第二产业增加值、第三产业增加值的增速，分别比全国高 0.4 个、0.8 个、1.1 个百分点①。值得一提的是，陕西现代农业、能源产业、现代服务业等产业转型升级迟缓仍待破解，科技大省优势转化为高质量发展动能步伐缓慢仍待破解。城乡协调发展、县域经济、开放型经济、乡村经济等发展不足，关中地区空气质量改善、陕北生态脆弱地区实现经济社会全面发展、绿色现代化产业体系构建等生态环境保护任务依然艰巨。

“在西部地区发挥示范作用”“努力在实现科技自立自强、构建现代化产业体系、促进城乡区域协调发展、扩大高水平对外开放、加强生态环境保护等方面实现新突破，奋力谱写中国式现代化建设的陕西篇章”② 是习近平总书记对陕西工作的最新要求，也为陕西黄河流域生态保护和高质量发展明确了主攻方向。深入学习贯彻党的二十大精神，完整准确全面贯彻新发展理念，以更大决心更大力度抓好大保护、推进大治理，落实黄河流域生态环境保护规划和实施方案，不断提升流域生态系统多样性、稳定性、持续性，不断提升防灾防险能力水平，促进流域生态持续好转，加快推进经济社会发展全面绿色转型，才能持续提升陕西黄河流域生态保护和高质量发展质效。

（一）融合发展，构建生态保护和高质量发展的新格局

一是推进三生融合。推进生产生活生态的“三生”融合，在生产上实现产业融合、集约高效，在生活上实现公共服务相匹配、宜居适度，在生态上实现留住青山绿水、宜居宜业。乡村不单能发展农业、提供农产品，也能发展旅游、文化创意、健康养老等产业，还能提供工艺品、文化产品、旅游产品、康

① 陕西省统计局：《2023 年一季度全省国民经济运行情况》，http：//tjj. shaanxi. gov. cn/tjsj/tjxx/qs/202304/t20230427_ 2284291. html，最后检索日期：2023 年 5 月 30 日；国家统计局：《一季度经济运行开局良好》，http：//www. stats. gov. cn/sj/zxfb/202304/t20230418_ 1938706. html，最后检索日期：2023 年 5 月 30 日。

② 新华社：《习近平听取陕西省委和省政府工作汇报》，https：//www. gov. cn/govweb/yaowen/liebiao/202305/content_ 6874465. htm，最后检索日期：2023 年 5 月 30 日。

健养老产品，还能提供城市居民休闲度假、养生养老场所；城市不单能发展工业、服务业，也能发展工业旅游、科技旅游、夜间经济、文化打卡等新业态，还能打造公园城市、可食地景等新宜居场所。二是推进产业融合。找准资源优势和产业发展趋势的最佳结合点，再梳理、再定位主导产业，尤其是各县域要找准实现高质量发展的支柱产业。整合资源，加大政策支持力度，推动产业“单个产业→全产业链→产业集群”的升级转换。发展电子商务、休闲旅游、健康养生等新产业新业态，促进产业链、供应链、价值链留在陕西，创造更多就业机会。依托农业、文化、能源等特色优势资源，打造全产业链，推动一二三产业融合发展、农旅融合发展、文旅融合发展、能化产业垂直一体化发展。三是推进城乡融合。促进城乡空间融合，坚持城乡一体规划、功能互促，统筹城乡产业、基础设施、公共服务、资源能源、生态环境等布局，形成现代城市、宜居宜业县城、美丽乡村交相辉映的城乡发展格局。促进城乡要素融合，打破阻断、妨碍要素自由流动和优化配置的瓶颈制约，推动土地、人才、资金、技术等要素在城乡合理流动、高效聚合。促进城乡社会融合，以均衡化、普惠化、便捷化为导向，推动城乡基本公共服务全员覆盖、标准统一、制度并轨。促进县域产城融合。依靠产业集聚推动人口集聚，通过人口集聚促进以县城为载体的城镇化发展。遵循乡村发展规律，根据人口分布、资源禀赋，合理调整镇、村庄布局，科学规划产业布局，推动县城、镇、中心村有序、有机、协调发展。

（二）明确方向，聚焦生态保护和高质量发展的新目标

一是推动结构调整。建设绿色低碳循环发展的经济体系，促进生产生活全面绿色转型，持续推动产业发展、生活消费、能源消耗、交通运输等结构调整，积极实施散煤治理、产业升级、车辆优化、环保产业培育等工程。二是做好重点领域污染防治。督察涉及大气污染治理的法律法规和政策文件落实执行情况，健全完善大气污染治理“党政同责”“一岗双责”长效机制，坚决问责大气污染治理“慢作为、不作为、乱作为”行为，切实整改秋冬季大气污染综合治理攻坚行动、被挂牌督办约谈、新闻媒体曝光、群众反映强烈的大气污染治理突出问题。三是推进碳达峰碳中和。梯次有序实施碳达峰十大行动，完善“两高一低”项目审查机制，推动生物质发电、生活垃圾发电等项目建设，

开展碳捕集利用、碳封存等技术攻关，持续推进百万亩绿色碳库示范基地建设。四是全力打造节水型社会。陕西黄河干流沿线、渭河沿线，分布有府谷、神木、韩城等能源基地，咸阳、渭南等农业灌溉区，西安—咸阳国际化大都市，应大力贯彻节水理念，推进先进节水措施，开展工业、农业、生活等节水示范活动。五是加快产业生态化步伐。完善与产业生态化相关的工作机制、新型治理机制、考核机制、环境监管体制等配套政策。持续推进高标准农田建设，发展智慧农业，推广新型农业经营模式，积极探索“双碳”目标下的农业减排、固碳路径。调整能源产业结构，遏制高能耗、高污染、高耗水项目建设，发展光能、风能等新能源产业；建设绿色产业示范基地，培育生态工业园区。做大做强现代物流业、金融业、科技服务业等生产性服务业；立足生态禀赋，发展黄河流域生态旅游。

（三）科技引领，激发生态保护和高质量发展的新动能

持续推进信息基础设施建设，不断缩短传统要素流动、产品流通的时空距离，重塑经济高质量发展新空间。加速推进传统产业数字化、智慧化转型，提升物联网等信息技术对产业转型升级的渗透融合能力，加快数据要素融入传统产业的生产、流通、销售等各个环节，形成特色鲜明、参与度广、带动能力强、数字化水平高的产业链条。充分利用信息技术推动公共服务模式创新，加快远程医疗、远程教育等基础设施及服务建设。积极推进智慧政府、数字政府建设，充分发挥现代化治理的精准性、协调性、及时性和有效性，实现“数据多跑路、群众少跑路”。

（四）文化赋能，打造生态保护和高质量发展的新引擎

系统推进黄河文化研究和品牌打造，阐释黄河文化时代价值，加快长城、长征、黄河国家文化公园（陕西段）建设。深入挖掘黄河文化、历史文化、红色文化、都市文化、工业文化、农耕文化、民俗文化和自然风光，推动陕西黄河流域全域旅游示范区、文旅融合示范区建设，着力构建黄河文旅板块；充分利用现代化声光电科技手段，推动特色文化资源产业化、品牌化，拓展价值链；将美学、艺术等思维融入文化产业发展，最大限度丰富文化产品内涵和提升文化产品附加值；促进各文化 IP 相互融入各类产业，构建可彰显陕西黄河

流域文化价值的特色产业体系。加强文化遗产保护利用，推进陕西长城、汉唐帝陵等文物保护条例立法，完善佳县古枣园系统、临潼石榴种植系统等全球、国家重要农业文化遗产保护机制，推进石峁遗址申遗等工作，加强沿黄考古合作。建立健全农业文化遗产保护发展机制。科学整体谋划，制定农业文化遗产保护规划；建立农业农村、发改、林业、文旅、文物、生态环境、科技、教育等多部门共同参与的农业文化遗产保护发展联席会议工作机制；建立以生态与文化补偿为核心的政策激励机制；组织编写农业文化遗产相关科普读物，充分利用传统媒体、新媒体、融媒体开展宣传；成立省级专项资金，支持深入挖掘重要农业文化遗产资源发展乡村文化旅游等业态，创建农业文化遗产品牌，丰富农业文化遗产活化利用形式。

（五）创新驱动，激活生态保护和高质量发展的内生动力

一是要素投入方面，加快创新体系建设，推动更多创新资源向陕西黄河流域集聚，促进创新成果在流域转化。加快发展新经济、新业态，积极布局新基建，激发企业创新活力，吸引绿色科技创新项目落地。集聚一流人才队伍，精准对接特色优势产业、生态保护和高质量发展需求，积极引进和培养一批高层次创新人才和创新团队。二是生态价值实现方面，建立健全“两山”转化工作机制，构建上下对接、平级联动的多部门协调配合机制，联合出台实施方案，制定各级政府、各级部门的任务清单、权责清单。完善选人、用人机制，适度加大对任期内生态治理、特色产业发展“双突出”领导干部的提拔倾斜力度。建立“两山”转化项目库，成立专项资金撬动民间资本，重点支持入库项目。开展“两山”转化项目试点，逐步在全省推广有效做法。引导金融机构创新绿色信贷业务，开展“生态资产权益抵押+特色产业项目贷”试点。健全市场化、多元化生态补偿机制、减污降碳协同增效机制。完善碳交易市场体系，推动“两山”效益的自由转换。三是民生保障方面，建立健全社会事业轮岗帮扶机制，随着乡村振兴等战略的实施，县城、镇、村的各类基础设施、公共服务的硬件水平得到极大提升。硬件设施不被闲置、切实发挥作用，是需要重视的问题。同时，为追求更高水平的教育、医疗等公共服务，大量县域人口向市级城市流动，市级城市人口向西安等中心城市流动。因此，有必要从省级层面统筹相关人才资源，全面提升县域、非中心城市的公共服务质量，

吸引人口回流、产业回流。进一步建立健全人才激励机制，鼓励科研院所、教育机构、卫生机构，与各非中心城市、各县长期定期全面开展轮岗交流、结对帮扶、业务合作等活动。

（六）开放合作，激活生态保护和高质量发展的新动力

以首届中国—中亚峰会为契机，推动与中亚各国在经贸、能源、绿色创新、农业、文化等方面的务实合作。发挥区位优势，完善产业和基础设施配套，加强国际交往功能，打造黄河流域对外开放门户；发挥杨凌农业科技、陕北能源化工、科教大省、文化大省等优势，打造具有国际影响力的现代农业产业带、绿色能化产业带、文化旅游带。

参考文献

高国力、贾若祥、王继源、窦红涛：《黄河流域生态保护和高质量发展的重要进展、综合评价及主要导向》，《兰州大学学报》（社会科学版）2022 年第 2 期。

任保平、杜宇翔：《黄河流域高质量发展背景下产业生态化转型的路径与政策》，《人民黄河》2022 年第 3 期。

解振华：《做好黄河流域生态保护和高质量发展的关键之举——在“黄河流域生态保护和高质量发展”国际论坛上的主旨演讲》，《环境与可持续发展》2021 年第 2 期。

许广月、薛栋：《以高水平生态保护驱动黄河流域高质量发展》，《中州学刊》2021 年第 10 期。

赵刚：《以更大决心更大力度抓好大保护推进大治理 不断提升流域生态系统多样性稳定性持续性》，《陕西日报》2023 年 2 月 16 日。

B.10
2022~2023年山西黄河流域生态保护和高质量发展研究报告*

韩东娥　韩　芸　高宇轩**

摘　要： 全面推动黄河流域生态保护和高质量发展重要实验区建设是山西落实黄河国家重大战略的具体行动，是山西生态环境保护和推动高质量发展的重点和主攻方向。2022年，山西在黄河流域生态修复、生态治理能力、经济高质量发展、文旅融合等方面取得了系列成效。但生态环境治理、矿山修复、文旅资源利用等方面仍然存在问题。为进一步推动山西黄河流域生态保护和高质量发展，本报告提出以减污为目标、以降碳为核心、以扩绿为抓手、以文化为重点的黄河流域全面振兴的对策建议。

关键词： 生态文明　环境保护　山西黄河流域

2022年以来，山西深入学习贯彻党的二十大精神和习近平生态文明思想，全面贯彻落实习近平总书记关于黄河流域生态保护和高质量发展国家重大战略的重要论述和考察调研山西重要讲话重要指示精神，稳步推进山西黄河流域生态保护和高质量发展的各项工作，取得显著成效。山西地处黄河中

* 本报告系山西省社会科学院（山西省人民政府发展研究中心）2023年一般课题（YB202303）阶段性研究成果。

** 韩东娥，山西省社会科学院（山西省人民政府发展研究中心）副院长，二级研究员，主要研究方向为资源能源和生态环境经济及政策；韩芸，山西省社会科学院（山西省人民政府发展研究中心）生态文明研究所副所长、副研究员，主要研究方向为能源经济、生态文明与绿色发展；高宇轩，山西省社会科学院（山西省人民政府发展研究中心）生态文明研究所研究实习员，主要研究方向为环境工程。

游，干流山西段总长 965 公里，流域涉及 11 市 86 个县（市、区），面积 11.46 万平方公里，占全省总面积的 73.1%，拥有汾河、沁河、涑水河等重要支流，是全国“三区四带”生态安全格局的重要组成部分。根据国土“三调”数据，山西黄河流域林地面积 7300 万亩、草地 2968 万亩、湿地 57 万亩，分别占全省的 79.84%、63.72%和 69.82%。流域内建有森林公园 51 个、风景名胜区 32 个、湿地公园 47 个、自然保护区34 个①。山西黄河流域自然地理条件复杂，流域生态和能源特色鲜明，是山西生态保护和经济社会发展的核心区域。

一 山西黄河流域生态保护和高质量发展进展情况

2022 年以来，山西锚定创建黄河流域生态保护和高质量发展重要实验区，深入打好黄河生态保护治理攻坚战，稳步推进“一泓清水入黄河”，黄河流域生态环境质量持续好转，生态系统整体功能逐步提升，绿色发展水平跃上新台阶。

（一）黄河流域生态修复步伐大幅提升

坚持“节约优先、保护优先、自然恢复为主”的方针，抓重点补短板，不断优化黄河流域生态保护修复工程，助力全省生态文明建设。

1. 国土绿化厚植生态底色

国土绿化是推进黄河流域生态保护和高质量发展的重要工作，“十三五”以来，山西黄河流域内 86 县和 9 个省直林局累计完成营造林 2300 多万亩，修复退化草地 7 万亩，完成草地改良 10 万亩②。进入“十四五”时期，流域内实施中幼林抚育达 600 多万亩，正在修复的退化林达 90 万亩。西北地区正在建设百万亩人工林，此工程将构建沿吕梁山生态脆弱区的 600 公里绿色长廊，改变该区域饱受风沙困扰的现状。2022 年，山西实施营造林 550.99 万亩，水

---

① 资料来源：山西省林草局。

② 资料来源：山西省林草局。

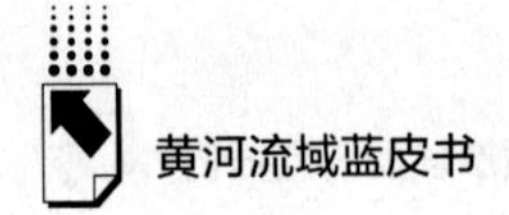

土保持率同比提升 1 个百分点，达到了 63%，地处生态贫瘠区的沿黄 19 县实现基本绿化①。

2. 生态保护重点工程稳步推进

以“两山七河一流域②”生态保护修复工程为牵引，统筹推进山水林田湖草沙系统治理。2022 年，山西先后启动山西花坡、沁水示范牧场两个国家草原自然公园试点工程以及在太忻经济区的 24 万亩造林工程；建设太原市汾河上游国土绿化项目和朔州市永定河（桑干河）源头国土绿化试点示范项目，并为项目筹集到 3.5 亿元中央投资资金。随着重点生态工程的不断推进，山西黄河流域生态环境质量得到了明显改善。

（二）坚决打赢三大污染攻坚战

2022 年，山西先后印发《山西省水环境质量再提升 2022-2023 年行动计划》《山西省空气质量再提升 2022-2023 年行动计划》《山西省土壤污染防治 2022-2023 年行动计划》《山西省地下水污染防治 2022-2023 年行动计划》等文件，以政策为牵引，积极推进山西生态文明建设。

1. 坚决打赢蓝天保卫战

2022 年以来，山西多地以精准防控、靶向治理为原则，开展了大气环境突出问题专项整治百日攻坚执法行动，大气污染治理取得了优异成绩。数据显示，2022 年，山西黄河流域 86 个县（市、区）空气质量综合指数平均为 4.34，优良天数比例平均为 77.9%。省会太原市通过不断深化市区及周边“1+30”区域大气污染联防联控机制，建立跨行政区共保联治机制，空气质量得到显著提升③。

2. 全力打好碧水保卫战

2022 年，制定了《“一泓清水入黄河”工程方案》，并部署十大重点工

① 徐补生：《爱绿植绿护绿 共建美丽山西》，《山西日报》2023 年 3 月 16 日，第 6 版。

② “两山”指吕梁山和太行山，“两山”面积占到全省土地面积的 83%，涉及 11 个设区市、81 个县（市、区）；“七河”指汾河、桑干河、滹沱河、漳河、沁河、涑水河和大清河，“七河”流域面积占到全省土地面积的 72%；“一流域”指黄河流域。

③ 《这个冬天，我省全力以赴守护“山西蓝”》，山西省生态环境厅网站（2022 年 11 月 16 日），山西省生态环境厅（shanxi. gov. cn）最后检索日期：2023 年 8 月 6 日。

程，扎实提升地表水水质；开展了入河排污口“再排查、再整治”，进一步规范了入河排污口的管理及对入河污染物的管控。黄河流域中参与的58个断面评价中，优良水体比例达到了82.8%，同比提升16.7个百分点，且8个位于黄河干流上的国考断面水质达到了Ⅱ类及以上，占比高达87.5%，同比提升12.5个百分点①。另外，黄河流域开工建设了城镇生活污水处理厂尾水人工潜流湿地，实施水源置换和泉域保护工程，山西水资源环境治理扎实提升。

3. 扎实推进净土保卫战

紧紧围绕“黄土复净”要求，持续推进受污染耕地安全利用和建设用地准入管理，推动落实土壤污染状况调查评估和风险管控。2022年，全省已完成多个化工园区和危废处置场地下水环境状况调查评估，重点企业土壤污染隐患整改率达到99%，多项危险废物处置短板基本补齐。山西正在深入推进黄河流域“清废行动”，黄河流域“无废城市”建设已进入新的更高阶段。

（三）人居生态环境整体改善

山西紧扣国家和省级战略，坚持问题导向，持续发力，全方位推动人居环境改善行动，构建生态宜居新景色。

1. 强化生态文明创建示范引领作用

2022年，山西黄河流域有3个县区被列为国家生态文明建设示范区，1个县区荣获“绿水青山就是金山银山”实践创新基地称号②。同时，紧跟国家生态文明建设步伐，开展省级生态文明建设示范区建设，黄河流域共有9个县区被命名为省级生态文明建设示范区。2023年，农业农村部、国家乡村振兴局通报表扬2022年度“全国村庄清洁行动先进县”，山西晋城市阳城县、临汾市乡宁县和晋中市介休市3地入选。

2. 切实改善农村人居环境

2022年，山西已完工108个建制镇生活污水处理设施建设工程，并以黄

① 程国媛：《［新时代新征程新伟业］奏响新时代黄河澎湃乐章》，《山西日报》2023年4月18日，第4版。

② 程国媛：《［新时代新征程新伟业］奏响新时代黄河澎湃乐章》，《山西日报》2023年4月18日，第4版。

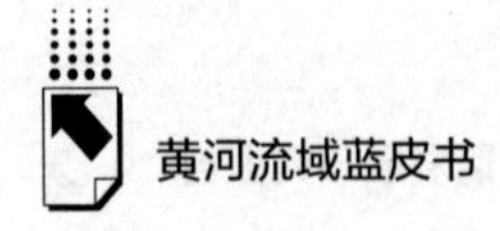

河流域为重点，规划了20个新设建制镇的生活污水处理设施并着手建设。推行农村生活垃圾分类“四分法”，实现源头减量，共有4490个村庄进入垃圾分类试点范围，城市生活垃圾焚烧处理范围新涵盖4925个村庄，农村生活垃圾收运处置体系覆盖的自然村比例升高至93.4%。在住房保障方面，完成了4993户农村危房改造动态保障工程和1425户农房抗震改造试点任务。在农村饮用水安全方面，农村自来水普及率从87%提升到92%[①]，解决了农村地区尤其是欠发达农村的饮水安全问题，解决了乡村振兴的后顾之忧。

3. 加强传统村落保护利用

在已公布的全国第六批中国传统村落公示名单中，山西共有69个村落名列其中，进入中国传统村落名录的总数已达619个，标志着山西传统村落保护工作进入一个新的发展阶段。

（四）生态环境治理能力有效增强

1. 林长制改革卓有成效

山西紧抓林长制改革机遇，按照属地管理、分级负责原则，对山西黄河流域林草资源进行网格化管理，将林草资源保护发展重点向基层和源头转移，科学解决重点难点问题。2022年，出台了《关于全面推行林长制的意见》《山西省全面推行林长制的实施方案》，建立起六项基础性配套制度，3.38万名林长共同承担起全省责任区的林草资源保护工作，形成党委领导的长效责任体系。同时，组织开展林长制综合督查和年度考核，以推动林长制示范县、示范乡建设。印发《山西省林长制激励措施实施办法（试行）》，在省级财政预算中增设了总额为1500万元的林长制激励资金。2023年3月，全省有5个县和5个乡获得林长制激励资金。

2. 生态保护补偿力度持续加大

山西率先在汾河流域建立起生态补偿制度，按照“谁受益谁补偿，谁保护谁受偿”的原则，在沿汾河的6个市——忻州、太原、晋中、吕梁、临汾、运城探索实施了汾河流域上下游横向生态保护补偿机制试点，实行生态保护补偿资金按月核算、年终结算。2022年上半年，太原市、吕梁市、晋中市3个

① 张剑雯：《山西：美丽生态新画卷徐徐展开》，《山西经济日报》2022年9月20日，第1版。

市支付了相应的生态补偿金，忻州市、临汾市、运城市3个市获得生态补偿金。12月，印发《关于深化生态保护补偿制度改革的实施意见》，提出加大对汾河、大清河、桑干河等重要河湖的水流生态保护补偿力度，明确省、市、县三级水源地保护清单，为山西黄河流域的生态保护补偿提供了更为丰富的制度保障。2022年，汾河流域横向生态补偿资金共6.19亿元，汾河流域国考断面优良水体比例同比提升14.3个百分点①。

（五）传统产业加速转型升级

近年来，山西坚持创新驱动、低碳发展，不遗余力地推动能源革命变“输黑色煤”为“输绿色电”，全力建设国家新型综合能源基地。科学发挥传统产业优势。坚持重点产业链全链发展，依据“关联性强、契合性严、协作性紧、营利性好”等标准确定了十大重点产业链，印发《山西省重点产业链及产业链链长工作机制实施方案》，实施七大行动推进十大产业链建设，构建链长制“六位一体”工作体系，并依标准确定了20户“链主”企业。2022年重点支持产业链项目19个、资金2.21亿元，推进产业链重点项目180个，总投资2300亿元②。积极推动专业镇发展，出台支持专业镇高质量发展的若干政策，按照“传统、特色、专业、优势”要求，遴选认定首批杏花村汾酒、定襄法兰等十大省级重点专业镇。设立5亿元省级培育特色专业镇发展资金，构建“一镇一专班”工作体系，以培养行业“单项冠军”为目标，打造全国有影响力的产业名镇。2022年，十大省级重点特色专业镇产值突破557亿元，同比增速超过8.8%③。

（六）能源安全保障能力显著提升

作为煤炭大省和国家重要能源基地，山西坚持贯彻落实习近平总书记重要指示精神，不断深化能源革命综合改革试点，坚决扛牢能源保供政治责任，继

① 马永亮：《省财政厅用“四招”建立健全生态产品价值实现机制》，《山西经济日报》2023年6月13日，第4版。

② 资料来源：山西省工业和信息化厅。

③ 郝薇：《山西特色，繁花绽放——“晋品好物”亮相海口消博会速写》，《山西经济日报》2023年4月14日，第1版。

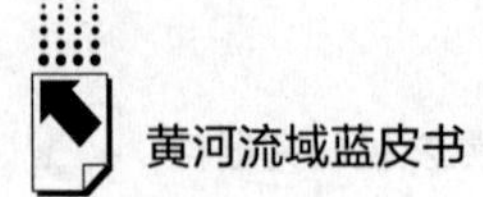

续发挥煤炭煤电兜底保障作用，2022 年，实现煤炭产量 13 亿吨，居全国首位。全年新增产能 1.27 亿吨，签订电煤中长期合同 62958 万吨，签约率 101.5%；外送电量 1464 亿千瓦时，增长 18.5%，以长协价保供 24 个省份电煤 6.2 亿吨。同时，持续加快煤炭和煤电、煤电和新能源、煤炭和煤化工、煤炭产业和数字技术、煤炭产业和降碳技术一体化发展，与华为等高新科技企业合作，推动数字产业化和产业数字化转型，稳步推进煤炭绿色开采试点与 5G 智慧矿山建设①。2022 年，新建成 20 处智能化煤矿、665 处智能化采掘工作面，累计建成 37 座智能化煤矿、993 处智能化采掘工作面②。目前，山西省拥有怀柔实验室山西基地、国家第三代半导体技术创新中心（山西）、国家超算（太原）中心、太重智能采矿装备技术国家重点实验室等创新平台。此外，山西积极推动非常规天然气增储上产。2022 年，山西非常规天然气产量 113.3 亿立方米，增长 20.2%。大力发展新能源产业，风光发电装机容量领先国内大多数省份，攻克了氢能、地热能利用及新型储能的相关技术瓶颈，多个抽水蓄能电站正快速建设。2022 年，山西新能源和清洁能源装机达到 4900 万千瓦，占比达到 40.25%，能耗强度累计下降 16%③。

（七）文旅产业稳步发展

坚持以文塑旅、以旅彰文，充分发挥黄河文化和旅游资源的比较优势，逐步将山西打造成世界知名旅游目的地。

1. 加强黄河文化系统保护

2022 年，出台《山西省黄河文化保护传承弘扬规划》，有序推进黄河文化遗产系统保护和活态传承，全力打造黄河国家文化公园（山西段）文化旅游示范带。连续举办三届山西非物质文化遗产博览会。推动云冈石窟、五台山、平遥古城三大世界文化遗产的保护利用。

2. 多形式讲好黄河故事

截至 2022 年底，山西推出了《黄河儿女情》《黄河一方土》《黄河水长

---

① 胡健、乔栋：《山西加快推动能源产业高质量发展》，《人民日报》2023 年 2 月 5 日，第 1 版。

② 张毅：《走在排头作出示范——我省以“双碳”目标为牵引深化能源革命》，《山西日报》2023 年 3 月 7 日，第 5 版。

③ 胡健、乔栋：《山西加快推动能源产业高质量发展》，《人民日报》2023 年 2 月 5 日，第 1 版。

流》《天下黄河》《黄河情韵》《九曲黄河》《大河之东》等一系列黄河题材舞台艺术作品。举办天下黄河——“中国梦·黄河魂”百位油画名家黄河行大型写生创作与巡展、“黄河之魂·长城博览·大美太行美术作品展”等创作展览活动。山西省忻州保德县九曲黄河阵灯会、河曲河灯节、山西绛州鼓乐、吕梁市临县碛口古镇实景旅游演艺项目《如梦碛口》等成为典型代表。

3. 黄河文旅加速融合

2015 年以来，连续 9 年举办山西省旅游发展大会，联合世界旅游联盟共同举办三届“大河文明旅游论坛”等。国家全域旅游示范区正在稳步建设，黄河、长城、太行三大旅游板块加速推进。山西省内 5A 级景区增至 10 家，六地入选 2022 年国家级森林康养试点建设单位，国家级森林康养试点建设单位已经达到 104 家①，康养产业正在成为山西高质量发展的生力军，为探索经济转型、文化繁荣、社会文明、生态友好的山西模式奠定了坚实基础。

二　山西黄河流域生态保护和高质量发展存在的问题

从整体上看，山西黄河流域生态保护和高质量发展已初见成效，生态与经济正在协同共进，但结构性、体制性、素质性矛盾仍然突出，发展不充分不平衡不协调等问题仍然存在，山西黄河流域高质量发展在一定程度上仍缺乏有效支撑。

（一）生态环境质量持续改善压力较大

山西沿黄地区生态脆弱，是全国水土流失较严重的区域之一。煤炭等自然资源相对丰富，资源的高强度开发会造成更大的环境破坏，使地方陷入越注重短期经济发展生态环境越糟糕的局面。与此同时，山西产业结构性和布局性污染问题依然突出，支柱产业高排放特征明显。各地虽然制定了发展新材料、装备制造等战略性新兴产业的战略规划，但项目进展仍旧缓慢，新动能增长乏力，难以推

① 金湘军：《2023 年山西省政府工作报告》，《山西日报》2023 年 1 月 19 日，第 1 版。

动经济社会发展的全面绿色转型。部分山区虽然拥有丰富的生态资源，但缺乏将其转化为经济价值的有效手段。同时，一些地方为推动经济增长，对上马“两高”项目仍具有强烈意愿，环保压力巨大，黄河流域生态保护开发面临多重困难，经济高质量发展的生态基础依然薄弱。

（二）矿山生态保护和修复任务艰巨

山西黄河流域大部分地区蕴藏煤炭资源，是全国重要的原煤生产加工区和煤炭产品转换区，也是山西经济增长的重要支撑点，长期以来，不合理的矿山开发造成的资源浪费、环境污染和生态破坏等问题历史积重较深。这种单一的经济发展结构不仅严重破坏生态环境，也导致区域内经济陷入有煤即富、无煤即贫的恶性发展循环，使被破坏的生态环境难以得到恢复。在矿山开采过程中对水环境和土壤环境的污染机理和机制底数尚不明确，矿山治理技术及适合当地条件的治理模式均需加强研究。山西黄河流域内“两山七河”治理、废弃矿山修复治理等生态保护依然面临巨大压力。

（三）文旅资源未得到充分利用

由于山西地处高原，各地区被地形地势所阻隔，山西沿黄流域不同区段的自然生态和文化类型也各有不同。受制于文旅产业发展过程中资源禀赋差异及沿黄特有的生态约束，流域内相关地区自然资源发掘利用水平和文旅融合发展程度不一，出现了自然资源、人文旅游资源开发碎片化、散点化、低端化的特征。文化旅游资源开发不足、旅游基础设施和公共服务体系不完善，导致山西沿黄文旅产业发展质量不高。而且，山西对黄河文化内涵的挖掘仍不够深入，文物保护和非遗传承皆面临严峻考验。黄河文化产业发展缓慢，市场主体发育不足，产业体系亟待健全，文化创新融合度低，缺乏强势且有影响力的文化精品。

（四）要素保障能力有待加强

当前，山西沿黄县区区域协同发展及有关部门联动形式仍有待优化，且市场化投入机制仍不健全，生态保护及价值转化缺乏有效形式，导致生态产品价值实现能力不强。山西整体研发投入水平较低，山西统计局数据显示，2021

年，山西全社会 R&D 投入强度仅为 1.12%，比上年降低 0.06 个百分点，明显低于全国平均水平（2.24%），且沿黄的忻州、吕梁、运城三市全社会 R&D 投入强度分别为 0.21%、0.74%和 0.96%，更是低于全省平均水平①。高端科技创新平台和人才总体数量少，国家重点实验室、国家工程技术研究中心及两院院士数量占全国比重均不足 1%。创新主体少、企业创新活力不够，科技创新对经济社会发展的支撑能力不强。

三 推动山西黄河流域生态保护和高质量发展的对策建议

2023 年 5 月 16 日，习近平总书记在山西运城考察时指出，"黄河流域各省区都要坚持把保护黄河流域生态作为谋划发展、推动高质量发展的基准线，不利于黄河流域生态保护的事，坚决不能做"。这一重要指示为沿黄省区深入实施黄河重大国家战略提供了根本遵循和行动指南。山西将继续深学细悟践行黄河流域生态保护这一首要任务，承担好保护黄河的使命，认真实施黄河保护法，把推进黄河流域生态保护与经济社会高质量发展统筹起来，奏响新时代"黄河大合唱"的澎湃乐章。

（一）以减污为目标，深入打好污染防治攻坚战

坚持精准治污、科学治污、依法治污，扎实推动黄河流域污染防治工作。一是发挥好政策引导作用。有关部门积极展开调研活动，充分了解流域地区政府和企业的实际困难和诉求，认真研判并制定有针对性的政策措施。发挥好积极的财政政策和货币政策的重要作用，引导减污工作有序开展，加强环境税相关政策的推进与落实，完善环保补贴政策。二是形成可行制度。通过构建政府、企业、社会组织三方共同参与的实施机制，形成查处问题一体化闭环管理机制，及时遏制环境污染问题的发展势头，打通环境治理"最后一公里"，切实解决群众"急难愁盼"问题，并从市场激励约束机制、政府规划引导机制、

① 《2021 年山西省科技经费投入统计公报》，山西省统计局网站（2022 年 10 月 17 日），shanxi.gov.cn，最后检索日期：2023 年 6 月 30 日。

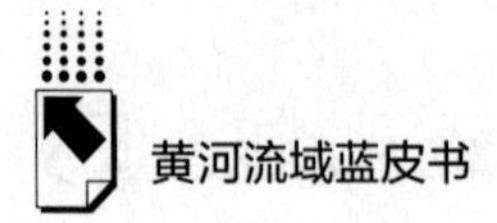

公众监督机制等方面推动减污工作的顺利进行。建立起以企业为主体的环境治理市场激励约束机制，引导企业采取减少污染物排放、加强绿色创新技术研发等一系列环境友好行为，进一步带动更多社会主体和普通公众参与到环保工作当中。三是建立赏罚机制。在黄河流域地区政府各级机关单位设立污染物减排的目标责任考核机制，激励各级行政组织投入更多的精力在减污工作当中，确保各项政策落地。对在减污工作中取得突出成绩的企业进行表彰，对其给予更多的政策支持，并对污染严重的企业予以重罚，倒逼涉事企业进行环保升级。四是遏制“两高”项目盲目发展。严把“两高”项目准入关口，充分发挥能源评估和环境影响评价的源头防控作用，对不符合规定的项目坚决停批停建。建立在建、拟建、存量“两高”项目清单并根据实际情况进行调整，完善投资项目在线审批监管平台，建立新建项目实时电子台账，对“两高”项目进行数字化管理，实现全程监测。针对煤电、钢铁、焦化等重点行业，强化现场监督，紧盯产能与能耗，严防违规新增产能、超产超量及虚报瞒报等行为的发生。

（二）以降碳为核心，加快推进绿色低碳循环发展

2023年《山西政府工作报告》提出，深入推进能源革命，加快能源绿色低碳转型发展。在“双碳”目标下，山西要以制度体系为保障、以创新为驱动、以减碳提质增效为导向，大力发展清洁能源并推动煤炭、电力、钢铁等传统优势产业绿色低碳转型，以绿色低碳产业助力黄河流域高质量发展。一是建立低碳发展体系。在实现“双碳”目标压力下，尽可能创造条件全面推动碳排放总量和强度“双控”，形成覆盖全社会的降碳激励约束体系，引入绿色核算方式并引导各级政府及国有企业树立正确的政绩观。在财政、税收等方面给予碳减排企业和产品一定的政策支持，为企业设计自愿碳减排鼓励机制，以支持低碳经济快速发展。二是构建规范有序的碳市场。充分利用好碳税等手段构建和完善激励约束机制，激发各级政府、企业以及个人的积极性，鼓励企业增加低碳产品的投入，鼓励该类产品的生产和使用。探索社会碳减排的收益渠道，研究地方低碳试点、地方碳账户、地方碳交易市场等多种渠道实现机制，在现有基础上不断完善碳交易规则，分析碳价格变化与规律，建立符合山西实际的碳定价机制。

（三）以扩绿为抓手，提升生态系统整体功能

以“两山七河一流域”为重点，统筹推进山水林田湖草整体保护、系统修复、综合治理，不断提升生态系统多样性、稳定性、持续性，夯实高质量发展生态根基。一是构建科学的绿化体系。根据国土空间规划和国土“三调”成果，依据土地环境承载能力，科学安排绿化用地，合理开展矿区生态修复工程，重点推进退化林地草地、沙地绿化及黄河北部、中部、汾河上游等重点区域植被恢复。在城市利用好零散土地用于绿化，鼓励乡村开展闲置土地绿化工作，充分利用道路、河流两侧范围，增加绿地面积。二是建立绿化后期养护管护制度。加大投入，强化对绿化林地特别是新造幼林地的养护管理，提高森林防火意识并加强消防设施建设，重点提防林草有害生物对森林草地的破坏。加强林地草地用途管制，严厉查处非法开垦、侵占林地、草地、苗圃地和公园绿地行为。三是建立绿色产品经营制度。不断完善绿色产品价格机制，根据不同绿色产品的特点与属性，设计差异化定价机制。根据绿色产业体系的构成及各地区发展阶段的不同，制定适应于各地区的投融资机制，形成绿色产业金融支持机制。形成消费转型机制，重点从绿色消费理念的传播、绿色产品的推广、绿色技术的普及应用等方面着力促进全社会消费绿色转型。

（四）以黄河文化为重点，促进文旅高质量发展

一是加强黄河文物保护和传承。2023 年 5 月 16 日，习近平总书记先后到山西运城博物馆和盐湖进行考察并强调，“要深入实施中华文明探源工程，把中国文明历史研究引向深入”，“要认真贯彻落实党中央关于坚持保护第一、加强管理、挖掘价值、有效利用、让文物活起来的工作要求，全面提升文物保护利用和文化遗产保护传承水平”，“盐湖的生态价值和功能越来越重要，要统筹做好保护利用工作，让盐湖独特的人文历史资源和生态资源一代代传承下去，逐步恢复其生态功能，更好保护其历史文化价值”①。山西要充分认识文物保护的重要意义，统筹协调好文物保护工作与经济社会发展的关系，充分尊

---

① 《着眼全国大局发挥自身优势明确主攻方向奋力谱写中国式现代化建设的陕西篇章》，《人民日报》2023 年 5 月 18 日，第 1 版。

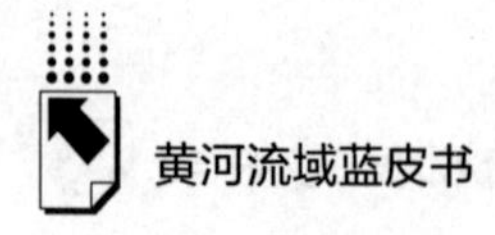

重文物，让文物活下去、活起来。进一步深入挖掘黄河文化的内涵、特色和价值，积极开展黄河文化遗产系统调查与科学研究，积极参与中华文明探源工程，用“活”的文物讲好黄河文化。二是加强黄河文旅深度融合发展。以建设国际知名文化旅游目的地、建设新时代文化强省为目标，加大文旅深度融合发展，持续打造黄河、长城、太行三大文旅品牌，持续做深做好做强山西省旅游发展大会。壮大文旅产业主体，积极培育文旅龙头企业，带动黄河流域文旅产业做大做强。充分利用黄河文化的资源优势，积极发展主题文化旅游，规划设计出一批“山西世界文化遗产旅游线”“晋南华夏根祖文化旅游线”“晋陕大峡谷旅游线”等专题旅游线路，推进黄河国家文化公园建设。加大体制机制创新，创新文旅产业经营机制、投入机制、监管机制、要素支撑机制等，全面提升山西黄河文化的影响力，让黄河文化在山西焕发璀璨光芒。

参考文献

常建忠：《抢抓机遇砥砺奋进——书写黄河流域生态保护和高质量发展山西新篇章》，《山西水利》2021 年第 12 期。

郇庆治、黄敏：《新时代区域生态文明建设视域下的黄河流域绿色发展》，《南京工业大学学报》（社会科学版）2022 年第 1 期。

索瑞智主编《黄河流域蓝皮书：黄河流域生态保护和高质量发展报告（2022）》，社会科学文献出版社，2022。

汪彬、阳镇：《推动黄河流域碳达峰碳中和路径研究》，《宁夏社会科学》2023 年第 3 期。

吴树荣、潘换换、姬倩倩等：《基于生态系统服务的山西黄河流域保护优先区识别》，《生态学报》2022 年第 20 期。

张淑虹、赵凝：《让锦绣太原美景重现》，《求是》2023 年第 10 期。

B.11

2022~2023年河南黄河流域生态保护和高质量发展研究报告*

王建国　李建华　赵中华　郭志远**

摘　要： 河南是黄河流域核心区，在黄河流域生态保护和高质量发展全局中具有重要地位。2022~2023年，河南在抓好黄河大保护、推进黄河大治理、建设人民幸福河等方面取得诸多新的成效。但在生态文明建设、绿色低碳转型发展等方面还存在制约因素和问题，需要在筑牢生态屏障、提升产业动能、加快技术创新、强化基础设施支撑等方面促进黄河流域生态保护和高质量发展，在新时代"黄河大合唱"中展现河南担当。

关键词： 生态保护　绿色转型　河南黄河流域

黄河流域生态保护和高质量发展是国家着力长远推动的重大战略，是关乎中华民族伟大复兴的千秋大计。河南位于黄河中下游，是黄河文化的孕育地和黄河流域生态屏障的支撑带。自黄河流域生态保护和高质量发展国家战略实施以来，河南认真贯彻落实习近平总书记关于黄河流域生态保护和高质量发展的重要讲话和指示精神，坚持以生态文明建设为引领，扎实推进黄河流域生态保护和高质量发展。当前，河南推动黄河流域生态保护和高质量发展进入实施的关键阶

---

* 本文为2022年河南省哲学社会科学规划年度项目：黄河流域河南段生态经济系统耦合协调发展研究（批准号：2022BJJ056）的阶段性成果。

** 王建国，河南省社会科学院城市与生态文明研究所所长，研究员，主要研究方向为宏观经济、区域经济和城镇化；李建华，河南省社会科学院城市与生态文明研究所助理研究员，主要研究方向为城市生态；赵中华，河南省社会科学院城市与生态文明研究所助理研究员，主要研究方向为区域经济；郭志远，河南省社会科学院城市与生态文明研究所副研究员，主要研究方向为区域经济。

段，应该持续坚定不移走生态优先、绿色发展的中国现代化道路，对标《河南省黄河流域生态保护和高质量发展规划》，统筹推进流域生态环境治理、防洪保安、水资源节约和高质量发展，在落实黄河国家战略中“打头阵”“当先锋”，在新时代“黄河大合唱”中展现河南担当。

一　河南黄河流域生态保护和高质量发展取得的进展与成效

随着黄河流域生态保护和高质量发展战略的深入实施，河南省聚焦聚力落实黄河重大国家战略，共同抓好大保护、协同推进大治理，河南黄河流域①生态环境质量持续改善，经济高质量发展迈出更大步伐。

（一）黄河重大国家战略得到高位推进

河南省委、省政府开展多次专题会议和调研活动，推进黄河流域生态保护和高质量发展重大国家战略落实落地。省委、省政府多次召开河南黄河流域生态保护和高质量发展领导小组会议，学习贯彻习近平总书记重要论述、重要讲话和重要指示精神，研究部署2023年河南黄河流域生态保护和高质量发展的重点工作。2023年3月，河南召开黄河生态保护治理攻坚战推进会，总结分析河南黄河生态保护治理的形势和任务，进一步统一思想、凝聚合力、强化措施、压实责任，坚定不移贯彻落实黄河流域生态保护和高质量发展重大国家战略，以高水平保护生态环境推进流域高质量发展。2023年4月，省委书记楼阳生先后赴开封、兰考等地考察调研，实地查看生态修复、污染整治等情况，强调要全方位贯彻“四水四定”原则，共同抓好大保护、协同推进大治理，坚定不移走生态优先绿色发展之路，把保障黄河安澜的政治责任扛牢扛稳。同月，河南省联合中国工程院、黄河水利委员会等有关单位，举办河南黄河流域生态保护和高质量发展国际工程科技战略高端论坛，围绕完善水沙调控体系、复苏河湖生态环境、推进水资源节约集约利用、实施跨流域调水工程、推进数字孪生黄河建设等方面开展高端

① 河南黄河流域指河南省行政区域内黄河干流、支流、湖泊（水库）集水区域所涉及的郑州市、开封市、洛阳市、安阳市、鹤壁市、新乡市、焦作市、濮阳市、三门峡市所辖行政区域及济源示范区，国土面积6.8万平方公里。以下所有“河南黄河流域”均指该范围。

学术交流，并展示了河南黄河流域生态保护和高质量发展的最新科技创新成果，以科技创新来推动黄河保护治理事业得到新发展。

（二）法规制度建设不断完善

河南出台了一系列的专项规划和法规，为河南黄河流域生态保护和高质量发展提供了顶层设计与制度保障。2022 年 9 月 14 日，河南省黄河流域生态保护和高质量发展领导小组印发了《河南省黄河滩区国土空间综合治理规划（2021-2035 年）》，提出“三滩四区多试点”综合治理格局，谋划实施防洪安全、居住安全、生态保护修复和高质量发展四大行动，安排九大类 166 个工程项目①。针对河南黄河流域生态保护治理、防洪安全、水资源综合利用和高质量发展等方面的突出问题，提出流域分区分类空间管制和空间治理要求，高质量完成《河南省黄河流域国土空间规划（2021-2035 年）》《河南省沿黄生态廊道建设规划》规划编制工作，目前这些规划成果已通过专家评审。加快落实《黄河保护法》，2023 年 4 月 1 日，《黄河保护法》正式实施，河南省委全面依法治省委员会等部门及时举办“贯彻实施黄河保护法 携手共护母亲河”主题活动，推动黄河保护法落实落地。2023 年 7 月 1 日，地方配套法律法规《河南省黄河河道管理条例》正式施行，为加强黄河河道治理，保障黄河安澜和高质量发展提供法律保障。积极开展并完成黄河生态保护红线的划定工作，在三门峡、济源、焦作、洛阳、郑州、新乡、开封和濮阳等沿黄地区初步划定生态保护红线，明确了河南黄河流域生态安全的底线和生命线，实现一条红线管控黄河流域重要生态空间。

（三）生态系统保护修复全面提升

河南省坚持项目带动，持续深化生态系统保护修复，实施了一批生态系统保护修复工程，黄河大保护、大治理取得了新的成绩，许多废弃矿山经过生态修复，变成了良田、花园、林地。2022 年，河南完成了总投资 63 亿元的南太行生态修复国家试点工程，该工程项目涵盖新乡、鹤壁、安阳、焦作、济源 5 市 25 个县（市、区），在矿山环境治理、水生态环境治理、生态系统保护、

---

① 《河南省黄河流域生态修复取得新成就》，《河南日报》2023 年 4 月 23 日，第 4 版。

土地整治与污染治理、科技创新等方面共实施了53项工程，其中包括249个子项目。截至2022年5月，该生态修复试点工程共整治矿山地质环境250处、治理河道长度263千米、新增林地面积4356公顷、恢复新增草地1053公顷、新增高标准农田1944公顷①，显著改善了黄河中游左岸河南段生态环境，巩固了太行山生态屏障，确保了“一渠清水永续北送”。全面启动实施总投资52亿元的河南秦岭东段洛河流域山水林田湖草沙一体化保护和修复工程，该工程涉及三门峡、洛阳、郑州共3市16个县（市、区），项目实施后，可实现生态保护修复面积56351.2公顷②，改善了林麝、大天鹅、秦岭冷杉等野生动植物生存环境，减少流入黄河的泥沙，提高植被覆盖率，对于从根本上解决秦岭东段生物多样性下降、入黄支流流域水土流失与水生态功能退化等重大生态环境问题，提升生态系统质量和稳定性，守护黄河中游生态屏障的最后一道关口等都具有重大意义。加快建设沿黄生态廊道，河南结合黄河中游、下游不同地形地貌特征，坚持左右岸、堤内外、中下游全线全域因地制宜开展沿黄复合型生态廊道建设，2022年已实现全线贯通。通过生态廊道建设，昔日风沙大、水土流失严重的黄河两岸变成了现在的生态“绿带”，不仅为天鹅、黑鹳、大鸨等众多珍稀鸟类的迁徙提供“越冬地”和“加油站”，也为河南沿黄地区群众带来更多生态福祉。至2022年底，河南黄河流域湿地公园已达84处，湿地保护率达56.98%③。开展河南黄河流域历史遗留矿山生态破坏与污染状况调查评价，查处存量违法采矿问题，完成矿山修复面积7.7万亩④。

（四）黄河流域环境综合治理成效明显

全面开展河南黄河流域入河排污口排查摸底工作。入河排污口是污染物进入河流的最后一道“闸口”，按照生态环境部要求，2023年4月，河南全面开展黄河入河排污口排查工作。目前已经完成对生态环境部推送的疑似排污点位的排

① 《同心守护幸福河 绘就绿色发展新画卷 河南高标准推进沿黄生态廊道建设》，大河网（2022年5月2日）http://news.hnr.cn/snxw/article/1/1521045697565818882?sourc e=mobile。

② 此部分数据来自《黄河流域发展近期要事概览（2023.4.1~4.30）》，http://society.sohu.com/a/675797038_121123688。

③ 刘俊超：《统筹林草湿沙 齐抓建管治效 河南全力推进黄河湿地问题整改打造人民“幸福河”》，《中国环境报》2022年8月10日，第1版。

④ 《河南省黄河流域生态修复取得新成就》，《河南日报》2023年4月23日，第4版。

查，将点位情况进行登记并建立清单。通过此次排查，彻底摸清了河南省内黄河入河排污口底数，掌握了主要排污口的分布状况，完成对黄河全流域、高精度的生态环境体检，为实施精准化治污打下了坚实基础。污染防治攻坚成效全面显现。2022年，河南省圆满完成国家和省定的各项环境空气质量目标任务，全省PM2.5（细颗粒物）浓度47.7微克/米^3，低于国家目标3.7微克/米^3；PM10（可吸入颗粒物）年均浓度79微克/米^3，低于省定目标6微克/米^3；优良天数为242天，超过国家目标8天；重污染天数为9.9天，少于国家目标0.3天。SO_2（二氧化硫）、NO_2（二氧化氮）、CO（一氧化碳）年均浓度均达到历年最低水平，臭氧导致的中度及以上污染天数大幅减少。水环境质量方面，深入实施环境污染“3+1”综合治理工程，黄河干流水质稳定达标，出省断面水质稳定达到II类，水生态环境质量整体稳中向好，圆满完成国家和省定目标任务。土壤环境质量方面，河南省受污染耕地安全利用率、建设用地污染地块安全利用率均达到100%，重点建设用地安全利用得到有效保障。固体废物污染防治能力持续提高，2022年河南黄河流域新增医疗废物处置能力119.5吨/日，总量达487.1吨/日①。郑州、洛阳、许昌、三门峡、南阳、兰考等城市入选全国“十四五”时期“无废城市”建设试点名单。

（五）高质量发展水平进一步提高

着力推进绿色低碳发展，改变经济发展模式与经济增长方式，河南黄河流域经济高质量发展成效逐步显现。综合实力稳定提升。2022年，河南黄河流域生产总值达34955.03亿元，同比增长3.8%；一般公共预算收入2755亿元，同比增长6.4%②。产业转型升级步伐加快。一方面，做好传统产业节能降碳的“减法”，严格控制高耗能、高排放产业发展，建立“两高”项目会商联审机制，对不符合国家产业规划、产业政策、规划环评、产能置换和污染物排放区域削减要求的项目不予审批和办理环评等手续。另一方面，做好绿色产业培育壮大的“加法”，积极发展先进制造业和战略性新兴产业，据统计，2021年河南黄河流域9个省辖市和济源示范区的信息技术产业规模达5000亿元，流域内经认证的软件企业占全省的80%

① 《河南省交出2022年度环境保护成绩单》，http：//news.hnr.cn/snxw/article/1/1640217415695167490。

② 河南黄河流域9个省辖市和济源示范区《2022年国民经济和社会发展统计公报》。

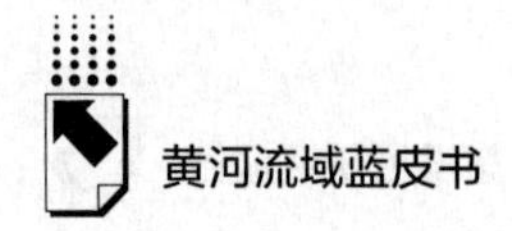

以上；新材料产业规模达到4000亿元，河南黄河流域内共培育千亿级产业集群12个[①]。创新引领作用增强。以郑洛新国家自主创新示范区为载体，创新资源加速汇聚，截至2022年底，河南黄河流域共有国家级工程技术研究中心15家，省级工程技术研究中心1962家，国家级重点实验室19家，省级重点实验室325家[②]。制定实施头雁企业培育行动方案和专精特新企业培育工程，河南黄河流域内有百亿级工业企业22家、头雁企业54家、专精特新"小巨人"企业153家[③]。水资源集约节约利用和能源利用高效化、低碳化、绿色化程度加深。全方位贯彻"四水四定"原则，全面实施深度节水，精打细算用好每一滴黄河水。在引黄受水区高标准农田内建成高效节水灌溉农田2360万亩，亩均节水69.87立方米，持续开展工业领域省级水效"领跑者"行动，实施地下水超采区综合治理，累计压采地下水5.06亿立方米[④]。水能、风能、光能等可再生能源开发利用步入快车道，至2022年12月底，河南黄河流域可再生能源新增装机856万千瓦，累计装机达4900万千瓦。可再生能源发电量823亿千瓦时，同比增长24.8%[⑤]。

（六）民生福祉获得新提升

民生保障进一步增强，居民生活水平得到进一步改善。财政支出结构不断优化，集中财力投向教育、卫生健康、城乡社区、社会保障和就业、住房保障等民生重点领域和关键环节，切实支持保障改善民生。家庭收入稳步增长，居民生活水平、生活质量进一步提高。2022年，河南黄河流域新增就业人口57.25万人，居民人均可支配收入30663.6元，同比增长5.4%；居民人均消费支出19560.9元，同比增长3.3%。教育、医疗卫生等公共服务水平持续提升，社保体系、社会救助制度不断完善，民生幸福感、安全感持续增强。2022年末，河南黄河流域共保障低保对象56.28万人。"两不愁三保障"脱贫成果

---

① 《科技创新推动黄河流域高质量发展》，https：//www.sohu.com/a/580590458_120109837。

② 河南黄河流域9个省辖市和济源示范区《2022年国民经济和社会发展统计公报》。

③ 《沿黄流域GDP占全省55.3%，培育千亿级产业集群12个》，https：//new.qq.com/rain/a/20220729A08VAD00。

④ 《河南省第二轮中央生态环境保护督察整改落实情况报告》，https：//www.henan.gov.cn/2023/02-24/2695156.html。

⑤ 《河南省第二轮中央生态环境保护督察整改落实情况报告》，http：//www.henan.gov.cn/2023/02-24/2695156.html。

得到持续巩固拓展，乡村振兴战略持续推进，广大农村地区特别是贫困落后地区所有人共享经济社会发展的繁荣成果。城乡融合发展趋势加快，河南黄河流域城市规模不断扩大，城镇化水平持续提高，城市集聚效应日益凸显。2022年末，河南黄河流域常住人口城镇化率为61.84%，比2021年末提高0.55个百分点[①]。人口和经济向中心城市和城市群集聚发展，郑州都市圈、洛阳都市圈等经济、人口承载能力不断提升，带动都市周边农村经济发展。

（七）黄河文化唱响新时代

黄河文化是中华民族的根与魂，河南黄河流域名胜古迹众多，珍贵遗产遗存丰厚，沉淀了厚重的黄河文化。围绕黄河文化的保护与开发，河南省接连推进重大考古项目开展和大遗址保护开发，“考古中国·夏文化研究项目”获批，二里头遗址等6项主动性考古发掘项目稳步开展，目前，黄河国家博物馆正在加快建设，仰韶村、庙底沟、黄河流域非物质文化遗产保护展示中心、大河村国家考古遗址公园等国家考古遗址公园已经建成开放，这些已建或在建国家考古遗址公园为展示黄河文化提供了重要窗口，让黄河文化更广泛、更有效地进行传播。扎实推进申遗工作，省级、国家级非物质文化遗产项目不断增多，其中皮影戏、剪纸、太极拳、农历二十四节气入围世界非遗名录库。黄河文化旅游品牌进一步叫响，河南融合文化与旅游开发了考古盲盒、“中国节日”等传统文化产品，让人们在游玩中汲取中华优秀传统文化的营养。黄河文化的时代价值得到发扬，一批讴歌黄河精神的优秀影视作品、画报书籍、音乐剧目、主题公园等不断涌出，将团结、务实、拼搏、奉献、开拓的黄河精神传承弘扬根植民心。河南成功打造了中国最大戏剧聚落群——河南·戏剧幻城，通过讲述关于“土地、粮食、传承”的故事，展现黄河文化、中原文化片段，让游客沉浸式体验河南深厚的历史文化和家国情怀。

二　河南黄河流域生态保护和高质量发展存在的问题与制约因素

虽然河南黄河流域生态保护和高质量发展取得了重要进展和成效，但对标中

---

① 此部分数据根据河南省及黄河流域9个省辖市和济源示范区《2022年国民经济和社会发展统计公报》整理分析所得。

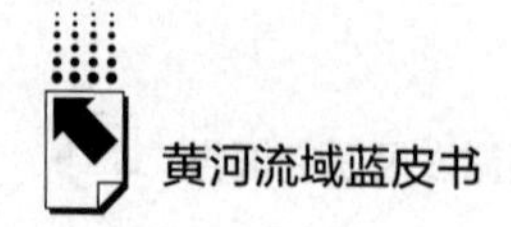

央和省委要求、对照人民群众对美好生态环境期待仍存在差距，河南黄河流域在推进生态保护和高质量发展方面仍然存在不少困难和问题，主要有以下几个方面。

（一）增速放缓增长动力不足

2022 年，河南省 GDP 为 61345 亿元，增速为 3.1%，略高于全国平均水平（3.0%）。河南各市 GDP 实际增速整体都不高，增速处于 1.0%~5.3%。河南黄河流域 9 个省辖市和济源示范区平均增长速度虽然高于全省平均水平，但是作为河南黄河流域龙头城市的郑州，其增长速度全省最低，仅为 1.0%。受疫情及灾害等因素影响，郑州在 2020 年、2021 年增速减缓，2021 年增速降低到 1%（见表 1）。

2022 年，郑州全市固定资产投资同比下降 8.5%，房地产开发投资同比下降 18.7%，基础设施投资同比下降 17.8%，全市社会消费品零售总额同比下降 3.3%，高技术产业增加值增长比 2021 年下降 12.5 个百分点，专利授权量同比下降 17.2%，新设立外商投资企业同比下降 45.1%。可以看出，当前全省经济恢复向好的基础还不稳固，部分行业和企业经营困难，就业压力较大，投资、消费、出口增长动力偏弱，开放型经济的整体实力不强，创新驱动能力不足，进一步推进高质量发展难度加大。

（二）“双碳”目标约束下绿色低碳转型压力较大

河南黄河流域制造业占比较大，能源消耗和碳排放量大，在“双碳”目标约束下，能耗“双控”工作力度不断加大。2022 年，河南省规模以上工业单位增加值能耗上升 0.1%，其中焦作、济源两地规模以上工业单位增加值能耗分别上升 1.6%、1.3%①。一些地方在制定“十四五”规划时没能充分考虑“双碳”目标的影响，计划在“十四五”投产达产的“两高”项目新增能耗超出新增用能空间。耐火材料、电解铝等高耗能行业主要集中在河南黄河流域，随着碳达峰碳中和行动的推进和严格控制“双高”项目措施的深入实施，这些行业转型发展的压力不断加大。

---

① 此部分数据根据河南黄河流域 9 个省辖市和济源示范区《2022 年国民经济和社会发展统计公报》整理分析所得。

表1　2022年河南黄河流域9个省辖市和济源示范区主要经济情况

城市	生产总值（亿元）	增速（%）	一般公共预算收入（亿元）	增速（%）	人均可支配收入（元）	增速（个百分点）	人均消费支出（元）	增速（%）	城镇化率（%）	增速（个百分点）	规模以上工业单位增加值能耗增速（%）
郑州	12934.7	1.0	1130.8	-7.6	41049.0	3.9	26484.0	2.0	79.40	0.30	-1.1
开封	2657.11	4.3	198.6	12.4	25945.0	5.6	20192.0	4.0	53.53	0.68	0.1
洛阳	5675.2	3.0	398.2	0.1	31586.0	4.5	22213.0	3.0	66.48	0.60	-4.8
安阳	2512.1	2.4	222.1	10.7	28457.8	4	17012.8	3.2	54.69	0.62	-2.2
鹤壁	1107.04	4.3	81.1	10.1	31029.9	5.7	18391.0	3.7	62.29	0.58	—
新乡	3463.98	5.3	227.3	9	28909.4	5.3	19100.8	5.2	59.01	0.62	1.9
焦作	2234.78	3.3	169.6	5.5	31474.0	4.6	21725.0	2.5	64.35	0.62	1.6
濮阳	1889.53	4.9	116.7	8.7	26263.0	6.1	15769.8	4.3	51.63	0.62	-0.7
三门峡	1676.37	4.6	139.0	2.4	28020.0	4.1	19028.0	2.0	58.61	0.58	-1.9
济源	806.22	4.4	66.8	13	33902.4	5.1	15694.1	3.3	68.40	0.30	1.3
河南省	61345.05	3.1	4261.6	2.1	28222.0	5.3	19019.0	3.4	57.07	0.62	0.1

资料来源：河南黄河流域9个省辖市和济源示范区《2022年国民经济和社会发展统计公报》。

（三）生态保护和修复任务依然艰巨

一些地方对生态环境保护和修复工作在思想认识和行动上仍存在偏差，没有能够深刻认识到生态保护和修复任务的艰巨性复杂性。河南黄河流域的湿地对改善黄河水质、保护生物多样性等方面有着重要作用，但目前对湿地的保护还不够，黄河湿地保护区的核心区、缓冲区内还存在一些鱼塘、养殖场等，黄河湿地等自然保护区保护与发展之间的矛盾还没得到稳妥解决，湿地占补平衡政策没能落实到位。矿产资源开采破坏生态环境的现象还存在，矿山开采生态修复治理任务完成不到位，历史遗留矿山亟待整治，任务艰巨。

（四）水资源供需矛盾依旧存在

水资源过度开发利用。据统计，黄河流域多年平均水资源总量 647 亿立方米，不到长江的 7%，水资源开发利用率高达 80%，远超 40%的生态警戒线①。黄河河南段供水区人均水资源占有量仅 275 立方米②，“守着黄河没水喝”是一些沿黄地区的真实处境。地表径流不足导致人们违规超采地下水，目前，在河南黄河流域已形成安阳—鹤壁—濮阳—新乡、武陟—孟州—温县、杞县—通许等三大平原区浅层地下水漏斗区，地下水超采量 14 亿立方米③。水资源集约节约利用意识不强，虽然也出台了节水行动方案，但大多为倡导鼓励性政策，刚性约束不强。各部门对缺水制约城市高质量发展的严重性认识不足，公众节水的意识和参与积极性不高。

（五）环境污染防治方面仍有短板

一是来自农业的面源污染治理还存在薄弱环节。农药和化肥是导致农业面源污染的重要来源，但目前河南省有关部门尚未建立有效的化肥、农药施用量统

---

① 《立足水资源禀赋加强黄河流域水资源保护》，https：//new. qq. com/rain/a/20221102A0390R00。

② 《协同发力奏响全域“黄河大合唱”》，https：//www. henandaily. cn/content/2021/1014/326457. html。

③ 《开封市关于第二轮中央生态环境保护督察整改落实情况的报告》，https：//www. sohu. com/a/660720813_ 121106991。

计体系，化肥、农药减量增效工作没能有效开展。二是部分城镇环境基础设施建设滞后，问题管网还没能全部得到改造，污水收集处理能力不足。一些地方的生活垃圾填埋场渗滤液积存量大，渗漏风险突出。农村生活污水处理设施还存在闲置现象，农村生活污水治理率较低。餐厨垃圾处理设施还不完善，餐厨垃圾收集处理水平不高。三是大气污染治理任务艰巨，对区域施工工地、生物质焚烧、餐饮（烧烤）、机动车淘汰、挥发性有机物（VOCs）治理亟待加强。

三　河南高质量推进黄河流域生态保护和高质量发展的建议

黄河流域生态保护和高质量发展是一个复杂的系统工程，非一日之功。当下的成绩来之不易，未来任重道远。进入新阶段，面对新形势、新要求和新任务，河南将继续在以习近平同志为核心的党中央领导下，深入践行习近平生态文明思想，牢固树立“绿水青山就是金山银山”理念，以推动高质量发展为主题，在黄河流域生态保护和高质量发展中奋勇争先，谱写新时代中原更加出彩的绚丽篇章。

（一）力保黄河安全，持续提高黄河水沙调控能力

保障黄河长久安澜是河南必须扛牢的政治责任，持续提升流域水沙调控能力是保障黄河长治久安的“牛鼻子”系统工程。未来，河南省将着力提升骨干枢纽水沙调控能力，不断完善小浪底和三门峡等水库调度方式，推动三门峡水库改造升级，持续优化水库调度方案；动态监测小浪底水库入库水沙的时空分布，提升水库排沙效率。优化水沙调控调度机制，加强与上下游省份水情、沙情信息的共享，提高洪水、泥沙监测预报能力，强化干支流、上下游联合调度。实施河道综合整治是保障黄河下游防洪安全的根本保障，为此，河南还将不断加强河道综合整治，强化河流岸线管控，持续推进黄河“清四乱”，建立完善的现代化治理体系。

（二）筑牢生态屏障，着力加强生态环境保护治理

不断强化水源涵养功能，对上下游、左右岸、干支流实施分区分类治理，

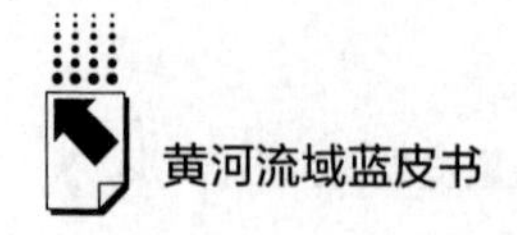

加强黄河流域的水土保持。通过强化黄河干流及伊河、洛河、伊洛河、青龙涧等主要支流水质保护，严格控制水环境功能区管理。加大对重点水体的治理力度，以落实“河长制”为抓手，对金堤河、涧河、天然渠、文岩渠等河流开展综合整治，加强入河排污口排查整治，进一步提升水体质量。实施区域大气污染联防联控，严格控制煤炭消费总量，坚决遏制“两高”项目盲目发展。加大清洁能源消纳利用，降低规模以上工业能耗强度，推动产业绿色转型发展，强化污染系统治理。重视农业面源污染源头治理，坚持综合治理、标本兼治，持续优化调整农业结构，推广有机肥替代，加强固体废物污染防治。通过实施生态廊道网络体系建设、森林河南建设和国土绿化提速行动“三大行动”，强化黄河生态廊道建设。着力建设绿色家园，因地制宜，加速推进森林城市、“无废城市”以及绿色低碳城市建设，统筹推进各地市园林绿化，持续加密街头游园和微型绿地公园。

（三）提升产业动能，全面推动一二三产高质量发展

河南将推动、引导沿黄城市根据当地资源、要素禀赋和产业基础，做强主导、特色产业，统筹抓好传统产业改造升级、新兴产业重点培育、未来产业谋篇布局。加快推进传统产业绿色转型，实施能效、水效“领跑者”行动，对标绿色工厂、绿色园区、绿色供应链，积极创建国家和省级绿色工厂和园区。坚持以创新驱动高质量发展，支持郑洛新国家自主创新示范区发挥核心载体功能和引领作用，不断加快以中原科技城为龙头的郑开科创走廊建设，花更大力气支持黄河保护治理、产业转型升级等方面的科技创新。强化人才支撑，实施制造业“智鼎中原”工程，重点引进和培育百名卓越企业家、千名核心技术人才、万名高级技工，柔性引进两院院士、长江学者等高端人才。加快数字赋能，加大数据归集和开放力度，丰富数据产品种类，推进数据要素市场化配置，建设一批数据应用示范场景，开展制造业企业“上云用数赋智”行动，建设一批数字化转型促进中心和支撑平台。

（四）加快技术创新，大力增强科技引领带动能力

习近平总书记指出，创新是发展的第一动力。未来，河南将继续高度重视创新发展，集聚社会各方力量，加速提升创新能效。持续强化企业的

创新主体地位，大力支持领军型企业、高水平科研院所和郑州大学、河南大学等省内重点高校共同牵头组建创新联合体，统筹多方力量，开展协同技术攻关，着力突破一批关键核心和“卡脖子”技术。在确保工业企业研发活动全覆盖的基础上，推动企业适时增加研发投入，高水平开展创新工作，扎实开展推进创新型企业树标引领行动。强化创新平台建设，积极争取国家重大科研平台和装置落地河南，做优做强省实验室体系，加速推进河南省科学院重建重振。强化体制机制创新，继续完善“揭榜挂帅”和首席专家为统领负责的项目组织实施机制，加快科技评价改革，加强知识产权保护和运用。

（五）着力扩大外资利用，高水平推进对外开放合作

“双循环”新格局下的对外开放是高水平对外开放，是开放程度和开放效能并举的对外开放。河南虽是内陆省份，但在开放平台、开放通道和开放口岸方面具有明显优势。因此，需以扩大外资利用为抓手，推动高水平对外开放。一方面，大力实施对外招商引资专项行动，以产业链整体招商、龙头旗舰企业招商和股权投资招商为重点，以更大力度吸引和利用外资。另一方面，大力发展口岸经济，高水平建设郑州国际陆港航空片区，加速省内港口资源重新整合，加快口岸、综保区等平台的集成能力，大力发展跨境电商，鼓励支持企业建设布局海外仓库。此外，还要着力打造法治化、市场化、国际化一流营商环境，深入推进“放管服”改革，出台针对当前形势的外资进入政策，全面落实与外资准入负面清单相适应的准入机制。

（六）强化基础设施支撑，奋力提升流域城乡综合承载力

未来一段时间内，河南可通过强化郑州、洛阳、南阳主副中心城市的引领作用，促进区域中心城市与周边协同发展和推动以县城为载体的新型城镇化建设，来构建河南黄河流域城乡协调发展新格局。通过构建便捷畅通的综合交通体系、低碳高效的能源支撑体系和引领未来的新型基础设施体系，来提高基础设施支撑能力。通过办好人民满意的教育、织牢公共卫生防护网、健全就业促进机制、稳步提高社会基础保障，来提升公共服务供给水平。强化改革开放创新“三力联动”，聚焦重点难点，持续深化重点领域改革，持续深化供给侧结

构性改革，提高供给体系质量和效率，发挥自贸试验区开放引领作用，放大各类开放平台联动集成效应，推进全方位、多层次、多元化开放合作。

（七）扎实推进乡村振兴，加快建设农业强省

农业是河南高质量发展的基底，也是推进河南黄河流域生态保护和高质量发展的潜力、优势所在。一要继续扛稳粮食安全重任，加速建设高标准农田示范区，发展高水平设施农业，做优做强特色农业。二要持续深化农村改革，大力发展乡村经济，壮大新型农村集体经济，稳妥推进农村宅基地制度改革试点，稳定完善帮扶政策，有效防止脱贫群众返贫。三是扎实推动科技强农，推动国家农机装备创新中心高质量发展，加速配备硬件、人才和科研项目等要素资源，加速整合农业科技力量，推动组建河南种业集团，创新乡村人才评价机制，释放农村创新活力。四是加快推进和美乡村建设，加大乡村基础设施建设力度，着力改善农村人居环境，建设田园乡村，持续完善乡村治理体系。

参考文献

何楠、李贵成：《科技赋能黄河流域生态保护和高质量发展》，《河南日报》2022 年 5 月 25 日，第 10 版。

河南省社会科学院课题组、王建国：《河南实施新型城镇化战略的时代意义和实践路径》，《中州学刊》2021 年第 12 期。

B.12

2022~2023年山东黄河流域生态保护和高质量发展研究报告

袁红英　张念明*

摘　要： 山东锚定“走在前、开新局”，立足新发展阶段，完整、准确、全面贯彻新发展理念，深入贯彻落实黄河流域生态保护和高质量发展。本报告通过分析山东深入推动落实黄河国家战略面临的任务和要求，剖析山东深入贯彻落实黄河国家战略的基础与优势，指出山东推动黄河国家战略发展所面临的沿黄区域产业发展质量有待提高、黄河流域区域协同合作亟须加强、黄河文化保护与开发力度仍需提升等发展问题，最后，从持续深化新旧动能转换、全面加强生态保护治理、大力传承弘扬黄河文化、推进区域协调发展等四个方面分析山东深入推进黄河国家战略的发展举措。

关键词： 黄河流域　生态保护　山东省

党的十八大以来，习近平总书记多次到山东视察工作，为山东经济社会发展把脉领航。习近平总书记系列重要指示要求，是新时代山东发展的目标定位，是山东现代化强省建设的全过程引领。山东锚定“走在前、开新局”，立足新发展阶段，完整、准确、全面贯彻新发展理念，坚持一张蓝图绘到底，努力在黄河流域生态保护和高质量发展上开展新实践、做出新探索。

* 袁红英，山东社会科学院党委书记、院长，研究员、博士生导师，主要研究方向为区域经济、产业经济；张念明，山东社会科学院经济研究所（生态文明研究院）所长（院长）、研究员，泰山学者青年专家，主要研究方向为区域经济、黄河战略。

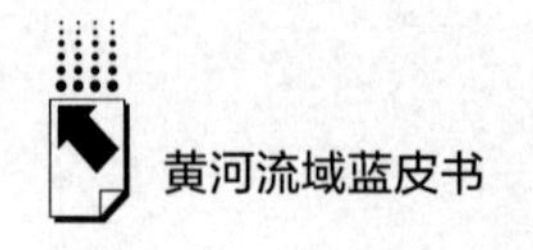

一　山东深入推动落实黄河国家战略面临的新形势与新要求

党的十八大以来，习近平总书记多次到山东视察工作，为山东经济社会发展把脉领航。2021 年 10 月，习近平总书记来到地处黄河下游的黄河三角洲，亲临现场视察黄河流域生态保护和高质量发展，再次对山东经济社会发展提出明确要求，“努力在服务和融入新发展格局上走在前、在增强经济社会发展创新力上走在前、在黄河流域生态保护和高质量发展上走在前，不断改善人民生活、促进共同富裕，开创新时代社会主义现代化强省建设新局面”。习近平总书记的重要指示，着眼全国大局、把握时代大势，为山东经济社会发展指明了方向、确定了任务。山东锚定“走在前、开新局”，立足新发展阶段，完整、准确、全面贯彻新发展理念，坚持一张蓝图绘到底，努力在黄河流域生态保护和高质量发展上开展新实践，做出新探索。

（一）“双碳”战略目标下亟须推动黄河流域绿色低碳转型

面对新形势和新要求，山东不断优化思路、完善政策，始终坚持新旧动能转换，坚持淘汰落后产能、改造提升传统动能、培育壮大新动能的总体思路，推动经济社会向绿色低碳、集约高效转型，助推黄河流域生态保护和高质量发展不断走向深入。然而，作为黄河流域的经济大省、开放大省，山东也面临“双碳”约束更加刚性、创新发展需求更加凸显、开放发展功能更加重要、融合发展诉求更加强烈等新的发展形势。黄河流域有很多传统产业经济，其中能源还是黄河流域的一个特点。黄河流域有很多的能源产业，特别是以煤为主的产业，同时在能源下游，衍生了很多高耗能的产业，火电、建材、钢铁，甚至煤化工又从源头上造成污染。这就是黄河流域面临的问题。下一步，要以能源转型革命为“牛鼻子”，带动黄河流域产业经济绿色转型发展。面对黄河流域创新发展新目标，新旧动能转换压力持续存在。沿黄地区经济发展面临较大的绿色低碳转型压力，流域内产业以资源型、重化型为主，产业集中度不高，大多处于产业链条中低端。面对国内外新发展格局下的市场竞争和黄河流域产业合作的新课题，黄河流域新旧动能转换的需求压力持续存在。传统产业转型升级压力大、新兴产业创新引领作用不够、高端要素资源集聚能力不强等方面，依然是制约黄河流域经济社会高质量发展的现实短板。

（二）突出山东在黄河国家战略中的龙头带动作用

习近平总书记对山东贯彻落实黄河国家战略寄予厚望，要求发挥山东半岛城市群龙头作用，推动沿黄地区中心城市及城市群高质量发展。山东作为黄河流域唯一沿海省份，拥有独特的区位优势和发展优势，如最便捷的出海口、经济实力强、产业门类全、集聚人口多、发展潜力大，东西贯通黄河流域广阔腹地，南北连接京津冀、长三角两大重要城市群，同时也是“一带一路”重要枢纽。山东半岛城市群是黄河流域发展动力格局“五极”之一，GDP、进出口总额等主要经济指标均居沿黄九省区首位，综合优势突出，辐射带动力强。发挥山东半岛城市群龙头作用，既要做强自身龙头地位，增强高端要素、优质产业、现代金融、先进功能等的集聚承载能力；也要发挥龙头引领和辐射带动作用，强化区域协作，促进要素、产业等向周边地区辐射，更好担当服务国家战略、带动区域发展、参与全球分工的职责使命。但首要任务是做大做强山东半岛城市群自身，进一步提升在黄河流域、全国乃至全球经济发展中的位势。山东强化使命担当，黄河国家战略政策支撑体系不断完善、黄河滩区生态治理与民生改善同步推进、黄河三角洲生态环境持续优化、山东半岛城市群“龙头”作用加快提升，推动黄河流域生态保护和高质量发展取得显著成效。在以中心城市和城市群为主要发展载体的流域高质量发展布局中，山东半岛城市群被赋予龙头定位。

（三）新旧动能转换助力黄河国家战略高质量贯彻落实

随着黄河流域生态保护和高质量发展战略的不断落实，新旧动能转换成果开始显现。黄河流域生态保护和高质量发展重大国家战略为新时代山东经济社会发展带来了难得的历史机遇，作为落实黄河战略的重要阵地，山东坚持不断守正创新、勇于探索，深入贯彻落实习近平总书记对山东工作的指示和要求。通过持续淘汰落后动能，培育壮大新动能，加大黄河流域生态保护力度，提升黄河流域高质量发展水平，新旧动能转换加速推进。现阶段，山东的能源消费总量和环境改善也依然面临重大挑战，火电、钢铁、电解铝、地炼等高碳行业企业多，2021 年每年煤炭消费总量约 4 亿吨，二氧化碳排放量约 9.5 亿吨，均居全国首位，应对气候变化工作压力较大。而2021年8月印发的《山东省能源发展“十四五”规划》提出，到2025年煤炭消费量要减至3.5亿吨，煤炭消费比重由66.8%下降到56%。在新发展格局下，应更加注重提升治理能力，重视科技创新的引领作用，在重要领域和关键环节提出具体举措、拿出具体方案，加快补齐基础性、关键性能力短板。

二　山东深入贯彻落实黄河国家战略的基础与优势

黄河流域生态保护和高质量发展，是事关中华民族伟大复兴的千秋大计，是重大国家战略。黄河流经山东省9个市、25个县（市、区），一路奔涌，东流汇入渤海。2021年10月，习近平总书记来到黄河入海口，实地察看黄河三角洲湿地生态环境，总书记指出，黄河三角洲自然保护区具有非常重要的生态地位，要做好保护工作，坚持生态优先、绿色发展，把生态文明理念发扬光大。山东省地处黄河下游，流域面积尽管不大，但是作为黄河流域唯一沿海省份，承担着黄河流域便捷出海通道、新亚欧大陆桥桥头堡的战略角色，也是黄河流域中经济实力强、产业基础好、人口集聚多、发展潜力大的重点省份。山东省在协同区域发展上具有重要地位，南北上是连接京津冀城市群、长三角城市群的中间纽带，东西上深入贯通黄河流域广阔腹地，由此山东成为黄河流域生态保护和高质量发展的重要承载区域。在深入贯彻落实黄河国家战略上，山东省在经济水平、人口资源、产业发展、对外开放等方面具有扎实基础和突出优势，山东半岛城市群龙头作用凸显。

（一）经济总量居前

改革开放以来，山东省主动融入国家开放大局，在党中央的正确领导下，不断深化经济体制改革，不断突破思想和体制束缚，实现了从粗放发展向集约发展转变，经济综合实力持续增强，发展质效稳步提升，成为我国重要的工业基地和北方地区经济发展的战略支点。在长期深耕经济沃土下，山东省经济总量在全国排名连续多年居前3位，2022年，全省GDP达到87435亿元，居全国第3，在全国GDP中占比为7.2%。在疫情防控新阶段，山东经济复苏态势良好，2022 年，全国 GDP 平均增速 3%，山东实现增速 3.9%，是前三经济大省中唯一超过全国均值的省份。分产业看，第一产业增加值 6298.6 亿元，增长 4.3%；第二产业增加值 35014.2 亿元，增长 4.2%；第三产业增加值 46122.3 亿元，增长 3.6%。

经济增长是高质量发展的重要支撑和基本前提。在稳定发展的经济基本盘上，山东省坚定践行总书记“发挥山东半岛城市群龙头作用，推动沿黄地区中心城市及城市群高质量发展”的要求，加强打造中心城市和城市群，持续推动“一群两心三圈”发展格局优化完善，加快建设济南新旧动能转换起步区，实施新一轮突破菏泽、鲁西崛起行动，省级新区加速起势，各地市实现了较好协同发展，经济发展不均衡得到改善。2022 年，省内经济总量第一名的青岛 GDP 为 14920.75 亿元，排名全国第 13 位，省内第 2 位的济南 GDP 为 12027.5 亿元，排名全国第 20 位，末位的枣庄 GDP 也达到 2019.04 亿元，使山东省成为继江苏之后，第二个实现各地市经济总量超过 2000 亿元的省份；除威海以外，山东各市 GDP 增速均超过全国平均增速，烟台为增长引领，GDP 增速达到 5.1%。区域协调发展持续改善，促使山东半岛城市群龙头作用愈加凸显。

财力支持是加快新旧动能转换和绿色低碳高质量发展的动力源，山东省财政运行保障有力。2022 年，一般公共预算收入 7104.0 亿元，还原增值税留抵退税因素后，同口径同比增长 5.3%；一般公共预算支出 12131.5 亿元，同比增长 3.6%。稳固财政收入保障下，山东省不断创新财政支持绿色低碳发展政策，如开展生态环境导向的开发（EOD）模式省级试点，建立“1+8”生态文明建设财政奖补政策机制，与河南签订《黄河流域（豫鲁段）横向生态保护补偿协议》，搭建起黄河流域省际政府间首个“权责对等、共建共享”的协作保护机制，落实完善省内流域横向生态补偿机制，扎实推动形成区域协同保护黄河生态新格局。

（二）人口资源富足

人口资源体现了区域的劳动力禀赋条件，特别是高质量人力资本是地区软实力的重要维度，对区域经济增长和竞争力提升具有重要意义。山东省是人口大省，人口数量居全国第 2 位，教育资源丰富、分配相对优化，使山东在劳动力总量和素质上均具有巨大优势。中央财经大学人力资本与劳动经济研究中心发布的《中国人力资本报告2022》显示，2020年，山东省劳动力人口平均受教育年限为10.78年，在全国排名第11位；劳动力人口中高中及以上受教育程度人口占比42.79%，在全国排名第14位，大专以上受教育程度人口占比22.4%，在全国排名第12位。采用经过改进的国际上广泛应用的Jorgenson-Fraumeni终身收入计算法，以货币为综合度量指标对中国人力资本进行估算，就2020年情况来看，全国名义人力资本总量按当年价值计算为3108.8万亿元，名义人均人力资本按当年价值计算为276.6万元，山东省名义人力资本总量和名义人均人力资本按当年价值计算分别为268.7万亿元和344.2万元，在所有省份中分别排第2位、第5位。

在全面提升人口素质的同时，山东省在高端人才建设上下多重功夫，牢牢扭住打造高水平人才集聚高地的“牛鼻子”，以“人才引擎”深入实施创新驱动战略，坚定不移地推动黄河流域生态保护和高质量发展。近年来，山东出台多项人才政策措施，制定“2+N”人才集聚雁阵格局建设总体方案，探索促进教育链、人才链和产业链、创新链有机融合机制，加快构建多层次全方位人才培养平台，加强人才培育选拔，扩大人才引进，提高人才使用质效，持续创新人才引育留用。根据山东省统计局发布的《2022年山东省国民经济和社会发展统计公报》，如表1所示，目前山东已建成涵盖博士后培养、高级技能人才培训等多层次人才培养平台共计1101个。对顶尖人才“一事一议”，对领军人才实施“筑峰计划”，着力提升“泰山”“齐鲁”人才工程品牌，加强战略科学家储备和培养，2022年底，山东省驻鲁院士121人，享受国务院政府特殊津贴专家3510人，国家级、省级领军人才5500余人，齐鲁首席技师1952人，“山东惠才卡”持卡人8353人，高技能人才371.9万人，“雁阵式”人才集聚格局初步形成，科技领军人才和创新团队数量质量提升显著。

表1　2022年主要人才培养平台数量

单位：个

指标	数量
博士后科研工作站	393
博士后创新实践基地	452
国家级高技能人才培训基地	43

续表

指标	数量
国家技能大师工作室	49
省级人力资源服务产业园	24
齐鲁技能大师特色工作站	140

资料来源：山东省统计局。

（三）产业体系完善

改革开放以来，尤其是中国加入 WTO 以后，山东省长期深度参与全球价值链，在承担全球生产分工中充分挖掘自身在资源禀赋、生产要素和地理位置等方面的比较优势，促进产业发展迅速。目前，山东省第一产业产值规模大、产业化程度高，第二产业逐步形成以能源、化工、冶金等为支柱产业的工业体系，第三产业现代化水平不断提高，就业吸纳能力稳步增强。山东省产业结构优化稳步推进，2022 年三次产业结构为 7.2∶40.0∶52.8，工业经济回升明显，服务业发展提质增效。值得一提的是，长期深耕工业基础下，山东拥有全部 41 个工业大类、197 个工业中类、526 个工业小类，是全国工业基础最雄厚、门类最齐全的省份之一，产业链条延伸带动产业配套建设持续完善，工业结构持续升级。

从 2018 年起，为了促进经济增长向绿色低碳高质量发展道路迈进，山东省开始全面实施新旧动能转换工程，通过淘汰落后产能、升级传统基础产业、培育高质量新动能来推动产业结构优化，以新产业、新技术激发经济发展活力，全面提升产业效能。深耕新旧动能转换领域五年之后，山东交出了亮眼的成绩单：传统产业升级加速，累计治理了逾 11 万家“散乱污”企业，顺利完成水泥、焦化、粗钢等能耗和碳排放双高产能的压减任务，整合转移地炼产能，为发展新产能腾出宝贵空间；同时，实施投资 1.3 万个 500 万元以上的工业技术改造项目，培育了 223 家国家级绿色工厂，产业提级绿色增效显著。新兴动能增势强劲，2022 年山东新能源、新材料、高端装备等“四新经济”实现经济增加值占比 32.9%，同比增长 1.2%，截至 2022 年 3 月，高端装备制造业增加值近五年实现年均增长 25%以上，雪蜡车、“国信 1 号”养殖工船、己二腈制备、磁悬浮真空泵、高热效率柴油机等一批山东高端制造好品填补了国内空白。产业结构转型蝶变之下，山东大力支持科技创新型企业发展，培育国家级制造业单项冠军145家，专精特新“小巨人”企业756家，数量分别居全国第2位、第3位；通过实施标志性产业链突破工程加快提升产业链供应链现代化水平，打造了11条世界级产业链，支持超过200家产业生态主导型企业成长为产业链“链主”，推动7个优势产业集群入选全国首批战略性新兴产业集群，积极布局建设磁悬浮、元宇宙、空天信息等未来产业示范园区。

山东省以新旧动能转换为切入点对接黄河流域生态保护和高质量发展重大国家战略，推动沿黄县市坚决淘汰落后产能，大力引进现代化产业项目、吸引高端人力资本汇聚、加强绿色技术创新应用，加快培育新一代信息技术、新能源新材料、高端装备等“十强产业”。新旧动能转换启动以来，如图1所示，山东省“四新”经济增加值占地区生产总值比重从2018年的24.5%提升至2021年的31.7%，增幅7.2个百分点；高新技术产业产值占规模以上工业产值比重从36.9%提高至46.8%，增幅近10个百分点。截至2022年，沿黄9市高新技术企业数量近9000家，比2019年增长96%，创新驱动沿黄区域经济社会发展质量实现全面提升。

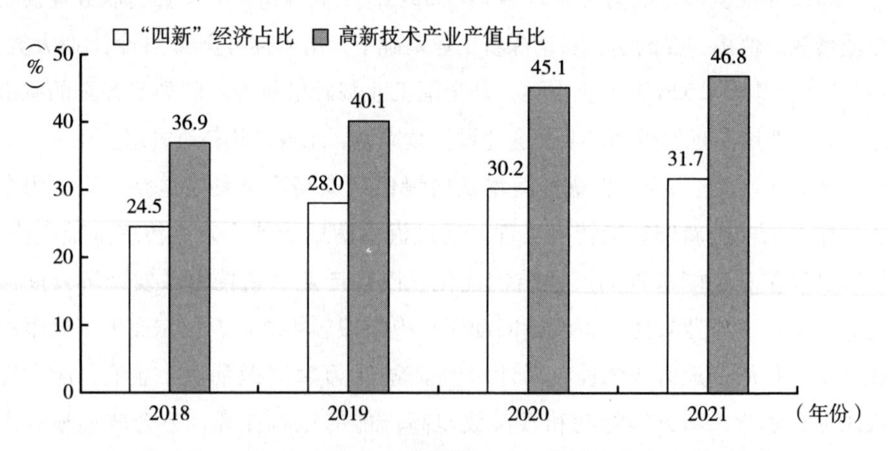

图1　2018~2021年山东省“四新”经济及高新技术产业产值占比

资料来源：山东省统计局。

（四）沿海开放优势明显

山东省是连通我国南北方经济增长、牵引中西部地区开放发展的重要战略节点，也是黄河流域唯一出海口，海岸线长度3345公里，占全国的1/6，海域面积近16万平方公里，拥有青岛港、日照港、烟台港3个吞吐量超4亿吨的大港，在黄河流域发挥东西互济、陆海联动开放作用的优势明显。自党的十八大以来，山东省进出口总额增长89.1%，实际使用外资总额增长85.2%，2022年，山东进出口总额达3.3万亿元，居全国第6位，占全国进出口总额比重近8%，实际使用外资228.7亿美元，占全国实际使用外资总额比重为12.1%。山东参与经济全球化历史悠久、程度较深，具有较强的全球资源要素集聚配置能力，在实现全方位开放布局、构建高能级开放平台、进行国际经贸高水平合作上具有突出发展势能。

在加快构建“双循环”新发展格局进程中，山东省发力高水平对外开放提档升级，推动内外贸一体化发展。在融入外循环中，积极探索自贸试验区建设机制创新，累计获得304项制度创新成果，制度优化促进资金融通更加便利，推动开放质效提升，自贸试验区实际使用外资年均增长率达到61.4%；开展跨境电子商务综合试验区扩能行动，建设跨境电商保税直播基地，推动跨境电商仓储、物流节点优化，支持企业发展直播销售等多元化电子商务渠道，力争3年内培育10家以上出口过亿的市场主体、累计带动国内货物出口500亿元以上；推进“一带一路”建设，2022年齐鲁号中欧班列累计发行2057列，相比2018年增长了10倍，直达“一带一路”沿线24个国家55个城市，城市间线路扩增到53条，运营线路、开行规模和运行质量均居国内前列。坚持推动内外循环双向互促，以“山东手造”为切入点，完善“好品山东”遴选标准体系、评价体系，鼓励手造产品出口，形成具有山东特色的出口品牌影响力；深化综合保税区与自贸试验区统筹发展，优化自贸试验区内综合保税区布局，完善发展山东大宗商品交易中心，上线铁矿石、氯化聚乙烯等十余种大宗商品，形成了具有全国影响力的交易中心节点和电子仓单金融服务平台等。凭借自身经济开放的辐射优势，山东完全有能力打造黄河流域对外开放新高地，推动陆海统筹、内外联动、东西互济的对外开放新格局加快形成。

三　山东推动黄河国家战略发展面临的主要问题

山东省是黄河流域唯一河海交汇区，是黄河流域内人口、经济、文化大省，

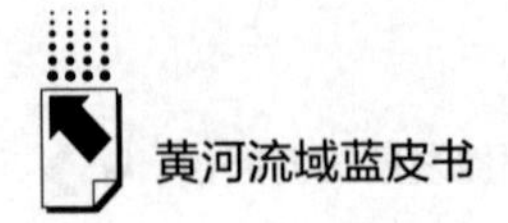

是下游生态保护和高质量发展的主战场。近年来，山东省围绕推动黄河国家战略发展开展大量工作，黄河干流山东段的水质超过黄河流域平均水平，流域内生产生活方式绿色转型成效显著，生态系统稳定性明显增强，取得了优势和成绩，但在产业高质量发展、区域协同合作、文化保护与开发等方面仍面临发展困境。

（一）沿黄区域产业发展质量有待提高

黄河流域生态保护和高质量发展应注重以提升产业发展质量为核心的增长，产业发展质量的提升对流域高质量发展具有重要意义。山东省是黄河流域经济大省，农业现代化发展走在全国前列，形成了以能源、化工、机械等支柱产业为主体的现代工业体系，近年来，从新旧动能转换综合试验区，到黄河流域生态保护和高质量发展，再到绿色低碳高质量发展先行区，在三大重任下，山东省积极推动传统产业升级，推进新兴动能崛起壮大。然而，从产业结构来看，山东省传统产业占比高达70%，沿黄九市产业呈现重化产业和传统制造业为主导的特征；同时，科技创新对产业高质量发展驱动力不足，由以劳动力、土地、资源、能源等要素驱动为主向以数据、知识、技术等创新驱动为主的产业模式转变过程较为缓慢，通过创新驱动推动传统产业向高端化、绿色化、智能化方向升级存在一定制约。

图2显示了2021年山东省沿黄九市生产总值构成情况，山东省沿黄区域不同城市间产业发展水平存在不协调问题，一、二、三产业增加值存在明显差距，具有一定的产业同构现象。

如图3所示，第一产业比重除济南市、淄博市和东营市外，其他6个城市均明显高于全国和全省水平；第二产业比重除济南市、聊城市和泰安市略低于全国和全省水平外，其他城市都高于全国和全省水平，东营市第二产业占比高达57.8%；第三产业除济南市较为突出外，沿黄其他城市均低于全国和全省水平，淄博市第三产业占比仅为46.3%。由此反映出，山东沿黄九市第二产业仍占据较大比重，沿黄区域产业结构和层次较低，先进制造业和现代服务业发展有待加强，产业结构转型升级和现代化产业体系建设空间巨大。如何利用自身资源禀赋并借助流域环境区位优势，形成和发展新技术、新产业形态以及新产业集群，促进传统产业绿色智能升级，提高产业发展质量，是黄河流域实现高质量发展需要突破的现实问题。

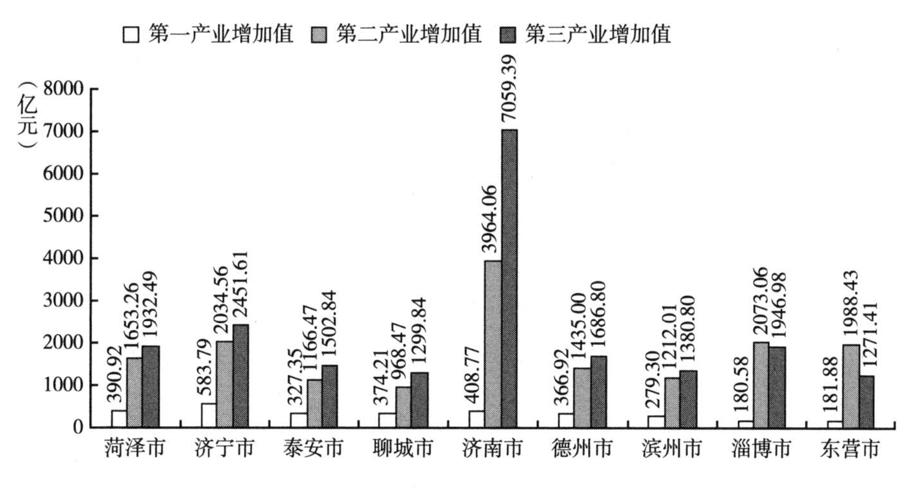

图2　2021年山东省沿黄九市生产总值构成情况

资料来源：《山东省统计年鉴（2022）》。

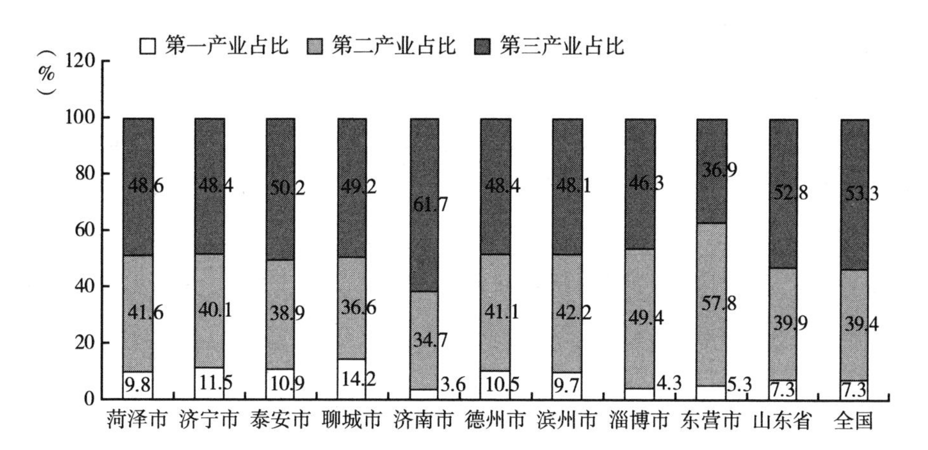

图3　2021年山东省沿黄九市产业结构比重

资料来源：《山东省统计年鉴（2022）》。

（二）黄河流域区域协同合作亟须加强

黄河流域作为一个有机整体，流域各地区高质量发展不能封闭自我发展，需要流域内不同区域的各类主体积极融入广阔的流域环境，在开放和共享的道路上共同推动，区域协同合作是黄河流域高质量发展的重要驱动力。自黄河战略上升为国家战略以来，为促进流域一体化和区域协同发展，山东省采取共建合作平台、推动产业协作、搭建战略联盟等一系列举措，然而省内黄河流域区域间仍未形成成熟高效的协同合作机制。山东省内沿黄城市的资源禀赋、区位条件、政策环境和产业基础不同，城市规模、综合实力、开放程度等方面存在差距，这就导致各区域间形成相互联系的合作网络格局存在难度，区域协同合作力度不够。沿黄地区区域协作机制有待完善，区域间市场衔接、政策互惠、产业协作、人才交流和文化通融没有形成相应的制度牵引，地方政府在推动经济发展过程中仍以竞争为主，在推动产业和空间的交流与合作上不充分，物质、人才、社会资本等要素交流较少，在推动区域间资源整合及优化配置上存在一定局限性；重大基础设施联合建设和开放合作平台未实现互联互通，产业协作政策、科技合作政策、技术文化交流机制缺乏系统性和协同性。其中，产业跨区域协同发展是区域协同发展的核心议题，也是区域协同合作的关键支点，当下山东省沿黄地区的跨区域产业协同发展体制机制还不健全，部分地区跨区域产业协同效果不显著，地区之间产业质量参差不齐、跨区域产业布局存在“路径依赖”等深层次问题，黄河流域各区域在推进区域间产业有序转移承接合作、创新链和产业链衔接联动、优化跨区域协同创新共同体、培育分工协作的产业集群等方面尚未真正发挥自身比较优势。如何健全区域协同合作互助机制，深入开展黄河流域城市间对口交流，促进各地区以开放包容的态度与其他地区交流合作，推动经济活动的交流和发展成果的共享，是形成高质量发展合力的重要课题。

（三）黄河文化保护与开发力度仍需加大

山东沿黄地区人文荟萃，千百年来汇集大量古建筑、碑刻、堤坝、渡口、遗址，形成独有的风土人情、风俗习惯和民间艺术等丰富的文化资源，非物质文化遗产资源分布密集。统计显示，山东省内国家级非遗项目103项，省级非遗项目307项，市级非物质文化遗产1500项以上，县级非物质文化遗产3000多项，均占全省总数的50%以上，数量多，具有较大的保护利用价值、开发价值潜力。然而，在黄河文化保护方面，随着城市化进程的不断加快、房地产事业的快速发展和创造商业利益的驱使下，沿黄地区部分古老建筑、遗址乃至黄河大堤的古树、植被等文化资源受到不同程度的人为破坏，后期对这些不可再生文物资源的修复工作存在一定难度且进展缓慢。在黄河文化挖掘和开发方面，全省流域文化资源全面整合和统一规划有待理顺，开展黄河流域文化资源整合和综合分析缺乏科学的计划和步骤，对每个黄河文化元素的象征意义和特点的深入剖析与宣传弘扬力度尚有较大提升空间。同时，省内沿黄各地区文化资源特色突出，但文化产业发展还停留在较低层次，拥有文化资源的单位疏于开发，区域文化产业带尚未完全形成，历史文化资源的市场价值和产业价值还没有充分挖掘。尽管黄河流域星罗棋布、各具特色的文化遗产为区域文化发展提供了优越条件，为黄河文化旅游带建设奠定了丰富的资源基础，但依托于黄河文化的文旅产业发展不够充分，文旅平台建设数量有限，省内沿黄各市县大多独立发展文化旅游业，没有形成跨区域的黄河文旅项目和文化消费场景，在把握丰沛的黄河文化资源推动文旅资源转变为经济社会发展优势方面仍有较大提升空间。此外，黄河文化的保护和开放管理机制需要加强完善，山东省沿黄各地区的宣传部门、行政主管单位、国有文旅单位和企业等不同主体未形成系统的协作机制，多头管理的问题仍然存在。只有全面系统地挖掘和梳理黄河文化资源，促进黄河文化创造性转化、创新性发展，推动山东省沿黄地区文化产业、旅游产业做大做强，才能有效发挥黄河文化在推动生态保护、经济发展、社会进步等方面的重要作用。

四　山东深入推进黄河国家战略的关键举措

深入推进黄河流域生态保护和高质量发展重大国家战略是一项长期的历史任务，是一项“牵一发而动全身”的复杂系统工程。黄河重大国家战略实施以来，山东省委、省政府牢记习近平总书记谆谆嘱托，强化使命担当，发挥比较优势，以“发挥山东半岛城市群龙头作用”作为推进黄河重大国家战略的主线，以生态保护和高质量发展两个关键领域作为施政重点，持续深化新旧动能转换、全面加强生态环境保护治理、大力传承弘扬黄河文化和着力推进区域协同发展，充分发挥山东半岛城市群龙头作用，在服务黄河战略中展现山东的担当和作为。

（一）持续深化新旧动能转换，加快发展方式绿色转型

山东正处于由大到强战略性转型时期，肩负建设新旧动能转换综合试验

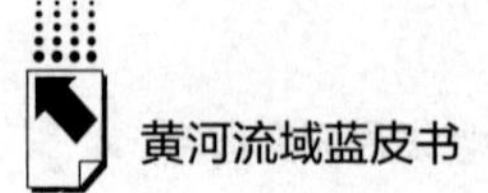

区、推进黄河流域生态保护和高质量发展和打造绿色低碳高质量发展先行区三大历史任务。自2022年8月以来，山东以打造绿色低碳高质量发展先行区为抓手，深化新旧动能转换，着力探索现代化产业体系，将带动整个黄河流域发展方式的绿色转型。

一是持续优化传统产业。山东加快推进绿色低碳高质量发展先行区建设，纵深推进新旧动能转换，重点聚焦冶金、化工、机械、建材等六大传统优势产业的绿色低碳转型升级。2022年启动实施“万企转型”“万项技改”行动，助推企业生产工艺革命、产品精深加工和绿色低碳转型，推动实施投资500万元以上工业技改项目1.3万个。

二是发展壮大新兴产业。山东充分利用传统制造业产业基础雄厚和“专精特新”高新技术产业资源丰富的比较优势，推动制造业高端化和智能化转型升级。新一代信息技术、高端装备、新能源新材料等“十强”产业日益呈现高端化、集群化发展态势，实施先进制造业强省计划，高端医疗器械等产业集群被纳入国家创新型产业集群试点。实施标志性产业链突破工程，高标准打造了11条标志性产业链。2022年山东“四新”经济增加值占比稳步增长，“四新”经济投资占比超过一半，高技术制造业增加值比2021年增长14.4%，其中以锂离子电池制造、集成电路制造、电子专用材料制造等新能源新材料相关行业增长最为迅速。

三是积极推进绿色发展。山东锚定“走在前、开新局”目标和重点任务，全面开展新型能源体系建设行动，加快推进清洁能源“五大基地”建设，计划落实能源转型发展“九大工程”，谋划推动碳达峰十大工程，海阳核电二期工程开工，渤中A海上风电、沂蒙抽水蓄能电站建成投运。2022年山东可再生能源发电装机容量7210.9万千瓦，占电力装机容量的38.0%，比2021年提高4.3个百分点；光伏、生物质发电装机容量分别居全国首位和第2位。

（二）全面加强生态保护治理，推进人与自然和谐共生

深入推进黄河重大国家战略的首要任务是不断加大生态环境保护和治理力度。一直以来，山东省委、省政府高度重视沿黄地区的保护和发展，注重强化系统治理思路，以前所未有的力度抓环保、优生态，坚持人与自然和谐共生的理念，污染治理成效明显，生态保护修复有力有效，协同推进减污、降碳、扩

绿、增长，为高质量发展注入“绿色动能”。

一是黄河生态保护迈出坚实步伐。2022年山东省出台《支持沿黄25县（市、区）推动黄河流域生态保护和高质量发展若干政策措施》，积极开展山东段黄河流域生态保护“十大行动”，对9个生物多样性保护优先区域开展本底摸查，并建成10个生物多样性养护观测站，积极推进黄河三角洲生态环境定位观测研究站建设。坚持“以支保干”，扎实推进了北大沙河、浪溪河、南大沙河等6条黄河流域重要支流“一河口一湿地”建设。济南市市中区、历城区，青岛市崂山区、城阳区等8个县区入选全国第六批生态文明建设示范区，数量位居全国第二，威海市好运角、德州市齐河县成功入选全国“绿水青山就是金山银山”实践创新基地。

二是治污攻坚重点任务扎实推进。山东系统化推进黄河流域大气污染综合治理、黄河流域排污口专项整治、黄河流域“清废”、黄河三角洲生物多样性保护等行动，加快构建“一山两水、两域一线”的生态格局。实施细颗粒物与臭氧污染协同治理行动，督促推进全省36个县（市、区）完成“两清零、一提标”任务。开展汛前河湖水质超标隐患排查整治和冬春季水质保障行动，启动南四湖流域农业面源污染综合整治，进行黄河流域入河排污口整治。2022年，全省环境空气质量达到有监测记录以来最好水平，地表水国控断面优良水体比例超过80%，南四湖和东平湖流域国控断面优良水体首次达到100%。

三是黄河安澜屏障筑牢夯实。山东编制沿黄生态廊道建设规划，全力打造黄河下游生态廊道，加快建设黄河口国家公园、黄河国家文化公园和修复沿黄湿地。基本完成南四湖湖东滞洪区和小清河防洪综合治理工程。构建抵御自然灾害防线，开展智慧水利建设，搭建“智慧黄河”数字化平台。进一步完善和提升引黄灌区的农业节水工程，加强高耗水行业的用水定额管理，加强重大项目的水资源论证。推进全省和沿黄地区深度节水控水和提升水资源集约节约利用水平。

（三）大力传承弘扬黄河文化，打造文化“两创”新标杆

加强黄河文化传承弘扬是深入推进黄河重大战略的前提和基础，也是坚定文化自信、实现文化强国建设的重要路径。齐鲁文化底蕴深厚、内涵丰富，能够充分展现黄河文化的多元化和多样性。山东省致力于加大沿黄地区黄河非物

质文化遗产传承和保护的力度，打造具有国内外影响力的文化旅游廊道，创新黄河文化传承弘扬新模式。

一是推进黄河文化遗产系统保护。山东陆续出台实施《山东省黄河流域非物质文化遗产保护传承弘扬规划》等政策措施，意在进一步提升黄河非物质文化遗产的系统性保护水平。打造“河和之契：黄河流域、大运河沿线非物质文化遗产展示周”“二十四节气活态传承和利用”等非遗保护特色品牌，推进“山东手造”非遗工坊和进景区建设。通过山东省非物质文化遗产月等活动，加强黄河非遗展演展示推广；加强黄河非遗区域性保护，全面摸清黄河流域非物质文化遗产资源分布状况和保护现状，打造了一批黄河流域文化生态保护区。

二是探索黄河文旅融合新型路径。山东推出“黄河入海非遗之旅”“滟滟黄河丹青画卷”等多条非遗主题旅游线路，着力打造儒学研学之旅、黄河记忆乡愁之旅等精品文化旅游线路和黄河文化教育基地和文创产业园区。同时，加快“智慧黄河”“数字黄河”项目建设，打造黄河非物质文化遗产数字平台，实现数字资源整合和共享。

三是挖掘文化活态传承创新模式。深度挖掘黄河文化的山东符号，创新性运用美术创作、精品短片、舞台艺术、展览展示、交流推介和文艺活动等多样化形式，演绎千百年黄河文化积淀和历史故事，以及近年来沿黄区域取得的历史成就和新时代黄河故事。着力推动黄河主题文艺创作，涌现以黄河滩区村民整体迁建为题材的吕剧《一号封台》，以粮食安全和黄河战略为主题的柳子戏《大河粮仓》等一大批优秀文艺作品。同时积极参与文旅部“黄河文化主题美术创作工程”，举办山东省旅游发展大会、中国（曲阜）国际孔子文化节等重要节会。

（四）推进区域协调发展，打造流域对外开放新高地

山东作为经济大省和黄河流域唯一的沿海大省，区位优势显著，是黄河流域生态保护和高质量发展不可或缺的重要区域。山东主动担当、狠抓落实，加强与沿黄各省区之间的同频共振和联动发展，携手推进基础设施互联互通、重点产业协同联动、生态领域联防共治，共同推动形成东西双向互济、陆海内外联动的黄河流域开放新格局。

一是打造沿黄高质量发展标杆。山东牢记习近平总书记重要嘱托，进一步落实新型城镇化战略，抓好烟台、潍坊等国家城市更新行动试点，加快省级试点城市和试点片区建设。充分发挥山东半岛城市群在黄河流域生态保护和高质量发展中的龙头作用。不断提高济南、青岛两大中心城市的能级，积极推进省会、胶东、鲁南三大经济圈的协同一体化发展，着力促进山东省内沿黄市县区与其他沿黄八省区之间的区域协同合作，加快构建“一群两心三圈”区域经济布局，推动形成沿黄地区共促高质量发展的强大合力。

二是提高陆海统筹开发水平。山东拥有黄河流域唯一出海口，是黄河流域对外开放的门户，山东积极打造海洋经济发展新亮点，建设海洋科技成果转化中心，把船舶和海工装备产业链作为重点突破产业链之一，全力打造“山东海工”品牌，烟台蓬莱区全力打造海工装备制造全产业链集群。构建起辐射沿黄，通达中亚、南亚、欧洲的多式联运物流大通道，加强港口基础设施能力建设，不断完善港口服务功能，不断提升青岛和日照港口能级，打造山东半岛世界级港口群。

三是畅通沿黄区域协作渠道。坚持内外联动，组建黄河流域自贸试验区联盟，牵头建立黄河经济协作区联席会议制度。沿黄跨省区合作机制持续扩容，打造国内大循环战略支点、国内国际双循环战略枢纽，统筹建设沿黄互联互通大通道，不断强化山东向海开放的腹地辐射力，打造对外开放新高地。与河南省签订了黄河流域（豫鲁段）横向生态保护补偿协议，率先建立了黄河流域省际横向生态补偿机制。山东发起并举办了2022年首届黄河流域戏曲演出季，并成立了沿黄九省区戏曲发展联盟，为沿黄戏曲艺术交流合作、传承发展搭建了新平台。创意策划了“沿着黄河遇见海”新媒体联合推广活动。

参考文献

习近平：《在黄河流域生态保护和高质量发展座谈会上的讲话》，《求是》2019年第20期。

安树伟、李瑞鹏：《黄河流域高质量发展的内涵与推进方略》，《改革》2020年第1期。

金凤君：《黄河流域生态保护与高质量发展的协调推进策略》，《改革》2019年第

11期。

陆大道、孙东琪：《黄河流域的综合治理与可持续发展》，《地理学报》2019年第12期。

倪克金、刘修岩、张蕊、梁昌一：《城市群一体化与制造业要素配置效率——基于多维分解视角的考察》，《数量经济技术经济研究》2023年第4期。

孙久文、陈超君、孙铮：《黄河流域城市经济韧性研究和影响因素分析——基于不同城市类型的视角》，《经济地理》2022年第5期。

叶连广、何雄浪、邓菊秋：《产业联动网络促进区域高质量一体化发展的效应研究——以长江经济带城市群为例》，《经济纵横》2023年第1期。

生态保护篇

Ecological Conservation Reports

B.13 宁夏黄河流域山水林田湖草沙系统治理路径选择*

吴月　张宏彩**

摘　要： 宁夏是全国唯一全境基本属于黄河流域的省区，扎实推进黄河流域生态保护和高质量发展先行区建设具有可推广、可复制、可借鉴的现实意义，统筹推进山水林田湖草沙系统治理，筑牢西部生态安全屏障，是建设经济繁荣、民族团结、环境优美、人民富裕美丽新宁夏的重要路径选择。本文通过查阅资料、实地调研，基本厘清了宁夏境内山林资源、水资源、林草资源、沙资源、农田人工生态系统的分布范围、面积等现状，分析了宁夏统筹山水林田湖草沙系统治理主要存在的问题，包括：生态环境本底比较脆弱、生态投入力度不足、贺兰山矿山生态修复难度大、水资源短缺且利用率低下、水土流失防治任务艰巨、

* 本文为基金项目“统筹水资源、水环境、水生态治理的西部民族地区经济发展研究”的阶段性研究成果。

** 吴月，博士研究生，宁夏社会科学院研究员，主要研究方向为水生态保护、生态经济；张宏彩，宁夏社会科学院助理研究员，主要研究方向为地方立法、生态环境法。

土壤盐渍化治理不容忽视、草场退化、荒漠化及沙化面积占比大、环境污染严重等。因此，本报告提出以“山水林田湖草沙生命共同体”理念为指导，通过加快统筹谋划、搞好顶层设计、整体施策，加大生态投入力度，积极推进节水型社会建设，持续推进国土绿化工程、加快构建生态廊道，增加林草覆盖度、助推防风固沙示范区建设，推进环境污染治理率先区建设，加强生态法治建设等路径选择，统筹推进宁夏黄河流域山水林田湖草沙系统治理。

关键词： 生态治理 山水林田湖草沙 黄河流域 宁夏

2013年，党的十八届三中全会首次提出山水林田湖是一个生命共同体；2017年，中央深改组会议首次提出坚持山水林田湖草是一个生命共同体；2020年8月，中央政治局会议提出统筹推进山水林田湖草沙综合治理、系统治理、源头治理，可见新时代我国生态文明建设的内容不断丰富，治理难度更大、范围更广。习近平总书记在河南郑州召开黄河流域生态保护和高质量发展座谈会上强调，要坚持“绿水青山就是金山银山”的理念，坚持生态优先、绿色发展，以水而定、量水而行，因地制宜、分类施策，上下游、干支流、左右岸统筹谋划，共同抓好大保护，协同推进大治理，让黄河成为造福人民的幸福河，黄河流域生态保护和高质量发展上升为国家战略。习近平总书记两次视察宁夏时指出要统筹山水林田湖草沙系统治理，为宁夏构筑西部生态安全屏障指明了方向，为宁夏黄河流域生态保护和高质量发展先行区建设明确了生态建设目标。“十四五”时期是建设黄河流域生态保护和高质量发展先行区的关键时期，也是实现碳达峰碳中和的攻坚时期，宁夏要抓住战略机遇，攻坚克难持续推进山水林田湖草沙系统治理，改善区域生态环境，为建设环境优美新宁夏贡献力量。

一 宁夏黄河流域山水林田湖草沙现状

黄河发源于青藏高原巴颜喀拉山脉北麓卡日曲，全长5464公里，流域总面积79.5万平方公里。黄河流经九省区，流域面积由高到低分别为青海、内蒙古、甘肃、陕西、山西、宁夏、河南、四川、山东（见表1），其中，宁夏是全国唯一全境基本属于黄河流域的省区。因此，将宁夏作为黄河流域生态保护和高质量发展先行区建设具有先行先试的优势条件。黄河流域宁夏段是我国生态安全战略格局“黄土高原——川滇生态屏障”的重要组成部分，是我国西部重要的生态安全屏障区，保护黄河安澜是中华民族伟大复兴的千秋大计，也是实现区域生态保护和高质量发展的重中之重。

表1　黄河流域九省区面积

项目	青海	四川	甘肃	宁夏	内蒙古	陕西	山西	河南	山东
流域面积（万平方公里）	15.22	1.70	14.32	5.14	15.10	13.33	9.71	3.62	1.36
占比(%)	19.15	2.14	18.01	6.47	18.99	16.77	12.21	4.55	1.71

宁夏跨我国东部季风区和西北干旱区，西南靠近青藏高寒区，属温带大陆性干旱半干旱气候。全区降水分布不均匀，南湿北干，降雨量小且年际与季节变化大、蒸发强烈，导致全区干旱少雨、缺林少绿，生态环境脆弱。境内山峰迭起，平原错落，丘陵连绵，沙丘、沙地散布，地形呈南北狭长展布，地势南高北低、西高东低，地貌类型多样（见图1）。

（一）山林资源

宁夏的山地有贺兰山、六盘山、卫宁北山、牛首山、罗山、青龙山等，海拔1500~3500米，属中低山地，面积1.39万平方公里。

贺兰山地处宁夏北部，南北长220千米，东西宽20~40千米，一般海拔在2000米以上。总体呈东北—西南走向，西侧坡度和缓、东侧坡度陡峭，南段山势较缓、北段山势较高。主峰敖包疙瘩，海拔3556米。贺兰山横亘于我国西北地区，不仅削弱了干冷的西北季风东袭，也阻挡了暖湿的东南季风西进，同时又遏制了腾格里沙漠南侵，是我国一条重要的自然地理分界线，是维护宁夏平原乃至西北、华北平原重要的生态安全屏障。贺兰山东西两侧植被覆

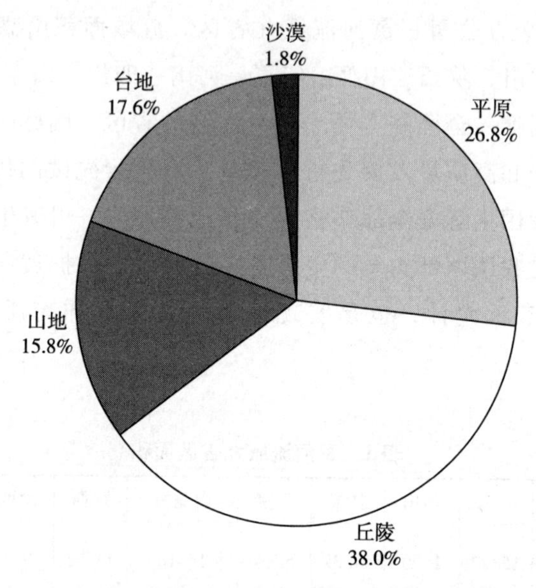

图1　宁夏回族自治区主要地形及所占面积分布

盖度及植被类型差异明显，西侧坡缓（阿拉善盟境内）植被较茂密，东侧陡峭（宁夏境内）植被较稀疏。宁夏境内植被以青海云杉、油松、山杨、白桦、蒙古扁桃及高山灌丛草甸为主，是森林碳汇的主要场所，也是观光、康养、健身、研学的重要生态宝地。

六盘山地处宁夏南部的黄土高原之上，平均海拔 2500 米以上，是近南北走向的狭长山地，最高峰米缸山达 2942 米。六盘山横贯陕甘宁三省区，既是中原农耕文化和北方游牧文化的结合部、关中平原的天然屏障，又是泾河、清水河、葫芦河等黄河支流的发源地和北方重要的分水岭，还是古丝绸之路东段北道必经之地，是重要的生态安全和军事安全保障地区。六盘山国家森林公园内植被茂密，乔木以白桦、红桦、油松、华山松、辽东栎、山杨等为主，是宁夏林木资源最丰富的地区。

罗山位于宁夏吴忠市同心县和红寺堡区境内，南北绵延 30 多千米，东西宽 18 千米，呈南北走向，由大小罗山两个山体组成，平均海拔 2000 米，主峰好汉疙瘩海拔 2624. 5 米，相对高度 1065 米。罗山是宁夏中部的最高峰，不仅有效阻滞了毛乌素沙地的南侵，也是宁夏中部重要的水源涵养林区。罗山国家自然保护区阳坡和阴坡植被覆盖度差异明显，大型乔木主要生长于阴坡，以油松、山杨、青海云杉、白桦、灰榆等为建群种，阳坡主要生长的是灌木和草本植物，是宁夏中部的绿色生态屏障。

（二）水资源

根据《2022年宁夏水资源公报》，全区水资源总量8.924亿立方米，其中天然地表水资源量7.077亿立方米，折合径流深13.7毫米，比多年平均减少21.9%；地下水资源量15.344亿立方米，地下水与地表水资源量之间的重复计算量为13.497亿立方米。从行政分区来看，固原市水资源量最多，占全区水资源总量的47.45%，石嘴山市次之，占全区水资源总量的14.72%，位居第三、第四位的是银川市和中卫市，占比分别为13.99%和12.24%，最后是吴忠市，占比11.60%（见表2）。宁夏多年平均年径流量为9.493亿立方米，平均年径流深18.3毫米，是黄河流域平均值的1/3，是中国均值的1/15；全区年径流量分布存在空间差异，即南部大北部小；年径流亦存在季节差异，即70%~80%的径流集中在汛期。从流域分区水资源总量来看，泾河最多，占全区水资源总量的27.15%，引黄灌区次之，占全区水资源总量的19.50%，继而是清水河，占全区水资源总量的18.28%，位居第四、第五位的是黄左区间、葫芦河，前五个区域占比超过91.26%，其余流域所占比例较小（见表3）。

表2　2022年宁夏各行政分区水资源总量

行政分区	计算面积（平方公里）	年降水量	地表水资源量	地下水资源量	重复计算量	水资源总量
		（亿立方米）				
宁夏全区	51800	131.397	7.077	15.344	13.497	8.924
银川市	6931	13.687	0.880	4.635	4.266	1.249
石嘴山市	4042	7.148	0.623	2.187	1.496	1.314
吴忠市	16664	40.684	0.811	3.023	2.799	1.035
固原市	10635	40.755	3.920	2.265	1.951	4.234
中卫市	13528	29.123	0.843	3.234	2.985	1.092

表 3　2022 年宁夏流域分区水资源总量

单位：亿立方米

流域分区	引黄灌区	祖厉河	清水河	红柳河	苦水河	黄右区间	黄左区间	葫芦河	泾河	盐池内流区
水资源总量	1. 740	0. 087	1. 631	0. 051	0. 176	0. 219	1. 374	0. 976	2. 423	0. 247

黄河是宁夏境内唯一过境干流，由南向北流经宁夏，过境长度 397 公里，流域面积 5. 14 万平方公里。宁夏境内流入黄河的流域面积最大、最长的一级支流是清水河，发源于固原市原州区开城乡黑刺沟脑，流经原州区、西吉、同心、海原、中卫、中宁 6 县（市），由中宁县泉眼山汇入黄河。苦水河发源于甘肃省环县沙坡子沟脑，流经盐池、同心、灵武、利通区 4 县（市），由灵武市新华桥汇入黄河，是黄河一级支流。泾河发源于泾源县六盘山东麓马尾巴梁东南，流经泾源、固原市原州区、彭阳、盐池 4 县（市），是黄河的二级支流。葫芦河发源于西吉县月亮山，流经西吉、固原市原州区、隆德 3 县，是渭河一条较大的支流，后汇入黄河。国家分配的黄河可用水量为 40 亿立方米，全区近 90%的水资源来源于黄河及其支流，主要用于工业、农业、生活及生态用水。

宁夏素有“七十二连湖”之称，湖泊湿地面积广阔，水生态功能明显，小流域生态环境对周边生态环境有显著影响。根据第二次全国湿地资源普查结果：宁夏湿地可划分为 4 类 14 个类型，湿地斑块共有 1694 块，总面积 310 万亩，占全区总土地面积的 4%①②③。如宁夏阅海国家湿地公园总面积 15. 09 平方公里，是集湿地观光、休闲娱乐、观鸟垂钓、冬季冰雪运动于一体的城市湿地，也是西部最大、原始湿地风貌保留最完整的城市湿地。沙湖水域面积 22 平方公里，沙漠面积 12. 7 平方公里，是集山、水、沙、苇、鸟等于一体的独特自然景观。青铜峡鸟岛湿地总面积为 42 平方公里，集湖泊、沼泽、芦苇、

① 《塞上江南宁夏川》，宁夏林业网，2012 年 11 月 27 日。

② 《宁夏实施三北工程情况》，宁夏林业网，2013 年 3 月 25 日。

③ 宁夏回族自治区林业厅：《自治区林业厅关于报送〈宁夏生态建设调研报告〉的函》，2017 年 2 月 16 日。

鱼群、鸟群于一体，是宁夏最大的一片生态湿地，也是我国西北及全球东亚—澳大利亚地区鸟类的重要迁徙路线和栖息地，拥有“西北第二大鸟岛”美称①。中卫长山头天湖国家湿地公园规划总面积 17.9 平方公里，集水域、沼泽、滩涂、野生红柳灌丛、白刺、珍稀动植物等资源于一体，是宁夏境内最大，也是宁南山区与卫宁平原交会处原始自然资源保存最完整的湿地之一。

（三）林草资源

经过多年治理、修复和保护，宁夏林草资源面积明显增多，森林覆盖率逐年增加，生态环境明显改善。截至 2022 年，宁夏全年完成营造林 150 万亩，草原生态修复 22.8 万亩，湿地保护修复 22.7 万亩，治理荒漠化土地 90 万亩，森林覆盖率、草原综合植被盖度、湿地保护率分别达到 18%、56.7%、56%②。根据自治区林业调查规划院数据资料，至 2022 年末，贺兰山国家级自然保护区有林地面积 184.36 平方公里，森林覆盖率为 10.08%；六盘山国家级自然保护区有林地面积 580.57 平方公里，森林覆盖率为 52.62%；罗山国家级自然保护区有林地面积 20.29 平方公里，森林覆盖率为 18.54%；南华山国家级自然保护区有林地面积 24.52 平方公里，森林覆盖率为 12.91%；灵武白芨滩国家级自然保护区有林地面积 24.51 平方公里，森林覆盖率为 13.37%；哈巴湖国家级自然保护区有林地面积 36.21 平方公里，森林覆盖率为 32.03%。相对黄河上游其他省区而言，宁夏林木资源相对匮乏，林草碳汇能力有限，对碳中和的作用不显著。

（四）农田人工生态系统

自新中国成立以来，宁夏耕地面积呈波动变化趋势。因建设占用、灾毁、生态退耕、农业结构调整等原因全区耕地面积有所减少，因土地整治、农业结构调整等原因全区耕地面积略有增加，经核算，2020 年末，全区耕地面积 1.20 万平方公里，较 2018 年末耕地面积减少约 0.1 万平方公里（见图 2）；全区耕地以旱作耕地为主，面积 1.05 万平方公里（占耕地总面积的 87.5%），水田 0.15 万平方公里。

---

① 《青铜峡鸟岛国家湿地公园》，宁夏林业网，2015 年 6 月 1 日。

② 宁夏回族自治区林业和草原局：《2022 宁夏林草十件大事》，国家林业和草原局、国家公园管理局官网，2023 年 2 月 10 日。

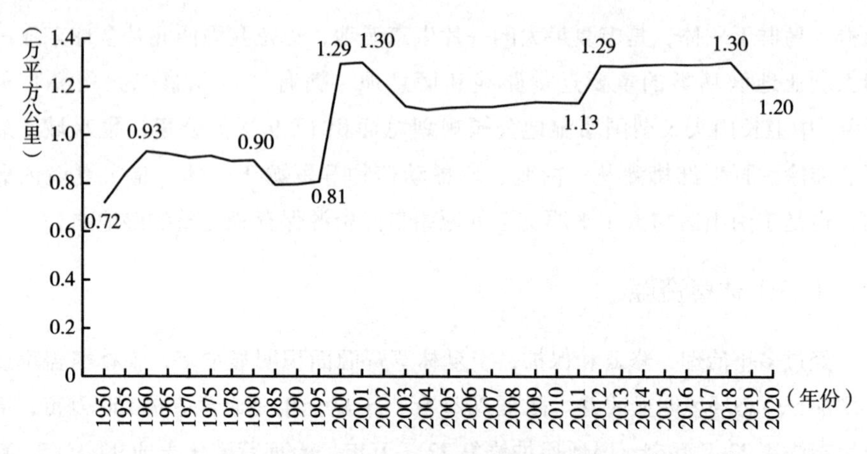

图 2　1950~2020 年宁夏耕地面积变化趋势

2012~2022 年连续十年宁夏实有耕地数高于全国下达的保护任务，至 2022 年末，全区耕地面积 1802. 22 万亩，其中水田 231. 19 万亩，水浇地 585. 29 万亩，旱地 985. 74 万亩①。2022 年，全区粮食作物播种面积为 1034. 5 万亩，其中，小麦 122 万亩（占比 11. 79%），水稻 46 万亩（占比 4. 45%），籽粒 550 万亩（占比 53. 17%），马铃薯 138. 5 万亩（占比 13. 39%），杂粮播种面积 144 万亩（占比 13. 92%），大豆播种面积 34 万亩（占比 3. 29%）。截至 2022 年底，全区高标准农田建设实施项目 1387 个，建成高标准农田 972 万亩，超过宁夏耕地面积的一半，建成高效节水灌溉农业 523 万亩，农田灌溉水利用系数达到 0. 57②③④。预计到 2027 年，将实现 1424 万亩永久基本农田高标准农田建设全覆盖。

（五）沙资源

宁夏东、西、北三面分别被腾格里沙漠、乌兰布和沙漠、毛乌素沙地包

① 《（人民日报文创）宁夏："非凡十年"·宁夏自然资源耕地保护篇》，宁夏回族自治区自然资源厅网站，2023 年 3 月 8 日。

② 张国凤：《宁夏：以项目推进高标准农田建设》，《农民日报》2023 年 3 月 16 日。

③ 《突出重点　强化措施　加快建设国家农业绿色发展先行区》，宁夏回族自治区农业农村厅网站，2022 年 12 月 22 日。

④ 资料来源：《2022 年宁夏水资源公报》。

围，荒漠化及沙化面积分布范围广，主要分布于中部地区（即中部风沙区），包括中宁、中卫、青铜峡、利通、灵武等县（市、区）的山区部分和同心、盐池两县的大部分以及海原县的北部。2015 年 12 月，国家林业局发布的第五次全国荒漠化和沙化状况公报显示，宁夏荒漠化面积 4183. 5 万亩，占全区土地总面积的 42%；其中沙化土地 1686 万亩，占全区土地总面积的 16. 9%①②。荒漠化和沙化土地总面积分别比 1999 年监测时减少 628 万亩和 130 万亩，连续 20 年实现荒漠化和沙化土地面积“双缩减”。宁夏各级党委和政府以全国防沙治沙综合示范区和灵武、盐池、同心、沙坡头 4 个示范县（区）建设为抓手，持续通过林草生态修复、人工造林、封沙育林、特色经济林和经果林建设、水土流失治理等综合措施推进荒漠化、沙化防治，既防沙之害又用沙之利，在防沙治沙的同时发挥沙漠的生态功能、经济功能。“十二五”期间，宁夏完成治沙造林 401. 67 万亩，全区沙化土地面积由 20 世纪 70 年代的 2475 万亩减少到 1686 万亩，率先在全国实现了沙漠化逆转。“十三五”期间，全区防沙治沙目标任务为 450 万亩，完成 646. 8 万亩，其中完成营造林 325. 8 万亩、退牧还草治理 31. 2 万亩，森林覆盖率提高到 15. 8%，草原综合植被盖度达到 56. 5%。宁夏境内水土流失及沙化土地面积减少，使全区每年减少入黄泥沙 4000 万吨，有效保护黄河水生态安全。

二　宁夏黄河流域山水林田湖草沙系统治理存在的主要问题

宁夏回族自治区自 1958 年成立以来，历届党委、政府立足宁夏实际，认真落实国家生态环境保护与开发建设的政策，通过实施天然林资源保护、国家“三北”防护林建设、封山育林与人工造林种草、退耕还林还草与水土保持、防沙治沙与禁牧封育、野生动植物保护与自然保护区建设、湿地保护、矿山生态修复、小流域综合治理、美丽乡村建设、节能减排与资源循环利用等重点工

① 宁夏回族自治区林业厅：《自治区林业厅关于报送〈全区生态建设调研报告〉的函》，2017 年 2 月 16 日。

② 宁夏回族自治区林业厅党组文件：《自治区林业厅党组关于宁夏生态林业建设情况的报告》，2017 年 5 月 17 日。

程，以及不断完善六权改革、林草长制、河湖长制等体制机制和生态法治体系，黄河宁夏段山水林田湖草沙系统治理取得显著成效。但在应对全球气候变化的双碳战略背景下，宁夏推动黄河流域山水林田湖草沙系统治理还存在一些短板和问题。

（一）生态环境脆弱

宁夏位于我国西北内陆地区，夏季炎热干燥、冬季寒冷干燥，三面环沙、大风日数多，山地、丘陵占比大，植被稀疏、地表物质疏松，黄河干流流经宁夏极少部分地区且国家分配的黄河用水量有限，洪涝灾害、黄河防凌、地质灾害、旱灾、森林火灾、霜冻等自然灾害频发，致使宁夏自然环境本底差。加之人为不合理地利用矿产资源、土地资源及水资源，滥砍滥伐、过度放牧等因素影响，导致山体破损、草场退化、水土流失、土地荒漠化严重，生物多样性锐减，使原本脆弱的生态环境一旦破坏难以恢复或恢复缓慢，对交通水利和居民点等基础设施造成威胁，直接影响当地民众的生产和生活，对黄河中下游地区的生态安全和环境质量亦构成严重威胁。区域脆弱的生态环境成为黄河流域山水林田湖草沙系统治理的底色和先决条件，维护山水林田湖草沙复合生态系统动态平衡及可持续发展成为衡量社会大众幸福指数的标准之一，生态环境保护和高质量发展程度成为新时代现代化国家建设的重要指标。

（二）生态投入力度不够

随着工业化和城镇化进程的加快，宁夏经济社会发展水平日益提高，人民生活水平明显改善，人民对生态安全的诉求也日益强烈，但宁夏生态投入力度明显不足。如，“天然林保护工程”一期和二期期间，宁夏地方投资占累计投资额（中央投资与地方投资）仅7%，“三北”防护林五期建设总投资中地方配套仅占宁夏地区生产总值不足0.01%，退耕还林还草补助标准较低（较毗邻的内蒙古而言），等等。以上数据资料显示，宁夏对于重大生态工程的建设投资力度较小，主要依靠中央财政投资，而中央财政投资对宁夏山水林田湖草沙系统治理整体来说是有限的，还需要地方政府通过财政拨款，集中一部分投资用于生态恢复、治理及建设。宁夏自然生境本底脆弱、经济基础薄弱、吸引国内外社会团体投资生态建设的条件不足，致使宁夏在今后一段时期内仍将处于中央投资为主、地方投资为辅、社会投资较弱的投资环境下，因此急需调整生态投入的主体，优化资金筹措机制，加大生态项目投资力度，完善生态补偿标准及落实生态补偿长效机制等。

（三）贺兰山矿山生态修复难度大

贺兰山不仅是我国西北重要的生态屏障，也是我国重要的矿产资源富集区。由于区域经济发展的需要，20 世纪 50 年代开始人们大力开挖开采贺兰山矿产资源，不断获得资源红利；同时由于未及时修复和治理矿山，山体及周边地带地表破损严重，打破了贺兰山地区的自然生态平衡，使贺兰山成为满目疮痍的废弃矿山，削弱了贺兰山生态屏障作用。自 2017 年以来，经过 5 年多的治理，贺兰山生态环境不断改善。但由于废弃矿渣、矿坑范围广，废弃物堆积坡度大且高，运土回填或就地取材回填矿坑、渣台平顶降坡、表层覆土、植树种草、灌溉设施铺设等难度都很大，加之当地降水量稀少、蒸发强烈，自给供水能力不足，林草植被长期供水对于缺水的宁夏来说也是一项难度巨大的工程。受强降雨及大风天气影响，贺兰山地区前期修复的覆土层和植被又被剥离，后期需要重新覆土、植树种草，诸如此类的后期修复工程也是一项繁杂的重复性工作。如何解决贺兰山煤矿的自燃是全国都在关注的难点问题，这不仅是防治大气污染、降低碳排放的重要内容，也是防止过火后土地资源贫瘠、水土流失，保护动植物资源的重要内容。

（四）水资源短缺且利用率低下

根据《2022 年中国水资源公报》《2022 年宁夏水资源公报》可知，宁夏人均水资源量 122 立方米，不足全国的 1/15；人均用水量 911 立方米，是全国综合人均用水量（425 立方米）的 2 倍多；万元地区生产总值用水量 131 立方米，是全国万元地区生产总值用水量（当年价，49.6 立方米）的 2.6 倍；万元工业增加值用水量 21.3 立方米，是全国万元工业增加值用水量（当年价，24.1 立方米）的 88.38%；耕地灌溉亩均用水量 524 立方米，高于全国亩均用水量（364 立方米）；灌溉水有效利用系数 0.57，基本与全国农田灌溉水有效利用系数（0.572）持平。以上数据表明，宁夏是我国水资源严重短缺的地区之一，而水资源利用率低，更是黄河流域宁夏段山水林田湖草沙系统治理最难解决的限制因素。

（五）水土流失防治任务艰巨

宁夏以水土流失区为重点，统筹山水林田湖草沙综合治理、系统治理、源头治理，大力实施小流域、坡耕地综合整治和淤地坝建设等工程，工程措施和生物措施并举，水土流失状况持续好转。2021 年，宁夏水土流失面积为 1.55 万平方公里（占全区土地面积的 23.40%，其中，水力侵蚀 1.06 万平方公里，风力侵蚀 0.49 万平方公里）①，南部以流水侵蚀的黄土地貌为主，中部和北部以干旱剥蚀、风蚀地貌为主。根据以上数据可知，宁夏水土流失的治理难度大、范围广、任务重，面临的困难仍很艰巨。

（六）土壤盐渍化治理不容忽视

宁夏属干旱半干旱农牧交错带，长期以来不合理地利用水资源（如大水漫灌或只灌不排）导致局部灌区地下水位上升，土壤底层或地下水的盐分随毛管水上升到地表，水分蒸发后，使盐分积累在表层土壤中，加之引黄带来的大量盐分也在干旱条件下集聚在耕土层，最终导致了水利建设的负面效应。降水少、蒸发强烈、水体含盐量高、地势平坦排泄不畅，是宁夏土壤盐渍化问题严重的重要影响因素。土壤盐渍化不仅影响土壤肥力，而且影响农作物产量和质量，板结的土壤持续恶化进而影响生态环境质量。

（七）草场退化

根据《宁夏统计年鉴》（2013~2022），2019 年末，宁夏牧草地总面积为 20310.31 平方公里（占全区土地面积的 30.59%），较 2015 年末牧草地面积减少了 622.88 平方公里，较 2012 年末牧草地面积减少了 2998.29 平方公里（见图 3）。其中，天然牧草地面积为 14493.78 平方公里（占全区土地面积的

---

① 资料来源：《宁夏回族自治区 2021 年水土保护公报》，2022 年 9 月 30 日。

21.83%)，较 2015 年末天然牧草地面积减少了 90.38 平方公里；人工牧草地面积为 109.67 平方公里（占全区土地面积的 0.17%），较 2015 年末人工牧草地面积减少了 246.92 平方公里；其他草地面积为 5706.86 平方公里（占全区土地面积的 8.59%），较 2015 年末其他草地面积减少了 285.58 平方公里。

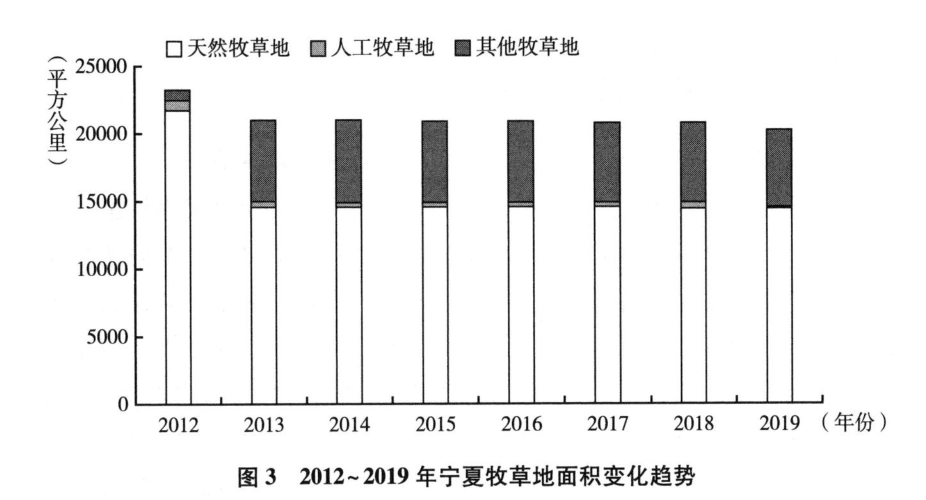

图 3　2012~2019 年宁夏牧草地面积变化趋势

自治区党委、政府采取了退牧还草、封山禁牧、轮牧休牧等措施，截至 2022 年，宁夏草原综合植被盖度由 2003 年的 35%[①]提高到 2022 年的 56.7%，重度退化草原所占比例下降了近一半，沙化草原面积比例明显下降。可以看出，宁夏的草原保护与治理成效显著，但近五年来宁夏牧草地面积一直呈减少的趋势，尤其天然牧草地面积持续减少，表明宁夏的草场退化问题仍很严重，草场恢复及防治任重而道远。

（八）荒漠化、沙化面积占比大

宁夏荒漠化和沙化土地连续 20 年实现“双缩减”，但荒漠化和沙漠面积占比高、治理难度大仍是当前亟待解决的重大问题之一。宁夏第五次荒漠化和沙化土地普查结果显示：宁夏荒漠化土地总面积占全区土地面积的 42%，与

① 《宁夏沙化土地连续 20 多年持续减少》，中国林业网，2017 年 1 月 10 日。

第四次监测结果相比，全区轻度、中度、重度、极重度荒漠化土地的面积变化为分别增加了584万亩、减少了627万亩、减少了112万亩、减少了10万亩；其中，沙化土地总面积占全区土地总面积的16.9%，与第四次监测结果相比，全区轻度、中度、重度、极重度沙化土地的面积变化为分别增加了91万亩、增加了47万亩、减少了136万亩、减少了58万亩；有明显沙化趋势土地面积占全区总土地面积的1/20。

（九）环境污染严重

黄河流域宁夏境内局部地区污染仍然较为严重，治理难度大。在大气污染方面，宁夏三面环沙、大风日数多，沙尘污染严重；宁夏倚煤倚重的产业结构正在调整优化，但为了保障全国能源安全，该产业结构短期内还会成为全区减污降碳的主要影响因素之一；生物科技、制药、造纸等高耗能高污染的产业布局在城镇及周边地区，工业排污使大气环境受到污染；肉牛、奶牛、滩羊等养殖产业产生的粪污，化肥农药在使用过程中散发的化学物质，也是大气污染的主要来源之一；机动车排放尾气、燃煤排放的烟尘以及建筑工地的扬尘等都是大气主要污染源。在水污染方面，黄河流经宁夏397公里，加之区域内湖泊、水库众多，沟渠纵横，随着工业化及城镇化的快速发展，工业废水、城乡居民生活污水、医院废水，以及工业废渣和生活垃圾等点源污染，还有农业、林业、牧业等大量施用化肥、农药等形成的面源污染，伴随蒸发—凝结、溶解—交换、下渗等作用，区域水环境问题突出，水污染防治成为区域生态环境整治的重中之重，并对黄河中下游地区的生态安全具有重要影响；泥沙也是水体的一项天然污染源。在土壤污染方面，化肥农药等面源污染基本控制在要求范围内，主要污染物为镉、镍、铜、砷、汞、铅、滴滴涕和多环芳烃等，2022年受污染耕地实现100%安全利用；宁夏的固体废物产生量增多，但综合利用率较低；宁夏山地平原较多，随着生态移民工程的推进，绝大多数人口分布在城镇及其周边地区，但仍有部分生活在山区较平坦的地区，而城镇与农村的固体废弃物处理仍是垃圾处理中一项难点工作。作为西北重要的生态安全屏障地区，宁夏的环境污染治理工作任重而道远。

三　宁夏黄河流域山水林田湖草沙系统治理路径选择

山水林田湖草沙生态系统是一个复杂的自然—人工复合系统，是相互依存、紧密联系的有机整体。推动山水林田湖草沙生态系统良性循环、可持续演进，既是重大政治问题，也是重大环境问题，更是关系人民群众美好生活诉求的民生问题。宁夏统筹山水林田湖草沙系统治理，要从系统工程和全局角度，深刻揭示生态系统的整体性、系统性及其内在发展规律，提出全方位、全地域、全过程开展生态环境保护和治理的路径，为新时代宁夏构建黄河流域生态保护和高质量发展先行区建设提供方法论和实践指导。

（一）加快统筹谋划、搞好顶层设计，整体施策

自治区党委、政府及各级部门深入学习、严格落实我国山水林田湖草沙系统治理相关理论精神和任务要求，牢固树立生态优先、绿色发展之路，严格实行国土空间总体规划及国土空间生态保护修复等相关专项规划，严守生态红线、基本农田保护红线、城镇增长边界红线、基础设施空间廊道等控制线，做好整体谋划，因地制宜制定短期及中长期水资源、林草资源、湿地、农田、沙漠等保护重点不同的生态系统治理模式，统筹推进宁夏黄河流域山水林田湖草沙系统治理。例如，推进自然保护区内对自然资源的清理与整治，切实保护和恢复自然生态系统，维护生物多样性；在山地、丘陵等地，营造水源涵养林、水土保持林，建设稳定的林草生态系统；合理、高效、集约利用水资源，积极构建节水型社会；加快全区湿地保护，注重国家级及省级湿地公园升级与新建，实现湿地的生态服务价值和维护水生生物物种多样性；沿黄河两岸，实施引黄灌溉渠系林带、农田防护林网改造、环城绿化工程，构建“黄河金岸”生态长廊；稳步推进全国防沙治沙综合示范区建设，加快全区荒漠化治理力度及沙产业发展。

立足宁夏实际，将山、水、林、田、湖、草、沙作为整体一体化治理，统筹推进“三山”综合整治，持续推进林草生态工程建设，协调推进黄河流域水生态保护和治理，开展大规模国土绿化行动，加快水土流失和荒漠化综合治

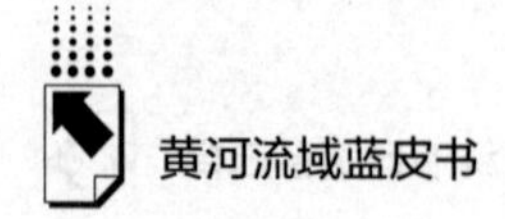

理，推动高标准农田建设改造提升、有效提高耕地质量，充分发挥沙漠的生态功能发展沙产业，推动宁夏生态环境整体改善。比如，将贺兰山国家级自然保护区作为一个整体开展综合整治，第一，禁止开采煤炭资源，企业全部关闭退出，所有非法人类活动全部停止，从源头截断污染源，为提升生态系统自我恢复能力、实现生态系统动态平衡、增强生态系统稳定性提供先决条件；第二，采取运土回填或就地取材回填矿坑、渣台平顶降坡、表层覆土等措施，为破损矿山营造新的土壤条件；第三，在覆土层植树种草（飞播造林种草），并铺设节水灌溉设施（滴灌管道等），要充分考虑当地水资源条件和自然地理环境特征，选择适合当地的耐旱植物种类种植，既能保障成活率，又可减少后期管护费用，尤其是能实现水分的自给自足；第四，当林草资源恢复到一定程度时，野生动物种群增多，生物多样性增强，可形成较为稳定的生态系统，既能实现涵养水源改善环境的作用，又能提高土壤肥力促进林草繁衍生长，实现良性循环；第五，贺兰山生态环境改善，为东麓葡萄酒等产业发展提供良好的生态环境，也是重要的碳汇源地，更好发挥贺兰山生态屏障作用，为缓解全球气候变化贡献宁夏力量；第六，贺兰山亦会成为人们康养健身、休闲娱乐、户外运动的“打卡地”。

（二）加大生态投入力度

优化资金筹措机制，调整生态投入的主体，设立山水林田湖草沙系统治理专项资金。宁夏不仅要加大中央财政投资对山水林田湖草沙系统治理专项资金的倾斜，也要加大地方政府财政拨款对“山水工程”重大项目的投资力度，还要吸引国内外社会团体投资宁夏“山水工程”系统治理，积极探索发放生态债券（如林券、碳券、绿券等）、社会捐助、“生态贷”、“GEP 贷”等绿色金融产品，拓宽资金渠道。

完善生态补偿标准、落实生态补偿长效机制等。宁夏各市县区、各自然保护区、水源涵养区、生态农业园区等生态系统功能差异明显，形成众多独具特色的山、水、林、田、湖、草、沙相关生态产品。受各生态系统的功能、贡献等因素的影响，生态补偿机制不同，宁夏要不断完善现行生态补偿机制，科学制定生态补偿标准，调整优化森林（如生态公益林）、草原（尤其天然草场）、湖泊湿地等重点生态功能区政府转移支付资金分配机制，提高补偿标准，加大造林补助、退耕还林补植补造工程资金补助、保护区的管护和补助力度，建立健全绿色发展财政奖补制度。探索黄河流域上中下游跨省域、省域内的黄河宁夏段干支流及入黄重点排水沟的横向生态保护补偿和环境损害赔偿。积极探索生态产品受益方和利益损害方之间的生态飞地经济，使利益双方共担风险、共享利益。加强对生态补偿资金的监管，依法保障利益双方权益，推动生态保护落实落地，形成奖励约束常态化机制。

（三）积极推进节水型社会建设

2005 年，经国务院批准，宁夏被列为全国第一个省级节水型社会建设试点。2019 年，全区通过重点聚焦深化水权水市场改革、制定并完善节约用水定额标准体系、建立节水评价制度及节约用水奖惩机制，统筹推进全区节水型社会建设。

宁夏解决水资源短缺及利用率低下问题，首先，要坚持以水定城、以水定地、以水定人、以水定产“四定”原则，科学评估区域水资源承载力；其次，制定并严格落实水资源短期、中长期综合规划及水利开发规划，合理布局城镇、人口、产业，合理分配有限的水资源，确保优质水主要用于生活用水，河流水和水利工程引水等主要用于工农业用水，再生水或中水等用于生态用水，实现水资源合理、高效、节约、集约、可持续利用；最后，建立健全水生态补偿制度，对于水资源利用率较高的部门或行业给予一定的奖励，对于严重浪费水资源的行为加大惩戒力度。

大力实施农业节水领跑、工业节水增效、城市节水普及、全民节水文明“四大节水行动”，逐步实现工业节水、农业节水和生活节水目标。一是加快工业节水增效。调整工业产业结构，淘汰或关停现有高污染、高耗水行业，或通过技术改造和产业升级使部分产业提档升级，发展低耗水、无污染、绿色产业，全面推行清洁生产，逐步使产业结构布局与水资源承载能力相适应；兴建循环用水、串联用水和回水工程，大力推进节水设施开发和建设，提高用水效率；严格执行行业准入制度，控制高耗水、高污染行业落户宁夏；建立科学合理的用水体系，实现从“以需定供”到“以供定需”用水模式转变，合理利用每一滴水。二是大力实施农业节水工程。调整农业种植结构，合理配置水资

源，建设高效输配水工程，提高灌溉水利用效率。加大农业科技投入，推广和普及田间喷灌、滴灌等高效节水技术，全面提高农业节水水平。利用温室大棚、滴灌等节水设施，建立生态合理、经济高效的现代农业发展模式，实现节水、减污、保护生态环境、促进农业增产的目的。三是积极开展城市供排水管网改造，完善城乡供水设施，加大实施再生水回用工程建设。继续实行阶梯式水价，强化计划用水和定额管理，加大节水型企业、单位、学校和社区的建设力度，推广使用节水器具，提高节水器具普及率。

（四）持续推进国土绿化工程，加快构建生态廊道

宁夏坚持“生态优先、绿色发展”之路，持续推进国土绿化工程，积极打造全区绿色生态廊道。一是处理好山、水、林、田、湖、草、沙生态系统之间的关系，体现了“人的命脉在田，田的命脉在水，水的命脉在山，山的命脉在土，土的命脉在林草”各要素之间相融共生的关系。二是持续推进“三北”防护林建设、天然林资源保护、退耕还林还草、封山（沙）禁牧、水土流失治理、土壤盐渍化防治、荒漠化及沙化防治等措施，境内林草资源得到有效保护，林草覆盖度逐年增加，发挥林草资源净化空气、涵养水源、保持水土、蓄水防洪、防风固沙等生态作用。三是保护和新建扩建森林公园、湿地公园，开展城乡绿化美化亮化工程，城市绿地率明显增加；严格落实垃圾分类制度，多渠道提高农村生活垃圾和污水处理能力，加大厕所改造力度，加快畜禽粪污、水产养殖污染、农业面源污染治理，禁止秸秆焚烧，提高残膜回收利用率，城乡人居环境明显改善，有效推进农业产业的绿色发展、循环发展、可持续发展。四是加快农田等人工生态系统建设，兴黄河之利、避黄河之害，利用优势光热资源、水资源、土地资源等自然资源，发展绿色生态农业及沙产业，使宁夏平原成为中国重要的米粮仓。五是广泛宣传、组织全民参与义务植树行动，开展形式多样的植树造林主题活动，推动“义务植树+互联网”深度融合拓展，形成共建共享的爱绿护绿植绿风尚。

（五）提升林草覆盖度，助推防风固沙示范区建设

严格贯彻落实国家及自治区林地保护制度，实施“三北”防护林、天然林资源保护等生态林业工程，通过禁牧、补植、补播、抚育和有害生物防治等

措施，辐射带动周边荒漠植被得到休养生息，完善沙区防风固沙林、灌区农田防护林、道路沿线治沙造林、水土保持林体系建设。坚持保护优先、自然封育为主的方针，通过划区轮牧与设施养殖相结合、沙区资源开发与资源保护相结合，加快推进区域草原生态保护与建设。加大禁牧封育监督管理，严格执法，并开展鼠虫病害防治和草原资源与生态监测，推动宁夏沙漠地区林草生态恢复。

中卫、盐池、灵武、同心沙漠边缘地带合理规划布局种植大枣、葡萄、苹果、枸杞、文冠果、山杏、梭梭、柠条、沙柳、沙拐枣等特色经果林和经济林，并借助先进技术及设备（如便捷式沙漠造林器）以期增加林木的成活率，逐步构建具有一定规模的经果林产业，并积极发展林下经济，不仅可以促进农牧民就业和转产增收，而且可以改善当地生态环境，增加生物多样性，使沙漠生态系统稳定性增强。

严格落实国家退耕还林还草任务、巩固退耕还林还草成果。对土地沙漠化农耕或草原地区采取乔灌围网、牧草填格技术，即乔木或灌木围成林（灌）网，在网格中种植多年生牧草，增加地面覆盖度，特别干旱的地区采取与主风向垂直的灌草隔带种植，逐步形成结皮层，进而实现林草植被恢复或形成耕作层，逐步改善生态环境。

加强 3 个国家级荒漠类型自然保护区建设，合理规划布局保护区内生物和工程措施，结合高科技和人工技术，提高沙漠区域林草覆盖度，有效遏制沙漠化侵蚀及沙漠扩张，维护生物多样性，逐渐形成自然—人工复合生态系统新的动态平衡。湿地是重要的碳库，而且是沙漠地区重要的水资源分布区，以湿地生态保护为前提，适当发展区域产业经济，是宁夏发展沙产业的优势条件。设施农业、沙生中草药、沙区养殖业、光伏产业、沙漠生态旅游业都是宁夏沙产业发展的重要资源领域。

（六）推进环境污染治理率先区建设

牢固树立“一盘棋”思想和“山水林田湖草沙生命共同体”理念，抓好“四尘同治”“五水共治”“六废联治”，通过重点行业专项整治行动，全面控制工业污染、农业面源污染及生活污染。一是加快能源结构调整，优化产业结构，加大淘汰落后产能，大力发展战略性新兴产业和特色优势产业，逐步实现低能耗、低碳的生态经济发展模式，从源头上防治环境污染，建构和完善适合宁夏地区的环境污染防控机制。二是制定全区环境功能区划，明确各市县区功能定位，严格控制城市开发边界，合理配置生产、生活和生态空间。三是实施污染物总量控制和强度控制，严格环境准入制度。四是在大气污染治理方面，加强煤尘、烟尘、扬尘、汽尘的治理。在水污染治理方面，强化饮用水源、黑臭水体、工业废水、城乡污水、农业退水“五水共治”，推进工业园区污水处理设施建设和提标改造，加强对黄河支流、重点湖泊、入黄排水沟等水体的综合整治，推行“河湖长制”。在土壤污染治理方面，推进建筑垃圾、生活垃圾、危险废物、畜禽粪污、工业固废、电子废弃物“六废联治”，加快农业产业结构调整、推广农业清洁生产、大力推广秸秆还田技术、实施测土配方施肥技术，实现化肥农药使用量零增长，注重对乡镇及规模化养殖业的环境管理、加强农业科技投入等措施严格控制农业面源污染。五是依托大数据平台，建立全流域污染省域及县域协同治理机制，提升多元主体治理能力，完善流域联防联控机制。

（七）加强生态法治建设

宁夏要以法治生态建设为根本保障，开展生态环境损害评估，明确环境损害赔偿金额、责任主体、赔偿主体、修复生态的路径选择、修复期限等事项，建立健全生态环境损害修复和赔偿制度。推动生态保护补偿和生态损害赔偿一体化监督管理，对生态修复项目实行实时监管，提高制度执行力，有效衔接行政执法和司法，对损害生态环境事件依法进行惩罚性赔偿，牢固树立不敢破坏生态环境的理念。针对大气污染物、污水、固废垃圾等污染物处理实行收费，并制定合理的收费标准。不断完善生态农产品及林草等生态产品的保险制度，例如增加农产品保险的种类、提高保险金额及赔付能力等，使政府、企业、个人共担种养殖风险。建立健全野生动物肇事损害赔偿制度和野生动物致害补偿保险制度，探索制定自然资源资产损害赔偿实施方案，切实保护生态环境，满足人们日益增长的美好生态环境需求。

加大环境执法力度。重点是加大城市空气污染、水污染、土壤污染等环境污染治理执法落实力度，实行专人负责制。加强环境监测，逐步将环境质量监测点布局到中心城区以外，并将实时数据通过公众平台向社会发布，接受社会公众监督，并积极响应公众合理诉求，做到有案必查、执法必严、违法必究，对严重污染环境的各类违法行为进行严厉处罚，坚决维护公众合法权益不受侵犯。

参考文献

安黎哲主编《黄河生态文明绿皮书：黄河流域生态文明建设发展报告（2020）》，社会科学文献出版社，2021。

安斯文：《宁夏“三生”用地时空演化的驱动机制及其生态效应研究》，宁夏大学硕士学位论文，2022。

曹文洪、张晓明：《新时期黄河流域水土保持与生态保护的战略思考》，《中国水土保持》2020年第9期。

陈阳、王西平、张冬冬等：《三门峡市黄河南岸铝土矿区山水林田湖草生态保护修复的必要性及对策探讨》，《环境生态学》2020年第5期。

迟妍妍、王夏晖、宝明涛等：《重大工程引领的黄河流域生态环境一体化治理战略研究》，《中国工程科学》2022年第1期。

杜孟鸿、付建新、郭文炯：《汾河流域山水林田湖草生态系统服务价值时空变化特征》，《海南师范大学学报》（自然科学版）2023年第1期。

段彤、段义字：《新时期平凉市山水林田湖草塬系统治理的思考》，《水利规划与设计》2022年第2期。

耿涛：《历代陕西黄河流域水土保持治理的实践与探索》，《水文化》2022年第12期。

金少琳：《呼和浩特市沿河两县聚焦“四绿”切实提升黄河流域林草生态建设保护质量》，《内蒙古林业》2022年第4期。

刘鹏飞：《擦亮出彩中原生态底色——河南统筹推进山水林田湖草生态修复治理综述》，《资源导刊》2020年第1期。

刘燕杰：《“山水林田湖草沙是生命共同体”系统观对黄河流域发展的启示》，《绿叶》2021年第5期。

卢琦、崔桂鹏、董雪：《与沙漠生态系统和谐共生》，《青海国土经略》2022年第2期。

任枫、董文婷、刘翔宇：《黄河流域陕西段重要生态系统保护策略》，《林业调查规划》2021年第4期。

宋乃平、汪一鸣、陈晓芳：《宁夏中部风沙区的环境演变》，《干旱区资源与环境》2004年第4期。

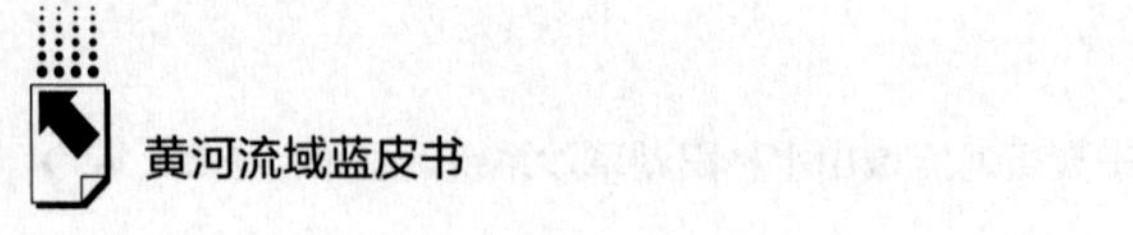

王军红：《陕西省推进黄河流域山水林田湖草沙一体化治理研究》，《地下水》2022年第2期。

谢增武、王坤、曹世雄：《宁夏发展沙产业的社会、经济与生态效益》，《草业科学》2013年第3期。

张金良：《黄河流域生态保护和高质量发展水战略思考》，《人民黄河》2020年第4期。

郑利杰、王波、张笑千：《探索山水林田湖草生态保护修复的“海北模式”》，《环境生态学》2020年第Z1期。

B.14
持续推进内蒙古黄河流域生态环境系统治理与修复研究

李娜 张倩 天莹*

摘 要： 持续推进黄河流域生态环境系统治理与修复是内蒙古筑牢我国北方重要生态安全屏障的重点任务，也是内蒙古深入践行习近平生态文明思想、坚定不移走生态优先、绿色高质量发展之路的必然选择。近年来，内蒙古牢固树立生命共同体理念，统筹山水林田湖草沙一体化保护和系统治理，科学开展土地荒漠化沙化治理、持续加强黄河流域水环境治理、积极推进农业面源污染防治、不断加快城镇污水垃圾处理和工业绿色发展，黄河流域生态一体化保护和系统治理能力不断提高。同时，在推进黄河流域生态保护和高质量发展过程中，也面临着水资源短缺、林草产业发展相对缓慢、基础设施滞后、生态系统质量不高等问题。因此，应立足黄河流域生态保护的整体性和系统性，统筹推进黄河流域生态环境系统治理，从构建智慧高效的现代化生态治理体系、创新生态环境保护制度、加强林草队伍建设、推动林草产业高质量发展、加大资金投入、优化人口布局等方面持续推进黄河流域生态环境系统治理与修复。

关键词： 生态安全 系统治理 内蒙古黄河流域

黄河流域生态保护和高质量发展是国家重大战略，内蒙古位于黄河中上游

---

* 李娜，内蒙古自治区社会科学院经济研究所副研究员，主要研究方向为区域经济；张倩，内蒙古自治区社会科学院经济研究所研究实习员，主要研究方向为产业经济；天莹，内蒙古自治区社会科学院经济研究所研究员，主要研究方向为生态经济。

地区，生态环境脆弱、水资源短缺、治理难度大，还需久久为功，持续不断推进生态环境一体化保护和系统治理，加快黄河流域生态环境的改善，逐步修复流域生态系统功能，保障黄河长治久安。

一 黄河流域生态环境系统治理与修复成效

（一）科学推进土地荒漠化沙化治理

内蒙古牢固树立生命共同体理念，以国家重点生态工程为依托，统筹山水林田湖草沙系统治理，采取退耕还林还草、沙化土地封禁保护、禁牧休牧等举措，持续治理库布其沙漠、毛乌素沙地、乌兰布和沙漠，增加林草覆盖度，提升生态系统水土保持能力，大大减少了入黄泥沙。比如鄂尔多斯市地处黄河中上游黄土高原，境内分布有毛乌素沙地和库布其沙漠，生态环境脆弱，是全国荒漠化和沙化较严重地区。2022 年，鄂尔多斯市编制了《鄂尔多斯市建设黄河流域生态保护和高质量发展先行区三年行动方案》，从市级层面统筹推进“十大孔兑”和“两大沙漠”综合治理。组织开展黄河上中游治沟骨干工程、黄土高原地区水土保持淤地坝建设工程、砒砂岩沙棘生态减沙工程等，综合施策，实现了从高强度土壤侵蚀为主向以轻度侵蚀为主的转变，水土流失面积和强度双下降。库布其沙漠和毛乌素沙地治理率达到 25%和 70%①，水土流失治理度达到 61%②。

（二）持续加强黄河流域水环境治理

有序推进黄河流域入河排污口排查整治。内蒙古自治区编制了《内蒙古自治区加强入河排污口排查整治和监督管理工作方案》，部署了实施排污口全

① 《踔厉奋发谋生态文明新篇章，奋力共建助绿水青山展新颜》，内蒙古自治区生态环境厅网站（2023 年 4 月 7 日），https：//sthjt. nmg. gov. cn/stbh2021/stsfcj_ 8114/202304/t20230407_ 2286978. html，最后检索日期：2023 年 6 月 29 日。

② 《推动高质量发展共筑水安全梦想》，鄂尔多斯人民政府官网（2023 年 3 月 24 日），http：//www. ordos. gov. cn/xw_ 127672/bmdt/202303/t20230329_ 3368714. html，最后检索日期：2023 年 6 月 29 日。

面排查和精准溯源、排污口分批分类整治、建立排污口长效监管机制等三大类、13 项重点任务。组织鄂尔多斯市、包头市开展区域再生水循环利用试点工作。鄂尔多斯市乌审旗、伊金霍洛旗通过清理合并工业雨水排口、升级改造废水处理设施，实现水资源循环梯级利用。2022 年，全区已溯源排查入河排污口 3061 个，流域内国考断面优良水体比例为 74.3%，干流 9 个国考断面水质全部为Ⅱ类[①]。加大生态补水力度，抓好乌梁素海、岱海、察汗淖尔流域的生态综合治理。为乌梁素海补水 5.71 亿立方米，为岱海补水 308 万立方米[②]，乌梁素海水质提高至Ⅳ类，岱海水质保持稳定[③]。对察汗淖尔流域采取“水改旱”、压减地下水超用水量的措施。大力整治河道“四乱”现象。切实抓好黄河滩区综合治理，整治黄河河道乱占乱建问题，保障河道行洪安全。全面推行河湖长制，严格落实河湖管理属地责任，持续推进黄河滩区居民迁建和高秆作物禁限种。2022 年，黄河滩区居民迁建 857 户 2161 人，完成滩区禁种高秆作物面积达 25.9 万亩[④]。实施河滩区退耕还草还湿，加快生态脆弱区域治理。组织开展妨碍河道行洪突出问题排查整治专项行动。

（三）开展节水和农业面源污染防治

持续实施农牧业生产“四控两化”行动，促进农业绿色发展。推进黄河流域农业深度节水控水。坚持“以水定地”原则，严格控制灌溉规模，持续加大工程节水设施建设。以高效节水灌溉为核心，重点推广浅埋滴灌、膜下滴灌，配套水肥一体化技术。鼓励社会化组织实施区域化、规模化种植，在统一

---

① 《自治区召开生态环境保护新闻发布会》，内蒙古自治区生态环境厅网站（2023 年 4 月 28 日），https：//sthjt.nmg.gov.cn/hdjl/xwfbh/202304/t20230428_2304847.html，最后检索日期：2023 年 6 月 29 日。

② 《内蒙古“一湖两海”等河湖生态持续改善》，内蒙古自治区生态环境厅网站（2023 年 2 月 21 日），https：//sthjt.nmg.gov.cn/sthjdt/ztzl/zyhjbhdczg/mzdt/202302/t20230221_2260038.html，最后检索日期：2023 年 6 月 29 日。

③ 《保持战略定力狠抓整改落实全力推进第二轮中央生态环境保护督察反馈问题整改到位》，内蒙古自治区生态环境厅网站（2023 年 4 月 19 日），https：//sthjt.nmg.gov.cn/sthjdt/zzqsthjdt/202304/t20230419_2298711.html，最后检索日期：2023 年 6 月 29 日。

④ 《全区水利工作会议在呼和浩特召开》，内蒙古自治区水利厅网站（2023 年 2 月 19 日），http：//slt.nmg.gov.cn/sldt/slyw/202302/t20230219_2258707.html，最后检索日期：2023 年 6 月 29 日。

灌溉的过程中实现水资源高效利用。开展化肥减量增效行动。推广测土配方施肥，倡导应用有机肥、农作物秸秆还田等技术，提高耕地质量。推广示范水溶性肥料、缓控释肥料、生物肥料等新型肥料，提高肥料利用率。有机肥施用面积1629万亩，打造施肥“三新”技术示范区61万亩，黄河流域化肥利用率达到41%①。开展农药控量减害行动。加强农作物病虫害监测预警体系建设。支持社会化服务组织采购大型高效药械，开展病虫害专业化统防统治和绿色防控。2022年，黄河流域完成农作物病虫害绿色防控1880万亩，统防统治1840万亩②。开展控膜提效行动。因地制宜推广使用加厚高强度地膜或可降解地膜，引导农户采用节约型地膜覆盖技术，探索农膜回收激励机制，组织嘎查村实施网格化地膜回收攻坚行动。推进畜禽粪污资源化利用。在沿黄流域42个旗县实施整县推进项目，支持养殖场和第三方机构粪污处理设施装备升级改造。截至2023年4月，沿黄流域旗县畜禽粪污综合利用率稳定在90%以上③。加强河套灌区农业面源动态监测和输入、输出污染物分析，推进五原县农业面源污染治理与监督指导试点建设，加大农用薄膜生产、流通环节排查和整治力度。

（四）深入推进黄河流域工业绿色发展

转变发展方式，实施黄河流域工业降碳减排。2022年，国家发布的《关于深入推进黄河流域工业绿色发展的指导意见》指出，推动水资源集约节约利用、传统制造业绿色化发展、能源消费低碳化转型，深入推进黄河流域工业绿色发展。开展黄河流域化工园区、化工项目等地下水重点污染源隐患排查和调查评估。坚决遏制黄河流域“两高”项目盲目发展，严格审查尾矿库项目

① 《以法治力量护黄河安澜　我区多部门共话黄河大保护》，内蒙古人民政府官网（2023年4月4日），https：//www. nmg. gov. cn/ztzl/tjlswdrw/aqwdpz/202304/t20230404_ 2285119. html，最后检索日期：2023年6月30日。

② 《以法治力量护黄河安澜　我区多部门共话黄河大保护》，内蒙古人民政府官网（2023年4月4日），https：//www. nmg. gov. cn/ztzl/tjlswdrw/aqwdpz/202304/t20230404_ 2285119. html，最后检索日期：2023年6月30日。

③ 《以法治力量护黄河安澜　我区多部门共话黄河大保护》，内蒙古人民政府官网（2023年4月4日），https：//www. nmg. gov. cn/ztzl/tjlswdrw/aqwdpz/202304/t20230404_ 2285119. html，最后检索日期：2023年6月30日。

用地条件，整顿规范矿产资源管理。持续开展黄河流域“清废行动”，在黄河干流巴彦淖尔段、包头段开展尾矿库集中区域综合治理。加强固体废物和新污染物治理。2023 年 7 月，内蒙古自治区出台《内蒙古自治区固体废物污染环境防治条例》，着力构建全过程污染防治管理体系。加快呼和浩特市、包头市、鄂尔多斯市“无废城市”建设，减少城市固体废物和生活垃圾。包头市是典型的资源型工业城市，工业固体废物安全利用处置是“无废城市”建设的重点和难点。包头市通过强化政策引导、标准制定和创新支撑，不断提高工业固体废物污染防治水平。一般工业固体废物综合利用率由 2018 年的 34.72% 提高到 2022 年的 52.14%①。大力推进乌海及周边地区生态环境综合治理。实施“三城区、六园区”一区一策、分区管控、分区治理，推动区域环境质量持续改善。实施新建“两高”项目总量指标减量替代、焦化行业超低排放改造、重点行业特别排放限值改造。常态化做好园区、矿区生态环境治理，强化矿山开采生产运输扬尘污染管控。开展道路沿线和重点区域绿化美化建设，深入推进绿色矿山建设，逐步提升矿区生态环境。2022 年，乌海及周边地区区域环境空气质量优良天数比例为 79.7%，同比提高 3.4 个百分点②。

（五）积极推进黄河流域城镇污水垃圾处理

全面提高城镇生活污水收集处理能力。加大管网配套建设和改造力度，推动污水管网改造全覆盖，规范污泥无害化处理方式，加快无害化处理设施建设。加快完善城镇垃圾处理体系。完善垃圾分类收运体系，实施分类站点标准化建设改造，推进生活垃圾分类投放收集。适度超前建设及合理分布垃圾处理设施，开展既有焚烧处理设施提标改造。切实提升资源化利用能力。合理压减污泥填埋规模，鼓励将污泥焚烧后的灰渣转化为建筑材料。提倡以厌氧消化和好氧发酵等堆肥技术处理污泥，制取氮磷等营养物，用作城市园林绿化建设中的土壤覆盖物。2022 年，黄河管理岸线 3 公里范围内 350 个行

---

① 《包头市多点发力，深入推进“无废城市”建设》，包头市生态环境局官网（2023 年 4 月 12 日），http://sthjj.baotou.gov.cn/gzdt/24983290.jhtml，最后检索日期：2023 年 6 月 30 日。

② 《内蒙古 2022 年生态环境保护工作成绩显著》，内蒙古自治区生态环境厅网站（2023 年 3 月 13 日），https://sthjt.nmg.gov.cn/zjhb/xwbd/202303/t20230313_2271920.html，最后检索日期：2023 年 6 月 30 日。

政村全部完成生活污水治理[①]。鄂尔多斯市作为全国地下水污染防治试验区，围绕地下水型饮用水源地及煤化工和煤炭开采等重点行业，开展区域尺度和地块尺度土壤和地下水污染调查评估与协同防控，持续加强地下水污染防治工作。

（六）不断完善黄河流域生态保护制度建设

自2022年起，为落实国家战略，深入推进黄河流域生态保护和高质量发展，我国印发了相关规划文件共8部，《黄河流域生态环境保护规划》确定了生态保护和高质量发展的目标、重点；《中华人民共和国黄河保护法》为黄河生态保护和高质量发展提供了法律保障。同时，出台了多个方案、意见，从开展系统治理攻坚，加快工业发展方式绿色化转变，强化科技支撑与财政支持等不同方面为黄河流域生态保护和高质量发展提供保障。2022年7月，自治区发布了《内蒙古自治区“十四五”黄河流域城镇污水垃圾处理工作措施》，指导内蒙古黄河流域城镇污水垃圾处理工作有序开展。黄河流域七盟市检察（分）院签订《黄河流域生态环境检察公益诉讼跨区划管辖协作意见》，进一步强化了黄河流域内蒙古段检察机关跨区划管辖协作机制，为落实河湖生态保护协作提供了制度保障。除此之外，包头市、乌兰察布市等多个盟市均从盟市层面编制印发了“十四五”生态环境保护规划。呼和浩特市颁布实施《呼和浩特市禁牧休牧条例》，乌兰察布市印发了《“十四五”时期岱海流域保护治理实施方案》、《察汗淖尔流域生态环境监测、执法协作机制》及重新修订《乌兰察布市岱海黄旗海保护条例》。阿拉善盟编制印发《阿拉善盟黄河流域水生态环境保护“十四五”规划》《阿拉善盟黑河流域水生态环境保护“十四五”规划》等。

（七）全面提升生态环境质量监测管理能力

统一布局、规划建设黄河流域生态环境监测网络。加强国家网水、气自动

① 《自治区召开生态环境保护新闻发布会》，内蒙古自治区生态环境厅网站（2023年4月28日），https：//sthjt. nmg. gov. cn/hdjl/xwfbh/202304/t20230428_ 2304847. html，最后检索日期：2023年6月30日。

监测站协调及运维保障，包括35个国考地表水断面、27个国控空气站点、10个国控水站；加强区控监测站运行监管，包括69个区控地表水监测断面、35个乌梁素海流域水站、11个区控水站、34个区控空气站点①；开展黄河流域农田灌溉用水和退水水质监测，在黄河流域灌溉规模10万亩及以上的农田灌区设置监测点位，加强水质监测，改善灌溉区农业环境质量，保障农产品食用安全；提高饮用水水源地水质监测预警能力，在包头市建设1座水质自动监测超级站，系统掌控居民饮用水卫生安全状况。运用无人机航测技术，对全区排污口进行全面排查。以现场采样和送交实验室检测的方式，对有水体流动的排污口进行监测。根据“一口一策”的方针，实现入河排污口分类整治，强化入河污染物排放管控。

二　存在的问题

（一）水资源短缺、用水效率不高并存

内蒙古黄河流域七盟市，绝大多数属于水资源缺乏地区，且农业用水量大、占比高，而用水效率不高。比如巴彦淖尔农田用水占比高达84.0%，农田灌溉水有效利用系数低于全区平均水平。首府呼和浩特属于缺水城市，特别是遇到干旱年份，高峰期供水与用水矛盾比较突出，水资源承载力十分有限。

（二）基础设施和设备建设滞后

林草有害生物防治所需要的必要交通工具、药剂药械、监测设备等储备不足，监测预警能力有待提高。舍饲基础设施薄弱，舍饲条件差、成本高，而散养放牧成本低，导致偷牧过牧行为屡禁不止。有的城市排水机制不顺，没有形成厂网河一体化运营模式。

---

① 《自治区召开生态环境保护新闻发布会》，内蒙古人民政府官网（2022年6月2日），https://www.nmg.gov.cn/zwgk/xwfb/fbh/bmxwfbh/sthjt_5971/202206/t20220602_2066044.html，最后检索日期：2023年6月30日。

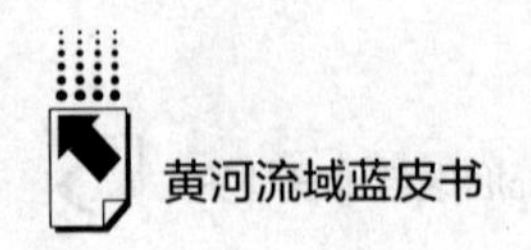

（三）队伍建设与生态保护和修复要求不匹配

林草专业队伍力量薄弱，制约着监测管理能力。旗县草原监测队伍存在人员少、专业人才不足等问题。而且草原监测点距离远，投入又很有限，还不能完全满足草原监测的需要。有的地方自然保护区没有专门的救助机构和专业救护人员，存在对严重受伤的野生动物救助不足的状况。由于人力、财力、专业人员不足，一些保护区生物多样性本底情况不清，监测手段相对落后，监管难度大。

（四）林草产业发展相对缓慢

林草产业总体上规模小、产业链条短、龙头企业带动力不强，生态资源优势尚未转化为经济优势。受到区域自然条件限制及林草产业投入周期长、见效慢的制约，部分市场主体因投融资难度大、成本高而无力投身林草产业开发。森林产品、林药等产品供需矛盾突出。大多数龙头企业规模偏小，技术创新不足，深加工能力不强，高附加值产品少，知名度不高、市场竞争力弱，导致林草产品潜力尚未得到有效发挥。

（五）生态环境质量有待提升

黄河流域内蒙古段森林数量少、分布不均、质量不高。有的地方国有林场主要靠国家投入，投入渠道单一、标准低、范围窄，导致林场营林动力不足；初植密度过大，多年未进行间伐，林分质量下降。整体上看，生态系统脆弱和不稳定性依然存在。由于干旱少雨，黄河沿岸局部地段盐渍化沙化恶化趋势有所加剧①。有的地区草原碎片化严重，质量低，承载力下降，植物多样性下降。城乡结合部河道内倾倒垃圾的现象时有发生，导致局部地区水环境污染依然存在。2022 年，乌海市环境空气质量尚未达标②，与居民对美好环境的需求存在差距。

---

① 《呼和浩特“十四五”林业和草原发展规划》，呼和浩特人民政府网，最后检索日期：2023 年 5 月 21 日。

② 《2022 内蒙古自治区生态环境状况公报》，内蒙古自治区生态环境厅，https://sthjt.nmg.gov.cn/sjkf/hjzl_8138/hjzkgb/202306/P020230612381509269663.pdf，最后检索日期：2023 年 6 月 30 日。

三 深入推进黄河流域生态环境系统治理与修复的思路

（一）加强黄河流域基础设施和信息化建设，构建智慧高效的现代化生态治理体系

加强黄河流域生态环境保护基础设施建设，提升生态环境治理的信息化、智慧化水平，是统筹推进黄河流域生态保护和高质量发展的有力支撑，是建设数字生态文明的必由之路，对内蒙古构建现代高效的黄河流域生态治理体系具有重大意义。

由于黄河两岸连接着广大的农村牧区和小城镇，部分地区以农牧业为主导产业，因此，应优先加快补齐农村牧区污染治理的基础设施短板，加大对农业面源污染的治理力度。一是强化对生活污水处理设施的运行管护，提高生活污水回收处理利用率，改善农村人居环境；设立生活垃圾分类回收站，打造智能垃圾分类系统，加大对城镇垃圾分类的引导和宣传力度，进一步提升垃圾分类的便利性和精准度。二是持续推进高标准农田建设，加快各类灌区灌溉系统的现代化改造，通过铺设智能滴灌系统，进一步提高水资源利用率，从而实现节水灌溉和精准灌溉。三是全面推进畜禽粪污资源化利用，通过加强舍饲基础设施建设，改善舍饲养殖条件，配套污粪收集和处理设施，提高畜禽污粪的综合利用率，实现环境保护和畜牧业绿色发展双赢，降低农牧民养殖成本。四是重点推进能源、化工、建材等高耗水产业节水改造，加强再生水管网与企业用水设施的对接，提高企业中水回收利用率。

同时，加快内蒙古黄河流域智能化管理平台建设，打通国土、自然资源、水利、住建、农业、工业等部门的数据壁垒，为黄河流域山水林田湖草沙湿等各类生态资源搭建“生态一张网”，实现黄河流域生态环境数字化治理，提高智慧化管理水平。要加快完善数字基础设施建设，加大信息技术在生态治理和环境监测中的应用。如在黄河干流和主要支流取水口实施全面网络动态监测，尤其是增加污染严重、水质较差的支流监测点位，对于农田灌溉区、水源保护区等重点区域，设置自动监测超级站，加强对污染物的溯源和追踪，严格排查违规取用水行为，提高对水源的监测和预警能力，坚决抑制不合理的取用水需求。

（二）统筹推进山水林田湖草沙系统治理，全力筑牢我国北方重要生态安全屏障

内蒙古黄河流域生态敏感区和脆弱区范围广、类型多，生态系统极不稳定。习近平总书记曾强调，要坚持用系统思维去思考黄河问题，用系统方法去落实黄河流域的生态保护和治理。因此，立足黄河流域生态保护的整体性和系统性，统筹推进黄河流域山水林田湖草沙系统治理，是推进黄河流域生态保护和高质量发展的基本主线，也是习近平生态文明思想的重要实践，对筑牢我国北方重要生态安全屏障意义重大。根据黄河流域生态保护的总体要求，突出问题导向，因地制宜、分类施策，科学配置保护和发展的具体措施，做到应禁则禁、应封则封、宜草则草、宜田则田，统筹推进黄河流域高标准治理和高水平保护。坚持生态优先、绿色发展，大力推动绿色矿山建设，实施矿山生态治理全覆盖，打造全国绿色矿业发展示范区，进一步提高资源开发利用效率，构建布局合理、集约高效、环境优良、矿地和谐的绿色矿业发展体系。加强水源地管控和水污染防治，提高河湖水源涵养能力，严格落实“节水优先”方针，量水而行，将节水作为水资源保护、开发、利用、调度、配置的前提，推动水资源集约节约高效利用，以水资源承载力作为核定区域人口与产业布局和规模的准则，使人口、产业发展与水资源相匹配。开展沿黄生态廊道建设，推进黄河流域内蒙古段生态大保护大治理，以自然恢复为主，贯彻落实天然林和天然草原保护修复制度，大力实施防风固沙、林草修复、水土流失治理等国家重点生态工程，加快沙地及退化草原综合治理，增加林草植被盖度，提高林草产业发展质量，完善自然保护地体系建设，保护生物多样性，夯实黄河流域高质量发展的生态根基，把我国北方重要生态安全屏障构筑得牢不可破。

（三）加强黄河流域生态保护制度创新，完善地区协同治理体制机制

加强制度创新是推进和落实黄河流域生态保护和高质量发展的必然要求，也是统筹山水林田湖草沙系统治理的重要保障，有利于黄河流域的健康可持续发展。内蒙古在多年的黄河流域生态治理中积累了大量宝贵的经验，但随着生态保护和高质量发展内在要求的不断提升，与之相配套的管理制度也应及时更

新完善，尤其是在系统观念下，黄河流域生态保护更需要多部门、多地区的协同配合，才能提升治理效能、统筹推进。因此，创新管理制度、完善体制机制是当前推进黄河流域生态保护工作的重中之重。

首先，在推进黄河流域生态保护过程中，要强化地方立法，让法律法规成为保护黄河流域生态环境的根本保障和重要遵循。内蒙古黄河七盟市可以根据自身生态治理的需要，因地制宜设立地方性法律法规，将生态环境保护的相关工作合法化、规范化，增强基层执法人员的法治思维，对偷牧夜牧、复耕复垦、违规取用水、破坏生态等行为给予严厉打击，保障黄河流域高质量发展。如乌兰察布市发布了《乌兰察布市农用地膜污染防治条例》，该条例列出了农用地膜的防治措施及废旧地膜回收机制等，不仅激发了群众清理地膜的积极性，又有效控制了农业面源污染，促进了农业绿色发展。同时各地区还应加强对生态林草法律法规的宣传普及工作，强化群众的法律意识，积极引导群众参与到生态保护、林草产业发展之中，形成共享生态成果的良好局面。

其次，继续完善林草长、河湖长制度，在全区推广落实“河湖长/林草长+检察长+警长”机制，坚持岸上岸下齐抓、森林草原统管，加大河湖水林草湿污染执法力度，提高巡逻次数，压实各方责任，积极探索公安、自然资源等多部门执法联动机制，推动行政执法与刑事司法无缝衔接。深入推进农业水价综合改革，完成“以电折水”工作，建议与第三方运维机构签订托管合同，由其负责日常计量设施的运行维护和水价改革宣传培训等工作，切实把农业用水管控好，健全农业节水激励机制。在内蒙古黄河流域全面推行排污许可制，推进排污权、用水权、用能权、碳排放权等市场化交易；加强工业取用水企业的监督管理，建立取水许可日常监督检查和专项监督检查相结合的监督机制，建立健全生态环境损害的风险管控机制，切实提高生态环境治理能力。

最后，黄河流域生态系统是一个系统的有机整体，不能简单地以地方行政区划或部门权责归属进行分割，必须坚持整体系统观，将黄河流域生态保护和高质量发展统筹推进、综合治理。围绕黄河大保护大治理，各级政府应加快建立完善的协调沟通机制，厘清各部门权利和责任，针对因机构改革或人事变动等带来的业务“空档期”，应加快构建上下联动的跨部门联防联控平台，积极对接相关业务，创建执法合作新机制，避免出现权责交织、相互推诿的现象。完善生态补偿制度建设，推进重点生态功能区转移支付差异化补偿制度；健全

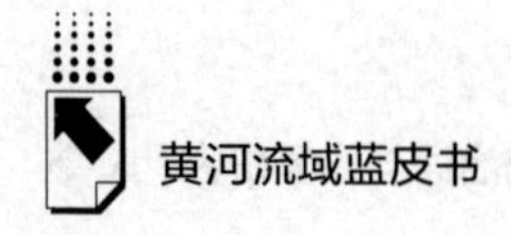

横向补偿机制，深化各地区生态环境部门之间的交流合作，共同推进黄河流域生态治理。

（四）多措并举加强林草管理队伍建设，提升生态保护和修复能力

内蒙古黄河流域生态系统复杂多样，治理难度大，现有的林草队伍已无法满足生态环境保护修复的要求，因此急需建设一批既能解决林草、水实际问题，又具备专业林草知识的人才队伍。一方面，要千方百计提高林草人才总量，通过加快林草专业人员的招录工作、积极争取人才引进名额等方式补齐现有林草执法、监测人员编制不足的短板，尤其要增加基层林草执法人员力量，加派专职工作人员满足森林草原管理的需要，减少一人身兼数职的现象。强化市场选聘、岗位委任、动态考核的人才管理方式，选择真正适配岗位、符合岗位需求的高素质林草人才，通过任期制同时配套相应的考评机制，为人才留用提供科学依据。另一方面，多渠道加大林草从业人员的培养力度，森林草原生态专业性强，从业人员应加强自身学习，熟练掌握相关规章制度、法律知识及专业知识，定期加强业务培训，以匹配生态系统保护工作的需要。同时要加强与各大院校和培训机构的合作，建立多元开放的产学研人才培养平台，通过理论与实践的同步互动，提高从业人员专业素质能力，有计划、有重点地培养林草所需人才，为黄河流域生态治理和高质量发展提供源源不断的人才支持。

此外，要加大力度提高林草人员装备现代化水平，配齐配强基层林草人员的终端执法装备，以便对破坏环境问题及时发现、及时上报、及时处理；增加对林草执法所需交通工具的供给，尤其是有害生物防治、林草防灾减灾所必需的特种车辆、药剂药械要供应充足，提高对突发性环境破坏事件的应急处置能力；加快自然保护区救助机构设施设备的更新换代，加大对探测设备、信息设备、医疗设备、电源设备等在自然保护区的应用和实践，有效降低自然保护区的受灾风险，提高野生动物等的救治效率。

（五）加快林草产业高质量发展，探索从绿水青山到金山银山的多元化实现路径

林草产业在黄河流域生态保护中承担着重要的生态功能，同时也是黄河流域高质量发展的重要组成部分，可以为广大人民群众提供优质安全的生态产品

和服务，关系人民群众共享生态保护成果的切身利益。首先，内蒙古黄河流域各盟市应立足区域资源禀赋和生态地理特点，优化林草产业发展布局，积极开展本地苗木和草种的培育和扩繁工作，加强繁育基地建设，改善树种和草种结构，提升本土林草种苗的供给能力，强化本土种源对黄河流域生态保护的支撑作用，加快推进林草生态修复治理，不断增加林草资源总量和提高质量，加大林草生态产品和服务的供给。其次，科学合理利用林草资源，将林草资源优势转化为经济优势，延长林草产品精深加工链条，加快新型林草业经营体系建设，提高林草产业的综合效益。一是大力发展特色经济林，积极推广经济林集约化经营技术，对经济林种植企业及农户实施全年技术指导和跟踪服务，促进经济林产业化规模化发展；二是创新林下经济发展模式，促进林菌、林禽、林畜、林药、林草等产业多元化发展；三是加大饲草生产新技术、新品种和新机具的引进力度，提高饲草加工及贮藏水平，积极推进饲草产业链提质增效，提升草产品附加价值，促进农户、合作社和企业收入稳步增长。最后，加大对林草产业游憩资源的开发力度，加强林草资源在城乡景观带建设中的应用，加快打造以林草旅游为统领，以森林公园、湿地公园、草原景区等为载体的多元化生态旅游体系，加快绿水青山向金山银山的高质量转变。

（六）加大资金投入力度，为黄河流域高标准治理提供重要保障

黄河流域生态保护涉及内容广，需要人力、物力、财力等多方面的持续性投入和支持，应充分发挥政府资金投入的杠杆效应、乘数效应，优化资金投资结构，将财政资金向经济体量小、财政收入少和林草任务重的地区倾斜，并出台相应的补贴政策，确保黄河流域生态保护与治理顺利推进。一是积极争取国家层面和地方层面的生态治理基金，有效引导资金流向各地生态治理短板领域，集中力量解决生态治理“卡脖子”问题。同时鼓励社会资金和市场主体主动参与生态活动，激发全社会参与生态保护的积极性，逐步缓解政府投资压力，加快构建市场化、多元化生态补偿机制。二是针对退耕还林还草项目后期管护资金不足、复耕风险增加等问题，应继续加大对相关生态工程后期资金的投入，巩固和保护好生态治理成果，并设置停止工程补贴的缓冲时间，提高还林还草补贴标准；对不具备享受草原奖补政策条件但划为禁牧区的草原，要加大对相关牧民的补贴力度，建立退耕还林还草还湿的长效补偿机制，消除已有

生态成果反弹的隐患。三是加大对基层林草部门的资金支持力度。在草原监测、湿地监测、野生动物救助等方面每年按一定标准给予持续性资金资助。四是对相关制度的实施设置专项的生态补偿资金，如对河湖管理制度的范围划定、规划编制、生态治理等方面给予一定的资金倾斜，在推进农业水价综合改革时建立农业水价精准补贴和节水奖励机制等。

（七）优化人口布局，促进人与自然和谐共生

人与自然和谐共生是习近平生态文明思想的重要内容。人与自然是生命共同体，尊重自然、顺应自然、保护自然，促进人口、资源、环境协调发展，维持生态系统的平衡稳定，是黄河流域生态保护和高质量发展的内在要求。由于内蒙古黄河流域生态敏感区域较大，部分地区是重点生态功能区和农产品主产区，同时也是内蒙古经济最活跃地区，人口规模占自治区一半以上，多数地区人口城镇化率较高，但巴彦淖尔和乌兰察布城镇化率低于内蒙古平均水平。因此应按照国土空间规划要求，进一步优化人口、产业布局，合理配置生态、生产、生活空间，实现可持续发展。人口因素是维持黄河流域生态空间安全韧性的关键性因素。优化人口布局，应以资源环境承载力为刚性约束，实现不同类型主体功能区之间人口、经济与资源环境的协调发展。深入推进以人为核心的新型城镇化，进一步促进人口与产业在城市化发展区高效集聚，以良好的公共服务和现代化的城市管理等方式吸引人口向城镇地区有序流动，为生态恢复和农业发展留足空间；加快农牧业转移人口市民化，以政策引导为主，在住房、就业、教育、医疗、补贴等方面给予农牧民更多优惠政策和信息服务，鼓励农牧民进行自主迁移，重点发展小城镇，不断拓展农牧业转移人口就近就地城镇化空间，为农牧业现代化发展提供有利条件；鼓励重点生态功能区人口有序迁移与流动，引导限制开发区和禁止开发区人口向小城镇和县城集聚，促进生产、生活、生态“三生”融合，发展农产品加工业和生态旅游业，协调促进生态环境保护与经济社会可持续发展。

B.15

汾河流域生态治理成效与经验研究

郭永伟　逯晓翠*

摘　要：　汾河是山西境内第一大河，黄河第二大支流。改革开放以来，随着山西经济快速发展，汾河流域地下水超采、水位下降、地表径流减少、水域面积萎缩、河道变窄甚至断流，生态功能退化、河流水质污染自净功能衰退以及河道渠化、断流等一系列生态环境问题。近年来，山西认真贯彻落实习近平总书记视察山西重要讲话重要指示精神，践行"两山"理念，按照"节水优先、空间均衡、系统治理、两手发力"治水思路，强化顶层设计、严格落实河湖长制、统筹谋划以汾河为重点的"七河"流域生态保护，创新水利事业投融资机制，深入推进减污减排与综合整治，汾河流域生态治理取得初步成效，但流域生态功能依然脆弱，自我修复、自我净化功能仍很薄弱。汾河流域生态治理是一项任务繁重的系统工程，我们要勇担历史重任，应牢固树立生态治理是一项艰巨的政治任务理念，不断拓展治理资金渠道、深化治理合作模式、扩大合作范围，久久为功，不断推进这项民生工程、后代工程走向深入，为全方位推动高质量发展和建设美丽山西提供坚实的水保障和水支撑。

关键词：　汾河流域　生态治理　生态保护　山西省

* 郭永伟，山西省社会科学院（山西省人民政府发展研究中心）研究三部副部长、副研究员，主要研究方向为能源经济、生态经济；逯晓翠，山西省社会科学院（山西省人民政府发展研究中心）研究三部助理研究员，主要研究方向为能源经济、应用经济。

2017年6月，习近平总书记首次考察山西时对汾河流域生态保护修复提出“一定要高度重视汾河的生态环境保护，让这条山西的母亲河水量丰起来、水质好起来、风光美起来”的具体要求。2020年5月，习近平总书记在第二次考察山西时看到汾河美景逐步变为现实，进一步指示“要切实保护好、治理好，再现古晋阳汾河晚渡的美景，让一泓清水入黄河”。近年来，山西省委、省政府牢记总书记嘱托，改善生态环境，打响了汾河流域生态保护与修复治理攻坚战，健全政策法规体系、发布实施方案、部署重点任务，统筹推进山、水、气、城一体化治理，开展控污、增湿、清淤、绿岸、调水综合施治，在流域生态治理、生态保护补偿机制建设等方面取得了明显成效，有效调动全社会参与生态环境保护工作的积极性，共同书写“让黄河成为造福人民的幸福河”的精彩华章。

一　汾河流域自然和经济社会概况

汾河是山西境内第一大河，黄河的第二大支流。汾河由北向南贯穿山西中西部经济发达地区，流经山西省6市29县（区），全长713公里，在万荣县荣河镇庙前村汇入黄河。根据《山西省水资源公报2021》数据资料，2021年汾河流域面积39826平方公里，流域面积占山西省总面积的25.6%。该流域是山西省严重缺水区域，水资源开发利用率高达80%以上，远超40%的合理利用率标准。临水而居、依水而兴发展起来的现代城镇集中分布在沿河两岸，以27%的水资源和25%的土地面积承载了山西39%的人口和42%的地区生产总值。

（一）自然资源情况

山西河川径流32.3亿立方米，地下水资源量34.4亿立方米。山西为两山夹一沟（东太行、西吕梁、中间一条汾河水）的地理条件和地势条件，中部地区自然降水形成的河流最终汇聚到汾河，成为汾河的支流，其中较大的有潇河、文峪河、浍河等，还有诸多泉水也成为汾河水源补给点。汾河全流域共建有大型水库3座、中型水库13座、小型水库50座，总库容为15081亿立方米，总控制流域面积为17665平方公里，占全流域面积的45%。

从流域水资源看，汾河流域地处黄土高原，植被覆盖率低，蒸发量大，受自然补水影响大。流域年降水量变化梯度大，由南向北锐减。全流域年内降水分配不均，冬季降水量最少，夏、秋季降水占到全年的85%以上。《山西省水资源公报2021》公布数据显示：2021年，汾河流域上中游年度降水688.8毫米、下游年度降水861.0毫米、全流域年平均降水739.0毫米；上中游年度降水总量19.4亿立方米、下游年度降水总量10.0亿立方米、全流域合计降水总量29.4亿立方米，分别较2017年增长11.50%、52.7%、22.5%①；受上中游用水增加、自然补水不足的影响，下游断流时有发生。据相关单位实测统计，1958年4月，汾河干流在介休县义棠水文站第一次出现断流，至2001年底，累计断流4443天，其中，仅1999年就出现断流320天，成为断流天数最多的站点。入黄口河津站从1956年设站到1989年，34年间有19年发生断流。

从流域生态环境看，汾河流域地处黄土高原，受雨水冲刷形成众多沟壑，加之植被采伐、水土流失现象普遍。上游地处水土流失最严重的吕梁山脉，是汾河河道泥沙输入黄河的主源区；大部分泥沙产生于汛期，具有“水量强、含沙量大”的特点。流域水资源受水源萎缩、自然补水不足等影响，水资源非常短缺，林草覆盖率低，水土流失严重，加之城镇发展用地增加，湿地等生态系统面积减少，地下水位下降，生态系统服务功能、自我净化功能退化。

（二）经济社会情况

汾河流域是中国古代文明的发祥地之一，有文献记载的农田水利开发利用可追溯至战国初期。新中国成立后，汾河作为山西省贯穿南北的重要河道，首先被纳入全省水利开发建设项目，1954年发布《汾河流域规划报告》，1956年、1986年分别进行修订。1972年出台《山西省汾河流域治理规划》。随后又陆续编制出台上游、中游和下游河道治理的多项规划和相应方案。最终把汾河流域打造成山西省“重要的生态功能区、人口密集区、粮棉主产区和经济发达区”，② 2018年底，汾河流域地区生产总值7156.8亿元，占山西省当年地区生产总值的近一半，其中第一产业308.7亿元、第二产业3084.8亿元、第

① 山西省水利厅：《山西省水资源公报2017》。

② 樊晋铁：《乔建彬·汾河之痛，拯救母亲河迫在眉睫——汾河流域生态环境治理修复与保护工程述评之二》，《山西经济日报》2008年5月31日，第1版。

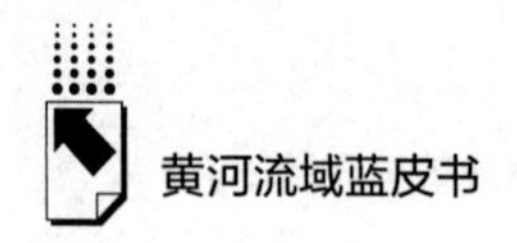

三产业 3763.3 亿元，第三产业产值占比最大，占总产值的 53%。

汾河流域是山西省粮食主产区和商品粮生产基地，耕地面积 111.4 万公顷，占全省耕地面积（387 万公顷）[①] 的 28.8%；粮食产量 533.3 万吨，占全省粮食产量（1464.3 万吨）的 36.4%，全流域农业产值占全省的 64%。近年来，在汾河流域开发建设生态高效农业示范区 40 万亩，规划布局畜禽养殖、畜产品加工、农产品加工三大园区，通过土地开发利用、兴修农田水利、规范农田林网、优化田间道路、完善农业设施，建设成优质商品粮、无公害蔬菜、优质果品、苗木花卉生产基地，成为集生态、环保、观光、示范于一体的生态高效农业产业带，成为带动其他地区生态农业发展的示范样板。

借助汾河沿河两岸丰富的煤、铁、石灰岩等矿产资源，在大中城市汇聚了大量工矿企业，成为山西工业集聚区。近年来，山西省委、省政府落实国家供给侧结构性改革，汾河沿河地区依托雄厚的工业基础、便利的交通设施和大量产业工人，以传统企业技改提效、培育战略性新兴产业为主，引进新技术、新能源、新材料等一批战略性新兴产业，打造了转型综改试验区等一大批工业产业园。流域工业产值占全省的 50%以上，人均国内生产总值高出全省近一成。

实施现代服务业发展工程，大力发展楼宇经济和总部经济，以及物流、金融、专业市场等生产性服务业，实施文化旅游业兴区工程，加快把文化旅游业培育成战略性支柱产业。

二　汾河流域生态治理的做法

近年来，山西省委、省政府深入贯彻落实习近平新时代中国特色社会主义思想和习近平总书记考察调研山西重要讲话重要指示精神，按照“节水优先、空间均衡、系统治理、两手发力”治水思路，统筹谋划以汾河为重点的“七河”流域生态保护，创新水利事业投融资机制，深入推进减污减排与综合整治，为全方位推动高质量发展和美丽山西建设提供坚实的水保障和水支撑。

---

① 2022 年 1 月 27 日，山西省政府新闻发布会公布“山西省第三次国土调查”数据。

（一）统筹推进、源头治理

2019 年，山西省人民政府为贯彻落实习近平总书记对汾河生态环境保护提出“水量丰起来、水质好起来、风光美起来”重要指示，以改善汾河流域生态环境、提升汾河流域生态稳定性、再现“汾河晚渡”美景为指引，全力推进汾河流域生态治理和高质量发展。

1. 强化顶层设计

2019 年，山西省首次以政府令形式印发《山西省人民政府关于坚决打赢汾河流域治理攻坚战的决定》（省政府令第 262 号），由此掀开全方位治理汾河流域生态的大幕。省委常委会议、省政府常务会议多次专题研究汾河流域生态环境治理工作，召开汾河流域水污染治理攻坚推进会，审议出台《关于坚决打赢汾河流域治理攻坚战的决定》《山西省黄河（汾河）流域水污染治理攻坚方案》《以汾河为重点的“七河”流域生态保护与修复总体方案》《汾河流域生态修复规划（2015—2030 年）》《汾河流域生态景观规划（2020—2035 年）》《山西省“十四五”“两山七河一流域”生态保护和生态文明建设、生态经济发展规划》《关于建立省级财政支持县级重点水利项目前期工作经费滚动使用机制的实施方案（试行）》《县级水利项目投融资奖励实施方案（试行）》等系列决定方案，为流域生态治理、环境修复、经济发展擘画出秀美蓝图，全面打响保护山西“母亲河”的攻坚战。实施《山西省汾河保护条例》，为汾河流域生态治理与保护提供有效的法律依据。发布《山西省污水综合排放标准》《山西省农村生活污水处理设施水污染物排放标准》《山西省地表水环境功能区划》等地方标准，为全省水环境治理明确具体要求。

2. 分区分类施治

将汾河流域按照“一源、两路、三线、四区、五带”① 的空间布局进行分类治理。汾河干支流作为汾河主要自然补水区域，执行生态敏感区的保护，维护河源的生态功能稳定；确定河道干支流两岸堤防 50～100 米的区域为生态功

① “一源、两路、三线、四区、五带”：一源为河流源头；两路为两岸堤顶绿道（包括护岸）；三线为河道治导线、水生态功能保护线、水生态功能限制开发线；四区为河源区、山区、山前平川区、河口区（支流汇入口及干流出境口）；五带为河道水域带、两岸的水生态功能保障带、两岸水环境质量安全带。

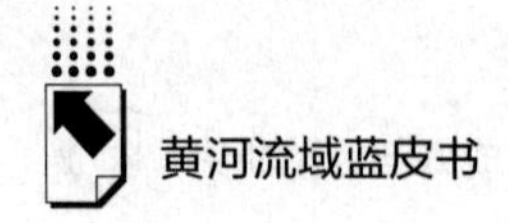

能保护线，实施退地还河、退耕还林还草还湿工程，建设30~50米防护林和水源涵养林，改善农田种植结构，提高流域自净能力；将峡谷段河道两岸1公里范围内划定为水生态管控区，通过山坡绿化和水污染管控，控制水土流失、提升水质；在水库和重要水源地实施水生态和水污染双重管控，设置100米水生态控制范围、3公里水污染管控范围。同时，将汾河干流、支流覆盖的5915平方公里细分为生态敏感区、生态修复区和生态治理区。生态敏感区以保护水源为中心，以控制水土流失、提高蓄水能力为重点，通过自然抚育，生态敏感区生态持续好转，补水能力得到明显提升；生态修复区以封育保护为主，促进生态自然修复，通过开展生态建设，水土流失得到有效控制；生态治理区是人类活动频繁区域，以修复治理为重点，通过保土耕作、种植水保林、设置各类封禁区域等措施，有效提高区域水质。同时，为控制区域内水土流失，调节洪水枯水流量，调节区域水分循环，防止河流淤塞，保障下游水量和水质，在各水库周边划定20~50米的宽度种植水源涵养林。

3. 一断面一方案

针对流域治理系统性、复杂性，落实各级河湖长职责，以汾河流域13个国考断面为基础，坚持“一断面一方案”，分区、分段治理，科学谋划、强化落实，加快推进污染防治工程建设；坚持“一河一策”，开展入河排污口排查整治，拉网式排查入河排污口，对经封堵、取缔、并网纳管后保留的入河排污口实行按月监测，对汾河干支流实施分类整治。与此同时，加快流域水环境基础设施建设，实施并完成汾河流域省级水污染治理重点工程257项；各市县结合省级水设施工程，配套完成市县级水污染治理工程984项，累计投资178.5亿元，极大弥补了薄弱的水环境基础设施。

4. 加强基础设施建设

加强汾河沿线污水处理等基础设施建设、改造，建立联通、联动、联调的区域污水收集管网运转体系，推进城镇排水管网雨污分流改造，基本实现城镇生活污水全收集全处理。合理布局城镇污水处理设施，加快污水处理设施管网互通建设，全面提升城乡污水治理水平。因地制宜、科学推进农村生活污水处理设施及配套管网建设，健全农村污水设施运营机制，有效解决农村生活污水直排问题，实现沿汾村镇具备生活污水处理能力。

5. 科学治污与水环境监管

突出科学治污、精准监测、规范管理，加速推进河湖生态环境治理能力现代化建设，以“坚决打赢汾河流域污染治理攻坚战”为战略目标，推动汾河流域生态环境持续改善和经济社会高质量发展。加快推动科技赋能，提升河湖监管能效。以晋中市为例，依托河长制数字信息平台，整合 111 条河流、63 座水库、35 座淤地坝、11 处水文站点等基础涉河信息，实行无人机巡河 2～3 次/月，安装卫星光谱水质监测终端、雷达水量监测终端、“四乱”在线监控等设施，做到实时可视化动态监管，推进水利、气象、水文会商联动机制，实现了涉河信息“一张图”和功能应用“一张图”，构建起“天、空、地、人一体”的河湖立体动态监管体系。

（二）专项行动，建设生态廊道

以汾河为重点，以河源保护修复、河流生态化恢复、两岸绿化为核心，实施汾河上游综合治理、汾河中游百公里示范和汾河下游水系综合整治等重大工程，全面构建汾河生态廊道。

1. 汾河上游林草生态保护修复十大工程

针对汾河上游森林覆盖率不高、水源涵养功能不足、两岸景观欠佳等问题，2020 年山西省林业和草原局统筹布局实施荒山荒坡造林绿化工程、退耕还林还草工程、通道绿化工程、村庄绿化工程、湿地保护工程、森林公园建设工程、草地保护工程、森林精准提升工程、生物多样性保护工程和景观花草建设工程等十大工程，努力将汾河上游地区建成山水林田湖草系统治理示范区、黄河流域生态保护修复和高质量发展样板区。

2. 汾河百公里中游示范区生态治理工程

2019 年，以汾河为重点的“七河”流域生态保护与修复为龙头，山西省水利厅在太原、晋中两市全面开展汾河百公里中游示范区工程建设，加快推进汾河水生态环境的整体改善。通过开展生态治理、堤防生态化改造、滩槽整治、景观绿化、坡脚石笼防护、险工段防护等工程，满足防洪安全、改善河道环境，修复河道生态及实现两岸景观绿化美化，形成百公里河道清洁长廊、生态绿色长廊、文旅融合长廊，实现汾河中游“风光美起来”。

3. 治理清废行动

围绕“水质好起来”，山西省生态环境厅陆续开展“清废行动”“河道采砂专项整治行动”“河湖‘清四乱’专项行动”“‘百日清零’专项行动”等一系列具体整治举措，彻底让汾河水质好起来。针对河道乱占、乱采、乱堆、乱建等“四乱”问题，实施汾河沿线“清废行动”专项整治行动。2019 年 1 月，省环保厅联合省检察院、省公安厅共同开展“携手清四乱保护母亲河”百日会战行动，经共同努力，汾河河道行洪通道畅通、汾河水质趋好。同年 7~10 月，在全省范围内开展违法排污大整治“百日清零”专项行动，以“零容忍”的态度，解决水环境突出问题 223 个，查处典型环境违法案件 62 起，关停取缔散乱污企业 67 家，解决了一大批突出的生态环境问题。2022 年，针对城镇污水处理厂不达标排放和入河排污口暗排、偷排等违法现象开展了为期 3 个月的专项清零执法行动，共解决违法违规问题 299 个，立案查处水环境违法案件 121 起、行政拘留 125 人、刑事拘留 2 人。针对汾河流域浪费水资源、破坏水环境的水事违法行为，水利部门与法院加强行政执法和司法保护工作协调联动和有效衔接，全面加强汾河流域法治监管，开展河道采砂专项整治行动。

（三）全领域参与生态治理与修复

山西省委、省政府把汾河流域生态保护与修复作为践行习近平生态文明思想的重大举措，持续发力推进全领域生态治理与修复。在农业、工业、城乡等各领域深入推进减污减排与综合整治，加速生态保护与修复步伐，持续改善沿汾区域水环境，牢牢守住汾河流域环境安全底线。

1. 转变治理理念，开展综合治理

坚持山水林田湖草沙一体化治理，秉持尊重自然、顺应自然、保护自然的理念，统筹推进上中下游、两岸、干支流、堤内外治理。按照控污、增湿、清淤、绿岸、调水“五策并举”治水思路，有序推进退地还湿还草还林，同步推动流域矿区治理修复、水土保持生态修复、水资源与水生态保护恢复、化肥用药减量替代、土地综合整治和生物多样性保护。通过实施“汾河百公里中游示范区建设”和“上游林草生态保护修复工程”，恢复上、中游地区自然风光，实现汾河上中游“风光美起来”。

2. 加强农业面源污染治理，建设生态农业体系

保障土壤环境安全，有序推进土壤污染治理、安全利用受污染耕地，强化用地环境风险管控。扎实推动化肥农药减量增效，促进种植、养殖、林果等产业绿色发展，建设推广高标准农药减量增效示范基地。加快实施高效节水灌溉工程，严控冬春季浇灌期间农田“大水漫灌”行为，进行大中型灌区续建改造，持续深化农业水价综合改革。

3. 调整优化产业结构，健全绿色低碳工业体系

严禁在水源地及流域设定红线范围内建设高污染工业项目，严禁在生态保护与修复区域、城市（县城）规划区新改扩建高污染和高风险项目。改造提升传统优势产业，发展培育绿色新兴产业，着力提升产业发展的含金量、含新量、含绿量。大力实施工业节水，创建节水型单位、节水型企业，推广节水器具；城市公共供水管网漏损率有效控制在国家标准（10%）以下。减少大气污染物排放，开展工业炉窑、挥发性有机物和扬尘等专项治理行动。推进工业污水“零排放”，强化省级及以上工业集聚区污水集中治理，实现污水资源化利用。

4. 创建节水型社会

严格落实用水总量和效率控制“红线”，统筹农业、工业、生活节水，优化灌溉方式，促进高效节水。推进城镇生活污水再生水利用，拓宽再生水利用渠道，提高全省地级及以上缺水城市再生水利用率。探索汾河流域横向生态保护补偿试点，以“水生态环境质量只能变好不能变差”“污染者付费、保护者受奖”“用水总量不超限”为目标，在沿汾河 6 个地级市推行水生态环境考核、奖惩。

（四）创新筹资模式，缓解资金困难

为解决水利基础设施建设项目资金不足的问题，创新水利事业投融资机制，探索形成“省级规划、市县主体、市场运作、多元参与”新模式，充分发挥财政资金的杠杆撬动作用，吸引社会资本参与水利项目建设，形成省、市、县、企多方协同，共同发力的投融资格局，有效缓解资金不足问题。

1. 组建投融资公司

针对流域治理资金不足的问题，相继组建了三家投融资公司，为汾河流域

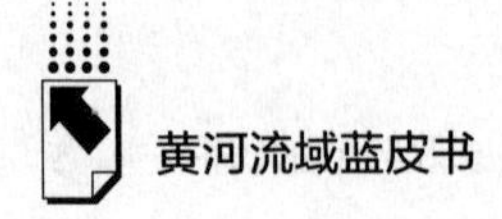

生态治理提供源源不断的资金支持和技术支撑。省水利部门积极推动组建汾河流域生态修复投资公司，引入“中交疏浚（集团）股份有限公司”作为战略投资方，于2018年成立中交汾河投资控股有限公司，中交汾河投资控股有限公司的成立开创了以市场化方式修复治理流域生态的新模式、新路径，成为推进汾河流域生态保护和修复的重要抓手。2020年，对山西省黄河万家寨水务集团和山西水务集团进行合并重组，成立万家寨水务控股集团有限公司，全面推进水源、水权、水利、水工、水务“五水综改”。2022年，山西省人民政府与中林集团签署战略合作协议，在国家储备林建设、绿色基础设施及黄河流域生态保护屏障建设、构建山西省生态多元化补偿机制等多个领域开展合作，助力山西在生态建设、林业金融创新等方面探索山西方法、山西路径。

2. 拓宽投融资渠道

为充分调动市县创新投融资机制的积极性，鼓励市县通过创新筹资模式，推动流域生态综合治理项目正常开展。山西省财政厅会同省水利厅制定颁布了《关于建立省级财政支持县级重点水利项目前期工作经费滚动使用机制的实施方案（试行）》，有效解决县级重点水利项目因前期经费不足、影响落地实施的问题；制定了《县级水利项目投融资奖励实施方案（试行）》，鼓励市县通过创新筹资模式、拓宽投融资渠道等方式，推动流域重点水利项目和生态综合治理项目加快建设实施。

三　取得的成效

党的十八大以来，山西省对汾河流域生态治理与修复做出了不懈努力，先后开展汾河流域生态景观、汾河中上游山水林田湖草生态保护修复、汾河乡村振兴示范廊带提质等工程，在保护生态环境、推动经济社会发展等方面取得了显著成效，初步形成生态、经济、社会相互协调、可持续发展的共赢格局。

（一）水量丰起来、水质好起来

探索建立汾河流域水资源统一调度机制，通过万家寨引黄工程、引沁入汾、和川引水枢纽工程、北赵引黄连接段工程向汾河干流补水。据统计，从2017年至今，汾河累计调引黄河水11.46亿立方米。省水利厅针对汾河流域天然径流量少、煤炭开采对地下水的破坏等问题，印发了《汾河干流生态补水及开源节流工作方案》，通过补水、节水、管理、工程、监督考核等措施，建立流域水资源统一调度机制，维持汾河生态流量，逐步实现汾河水量丰起来。

主要污染指标平均浓度下降趋势明显。汾河流域主要污染指标平均浓度呈下降趋势，氨氮、化学需氧量和总磷平均浓度降幅明显。引黄入汾水质基本稳定在地表水Ⅲ类以上，极大地改善了汾河水质。2020 年 6 月，汾河流域 13 个国考断面全部退出劣Ⅴ类，优良水质断面扩大到 6 个，其他断面水质情况亦明显提升，汾河水源地（包括汾河二库）水质保持在Ⅱ类以上，[①] 彻底扭转 20 世纪末，汾河河段中无Ⅱ类水质、60%河段超过Ⅴ类标准的局面。2021 年，汾河流域全部提升至Ⅳ类水质以上，2022 年上半年Ⅲ类及以上断面比例达 52.4%，真正实现“一泓清水入黄河”。

（二）风光美起来、物种多起来

太原市先后分三期对汾河太原城区段进行治理美化。经过持续治理，水量大了、水面宽了，两岸打造了玫瑰花簇、花海、樱花大道及各类花境、节点等景观绿地，实现“三季有花、四季常绿”的景观效果。2020 年，太原汾河景区提质升级，太原市唯一的露天游泳场重新对公众开放。如今，依托汾河打造的滨河公园已成为沿汾城镇居民休闲、娱乐、放松的理想场所；太原汾河公园更成为来太原出差、旅游人员的重要“打卡地”。

随着汾河流域生态环境持续好转，太原汾河景区湿地公园成为野生鸟类生息繁衍的“天堂”。鸟类种群从原来的不足 10 种增加到白鹭、苍鹭、小鸊鷉等 165 种，汾河流域原有自然生态系统已逐渐恢复。

（三）景观建起来、环境亮起来

自 2018 年启动汾河生态治理修复工程以来，通过淤地坝建设、小流域综合治理，山西建成 3 座尾水人工潜流湿地、6 座入河口湿地、3 座其他湿地，

① 贾力军、程国媛：《一份沉甸甸的答卷——汾河流域 13 个国考断面全部退出劣Ⅴ类水质》，《山西日报》2020 年 7 月 7 日，第 1 版。

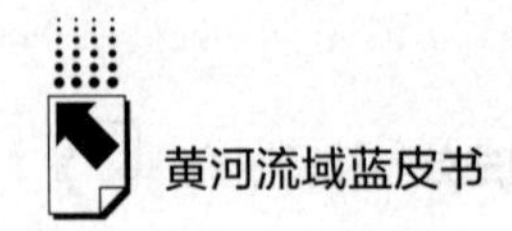

共12座人工湿地。截至2022年底，汾河流域共建设有山西静乐汾河川国家湿地公园、山西文峪河国家湿地公园、山西昌源河国家湿地公园、山西孝河国家湿地公园、山西介休汾河国家湿地公园、山西洪洞汾河国家湿地公园、山西双龙湖国家湿地公园、山西稷山汾河国家湿地公园等8座国家级湿地公园。

"九河"[①] 综合治理工程是太原市"十三五"期间汾河流域生态治理的重点项目。通过疏浚河道、铺设污水管网，排查整治入河排污口，河道沿线污水实现全收集全处理；彻底解决了生产生活污水直排河道、污染水体环境的问题。如今的"九河"实现了华丽的变身，黑臭水体变清澈了、河面变宽了、断流消失了，沿河修建的城市快速路在河道绿植映衬下成为景观大道，沿线步行道成为附近居民休闲漫步的首选之地。

四 经验与启示

（一）强化顶层设计

1. 发布出台各类政策文件

自2017年习近平总书记考察山西以来，山西省累计发布27份相关文件，涉及大气污染防治、污染物排放、城乡垃圾治理、工农业生产、城乡居民生活等各个方面，有力推动汾河流域生态修复和治理；沿河6个设区市也密集发布了109份相关文件，涵盖实施方案、治理工程、建设项目、工作方案等具体内容。

2. 强化规划引领作用

按照《山西省"十四五""两山七河一流域"生态保护和生态文明建设、生态经济发展规划》，聚焦高标准保护、构筑绿色生态屏障、实施"七河"综合修复治理、发展生态经济、打造三晋生态文化等五大重点任务，建立以水土保持和水源涵养为主要功能的防护林体系；构筑野生动物和生物多样性保护的林水保护地；推动生态环保产业快速发展；探索生态产业价值实现路径，促进自然资源经济价值的实现和增值。

---

① "九河"指汾河在太原市区的9条主要支流，具体为北涧河、北沙河、南沙河、风峪河、冶峪河、虎峪河、玉门河、九院沙河、小东流河。

3. 强化治理体系建设

颁布实施《山西省水污染防治条例》《山西省污水综合排放标准》《山西省农村生活污水处理设施水污染物排放标准》《山西省地表水环境功能区划》等地方标准，更好地服务汾河流域生态环境治理，明确汾河治理任务和环境管理要求。

4. 系统提升监测能力

为有效解决河流上下游、干支流治污责任不清问题，建设地表水跨界断面水质自动监测站，实现全流域跨界水质自动站全覆盖，彻底厘清了市县治污责任。

（二）落实“河湖长制”

到 2019 年，山西省全面建立河湖长制，深入落实河湖长制改革任务，形成“河湖长+河湖长助理+巡河湖员”工作模式，实现所有河流湖泊巡河湖员全覆盖，将河道行洪安全列入河湖长制工作目标，建立起汾河流域堤防安全包保责任体系，常态化开展河湖“清四乱”，影响河流行洪安全及景观风貌的问题得到有效解决。各级河湖长和巡河湖员积极主动巡河、护河、治河，有力推进全省河湖管理保护与开发。

（三）编制专项行动方案

山西能在短短五年时间取得显著的生态治理成效，得力于全省上下不折不扣地落实《黄河流域生态保护和高质量发展规划纲要》，贯彻执行“污染防治年度行动计划”，积极淘汰落后产能和化解过剩产能，出台减少工农业生产过程中可能出现面源污染的通知、限制地下水超采的通知等 20 余项省级层面政策文件。沿汾河 6 个地市认真对待流域治理、积极响应，出台发布了操作性很强的专项规划、行动方案，有效推动汾河流域生态治理工作。

（四）定期巡视、限时整改

坚持“督政督企”相结合，定期对流域水环境整治实施专项督察。全面肃清流域违法排污行为，定期开展国考断面水质定点督察、沿河六市水污染治理专项督察，压紧压实市县各级党委、政府及有关部门主体责任。对巡视过程中发现的问题，及时反馈同级政府部门，责令其提交限时整改方案并做备案处理，期满后进行整改核查，让生态环境真正成为一条永远不能触碰的红线。

五　存在问题和建议

自开展汾河清水复流工程以来，汾河流域地表水调蓄功能显著提高、部分区域地下水位实现止降回升。但整个汾河流域的生态仍然存在地下水位下降、地表径流量减少、植被退化、水土流失等突出问题。首先，汾河流域所处黄土高原抵御自然灾害的能力较低，地理位置特殊，处于从平原向山地高原过渡、从湿润向干旱过渡的地区，各种自然要素相互交错，自然环境条件不稳定，地震灾害、水旱灾害和气象灾害，以及水土流失、土壤侵蚀等自然灾害频繁。加之，地下矿产资源的大量开采，地下水位持续下降，使本就脆弱的地质条件遭受到破坏，自然修复力明显不足。其次，山西是中部六省区中经济基础最弱的省份。而汾河流域所处的黄土高原生态环境历经多年的破坏，自然恢复相当困难，必须通过人、财、物的大量投入才能扭转生态恶化的趋势，而且需要一个漫长的历史过程。以山西现有的财力和智力很难独立担负起这一重任，加之山西正处于转型跨越发展的攻坚期和要与全国同步实现第二个百年奋斗目标双重压力下，山西财政经济压力很大。最后，市、县水利事业是水利基础设施建设的主战场，项目资金不足已成为影响项目落地的普遍问题。虽然省财政积极发挥财政资金杠杆作用，鼓励引导社会资本参与到生态修复治理项目的建设上来，但对于山西庞大的生态修复治理任务来说显然不够。因此，未来一段时期要从以下几个方面着手，以期更好地恢复汾河流域生态系统。

（一）强化顶层设计，完善生态治理制度体系

汾河作为黄河第二大支流和重要的补水来源，完善汾河流域生态治理制度体系，对于国内其他支流生态治理均具有很强的指导意义。应将汾河流域生态治理放在黄河中游生态保护与治理的重要位置，加强政策、项目、资金支持。将引黄入汾、引黄济汾纳入黄河流域生态修复治理体系，增加“引黄水”配额，通过增加生态补水量来提高汾河两岸生态自我修复能力，逐步恢复水源地蓄水能力、稳步提高生态自净能力、提升湿地生态培育功能。

（二）众筹各类资金，设立生态治理保障基金

生态修复治理不是一朝一夕就可以实现的，而且在治理过程中需要大量且持续的资金投入；应当由中央和地方牵头，整合矿产资源开发企业、矿产资源利用企业，并积极吸纳国际环保基金组织共同出资，设立国家或地方层面的生态治理保障基金，为生态修复治理提供资金担保或资金支持。

（三）细化功能分区，探索水土流失治理模式

黄河流域水土流失问题严重，且水土流失分布区域以黄土高原为主；黄土高原受气候、土壤、造地运动等多重因素影响，在夏秋季节强降雨冲击下，极易产生水土流失。构建以淤地坝为主体的滞洪拦沙保土蓄水体系。依托现代信息技术、监控系统开展水土保持监测与信息化管理，实时掌握各区段水土流失状况。加强与省内外高校和科研院所的项目合作，定期发布拟攻关科研项目，群策群力，共同探寻水土流失治理的方式和办法。

（四）重点项目推动，持续推进矿山生态修复

山西是矿产资源丰富的省份，资源开采导致地表沉陷、水土流失、地下水水位下降、矿区生态系统被严重破坏。矿山生态修复治理是近年来山西生态环境修复的一项重大工程。首先，编制矿山生态修复治理规划，加快推进绿色矿山建设，彻底清查汾河流域矿区生态破坏情况，按照“一矿一策”的原则制定科学治理方案；严禁在地质灾害区、水土流失严重区域等生态脆弱区开采矿产资源。针对“无主”矿区，建立多元投入、多元修复治理模式，有序推进历史遗留矿区生态修复。探索建立“政府主导、政策扶持、社会参与、开发式治理、市场化运作”的矿山地质环境恢复与综合治理新模式。其次，推广太原西山矿区生态修复模式和太原“九河”生态治理模式，通过赋予一定期限的自然资源资产使用权等，激励社会投资主体从事连片矿区生态修复和矿区水土保持工程建设。全面实施绿色、生态资源开发方式，减少对矿区生态破坏。探索以废定产的资源能源开发模式。将企业固体废物的综合处置和利用能力作为生产能力的前置条件，对于工业固体废弃物处理能力不满足要求的企业，一律不予审批其环评文件。最后，制定治理煤矸石和粉煤灰的省级规范处

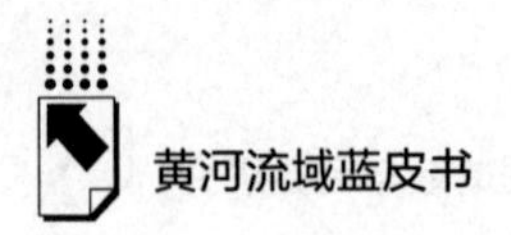

置标准，加强生活垃圾资源化、减量化、无害化处理。完善排污权交易，健全污染源监管体制，对流域重点排污企业实行排污许可、依证监管。

参考文献

程国媛：《厚植高质量发展的生态底色》，《山西日报》2022 年 3 月 4 日。

程国媛：《碧水蓝天织锦绣绿色发展谱新篇》，《山西日报》2023 年 2 月 2 日。

程国媛、范珍、丁园：《汾河荡清波大河好风光》，《山西日报》2022 年 10 月 3 日。

范珍：《河湖长治 清水长流——山西全面推行河湖长制取得阶段性成果》，《山西日报》2022 年 1 月 11 日。

范珍：《让汾河成为三晋人民的“幸福河”》，《山西日报》2022 年 8 月 17 日。

范珍：《让一泓清水入黄河》，《山西日报》2023 年 2 月 3 日。

王旻：《明确五项重点任务筑牢绿色生态屏障》，《山西法制报》2021 年 12 月 29 日。

王瑶：《山西：实现汾河“风光美起来”让一泓清水入黄河》，《山西科技报》2020 年 8 月 27 日。

王瑶：《人与自然和谐共生奋力建设美丽山西》，《山西科技报》2021 年 12 月 30 日。

杨文：《护卫一泓清水入黄河》，《山西日报》2023 年 2 月 2 日。

张剑雯：《“十四五”，山西生态美好画卷徐徐展开》，《山西经济日报》2021 年 12 月 29 日。

张丽媛、丁园：《书写山西生态文明建设新篇章》，《山西日报》2022 年 5 月 21 日。

B.16
河南黄河流域环境资源审判机制的创新与完善

王运慧*

摘　要： 黄河流域生态保护和高质量发展作为重大国家战略，不仅是生态文明建设的重要内容，更是法治建设中的重要板块，尤其为环境资源审判专门化提出了新的更高要求。近年来，河南法院以习近平生态文明思想和习近平法治思想为指引，以司法体制改革为契机不断探索，创新和完善以环境资源案件集中管辖为核心的一系列审判体制机制，推动环资审判专门化和现代化不断取得新的成效。下一步河南环资审判将在问题中继续探索，更加扎实推进环资案件集中管辖，健全环资审判府院联动机制，创新普法宣传形式，推动黄河流域生态环境保护深入人心。

关键词： 环境资源审判机制　审判专门化　河南黄河流域

黄河是中华民族的母亲河，黄河流域的生态保护事关民族复兴和永续发展。河南地处黄河中下游，在黄河流域生态保护和高质量发展国家战略实施中有独特的优势，也肩负着重要的历史责任和时代使命。习近平总书记指出：要加强对黄河流域生态保护和高质量发展的领导，必须"着力创新体制机制"①。近年来，河南法院以习近平生态文明思想和习近平法治思想为指引，坚持以环境司法专门化为抓手，在改革中不断探索，创新和完善环境资源审判体制机制，形成推进黄河流域生态环境治理的强大合力，为推动黄河流域生态保护和高质量发展保驾护航。

---

* 王运慧，河南省社会科学院法学研究所副研究员，主要研究方向为区域法治建设。

① 习近平：《在黄河流域生态保护和高质量发展座谈会上的讲话》，《求是》2019 年第 20 期。

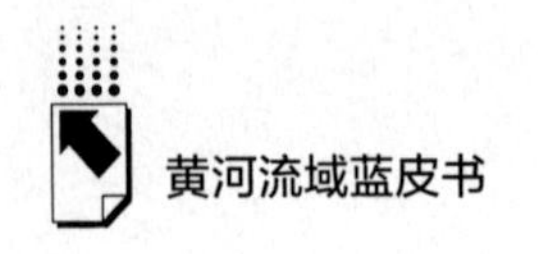

一　持续推进环境审判专门机构建设

（一）环境司法专门化

环境破坏不同于其他破坏，它的潜在性特质决定了长期性特点，同时它的生态性特质决定了它不可逆转的特点。这些特质和特点决定了传统的普通法院依据民法中的诉讼时效及举证规则审理环境资源案件时，不能实现环境案件的特殊审理要求，导致受害人难以获得及时有效的法律救济。同时，传统的普通法院在审理环境资源案件时，经常面临两难选择，当事人中的侵权人一方通常是当地纳税大企，具有较高地位和掌握大量监测数据等信息资源，明显处于强势地位；而受害人一方，不管是个体或群体，通常都处于弱势地位，在调查取证、救济获取等多方面困难重重。相比而言，推进和实现环境司法专门化，能够大大改善受害者在司法保护中处于劣势的状况。环境司法专门化首先要求环境审判机构专门化和集中化，其次要求审判法官具有专业性和权威性，再次要求审判程序和诉讼规则体现环境资源案件的特殊性。这样一来，专门的环境案件审判机关就突破了普通法院采用传统审判模式存在的局限，以其专业性和针对性可以更加有效地处理和打击环境违法行为，充分保护受害者的合法权益。

（二）河南环境资源审判专门化建设取得初步成效

环境资源案件具有高度的复合型和专业技术型特征，审判专门化是必由之路，专门机构建设是重中之重。2016 年，河南省法院根据省法院党组的部署，积极开展环境资源审判专门化建设。2016 年 3 月，省高院成立环境资源审判庭，专门审理涉及环境资源的民事和行政案件，并指导全省法院环境资源审判工作的开展。随后，河南省高院出台文件着力推进中基层法院审判机构专门化建设。截至 2016 年底，全省共有郑州、洛阳、新乡、信阳、许昌、商丘、鹤壁、周口等 8 个中级人民法院和中牟县、新密市、登封市、新郑市、鹤壁市山城区、商丘市梁园区、睢阳区、永城市、原阳县、襄城县、洛阳市涧西区、孟津县、新安县、宜阳县、信阳市平桥区、浉河区、光山县、新县、固始县等 19 个基层法院设立了独立编制的环境资源审判庭。另有 100 余个中、基层法院设立环境资源审判合议庭或巡回法庭。一些法院还结合本辖区环境资源特点，设立了专门的巡回审判庭。如信阳中院在南湾湖风景区设立南湾湖巡回法庭，淅川县法院成立南水北调中线工程库区、干渠环境保护巡回合议庭。[①] 全省三级法院环境资源审判组织体系初步形成。

（三）河南环境资源审判专门化建设取得新突破

建设环境资源专门审判机构，是适应环境资源审判复合性、专业性特点的必然要求，有利于准确把握案件规律，统一法律适用，统筹协调、有机衔接刑事、民事、行政三大责任，全方位保护生态环境。[②] 自河南开展黄河流域环境资源案件集中管辖工作以来，郑铁中院环境资源审判庭实行黄河流域环境资源刑事、民事、行政案件“三合一”归口审理机制，取得了良好效果。2022 年 5 月，经最高人民法院、省委编办批准，郑铁中院内设郑州环境资源法庭，集中管辖省内淮河干流、南水北调干渠流经区域内的环境资源案件，[③] 黄河、淮河、南水北调“两横一纵”环境资源审判体系框架形成，为构建全省环境资源审判体系提供了良好条件。2022 年 8 月，河南省高级人民法院将集中管辖区域推向全省，构建覆盖全省的跨行政区域“18+1+1”环境资源审判体系，确定 18 个基层法院和郑铁中院集中管辖全省第一审环境资源案件，河南省高级人民法院监督指导全省环境资源审判工作。[④] 郑铁两级法院作为“18+1+1”的重要组成部分，持续做强环境资源专业化审判，为推进集中管辖改革工作贡献力量。

此外，河南省法院 2022 年底印发《关于在环境资源审判领域建立专家人民陪审员库的通知》，指导全省各中、基层法院建立专家型人民陪审员库，为环境资源审判工作提供必要的智力支持；印发《全省法院环境资源案件集中管辖工作指引》，用于进一步统一审判理念和裁判标准，通过实行环境资源刑事、民事、行政案件三审合一，加强对全省法院环境资源审判专业化指导。同时，为提高黄河流域环境资源案件的审判质量，洛阳中院、郑铁中院积极建立庭前专家会议制度，针对疑难复杂、公众关切的重大环资案件，邀请检察、行

① 王运慧：《“三权分置”视角下农地生态风险的司法应对》，《行政科学论坛》2017 年第 9 期。

② 张晨：《全国已设立环境资源审判专门机构或组织 2426 个》，《法治日报》2022 年 9 月 21 日。

③ 赵栋梁：《专业化审判守护蓝天碧水净土》，《人民法院报》2023 年 2 月 13 日。

④ 赵栋梁：《专业化审判守护蓝天碧水净土》，《人民法院报》2023 年 2 月 13 日。

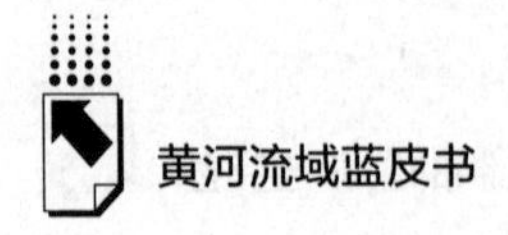

政、高校教授等围绕法律适用问题研讨交流，提升处理的政治效果、法律效果、社会效果和生态效果。

二　完善案件归口审理机制

环境资源类案件涉及刑事、民事、行政审判和非诉执行等专业领域，将这类案件统一归口于一个审判庭审理，既是环境司法专门化改革的重要成果，也有利于贯彻绿色发展理念、统一裁判尺度、形成集聚优势、扩大审判影响、提升司法权威。2021 年，最高人民法院出台《环境资源案件类型与统计规范（试行）》后，河南省法院认真梳理五大类典型环境资源案件，出台《环境资源刑事案件罪名及民事行政案件案由（试行）》，现已嵌入审判流程系统，加强了全省法院典型环资案件的归口管理。同时，为加大生态环境司法保护力度，统一环境资源审判理念、裁判标准，河南省法院在 2020 年 9 月将环境资源刑事案件交由环资庭审理，在民事、行政案件“二合一”的基础上实行环境资源案件“三合一”，并推广至全省法院。相比较“二合一”“四合一”，“三合一”的审理模式更适合环境资源审判的专业化和现代化。最高法院《关于全面加强环境资源审判工作为推进生态文明建设提供有力司法保障的意见》指出：“积极探索环境资源刑事、民事、行政案件归口审理。结合各地实际，积极探索环境资源刑事、民事、行政案件由环境资源专门审判机构归口审理，优化审判资源，实现环境资源案件的专业化审判。”可见，“三合一”的审理模式实现了由环境审判机构对管辖区内的所有环境案件实行集中管辖，对环境刑事、民事和行政案件实行一体化审理，有利于避免发生同案不同判现象，确立统一司法适用标准，实现司法资源的高效利用。①

三　创新和完善集中管辖机制

（一）集中管辖概况

河南自古以来重视对黄河的治理，黄河安澜、人民幸福是全省上下的奋斗

① 都仲秋：《环境司法“三审合一”的构建与完善》，《北京城市学院学报》2020 年第 5 期。

目标和美好愿望。从 2019 年开始，河南法院不断加强对黄河流域环境资源案件审判制度的改革。2020 年 3 月经请示最高人民法院，河南省高级人民法院准备对黄河流域河南段的环境资源案件实行集中管辖。6 月 3 日，最高人民法院下发《为黄河流域生态保护和高质量发展提供司法服务与保障的意见》，明确要求“构建切合黄河流域生态保护和高质量发展需要的案件集中管辖机制”。6 月 4 日，最高人民法院批准河南省高级人民法院关于郑州铁路运输中级人民法院及其下辖铁路基层法院对黄河流域河南段环境资源案件实行集中管辖的意见。在河南省委的大力支持下，经省高院协调各方、周密部署，郑州两级铁路法院于 9 月 1 日正式开始对黄河流域河南段环境资源案件实行集中管辖。[①]

集中管辖，是河南打破原来在行政区划基础上坚持由区划内的县、市、区法院对案件进行管辖的惯常做法，改由以黄河流域作为郑州两级铁路法院专属管辖区域。也就是说，凡黄河流域所属各县、市、区发生的环境资源案件，具体包括刑事案件、民事案件、行政案件、环境公益诉讼案件、生态环境损害赔偿案件、河南黄河河务局及其所属单位申请执行的非诉行政案件，[②] 此后不再由所对应的县、市、区法院管辖，一律交由郑州两级铁路法院管辖。

（二）集中管辖取得显著成效

集中管辖黄河流域环境资源案件的决策落地后，郑州两级铁路法院周密准备、积极行动，开始对黄河流域环境资源案件进行梳理分析，严格按照《河南省高级人民法院服务保障省内黄河流域生态保护和高质量发展工作指引》和《关于实行省内黄河流域环境资源案件集中管辖的规定》等规定，主动与检察、公安、黄委会沟通协调，努力解决异地拘押、提审等难题。2020 年 9 月 1 日，第一起黄河流域环境资源跨域立案的案件在郑州铁路运输法院成功受理。[③] 两年多来，郑铁两级法院充分发挥环境资源案件集中管辖优势，依法公正审理各类环境资源案件，在生态环境专业化审判、恢复性司法、系统综合治理、跨区域协作、环保法治宣传等方面进行积极有效探索并取得明显成效。

2022 年，郑铁两级法院共受理各类环境资源案件 1010 件（含旧存 24

---

① 周青莎、韩新义：《集中管辖护黄河 铁路法院在行动》，《河南日报》2020 年 9 月 16 日。

② 岳明等：《我省实行省内黄河流域环境资源案件集中管辖》，《河南法制报》2020 年 12 月 31 日。

③ 周青莎、韩新义：《集中管辖护黄河 铁路法院在行动》，《河南日报》2020 年 9 月 16 日。

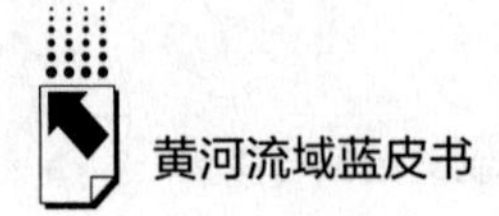

件），审执结975件，一审服判息诉率87.81%，平均审理期限27.27天。集中管辖极大提升了环境资源审判工作的质效，有力推动了河南黄河流域环境和生态的良好改善，切实保障人民群众环境资源民事权益。①

一是严惩环境资源类刑事犯罪。全年共受理涉黄河流域环境资源刑事一审案件376件，二审案件4件，申诉案件1件，审结373件，惩处犯罪分子704名，一审刑事案件服判息诉率99.38%。其中一审涉非法捕捞水产品案件104件，非法狩猎案件86件，滥伐林木案件77件，非法采矿案件32件，污染环境案件24件，其他案件53件。② 郑铁两级法院环境资源刑事审判有力保护了黄河流域渔业资源安全和物种多样性，保障黄河流域水沙调控和防洪安全，助力打赢污染防治攻坚战。

二是依法追究污染环境、破坏生态行为人的民事责任，保护人民群众环境权益和社会公共利益，促进生态环境修复改善和自然资源合理开发利用。全年共受理涉黄河流域环境资源民事一审案件38件，二审案件10件，再审审查案件2件，审结38件。其中一审涉相邻污染侵害纠纷案件8件，水污染责任纠纷案件5件，渔业承包合同纠纷案件4件，噪声污染责任纠纷案件4件，环境污染责任纠纷案件4件，其他案件13件。原洛阳铁路运输法院审理的济源市大峪镇三岔河村村民委员会诉梁某宾、李某等4人水污染责任纠纷案，在判决污染环境行为人刑事责任后，依法追究其环境侵权民事责任，要求其承担三岔河村村委会修复生态环境支出的费用185267.25元，有效调动被侵权人或相关主体先行修复生态环境的积极性，对生态环境保护及修复具有重要促进作用，该案入选河南法院第九批环境资源审判典型案例。

三是监督支持环保行政执法。全年共受理涉黄河流域环境资源行政一审案件257件，二审案件296件，再审审查案件1件，审结245件，服判息诉率72.24%。一审涉行政赔偿案件72件，行政强制执行案件70件，行政处罚案件43件，行政处理案件28件，行政补偿案件15件，其他案件29件。二审涉行政赔偿案件198件，行政强制执行案件44件，行政补偿案件9件，行政处罚案件9件，其他案件36件。③ 原洛阳铁路运输法院审理的洛阳某耐火材料公

① 资料来源于《2022年度河南省内黄河流域环境资源审判白皮书》。

② 资料来源于《2022年度河南省内黄河流域环境资源审判白皮书》。

③ 资料来源于《2022年度河南省内黄河流域环境资源审判白皮书》。

司诉偃师市环境保护局罚款一案中，该公司明知大气污染防治设施出现故障仍然继续生产经营，超标排放大气污染物，法院依法支持偃师市环境保护局对其作出的行政处罚决定，该判决将此类违法排放大气污染物的行为纳入通过不正常运行大气污染防治设施等逃避监管的方式排放大气污染物的违法行为内，有利于避免因设施运行问题引发的大气污染事件发生。

四是强化环境公益诉讼、生态环境损害赔偿诉讼等重点案件审理工作。郑铁两院准确把握环境公益诉讼和生态环境损害赔偿诉讼实质，充分发挥两类诉讼维护国家利益、社会公共利益和公众环境权益的功能，积极探索多元化生态修复责任承担方式，严格贯彻恢复性司法理念，努力做到追责到位、赔偿到位、修复到位，实现法律效果、生态效果、经济效果的有机统一。2022 年，共受理各类环境公益诉讼案件 3 件，生态环境损害赔偿诉讼案件 1 件，生态环境损害赔偿协议司法确认案件 2 件，其中郑铁中院审理的栾川县某矿业公司生态环境损害赔偿司法确认案入选河南省高级人民法院涉林木环境资源典型案例。

四 完善司法协作和协调联动机制

（一）完善司法协作机制

河南省法院准确把握职能定位，积极建立完善与公安机关、检察机关、环境资源主管部门的协调联动机制。2022 年，河南省法院与河南省检察院会同河南省生态环境厅等 7 家单位出台《关于建立实施环境资源司法执法联动工作机制的意见》，在联席会议制度的保障下互相通报环境资源案件线索 15 件，开展环境资源重大案件座谈和研讨 17 次。河南省法院与河南省检察院会同河南省公安厅等 5 家单位联合出台《河南省生态环境保护行政执法与刑事司法工作指导意见》，内容主要是加强行政执法与刑事司法衔接，并明确规定衔接程序中的案件如何进行移送、审理以及如何启动法律监督和联动机制等问题。此外，河南省法院与河南省检察院会同河南省公安厅等共同签署《河南省废弃矿山集中整治工作联席会议制度》，用来加大打击涉矿违法犯罪工作力度，进一步加快推进全省矿山生态修复治理工作。①

① 吴倩、王东、董亚伟：《为保护母亲河提供坚实司法保障》，《河南法制报》2019 年 11 月 8 日。

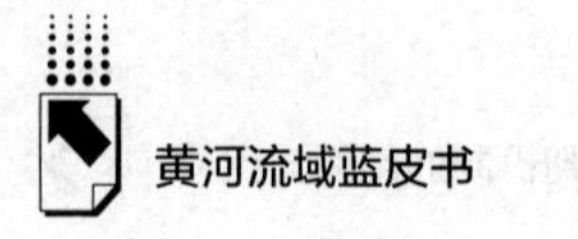

（二）构建和完善省级府院联动机制

河南省法院与河南省政府建立省级府院联动机制，重点将环境资源审判纳入府院联动范围，共同推动环境资源案件诉源治理做好做强，有效促进矛盾化解和生态修复等工作。河南在全省法院推行“林长+法院院长”工作机制，这一工作机制有力地推动了林业范围内的行政执法与生态司法实现有机衔接，使全省对森林、草地、湿地等生态资源保护力度得到加大。安阳市中院联合殷墟管委会挂牌成立殷墟世界文化遗产司法保护基地，与安阳市检察院等多家单位会签《关于建立殷墟保护行政司法联动公益诉讼协作机制的意见》，多层次、多方位保护殷墟文化遗产。郑铁中院与山西运城中院、陕西渭南中院构建晋陕豫黄河金三角区域环境资源审判协作机制，目前正在有序推进。信阳中院与市政府、市检察院、市公安局会签《关于打击河道非法采砂若干问题的会议纪要》，联合打击非法采砂行为，共同守护河道安全。新乡中院与新乡市辉县市政府、辉县市法院共同设立“关山生态环境司法保护基地”，探索“巡回审判+司法宣传+生态修复+综合治理”司法保护体系，全力打造生态环境司法保护新模式。①

五　创新完善环境资源巡回审判及调研宣传机制

（一）探索巡回审判新模式

黄河流域涉及县、市、区众多，为方便流域内群众参与诉讼，减少异地审理带来的不便，郑铁两级法院坚持开展巡回审判，打通司法为民“最后一公里”，不断创新工作方式方法，以应对巡回审判中面临的新问题。在审理李某某等 33 人诉长垣市城市综合执法局行政赔偿案件中，探索“巡回+线上+线下”相结合的新型审判模式，法官到案发地开庭，当事人现场参加庭审，代理律师在异地通过互联网参与庭审，该模式得到了双方当事人的认可。2022 年，郑州铁路两级法院搭网络、走乡村、进田间，将一场场庭审“法治课”

① 岳明、张东方：《审判发力守护黄河》，《河南法制报》2023 年 5 月 17 日。

送到老百姓身边，全年共开展巡回审判 328 案，切实方便当事人参与诉讼，有效解决“到庭难”问题。[①]

（二）完善案例指导制度

案例指导制度在总结审判经验、指导审判实践、规范法官自由裁量、维护司法公正、宣传法制、促进立法等方面的作用越来越明显，河南省高级人民法院自 2016 年开始定期公布环境资源审判的典型案例，以此呼吁全社会爱惜环境、保护生态、打击违法、震慑犯罪。[②] 自从黄河流域环境资源案件集中管辖以后，河南法院更加高度重视对典型案例的总结和发布工作，努力让典型案例成为向群众宣传习近平生态文明思想、习近平法治思想及环境资源法律法规的重要载体。2019~2022 年，省法院发布 6 批 52 件环境资源审判典型案例。各中基层法院发布环境资源典型案例 200 余件。最高人民法院采用河南省典型案例 10 个。“河南法治蓝皮书”通过发布典型案例，扩大了环境资源审判的影响力，为社会公众提供了规则指引。对典型案例的公开发布，既有力震慑了污染环境违法犯罪行为，对违法者形成了震慑，也对广大群众进行了普法宣传和警示教育，起到了“审理一案教育一片”的作用，同时加强了全省上下为黄河流域长治久安构筑起坚强司法保护屏障的决心。[③]

（三）强化各种宣传制度

2022 年，河南省高院先后在环境日、黄河流域环境资源案件集中管辖两周年召开两次新闻发布会，组织观摩庭审并线上直播 2 次，4 万多名网友给予高度评价。组织全省法院开展“6・5”环境日宣传活动，各地法院通过巡回审判、“法律五进”、发布白皮书和典型案例、开展法律咨询等形式，宣传环境资源审判。郑铁中院探索建立“基地+巡回审判”模式，在黄河沿岸先后设立 7 个巡回法庭、2 个黄河生态环境司法保护基地、12 个生态环境修复基地和 2 个黄河湿地保护基地。[④] 信阳中院建立 12 个复植补种基地，创

---

① 数据和案例来源于《2022 年度河南省内黄河流域环境资源审判白皮书》。

② 周立主编《河南法治发展报告（2021）》，社会科学文献出版社，2021，第 269 页。

③ 周立主编《河南法治发展报告（2021）》，社会科学文献出版社，2021，第 275 页。

④ 赵栋梁：《专业化审判守护蓝天碧水净土》，《人民法院报》2023 年 2 月 13 日。

新“生态修复+普法宣传”方式，督促被告人到基地复植补种树木近8万株。

六　问题与展望

黄河流域环境资源案件具有公益性、专业性、恢复性、复合性、职权性等特点，这些案件的特点要求必须不断推进审判机构的专门化，从而促进环资审判专业化。经过几年的探索和发展，河南黄河流域环境资源案件的审判机制愈加完善，审判工作因此呈现出良好发展态势。但与司法助力黄河流域生态保护和高质量发展的要求相比，还有很多工作需要提升和完善。一是审判专业化程度需进一步提升。环资审判涵盖刑事、民事、行政三大类，具有高度的复合型、专业性，对法官的知识结构、业务水平、审判经验和司法技能要求较高。目前，全面具备刑事、民事、行政审判能力和环境科学知识的法官不多，现有审判机构和队伍能力与环境资源案件专业化建设的需求还有一定差距。二是环资案件受案范围需进一步明确。环境资源涉及的范围非常广，准确界定环境资源案件的范围尤为重要。目前，缺乏规范准确的环境资源案件范围方面的规定，导致专门机构审理环境资源案件的范围较窄，大量的环境资源案件被排除在环境资源案件范围之外，影响了环境资源专门机构的实质化运行。三是府院联动力度需进一步加大。保护生态环境离不开党委支持，需要司法、执法协调联动、综合治理。当前河南省环资行政案件占比较高，并呈现出服判息诉率较低、上诉率高、申请再审率高的特点，涉诉信访问题较为突出，执法司法在涉案物品保管、移送和处理、案件信息共享、专业鉴定、多元化解等方面联动机制还有待完善。

当前，我国黄河流域生态保护和高质量发展战略已经进入新发展阶段。作为重要的司法保障，河南黄河流域环境资源审判机制需要从问题中寻找新路径，不断实现新发展，以助推环境资源审判职能作用的有效发挥。一是要扎实推进环资案件集中管辖，健全集中管辖法院与当地法院在跨域立案、信访、巡回开庭等方面的协作配合机制；推动健全法院与检察、公安协调沟通机制，强化在案件管辖、审理、执行等方面的协作配合。二是要进一步加强环资审判专门化建设。加强对下业务指导，定期通报案件质效，提升审判质效；加大业务培训力度，强化环境资源审判业务知识学习、强化环境科学知识积累、强化裁判方法训练，力争较短时期内培养一批满足黄河流域环境资源审判工作需要，具有一定理论素养和实践经验的专家型法官和审判团队。三是健全环境资源府院联动机制。健全与自然资源、生态环境、水利、农业农村、林业等环境行政部门的常态化交流机制，完善信息共享机制、案件协作机制、普法联动机制，定期组织召开联席会议，通报重大环境资源案件，实现良性互动、优势互补。完善司法建议工作制度，针对环境资源审判中发现的行政执法薄弱环节，发挥司法能动性，及时发送可行性司法建议，由点及面，推动环境保护执法能力和水平不断得到规范提升。四是更加注重调研案例宣传工作。加强对集中管辖审判体系运行情况的调研，围绕存在突出问题进行调研分析，形成一批高质量调研成果。建立省法院与基层法院结对制度，定期总结相关裁判规则，积极发现、培育、编写高质量案例，争取在指导性案例方面实现新突破。创新普法宣传方式，组织全省法院环资条线常态化、有针对性地开展巡回审判、庭审直播、召开新闻发布会和发布典型案例等，采取以案说法、漫画、法治故事、微视频、微电影等群众喜闻乐见的方式加大宣传力度，让黄河流域生态环境保护深入人心。

参考文献

习近平：《在黄河流域生态保护和高质量发展座谈会上的讲话》，《求是》2019 年第 20 期。

周立主编《河南法治发展报告（2021）》，社会科学文献出版社，2021。

都仲秋：《环境司法“三审合一”的构建与完善》，《北京城市学院学报》2020 年第 5 期。

王运慧：《“三权分置”视角下农地生态风险的司法应对》，《行政科学论坛》2017 年第 9 期。

张红武：《黄河流域保护和发展存在的问题与对策》，《人民黄河》2020 年第 3 期。

经济篇

Economic Reports

B.17

四川黄河流域传统产业转型与农牧民生计转型联动研究*

柴剑峰　宋慧娟　王　景**

摘　要： 四川黄河流域是国家重点生态功能区，是“三区三州”的重要组成，生态安全重要性倒逼农牧民生计转型，巩固拓展脱贫攻坚成果同乡村振兴有效衔接对传统产业结构转型提出了迫切需求。在传统产业转型与农牧民生计转型的背景下，本文搭建了四川黄河流域传统产业转型与农牧民生计转型研究的框架，结合数据分析、重点座谈和入户调查结果，分析四川黄河流域传统产业现状与农牧民生计现状，并发现两者发展中存在的问题和关联，进而剖析传统产业转型与农牧民生计转型联动的理论逻辑和技术路线：产业转型为生计转型提

* 本成果为国家社科基金项目“川甘青滇涉藏农牧区相对贫困人口生计转型综合调查与优化策略研究”（项目编号：21BMZ126）阶段性成果。

** 柴剑峰，四川省社会科学院研究生学院常务副院长，博士，研究员，博士后合作导师，主要研究方向为生态治理、区域人口与人力资源管理；宋慧娟，成都职业技术学院副教授，博士，主要研究方向为民族地区资源经济；王景，四川省社会科学院劳动经济学专业研究生。

供平台，生计转型也为产业转型提供动力，两者相互影响、相互支撑。传统产业通过因地制宜发展特色产业、传统产业链条延伸赋能和传统产业现代化转型为农牧民创造更多就业岗位，并改变农牧民传统生产和营收方式从而联动农牧民生计转型。最后，对传统产业转型与农牧民生计转型联动发展提出改进设施和服务、提升内涵和价值、加强支撑和动力以及深化交流和合作等对策建议。

关键词： 传统产业转型　农牧民生计转型　四川黄河流域

引　言

习近平总书记在中央民族工作会议上指出，“要加大对民族地区基础设施建设、产业结构调整支持力度，优化经济社会发展和生态文明建设整体布局，不断增强各族群众获得感、幸福感、安全感”。在以生态富民为切入点推进共同富裕之路上，努力推进民族地区全方位的高质量发展，实现巩固脱贫攻坚成果同牧区振兴有效衔接，对推动传统产业现代化转型实现产业高质高效发展、破解农牧民生计困境、促进其生计转型升级实现农牧民富裕富足至关重要。

四川黄河流域地处川、甘、青、藏四省区交界处，不仅是重要的多民族聚居区，同时也是国家重点生态功能区。习近平总书记在郑州座谈会上强调黄河流域是我国重要的生态屏障和重要的经济地带，黄河流域生态保护和高质量发展是重大国家战略。四川黄河流域湿地蓄水量近 100 亿立方米，是中华民族“水塔”的重要组成部分。在自然灾害、宗教信仰、文化传统等因素影响下，四川黄河流域农牧民选择低效的生计模式以维持基本的生存需求，单纯的农牧业经济不仅给脆弱的区域生态环境造成进一步破坏，而且导致当地陷入生计与生态的双重困境。要实现四川黄河流域生态保护和高质量发展必须实现传统产业的现代化转型升级，而基于资源优势和地域特色建立现代化的产业体系将有利于联动农牧民生计转型，有助于

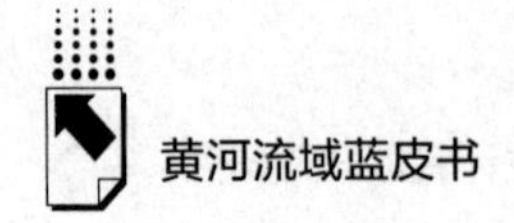

引导农牧民激发生计活力，提升生计能力，整合生计资源，推动生计转型。因此实现传统产业转型和农牧民生计转型的有效联动迫在眉睫。当前对传统产业转型和农牧民生计转型单维度的研究已经较为丰富，尚缺乏对两者关系的研究，而四川黄河流域的研究也处于起步阶段，因此，对四川黄河流域传统产业转型和农牧民生计转型联动的研究具有理论和现实的双重意义。

一　四川黄河流域产业转型发展与生计转型联动历史演进

四川黄河流域（以下简称研究区）涉及阿坝藏族羌族自治州的阿坝县、若尔盖县、红原县、松潘县和甘孜藏族自治州的石渠县，共5县，62987平方公里，是藏回汉羌等多民族聚居区，人口近40万（截至2021年），其中，藏族人口30余万，占比84%以上。

截至2021年，研究区城镇化率较低，常住人口城镇化率低于四川省20个百分点以上。城乡居民人均可支配收入20908元，不到四川省的80%，人均地区生产总值仅为四川省的50%左右，财政自给率不到5%。区域基本以畜牧业为主，工业化、城镇化的基础和条件缺乏，经济发展的承载力弱，产业层次较低，产业结构相似。近十年来，研究区传统产业和农牧民生计均发生转型，但生计转型滞后于产业转型。

产业转型特征明显。对比2012年和2022年研究区五县产业比重（见表1），第二产业，除石渠外，均呈现显著下降趋势，第一产业整体稳定多呈下降趋势，以旅游业为主的第三产业占比显著增加。研究区是藏羌彝文化走廊的核心地带、红军长征经过的重要区域、黄河和长江文明的交汇之地，历史文化资源底蕴丰富，自然风光旖旎。随着区域全域生态旅游示范区全面推进，旅游业成为川西高原的支柱产业、州域经济发展新的增长点。区域产业结构由传统畜牧业向生态优先、集约增收、观光休闲、自然教育、文化传承等多功能拓展，旅游业成为推动产业转型升级的主要载体，为就业提供了空间，是农牧民增收渠道之一。

表1 四川黄河流域上游五县各产业比重及变化

单位：%

位置	2012年各产业占GDP比重			2022年各产业占GDP比重		
	第一产业	第二产业	第三产业	第一产业	第二产业	第三产业
松潘县	20	30	50	21	10	69
阿坝县	42	12	46	32	7	61
若尔盖县	49	15	36	44	5	51
红原县	38	23	39	42	6	52
石渠县	57	9	34	30	11	59

资料来源：《阿坝统计年鉴》（2012年、2022年）、《甘孜州统计年鉴》（2012年、2022年）。

生计来源仍以农牧业为主。据统计年鉴数据，2012年，阿坝州农业人口占比高达77.5%。2021年，阿坝州就业人数共45.88万人，从事第一产业的劳动力共23.68万人，占比51.6%；甘孜州就业人数共61.61万人，从事第一产业的劳动力共43.24万人，占比70.2%。由此可见，虽然区域从事农牧业的人口减少，但是第一产业仍是该区域劳动力的集中就业领域，可见农牧业资源富集但效率低下。农牧业发展长期处于传统阶段，生产基础条件薄弱，生产面临“多而散、小而全”等局面，差异化畜牧产品不多。农产品种养、加工缺乏规模，不成体系，生产方式粗放，加工转化率低，产品附加值不高，缺乏区域性品牌，恶性价格竞争在较大范围内存在，产业区分度不高、差异性不够明显，资源优势难以转化为经济发展优势等，传统农牧业生计模式难以达到增收致富的目的。农牧民过多依赖单一的畜牧业经济，尤其在核心区域，加剧了生态环境压力，导致家庭增收转产渠道狭窄，传统产业转型联动农牧民生计转型亟待推进。

二 四川黄河流域产业转型和生计转型联动调查

（一）调研设计

在研究区产业转型和生计转型共时性背景下，本次调研旨在探讨区域间产业转型和生计转型的内涵与关系。由于传统畜牧业的主导地位和过度畜牧对环境存在潜在的危害，本次调研的焦点同以往生计调查有所区别：从广泛的生计指标维度采集信息转向围绕农牧民对畜牧业态度和如何有效实现生计转型展开，因为对畜牧业的态度表征出对传统产业转型的态度，而对生计转型困境的调查旨在从归因学层面进行学理解释，探讨产业转型和生计转型的联动机理和路径。

课题组从 2022 年 7 月至 2023 年 5 月先后前往研究区五县进行调研。调研以重点访谈和入户调查相结合的形式进行。重点访谈以获取区域共性特征和问题为目的，由当地职能部门邀请相关负责人员和村民代表围绕目前区域内农牧民生计方式的情况、生计转型的意愿和生计转型中遇到的困难进行正式或非正式座谈。为了调研数据更加准确有效，调研沿途对区域农牧民进行入户调查，旨在获取异质性特征导致的差异性。

（二）调研人口学统计

本次调查中，从总体和局部的视角分别做了不同的统计，为了更好地展示调查结论，根据分析因素分类提取数据。总的来说，本次调查涉及 360 名藏族村民，其基本情况如表 2 所示。

表 2　调查对象人口学特征一览

人口学特征		人数(人)	占比(%)
性别	男	162	45
	女	198	55
年龄	18~31 岁	40	11
	32~42 岁	128	36
	43~55 岁	144	40
	56 岁及以上	48	13
文化程度	小学及以下	80	22
	初中	136	38
	高中、职高及中专	98	27
	大专或本科	46	13

续表

人口学特征		人数(人)	占比(%)
本地居住实时间	少于等于 10 年	16	4
	11~20 年	126	35
	21~30 年	142	40
	大于 30 年	76	21
参与旅游业	是	242	67
	否	118	33
年收入水平	低于 20000 元	20	6
	20001~30000 元	66	18
	30001~40000 元	102	28
	40001~50000 元	90	25
	50000 元以上	82	23
家庭人口规模	2 人及以下	76	21
	3~4 人	186	52
	5 人及以上	98	27
家庭收入来源	1 种	50	14
	2 种	280	78
	3 种及以上	30	8

本次调查对象男女性别比例基本相当，年龄分布也较平均，18~31 岁人数较少，主要该年龄阶段的村民外出读书、打工较多，43~55 岁这个年龄阶段占比多，是主要劳动力。从文化程度来看，初中水平占比最大，但可喜的是，随着近几年教育政策的普及，教育水平都有了显著提高，从以前小学水平为主的教育水平进而提升至初中水平，大专或本科水平也逐渐出现。从居住时间来看，大部分村民是当地的原住村民，少于 10 年居住时间的大多是由于嫁娶。被调查者六成以上都有从事旅游业的相关经历，同时年收入水平也存在较大差异性。

（三）调研结论及分析

1. 研究区农户生计从单一逐渐走向多元化

从调查数据可以看到，86%的受访者家庭收入来源在 2 种及以上，区域家庭生计从传统的以农牧业为单一来源已经转向多元化，收入来源包括临时工收入、旅游收入和政府补贴性收入。

由于研究区传统游牧文化根深蒂固，长期自给自足的生活方式让农牧民从观念上将放牧作为生计方式首选，把畜牧业作为家庭主要劳动方式。近年来，由于生态环境保护的需要，当地政府先后推行退耕还林、公益性岗位、自然资源确权以及劳务输出等措施，开辟了多元化的增收渠道，形成了以畜牧业收入、土地流转收入、工资性收入（主要旅游业收入或临时工收入）、补贴收入为主的家庭收入结构。

2. 生计类型和产业形式高度相关

调查发现，随着近年来全域旅游的开展，研究区域旅游业在三年疫情中保持增速，67%的受访者保持传统畜牧业的同时，都参与到了旅游活动中。而对这些参与旅游的受访者样本进行分析，90%集中在若尔盖和红原区域，与这两个县旅游发展较好高度相关。同时，通过访谈发现，在红原幸福花海、若尔盖花湖附近的农牧民，受益于旅游带来的红利，在旅游复苏的市场中，表现出明显的竞争，当地政府为了避免恶性竞争，已经有目的地引导农户规模化和抱团发展。

3. 生计转型态度呈现年龄分化

在访谈调查中发现，在提及有稳定持续收入的情况下，农牧民对放牧的态度因年龄而产生分歧（见图 1）。一是仅有 11%的农牧民表现出愿意完全放弃放牧，这部分农牧民都是 32~42 岁的年轻人，一部分因为邻近景区，有通过从事旅游业获取远高于放牧收入的经验，还有一部分是接受了涉藏地区“9+3”计划、高等教育等，表现出强烈地从事非放牧工作的意愿和动力；二是 35%的农牧民表示会根据收入的变化状态来决定放牧与否，如随着时间推移和经验增加，收入逐年增加，这部分农牧民会愿意选择逐步放弃放牧，这部分农牧民以 43~55 岁中年人为主；三是部分农牧民明确表达不会放弃放牧，进一步追问原因则主要是因为已经适应并且不想改变这种生活方式，其中，部分农牧民将表示会根据收入情况，缩小放牧规模，占比 41%，而部分农牧民表示即使收入好转，仍会保持现有的放牧规模，这些农牧民以 56 岁及以上老年人为主，占比 13%，其由于普通话水平较低，表现出对生计转型可能带来的风险缺少应对的信心。

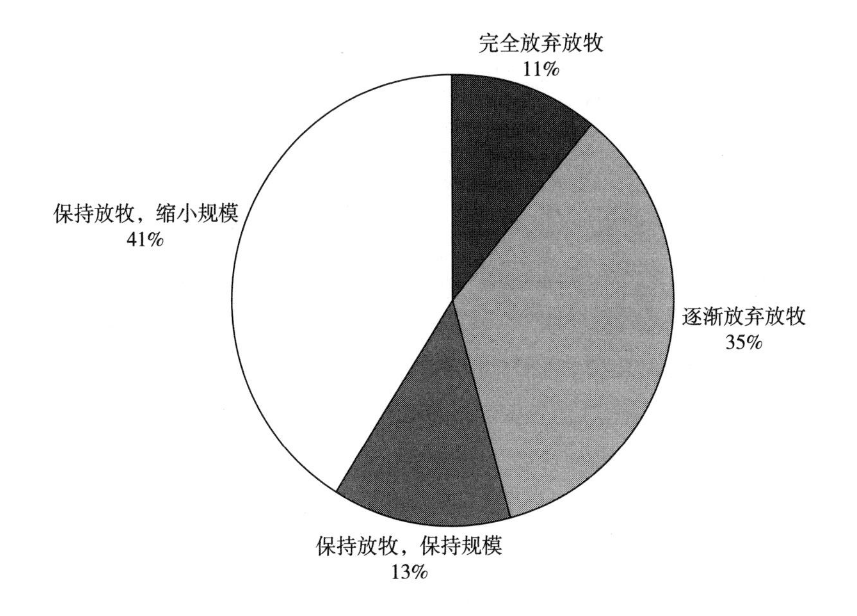

图1 稳定收入下农牧民对放牧态度感知

4. 生计转型意愿强烈同时生计转型能力不足

随着与外界联系愈加紧密，农牧民对生活的诉求从根本上发生变化，从维持基本生存需求转向对医疗、保障、教育、社区、政府、责任、能力等多维度需求，这往往是驱动他们转型的重要动力。最直接的表征是随着区域全域旅游的发展，大量外来游客带来了新的思想观、生活观和价值观，农牧民受此影响在着装、饮食、生活用品、生活习惯等方面出现变化，物质上的转变也带来了人们生产生活意识的转变。从大量访谈数据可以看出，农牧民都表现出强烈的生计转型愿望，愿望背后隐藏的驱动力显示出多样性。整理统计农牧民生计转型诉求，我们提取关键词频，得到10个关键词，绘制了相应词云图（见图2）。调研同时还发现，虽然有些农牧民表现出强烈的转型意愿，导致农牧民无法实现生计转型的原因却较为复杂。整理农牧民的口述，运用扎根理论，将生计转型困境原因进行编码，从而分析生计转型困境原因（见表3）。

图 2　农牧民生计转型动力因素词云

表 3　基于访谈的生计转型困境编码

主范畴	对应范畴	访谈原话
内在能力不足	知识、能力不足	看到别人要耍抖音卖东西,自己不晓得门路
		上次培训 2 天,还是没学会
	家庭负担重	家里人口多,老年、儿童负担重
		身体有点问题,不想折腾
	资金受限	想过去景区附近开个小店,但是没钱
		看到别个民宿羡慕,自己没钱搞
	自信不足	放牧很安稳,怕搞其他失败了生活没以前好
		没信心会赚到钱
	时间不足	一家人都在牧场,没时间去做
		不放牧时去帮忙,别个嫌时间少,不好给钱
外在支持不够	不确定因素	这边旅游几个月旺季,旺季过了也不晓得干嘛
		疫情来了,临时工作不保险
	务工条件限制	打工拿的钱太少了,不够开销
		如果外出打工,一年回来一次,不能照顾家庭
	交通不便	很多东西都需要从外面进来,交通太麻烦
		弄个东西因为车这些不方便,需要好几天
	引导缺乏	自己不晓得干啥子,又没人带着弄
		如果有人带着弄,愿意干;有奖励的话,会很愿意

造成生计转型困境的深层次原因可归结于农牧民生计转型内在能力不足和外在支持不够。一方面，即使国家和地方在教育方面制定了许多扶持政策，但是以放牧为单一生计方式的家庭，为了维持生存，仍选择牺牲子女受教育，致使现在农牧民普遍的受教育水平低，平均受教育年龄不足 12 年，缺乏专业工作技能、学习能力不足等造成生计方式转型困难，无法适应新的生产方式，陷入代际贫困。另一方面，农牧民的融资能力较低，在生计转型过程中，无论生计脆弱性高低，资金缺乏是极为普遍的现象，在生计转型过程中需要的创业资金（如小本生意、运输等资金）极为短缺，往往只能凭借家庭资金和非正规网络获得的资金。另有少部分转产农牧民，部分收入来源于旅游收入或临时工种，但由于季节性原因，每年只有旺季的 3~4 个月能有岗位提供，旅游收入不稳定，使得彻底转产转业较为困难。从区域环境来看，普遍存在农畜产品较为初级、品种数量少以及市场竞争力不强的问题。同时，该地区生态农牧业和特色农牧业发展缓慢，缺少带动力强、吸纳就业岗位多的新兴产业和龙头企业，特色经济发育不足。

三　四川黄河流域传统产业转型和生计转型联动理论逻辑

如上分析，四川黄河流域传统产业转型和农牧民生计转型过程统一，两者互为耦合、协同发力。在长期的发展中，两者联动的逻辑基础在于两者目标有机统一，两者发展互为支撑，两者共享内外合力。

（一）传统产业转型与农牧民生计转型目标统一

随着生态文明建设、乡村振兴、高质量发展、共同富裕等战略的深入，四川黄河流域区域发展的目标是既要实现宏观经济、社会、文化、生态的可持续，也要实现微观农户生产、生活、生态的可持续。因此传统产业转型和农牧民生计转型是同一目标在两个不同维度的表现，两者有机统一。

（二）传统产业转型与农牧民生计转型互为支撑

研究区的特殊性是限制区域产业转型的决定性因素。在产业转型的过程中，“人”的问题最为关键。当地的“农牧民”是产业转型的关键要素，也是产业转型的直接受益者。与此同时，产业转型为“农牧民”提供了更为稳定的收入来源，相较于传统产业产生了更多、更直接的经济效益，为生计转型产生直接推动力。另外，产业转型对“农牧民”自我提升产生“倒逼”效应，倒逼农牧民丰富知识，完善技能结构，具备深度参与产业的能力。因此，产业转型为生计转型提供平台，生计转型也为产业转型提供动力，两者相互影响、相互支撑。

（三）传统产业转型联动农牧民生计转型需要内外共同发力

经过脱贫攻坚，传统产业转型有了初步成果，全新的市场和需求不仅直接助推传统农牧业的发展，而且引导一二三产业的融合，实现产业结构的调整和优化，让区域从单一的传统农业转向更加开放、多元、集聚的一二三产业。随着区域合作的展开，现代技术、现代化的管理理念和制度的引入，农牧民的发展意愿已经觉醒，农牧民的观念和意识都发生了较为深刻的变化。在此背景下，外部环境有效的支持能促成两者成功转型。政府是资源与保障的最重要的外源性提供方，政府通过产业政策倾斜、基础设施建设、项目开发、居民技能培训、提供贴息贷款等多种形式能有效促进产业升级和居民生计向多元化模式转变。与此同时，生计转型是持续变化过程，随着外部环境变化，各方必须主动应变、要积极发挥社会和市场力量，助力生计转型。社会力量参与，有助于提高农牧民自身社会资本条件，为传统产业转型升级带来了充足的资金和先进的技术，提供了发展转变的更广阔的外在市场，让市场在研究区的资源配置中可发挥更大的作用。

四　四川黄河流域传统产业转型和农牧民生计转型联动路径

传统产业转型和农牧民生计转型相互关联，互为支撑，因此在探索其有效路径时，要找到两者的联通之处。如前述，产业的形式、类型对农牧民有其直接的影响，结合农牧民的生计转型困境，应形成产业自上而下、农牧民自下而上的联动路径（见图3）。

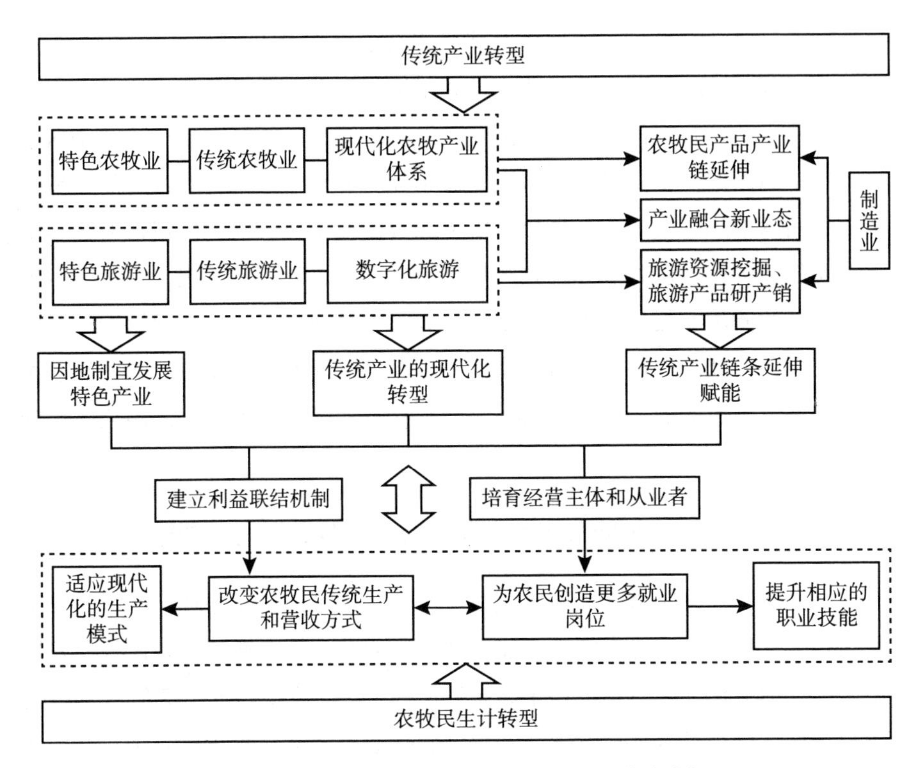

图 3　传统产业转型和农牧民生计转型联动路径

（一）以特色产业发展创造更多稳定就业岗位

因地制宜发展特色产业是产业转型最优选的方式。首先，研究区是以藏族为主的少数民族聚集地，民族特色和地方文化鲜明，结合自然景观和人文景观综合开发旅游资源，发展独具特色的乡村生态旅游业，推出多维度展示传统文化、乡土文化的旅游项目。其次，研究区属中国西部高寒山区，海拔高，气候寒冷，但有利于藏药材、藏红花、牦牛、藏香猪、高原油菜等农牧业发展，可结合当地的自然气候和地势条件大力发展特色农牧业，开发特色的农牧产品并使之发展成为当地的特色产业，促进土地增值和农户增收，提高当地经济收入。

特色产业开发将为农牧民创造更多就业岗位。第一，特色农牧产品的开发为第一产业剩余劳动力提供更多收入来源和转岗机会。特色农牧业如藏药种植采集生产、高原油菜种植等帮助农牧民在农闲时节到基地务工获得额外收入。

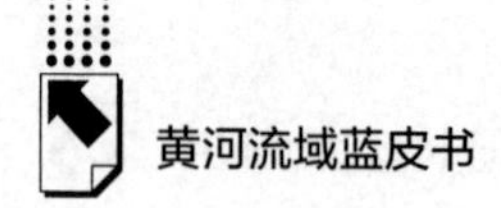

引进一批龙头企业或培育当地集体经济，围绕农产品优化管理、生产、加工、销售全部流程吸收农牧民转移就业。发展服饰、乐器、艺术品等民族文化工艺品的特色手工业，拓宽民间能人巧匠就业渠道。第二，农牧产品产业链条向下延伸创造了更多岗位，同时盘活了当地市场和对外交易通道。农牧产品产地初级加工和精深加工，线上直播带货、线下二级市场销售、国内外销售专线等带动农牧民就业创业，深入参与农牧产品产销链条各个环节。第三，立足于生态保护所发展的旅游业能创造大量的正规及非正规就业岗位。旅游业挖掘旅游资源，如民间手工技艺、传承创新民族工艺品设计和研发，开发唐卡、石刻、民族服饰等特色旅游商品，旅游工艺品生产销售基地等创造大量工艺制造岗位和销售岗位等。

（二）以传统产业现代化转型带动农牧民知识能力提升

传统产业现代化转型可以极大提高生产效益，可通过建立现代产业园、培育新业态、强化产业统筹来实现。建立现代产业园，持续推动生态畜牧业发展的产业化、标准化、规模化，利用无人机、GPS、监控设备等配套信息化智能装备、高科技设备进行生产管理。培育发展新业态，推动生态产业化，大力实施“园区+旅游”“园区+文化”“农产品+旅游”“农牧业+服务业”的产业融合行动，优化园区旅游功能空间板块，配套完善园区旅游服务设施，积极兴办“牧家乐”“藏家乐”等旅游模式；强化产业统筹，如整合畜牧业资源，引进有实力的1~2家大型国资企业，各地合作社以加盟的形式自愿加入，统一制定生产标准、统一划分销售区域、统一进行市场谈判、统一规定产品价格，做特产品、做强品牌，规避高同质、高分散、低效率的发展。鼓励高原之宝、红原乳业、宇妥、科创等企业做大做强，以业聚人，提升该区域自身造血功能。

传统产业现代化的过程也是农牧民提升相应职业技能和适应现代化的生产模式的过程。农牧民生计转型并非简单的由传统畜牧业转向其他行业，也并非搬迁换址，农牧民拥有生计转型能力才是走上富裕之路的关键。生计转型能力即农牧民转变赖以生存和生活的职业或产业，获得满足生存必需的基本生活以及胜任就业岗位的能力，即通过转产转业实现稳定的持续增收，衣、食、住、行等日常生活保障；通过教育和培训获得选择生计方式的技术手段。首先，转产的农牧民应提升相应的种植、畜牧技能，如藏药材种植技术、畜种改良技术等。其次，转岗的农牧民应提升转岗转产技能，如生产车间仪器设备操作技能、农牧副产品贮运技能、代理销售技能、皮具制作技艺、藏族牛羊毛编织技艺等。因此，应全面实施园区职业农民培养工程，建立农牧民职业技能实训基地，实施农牧民技能提升行动，支持返乡农民工、大中专毕业生、复退转军人等人员到各园区创业兴业，就地培育一批爱农业、懂技术、善经营的高素质职业农牧民队伍，帮助和引导农牧民多渠道转产转岗就业。

（三）以传统产业链条延伸赋能新农牧民主体参与

传统产业链条延伸将实现对产业的赋能。加大农牧业生产与制造业的结合，推动一二三产业融合发展，积极扶持发展农牧食品加工企业，研发新产品，对产品初加工和精深加工增加产品附加值，创建新品牌并加大宣传，加大产品知名度和市场竞争力。大力发展直播带货和线上销售，线下积极参与大型展销活动。深度挖掘旅游资源，推动“旅游+”模式，一业带百业，大力开发具有民族特色和地方传统文化内涵的旅游纪念品，打造完整的旅游路线和多元化的旅游项目，打造多样的“自助餐式”旅游线路，提高旅游产品的开发精度、深度，探索“一日多景到多日一景”转变，提升旅游业品质。鼓励旅游业带动餐饮、住宿、文创手工业等周边服务业以及地摊经济的发展，打造旅游品牌，提高游客景区游玩质量，善于运用新媒体营销等线上手段、举办文化节等线下手段加大旅游宣传力度。

新业态、新消费的出现将打破传统的经营和开发模式，而新型经营模式开发和经营主体培育改变了农牧民传统生产和营收方式。农牧民通过流转土地每年获得土地租赁费，将土地流转给集体经营或企业经营提高了土地的生产效率。在现代产业园，农牧民通过务工增收，同时还能学习掌握现代农牧业技术。专业合作社因其合作组织属性，能够凝聚人力、吸纳人才、激活农民参与产业发展的积极性，有效衔接小农户和大市场。“专业合作社+基地+农户”“公司+基地+农户”等模式，实现外部要素与内部要素的整合，实现“结构—功能”的有效联动，带动农牧民转变传统的个体分散化的生产模式，走出增产不增收的困境，促进农牧民增收致富，共享经济社会发展成果。各类专业合作社建设逐步完善，明确了组织和成员之间的权责利关系，提升了农牧民自组织能力，从而逐步适应市场化的需要。

（四）以产业转型为目的探索农牧民生计转型的有效机制

一是培育经营主体和从业者使农牧民能深度参与并推动传统产业转型过程。首先，各类经营主体和从业者的培育为农牧民升级转型提供更多路径和形式。结合各大园区特色产业，探索示范“企业+合作社”“企业+种养大户”“企业+家庭农场”联牧联营等经营模式，培育农民合作社、家庭农场等新型经营主体。结合第一、二、三产业融合的产业链链条延伸所创造出来的新的就业岗位需求，可以培育与市场需求相匹配的经营主体和从业者，如适合手工艺从业者和副食销售者的摆摊商贩、适合餐饮的个体工商户、适合食品加工的企业生产车间岗位等。其次，对各类经营主体和从业者的培育可以推动传统产业转型。引导农牧民组建和参与各类合作社，延伸本土产业的链条，如组建食品类专业合作社，开发牦牛、松茸、青稞、酥油茶、牛奶等食品；组建特色民族手工业专业合作社，开发唐卡、土陶、面具等特色手工品等；组建自然教育协会，针对生物多样性、气象特征等进行科普知识发掘，引导农牧民以导游、咨询员或讲解员身份，参与到自然教育、研学旅游等活动中获取收益。

二是建立利益联结机制使农牧民分享传统产业转型成果实现致富增收。在产业发展同时建立利益联结机制，各类经营主体与农户之间通过订单合同、股份合作、保底分红等联农带农方式，形成农牧民直接受益、股份受益、综合受益等受益模式，完善利益分享机制，构建农牧民深度参与二三产业发展、充分共享二三产业增值收益的机制，使得农牧民收益与产业发展收益息息相关，调动农牧民参与积极性。

五　四川黄河流域传统产业转型与农牧民生计转型联动对策建议

（一）提升传统产业转型与农牧民生计转型的内涵和价值

首先，持续推动研究区生态化、绿色化的主基调。生态环境是产业和农牧民赖以生存和发展的基础，是产业与生计转型联动的重要依托。一是以生态产业为发展基本导向。积极培育特色生态农牧业、民族生态旅游业、民族文化产业及区域生态工业，推动资源开发、产业发展、就业促进的有机衔接，推进农牧民可持续生计模式有序转型。二是提升生态保护创新能力。在资金和政策上支持绿色低碳技术研发和成果转化，加快建立健全绿色低碳循环发展经济体系，建设一批国家绿色产业示范基地。三是加强黄河流域九省区协同治理。加强合作长效机制建设，协同推动产业发展和生态系统修复。

其次，全力搭建研究区文旅融合的主载体。以展示黄河文明为核心，生态资源、自然风景与人文景观、文化传统的融合提升产业发展的内涵和价值，增强传统产业转型与农牧民生计转型的底蕴、信心和可持续性。加强黄河流域特色文化和民族优秀传统文化保护，推进生产性保护和传承，加强文化弘扬和传播，挖掘红色文化和农耕文化，挖掘文化项目品牌价值和打造旅游品牌，将文化保护、资源挖掘、产业转型和生计转型相结合，提升农牧产业文旅融合的内涵。

（二）加强传统产业转型与农牧民生计转型的支撑和动力

首先，加强有效的科技供给。探索以区域产业需求为导向的多方联动的科技创新机制，围绕特色农牧业和生态旅游业，开展“一区一策”适用技术成果应用示范，加强新技术新成果的宣传推广。挖掘、保护和利用特色种质资源，建立良种、良草培育示范基地，加强高原果蔬特色农业提质增效，开拓中藏药、高原花卉产业链。研发新产品延伸农牧产业链，如开发冬虫夏草、研发青稞酒茶麦奶系列产品等，加快畜种改良步伐，采用先进绿色节能技术设备、工艺以及数字化技术，推动一批环境基础设施提标改造、节能减排，提升基础设施绿色化水平。加强智慧旅游业发展，加强配套设施投入，探索零碳社区。

其次，强化配套人才的支撑。加强高校院所与地方协同创新，与科研院所如中国农业大学、四川农业大学、四川农业科学院、四川省草原科学研究院等建立长期稳定的合作关系，成立专家服务团队，产业园区内入驻专家进行指导，组建科技特派团赶赴当地指导，为农技干部和农牧民开展科技培训。

最后，提升教培能力的保障。发挥基础教育、职业教育以及社会教育作用，提升农牧民人力资本存量，提升其生计能力。探索符合该区域的教育、科技和产业联动，推动职普融通、产教融合、科教融汇，在整体推动农牧民综合

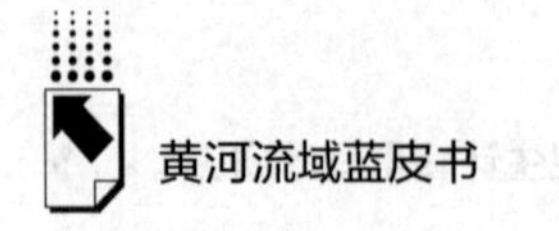

素质提升基础上，突出对重点人群的教育和培训，发挥其引领带动作用。引导农牧民就业观转变，特别是青年农牧民就业观。

（三）改进传统产业转型与农牧民生计转型的设施和服务

首先，改善基础设施建设。交通基础设施建设为传统产业转型提供便捷的物流，为农牧民生计转型畅通人流，新型基础设施建设为二者及其联动打造数字底座、畅通信息流，为能源基础设施建设提供能源保障。一是扩大交通基础设施建设。政府应持续加大对黄河流域基础设施建设投资，扩大道路、铁路等交通运输网络建设和升级以进一步提升整个流域的交通运输效率。二是加快新型基础设施建设。围绕现代化产业园区规范化、标准化、景区化、现代化、智能化建设目标，着力建设和完善各大园区基础设施和现代装备配套。三是推进能源基础设施建设。完善电网主网架布局和结构，积极推进配电网改造行动和农村电网巩固提升工程。

其次，完善公共服务。完善的社会服务体系、公共政策服务体系和良好的营商环境，能激发市场活力和提升市场效率，为传统产业转型与农牧民生计转型提供保障。提升政府服务水平，强化政府公共服务理念，协调企业、农牧民、合作社等各方主体的利益，以应对传统产业转型与农牧民生计转型的各项需求。建立市场发展需要的社会服务体系，完善公共服务政策制度体系，提升政府及相关机构的精准服务能力。

最后，持续完善营商环境。出台有针对性、可操作性强的产业扶持政策，及时解决传统产业转型过程中面临的问题，提供“保姆式服务”“管家式服务”，以项目招引为抓手，主动对接区外各类企业，加快传统产业转型与农牧民生计转型步伐。

（四）深化传统产业转型与农牧民生计转型交流和合作

一是加强区域中心的辐射带动作用。提升城镇的要素聚集和承载能力，带动周边乡镇经济、文化、生活水平的提高。推动省内其他区域帮扶作用，共建产业园区，加深产业链上下游合作，打通劳务向外输出通道和建立人才向内流入的机制。二是加强与东部沿海城市合作交流。打造优质的传统产业转型升级项目，对外举办推介会精准招商引资，推动达成订单式收购协议帮助农牧产品销售。引入外来企业落户，助推农牧业发展从资源型和分散型向链条化和平台化转型。鼓励东部沿海发达地区对研究区提供对口支援，建立跨区域合作的“飞地经济”模式，搭建就学就业的一体化融合项目。三是加强国际合作交流。发挥区位优势，加强与丝绸之路经济带沿线国家及东北亚国家的文化交流和产业合作，开设四川黄河流域特色农牧产品对外输出专线和班列等。

参考文献

朱辉、王庆安等：《调整产业结构，保护四川省境内的黄河流域区生态环境》，《四川环境》2002年第2期。

姜长云、盛朝迅、张义博：《黄河流域产业转型升级与绿色发展研究》，《学术界》2019年第11期。

陈井安、柴剑峰：《川甘青毗邻藏区贫困农牧民参与旅游扶贫新探索》，《民族学刊》2019年第3期。

柴剑峰、龙磊：《基于Logit—ISM模型的川西北藏区农牧民非农就业影响因素研究——来自DC县315户贫困农户的调查数据》，《农村经济》2019年第9期。

桑晚晴、柴剑峰：《川甘青毗邻藏区农牧民生计困境调研——基于川甘青三省八县的调查实证》，《资源开发与市场》2018年第2期。

李蕾、张其仔：《“十四五”黄河流域产业竞争力提升的方向和路径》，《中国发展观察》2021年第11期。

张改清、刘铄：《黄河流域农业现代化水平时空演化及障碍因素解析》，《农业现代化研究》2023年第4期。

任保平、张陈璇：《黄河流域高质量发展与生态环境保护耦合协调的开放发展驱动研究》，《宁夏社会科学》2023年第3期。

王晓川、孙秋雨：《黄河流域产业匹配动态演变及其对经济高质量发展的影响——以高端服务业与先进制造业为例》，《经济问题》2023年第6期。

宋婷婷：《数字经济推动黄河流域高质量发展的路径研究》，《商展经济》2023年第9期。

王珏、吕德胜：《数字经济能否促进黄河流域高质量发展——基于产业结构升级视角》，《西北大学学报》（哲学社会科学版）2022年第6期。

刘永茂、李树茁：《农户生计多样性弹性测度研究——以陕西省安康市为例》，《资源科学》2017年第4期。

聂爱文、孙荣垆：《生计困境与草原环境压力下的牧民——来自新疆一个牧业连队

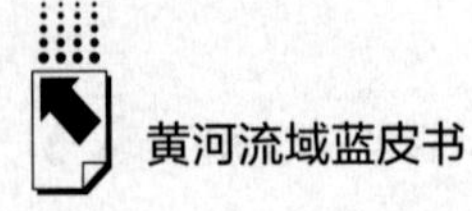

的调查》，《中国农业大学学报》（社会科学版）2017年第2期。

王丹、黄季焜：《草原生态保护补助奖励政策对牧户非农就业生计的影响》，《资源科学》2018年第7期。

左停、赵梦媛、金菁：《突破能力瓶颈和环境约束：深度贫困地区减贫路径探析——以中国“四省藏区”集中连片深度贫困地区为例》，《贵州社会科学》2018年第9期。

B.18 数字经济驱动甘肃经济高质量发展的路径与政策

王丹宇*

摘　要： 数字经济已成为我国稳增长、促转型的重要引擎和国民经济发展的活力所在。加快数字经济建设是我国经济由“量增”向“质升”转变的必由之路，也成为国家寻求高质量发展转型的突破口。“十三五”时期，甘肃省深入落实国家部署，努力完善信息基础设施，积极推进产业数字化和数字产业化转型，加速构筑政府数字化治理体系，数字经济规模和效益均稳步提升。甘肃数字经济发展仍然存在短板和不足：传统产业数字化发展缓慢、融合发展滞后；数字经济产业发展差距较大；数据要素驱动不足、数据资源价值尚未被释放；数字经济综合实力在西部省份落后，省内 14 个市州数字经济发展尚欠均衡。以数字经济推动质量变革、效率提升和动力变革是正处于经济增长动力转变、寻求发展新路径关键阶段的甘肃省实现经济高质量发展的路径选择。

关键词： 数字经济　实体经济　融合发展　数字政府　甘肃黄河流域

2017 年，“促进数字经济加快发展”首次进入我国政府工作报告，之后“数字经济”连续 6 年出现在政府工作报告中。2021 年 3 月颁布的国家“十四五”规划中，发展数字经济与建设数字中国单独成篇，凸显了数字经济在我国新发展格局中的战略地位。2022 年，我国“十四五”数字经济发展规划明确提出，数

* 王丹宇，甘肃省社会科学院区域经济研究所副研究员，主要研究方向为区域经济。

字经济是继农业经济、工业经济之后的新一轮经济形态，将对人类生产方式、社会生产关系以及经济社会结构产生重大影响。2023 年，政府工作报告指出，要“大力发展数字经济，提升常态化监管水平”。历年政府工作报告中关于数字经济表述的演进体现了国家对数字经济发展支持政策的深化。2023 年 4 月，国家互联网信息办公室发布的《数字中国发展报告（2022 年）》显示，2022 年我国数字经济规模达 50.2 万亿元，稳居世界第二；数字经济占 GDP 的比重从 2005 年的 14.2%上升至 2022 年的 41.5%，已成为稳增长、促转型的重要引擎和国民经济发展的活力所在。加快数字经济建设是我国经济由“量增”向“质升”转变的必由之路，也成为国家寻求高质量发展转型的突破口。

2021 年，国家统计局发布《数字经济及其核心产业统计分类（2021）》，新分类较为全面地涵盖了数字技术生产及应用，明确了数字经济与实体经济的对应关系，表明数字经济日趋实体化。当前，甘肃省正处于经济调整与动力转换的重要节点，作为具有创新性、进步性和延展性的新型经济形态，数字经济深入发展能够解决经济发展中诸多结构性矛盾，助力经济增长方式与升级方式双向转变，在增强创新力、激发消费、拉动投资、创造就业、改善生活质量等方面发挥举足轻重的作用，成为推动全省经济高质量发展的新动能与新引擎。2022 年 2 月，国家发展改革委联合多部门发文布局一体化大数据中心体系，全面启动“东数西算”工程，在京津冀、长三角、珠三角、成渝、内蒙古、贵州、甘肃、宁夏等 8 地建设国家算力枢纽节点。甘肃省加快发展大数据产业，全力推动数据中心、云服务、数据流通与应用等统筹协调，数据治理、数据安全等一体化设计，甘肃枢纽节点建设取得长足进步。

一　甘肃数字经济发展现状

“十三五”时期，甘肃省深入落实国家部署，努力完善信息基础设施，积极推进产业数字化和数字产业化转型，加速构筑政府数字化治理体系，数字经济规模和效益均稳步提升。

（一）顶层设计日趋完善、配套政策相继落地

党的十八大以来，《中华人民共和国国民经济和社会发展第十四个五年规

划和2035年远景目标纲要》《"十四五"数字经济发展规划》《数字中国建设整体布局规划》相继出台，我国发展数字经济的顶层设计日趋完善。为落实国家大数据战略，甘肃省委、省政府先后出台了《甘肃省数据信息产业发展专项行动计划》《关于进一步支持5G通信网建设发展的意见》《甘肃省深入推进"互联网+"行动实施方案》《甘肃省数字经济创新发展试验区建设方案》《甘肃省"十四五"数字经济创新发展规划》《甘肃省"上云用数赋智"行动方案（2020-2025年）》《关于支持全国一体化算力网络国家枢纽节点（甘肃）建设运营的若干措施》等政策举措，为数字经济发展提供政策支持和保障。

（二）数字基础设施实现跨越式发展

一是信息通信网络建设扩面增效。截至2022年，甘肃省建成开通4G基站11.0万个、5G基站3.7万个、数据中心66个、工业互联网平台15个，全省7大省级中心，20个市级中心，N个边缘节点的数据中心布局初步形成。兰州建成西北地区第二大信息通信网络枢纽，实现了与北京、西安、成都等核心节点城市以及西宁、拉萨、乌鲁木齐、银川等重点城市的网络直联①，互联网出省带宽达到14.8T。二是信息通信服务能力大幅提升。2022年末，全省移动电话基站21.5万个，全年移动互联网用户接入流量47.8亿GB，比上年增长13.6%。年末互联网宽带接入端口1754.3万个，增长8.1%。三是算力平台底座日渐夯实。庆阳数据中心集群已逐步形成布局枢纽资源调度区、数字经济人才培养基地、综合配套区、智算区、智产区、智能区六大板块产业区域。全省算力资源统一调度平台正式上线，实现了甘肃省"东数西算"业务场景的首次实质性落地。丝绸之路西北大数据产业园数据中心、甘肃国网云数据中心等投入运营。在建或拟建数据中心项目17个，设计PUE值1.27，绿色集约大数据集群初步形成。

（三）重点数字产业不断发展壮大

甘肃省开辟绿色通道，加强要素保障，加大产业建设力度，一批围绕大

① 《甘肃省人民政府办公厅关于印发甘肃省"十四五"数字经济创新发展规划的通知》，甘肃省人民政府网（2021年9月21日），maiji.gov.cn。

数据、云计算、工业互联网等领域的新兴产业集群逐步形成。丝绸之路西北大数据产业园获得西北唯一国家新型工业化产业示范基地、甘肃唯一国家新型数据中心典型案例、甘肃唯一国家绿色数据中心三重认证。鲲鹏生态创新中心和鲲鹏计算产业项目在兰州高新区落地建设，中科曙光甘肃先进计算中心、三维大数据物联网智能制造产业园、天水华天电子产业园等园区建设加快推进。金山云、猪八戒网、有牛网等一批互联网龙头和新锐企业落地甘肃。“非接触经济”为经济发展注入强劲动力。2022 年，甘肃省信息传输、软件和信息技术服务业增加值分别增长 11.7%、10.2%和 8.4%，保持了较高的增速。

（四）产业数字化转型升级步伐加快

工业数字化稳步推进。《甘肃省工业互联网创新发展行动计划（2022—2025 年）》等政策措施制定出台；新基建建设深入推进，兰州工业互联网标识解析二级节点基础平台建成；酒泉绿能云计算有限公司工业互联网通用制造设备行业标识解析二级节点与应用平台完成建设并上线运行；金川集团镍钴产业“5G+智慧园区”建设项目、白银集团物流大数据及智慧供应链项目等一批信息产业链重点项目稳步推进。酒钢集团等企业“钢材溯源”链、知识产权港“知识保护与交易”链等多个区块链应用场景落地实施。

农业数字化“提档加速”。行政村 4G 覆盖率达 99.9%，乡镇区域 5G 信号实现 100%全覆盖，光纤宽带行政村覆盖率达 90%；云上乡村甘肃数字农业服务平台全面上线，全省涉农网店达 9 万多家；“互联网+”农产品出村进城带动农民增收，2022 年全省农产品网络销售 251 亿元，同比增长 11.6%；“数智乡村振兴计划”深入实施，覆盖全省 14 个市（州）733 个乡（镇）的农产品质量安全信息追溯体系建成。

服务业数字化特色鲜明。“一中心三体系三朵云”（大数据中心，智慧旅游管理体系、服务体系、营销体系和智慧旅游支撑云、功能云、内容云）智慧旅游体系建设完成；“一部手机游甘肃”平台建设深入推进，“短视频上的甘肃”数字产业链发展推进、短视频产业集群培育壮大，线上线下一体化发展模式加快建立。

（五）数字政务体系日趋完备、治理智能化水平提升

数字政务运行服务平台建设稳步推进，政务云、互联网、政务专网等基础设施建设初具规模。“数字甘肃·数据基座”上线，“甘快办”“陇政钉”“掌上办”“指尖办”等移动端服务平台建成，实现了省、市、县、乡、村五级覆盖，打通省直16个相关部门平台系统，多部门数据可视化展示应用初步实现，“互联网+政务服务”取得显著成效，服务便利化程度大幅提升。省级数据共享交换平台及政务信息共享网站建成投运，“智慧监管”助力涉企政策精准推送，“数据共享负面清单”全面推行，政务数据共享开放水平持续提升。

（六）14市州数字经济产业呈现集聚趋势

甘肃省14市州数字经济产业集聚趋势明显，兰州因为产业基础、科研资源、创新发展等方面的优势吸引大量数字经济产业相关企业入驻，产业集聚度领跑全省，电子信息产业发展领跑全省；白银市因为先后获批、获建国家级高新区、国家自主创新示范区、国家新型工业化产业示范基地、新材料高新技术产业化基地、兰白科技创新改革试验区建设试点园区及全国25个科技服务业首批试点园区等，在产业集聚方面表现突出（见图1）。

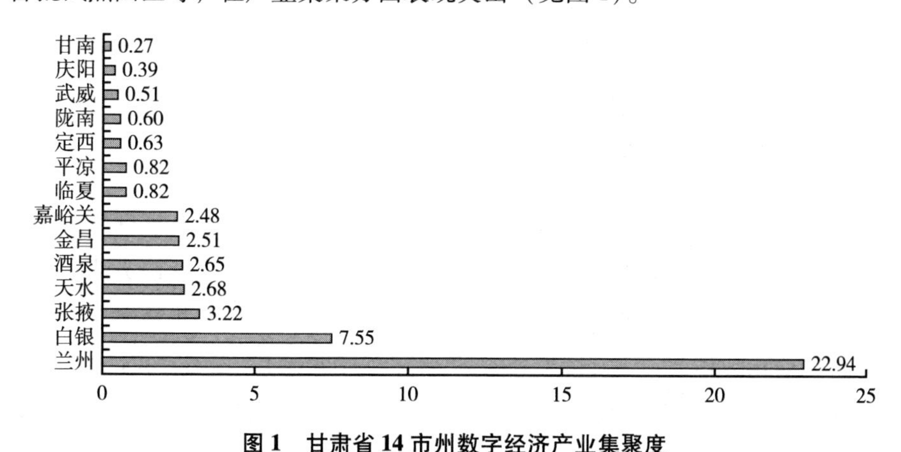

图1　甘肃省14市州数字经济产业集聚度

资料来源：https：//weibo. com/ttarticle/p/show？ id = 2309404844070655885402&sudaref = www. baidu. com。

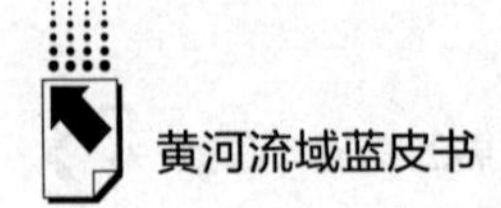

天水、酒泉、金昌等城市也依据自身优势发力和打造大数据产业集群。天水市依托东旭等优势产业着力打造光电产业链生态体系，集成电路和智能制造产业发展再上新台阶；酒泉市投资2.32亿元的云计算（大数据）中心一期项目已经完成；金昌市新能源电池产业和数字经济产业高速发展，紫云英大数据产业园已投入运营，国家北斗导航数据服务甘肃分中心将开始在此布局。

二　甘肃数字经济发展存在的短板和不足

（一）传统产业数字化发展缓慢、融合发展滞后

甘肃省工业企业数字化转型主要集中在石油化工、冶金有色、装备制造等传统产业，囿于认知分化、资金投入、技术创新及人才培养等方面的挑战，数字化发展缓慢，融合发展滞后，数实融合仍以重点行业、龙头企业的垂直融合为主，跨行业的数字化应用仍处于起步阶段，在全国31个省（区、市）数字经济融合指数排序中，2021年甘肃省排名第28位，2022年排名第29位[①]；从融合广度来看，数字经济对各行业和领域的渗透存在失衡，对服务业的渗透程度高于工业和农业；产业数字化转型的服务供给体系待强化，部分中小企业因自身能力不足无法适应数字化转型节奏，存在“不敢转”“不会转”的问题，企业数字化转型参差不齐。

（二）甘肃数字经济产业发展差距较大

数字经济产业指数用来度量大数据产业、人工智能产业和互联网产业发展状况。甘肃省数字经济产业发展远低于全国平均水平，与数字经济头部省份差距较大，即使在西部省份也发展落后。2022年7月至2023年4月，甘肃省数字经济产业指数排名始终徘徊于全国27名左右（见表1）。2023年4月，甘肃数字经济产业指数为0.93，相较于数字经济产业指数4.39的广东省，差距非常大。甘肃省软件和信息技术服务业企业主营业务收入超过10亿元的企业仅

① 尚思汝：《数字经济赋能甘肃工业经济高质量发展现状分析和对策建议》，《发展》2021年第9期，第46页。

有中电万维1家，5亿~10亿元企业仅有甘肃紫光1家，缺少在数字经济领域有影响力的ICT主板上市企业、互联网百强企业和独角兽企业，省内新兴产业市场主体企业数量少、规模小、赢利能力弱，难以形成聚集带动效应。

表1　2022年7月至2023年4月数字经济产业指数排名

省份	7月	8月	9月	10月	11月	12月	1月	2月	3月	4月
广东	1	1		1	1	1	1	1	1	1(4.39)
湖南			1							
四川	1	9	10	11	11	11	10	11	11	11
陕西	13	13	12	12	12	12	11	14	15	13
甘肃	28	28	27	26	28	27	27	27	27	27(0.93)

资料来源：根据DEI中国数字经济指数-财新数据（ccxe. com. cn）整理。

（三）甘肃数字经济综合实力在西部省份落后

甘肃省数字产业规模小，具有行业影响力的领军和龙头企业不多，产业配套企业不足，数字经济综合实力仍较薄弱，数字经济发展落后于东南沿海地区，与西部省份相比也有一定差距（见表2）。赛迪研究院发布的《2022中国数字经济发展研究报告》显示，2022年中国数字经济百强城市中，兰州以第48位次列数字经济三线城市，西安、贵阳、呼和浩特等西部城市位列数字经济二线城市。赛迪研究院将各城市数字产业化、产业数字化发展水平与全国平均水平进行比较，划分成均衡型、数字牵引型、融合提升型和潜力型四大发展类型，兰州市数字产业化、产业数字化发展水平均低于全国平均水平，属于潜力型。

表2　2022年7月至2023年4月我国数字经济指数排序前五名及后五名省份

省份	7月	8月	9月	10月	11月	12月	1月	2月	3月	4月
湖北										1567
广东	1226	1323	1280	1396	1238	1361	1270	1286	1273	1445
四川	1276									
山东	1044	1186	1206	1167	1293	1275	1073		1121	1263

续表

省份	7月	8月	9月	10月	11月	12月	1月	2月	3月	4月
浙江	1005	1087	1175		1050	1219	1114	1032		
江苏		1096	1130	1166	1101	1219	1134	1129	1066	1189
北京	1008	1093	1257	1225	1139	1160	1117	1068	1042	1184
湖南				1226				1016	1030	
内蒙古	366	344			255	320				
海南			391	335		428		314	387	
新疆						420				
甘肃	304	300	360	415	286	293	352	365	387	484
宁夏	255	246	265	322	207	223	240	274	280	328
青海	154	152	265	214	119	203	136	149	158	206
西藏	153	177	137	127	112		117	145	116	183

资料来源：根据 DEI 中国数字经济指数-财新数据（ccxe. com. cn）整理。

（四）14市州数字经济发展不均衡

甘肃 14 市州数字经济发展欠均衡。兰州市在创新发展、产业集聚、企业发展及用户活跃等方面表现突出，领跑发展；天水、白银、酒泉、张掖、定西、庆阳等城市紧随其后，努力抢占发展先机，表现不俗。从 2022 年 GDP 数据来看，GDP 排名第一的兰州市在数字经济发展方面同样远超甘肃其他城市；同时，白银、天水、定西等城市依靠积极布局数字经济实现“逆袭”，数字经济发展活跃度排名高于 GDP 排名（见图 2）。

（五）数据要素驱动不足、数据资源价值尚未被释放

作为继劳动、土地、资本、技术之后的第五生产要素，数据以其宜采集、可复制、广传播、非排他等独特禀赋成为发展数字经济的战略资源。甘肃大数据建设处于起步阶段，大部分为中小型数据中心，未形成集群化、规模化，数据采集、集成、分析、应用基础较为薄弱；大数据企业定位相似，同质化竞争加剧；各数据平台相对独立，囿于利益束缚，数据共享开放进程缓慢；数据要素基础制度体系尚在建设，数据使用标准、运行监测、数据确权、数字税收、数据安全、隐私保护等方面的监管体系尚需完善，存在重存储、轻应用，重建

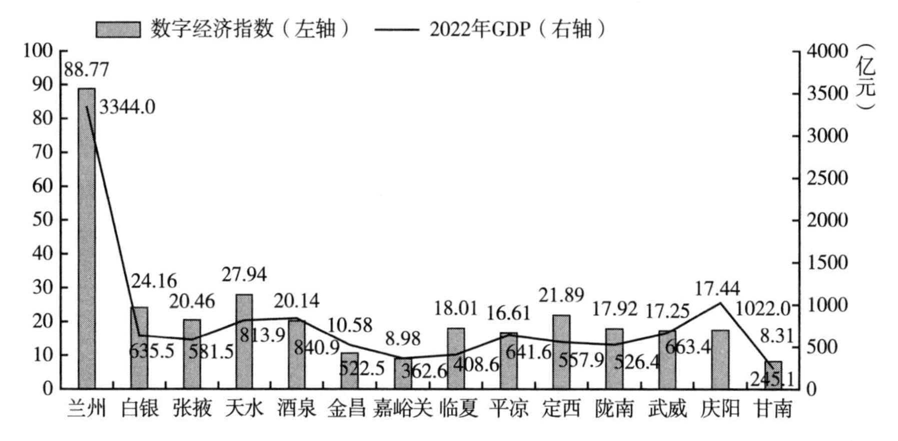

图 2　甘肃省 14 市州数字经济发展活跃度

资料来源：甘肃省统计局网站及 https://weibo.com/ttarticle/p/show? id=2309404844070655885402&sudaref=www.baidu.com。

设、轻监管的现象；政务数据向社会开放、共享共用、供需对接不够充分，数据壁垒依然存在，数据价值尚未有效挖掘。

三　数字经济驱动甘肃经济高质量发展的路径

高质量发展是“十四五”乃至更长时期我国经济社会发展的主题，也是全面建设社会主义现代化国家的首要任务。当前甘肃省经济正处于经济增长动力转变、经济结构优化、寻求发展新路径的关键阶段，实现经济高质量发展，要紧抓质量、效率、动力三大变革。数字经济以其高技术性、高成长性、高融合性及高协同性特征成为推动质量变革、效率提升、动力变革的新动能。数字经济以动力变革为基础推动效率提升、进而促进质量变革。

（一）数字经济推进动力变革实现经济高质量发展

首先，作为契合新发展理念的新动力，数字经济本身代表了重要的技术创新，数字经济发展意味着创新理念的提升，也意味创新水平和创新能力的提升。数字技术低成本挖掘现实需求，解决信息分割和信息不对称问题，降低研发的不确定性、降低市场风险，也降低供需不匹配造成的资源错配，提升创新

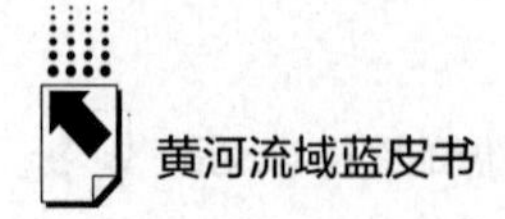

效率；同时，网络化、数字化研发平台能够以优势研发资源集聚、整合突破创新、研发的地域、行业、企业边界限制①，实现数据、信息的实时传递、加工及应用，创新资源的流动既加快知识溢出速度、扩大知识溢出范围，也加速科技成果转化，以创新动能提升驱动经济高质量发展。

其次，数字经济增强消费动能对经济高质量发展的基础性作用。一方面，数字化信息技术将市场的分散信息整合重组，深度挖掘个性化的消费需求，完美规避信息不对称，催生出符合市场需求的新业态、新模式，以消费空间扩大拉动经济增长。共享平台和大数据技术的应用，新的消费模式和业态将生产端、流通端和消费端紧密连接，时空限制被打破，以智能购物、在线医疗、数字娱乐为代表的数字消费迅猛发展，大幅降低商品和服务的流通成本，使消费规模快速扩张。可见，数字经济的发展有效提升了供给端的供给能力，也为消费者获得多样化服务或产品提供了可能性，传统消费提质升级，新型消费蓬勃兴起，为数字时代下经济高质量发展输出强大动力②。

（二）数字经济促进效率提升驱动经济高质量发展

首先，数字经济本身的高成长特性决定了它的规模扩张需要大量的技术投入和人力资本投资，这种高端要素集聚产生的规模经济和范围经济既能提高产出效率，也能够增强传统要素动能，为经济持续增长培育新动力；而数据、信息要素具有可复制、广传播、可共享、非排他特性，应用规模增加则边际成本降低，边际收益递增，打破了传统生产要素稀缺性对经济增长的制约，提升了企业生产效率。

其次，数据、信息等智力密集程度较高的生产要素具有较强的渗透性、溢出性和融合性特征，能够改进和提升传统生产要素效率；同时，数字经济的网络化和协同性特征能够集约、整合资本和劳动力等生产要素，实现要素之间的网络化共享和协作性开发，提高要素的使用效率和生产过程的效率。

最后，以大数据、云计算为代表的新型数字技术通过对海量数据的检索和

① 宁朝山：《基于质量、效率、动力三维视角的数字经济对经济高质量发展多维影响研究》，《贵州社会科学》2020年第4期，第131页。

② 郭晗、全勤慧：《数字经济与实体经济融合发展：测度评价与实现路径》，《经济纵横》2022年第11期，第74页。

分析实现要素供需精准匹配、降低资源配置扭曲、形成透明的市场环境，通过要素配置效率提升推进经济效率变革，为经济增长质量提升提供基础保障。同时生产要素的合理流动和优化配置，能够提高投入产出比，加强市场竞争，改善行业垄断。

（三）数字经济推动质量变革实现经济高质量发展

首先，数字经济时代，数据作为独立生产要素进入生产、消费等经济各领域和环节，随着数据要素投入占比增高，原有经济系统的要素投入结构将发生改变；同时，数据、信息等新生产要素以其强大的溢出、渗透和扩散效应与传统要素融合，相互作用，有助于转变传统要素的“能量密度”，提升、改善传统要素的质量。

其次，数字经济以大数据、云计算、人工智能技术对产品开发、生产全过程实施智能监控，对产品质量的全环节实施监管和控制，降低不可控因素造成的产品不良问题，提高产品质量。数字经济改变传统消费的形态、功能、场景和方式，构建智能化、全生命周期服务体系，以参与—反馈—改善—创新链条提升消费者消费体验和满足感。同时，数字经济可以克服市场信息不对称，为消费者提供更高质量的产品和更优质的服务，也为政府质量监管提供技术支撑，以良币驱逐劣币保证优质产品的盈利空间。

最后，数字经济发展能够增强各行业和产业的连接性，在提升经济质量的基础上，数字经济还能够促进共享发展和创新向善，与社会保障、人口素质、生活质量、生态保护等相关的数字产业的发展能够提升社会效益和生态效益，推动数字技术普惠民生，为经济高质量发展提供新动能。

四　数字经济驱动甘肃经济高质量发展的政策建议

（一）推进数字经济发展，发挥其对经济高质量发展的直接推动作用

首先，发展数字经济要政策先行。甘肃省应继续完善工作推进机制，健全数字经济发展组织领导体系、政策支持体系、基础制度体系和评价考核体系，全力推进甘肃数字经济发展迈入快车道。

其次，加强新型数字基础设施建设，夯实数字经济发展根基。立足甘肃作为全国一体化算力网络国家枢纽节点的优势，秉承适度超前、绿色低碳的原则，持续推动5G网络规模化部署和融合应用；发挥甘肃省能源优势，积极推进“东数西算”工程，统筹布局绿色智能数据与算力基础设施，打造高通量、高品质、低时延的高速传输网络，以畅通直达链路承接东部地区低时延超算业务；积极推进电力配套设施建设，确保电力供应与项目运行同步；利用5G、大数据、人工智能等对交通、能源、民生、文化、环境等领域基础设施进行智能改造，发展高效协同的融合基础设施。

再次，大力推动数字产业创新发展，深化融合应用。甘肃省属于数字经济低梯度区域，创新资源存量相对匮乏，产业结构和技术缺乏活力，应基于自身的区位优势和产业定位，以发展数字经济产业园为重点，开展省级数字经济产业园区认定工作，引导数字经济核心产业向园区集聚，产业配套企业以产业链和创新链延伸为目标“上云上平台”，推动数字产业集群化发展；运用云计算、大数据、人工智能、物联网等技术强化多元应用场景的技术融合，实现数字产业生态系统化、功能服务精准化、运营发展智能化。

最后，推进产业数字化转型升级。产业数字化是高质量发展的重要驱动力，以数字技术渗透实现传统产业数字化创新和产业链上下游的数字化升级，能够帮助甘肃省尽快完成从要素驱动型发展方式到创新驱动型发展方式的转变。将兰州、天水、平凉、张掖、金昌、兰州新区等地作为数字智能产业先行先试区，差异化布局，在资金、用地、人才、财税等方面给予含金量高的支持性政策，放大智能制造产业的集群效应，释放数字技术、数据要素对经济发展的叠加和倍增作用。

（二）以数字经济与实体经济深度融合推动经济高质量发展

甘肃省传统产业所占比重较大，石油化工、有色金属深加工、装备制造、有色冶金等传统优势产业迫切需要数字赋能提质增效。数字经济与实体经济深度融合，顺利完成产业的数字化转型升级，是甘肃省摆脱资源禀赋和经济基础劣势、缩小与发达地区差距的有效途径。

首先，数字经济与实体经济深度融合是以新型数字化设施为基础，以数字信息为关键因素，以科技创新为特征，以价值释放为核心，以全产业链为范围的产业数字化，并不是数字技术在实体经济部门的简单应用。数实融合的本质是协同发展，实体经济为数字经济发展提供丰富的应用场景和海量数据，数字经济利用大数据和区块链技术有效重组实体经济各领域的要素资源，实现从点线面向全生态、全产业链渗透和扩散。可见，数字经济与实体经济之间存在相互关联、相互促进的动态关系，二者深度融合、协同并进，推动经济高质量发展。

其次，积极推进产业数字化转型升级。实施甘肃数字农业发展行动，加快建设甘肃省农业农村数据中心，构建农业产业链数字化服务体系，积极推进大数据、云计算、物联网在农业生产、加工和经营环节的数字化改造；力促数字技术在种植业、畜牧业、渔业等加工业发挥重要作用。推动工业数字化转型。围绕沿黄河流域、河西走廊、陇东南三大产业集聚带的空间布局，聚焦石化、能源、冶金、装备制造等重点行业①，推动智能制造单元、智能车间、智能工厂建设，打造智能制造产业集群；深化制造业融合应用、推进5G垂直应用、培育推广工业设备上云，全面提升企业数字化水平，形成以智能制造为驱动的新型工业体系。推动服务业数字化转型。生产性服务业数字化方面，深化石油化工、有色冶金、生物医药等甘肃传统优势产业应用，拓展数字技术应用场景，促进智能物流、数字金融等发展；推动构建电子商务、物流服务、环境能源交易等服务平台。生活性服务业数字化方面，聚焦文旅、康养、教育、餐饮、娱乐等领域，发展体验式消费、个性需求定制服务等新业态，打造新的发展优势，提高实体经济运行效率。

（三）以数字经济促进消费扩容提质驱动经济高质量发展

首先，充分利用数字技术、数据要素和数字信息平台，对市场供求进行观测，精准挖掘消费者的潜在需求和个性化需求，以更为精准的产品和更加"简单、快捷、安全"的消费过程满足消费者的多元化需求，提高消费者的满意度，助推消费结构升级。继续做大消费互联网，将消费市场的信息和数据更快、更准确地传递到供给侧，使企业快速响应消费者需求，对产品进行改造升

① 住晓莉、魏松峰：《甘肃省数字经济现状及发展路径分析》，《现代营销（下旬刊）》2022年第8期，第93页。

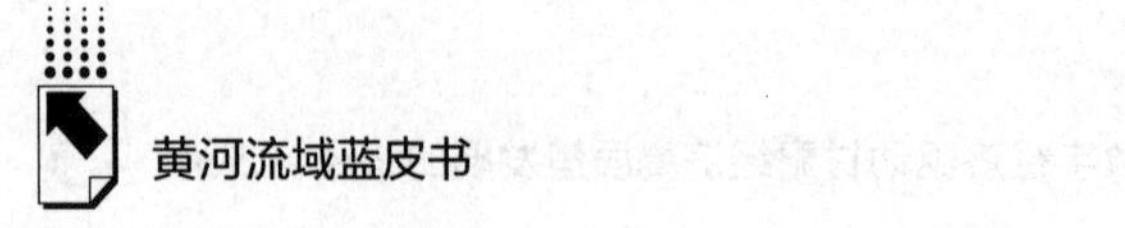

级，以供需精准匹配推动消费增长。

其次，以“数字+文化”助力文化消费升级、培育消费新增长点。充分利用云计算、大数据、人工智能等技术深入挖掘甘肃特色文化资源，激活文化消费和跨界融合，为文旅机构、公司、消费者提供数字化产品和服务，打造标志性文化项目，建设市场运营端、游客体验端和政府管理端垂直细分平台，以提高数字化、智慧化水平提升助力文化消费升级，也实现文化消费升级与文化产业升级互促共进。以数字科技拓展文旅消费新体验，延展消费空间、激活消费潜能，将生态旅游、红色旅游等传统业态及科技馆、文化馆、博物馆、文化产业园等泛文旅新业态打造成文旅消费新的增长点，促使文旅消费日常化、高频化。

最后，以数字经济助力县域农村消费潜力挖掘。县域农村作为消费的基石市场，可挖掘潜力巨大。深入落实数字乡村发展战略，推进县城智慧化改造和乡村管理“网格化+信息化”全覆盖；继续完善县、乡、村三级电商服务体系，运用大数据、人工智能技术迅速且低成本地将数字商品和服务向县域农村复制、推广；补齐乡镇商贸流通基础设施的短板，支持跨区域物流、供应链建设，促进农村电商和物流融合发展，实现工业品下乡和农产品进城双向流通，保障“邮政在村”“电商进村”“快递到村”，以管理数字化、经营网络化保障农村居民消费便利化。

（四）以数字经济提升公共服务质量驱动甘肃经济高质量发展

始终坚持以人民为中心、发展成果由人民共享是经济高质量发展的本质要求。公共服务质量提升是高质量发展的重要方面。《“十四五”公共服务规划》中明确提出要“充分运用大数据、云计算、人工智能、物联网、区块链等新技术手段，鼓励支持新技术赋能，为人民群众提供更加智能、更加便捷、更加优质的公共服务”。

首先，积极部署落实国家《数字乡村发展行动计划（2022-2025年）》《关于加快住房公积金数字化发展的指导意见》《关于加强数字政府建设的指导意见》等政策，加快智能设施和公共服务向乡村延伸覆盖，统筹推进智慧城市和数字乡村融合发展；以数字技术提高公共服务供需双方匹配精度，拓展服务边界、提高管控成效，实现公共服务的标准化、精准化、智能化及均等化水平。

其次，以数字技术促进公共服务标准化的制定，构建普惠性的基本公共服务体系，以人民群众最关心的就业、社保、教育、养老、助残、医疗等领域为重点，推进互联网医疗、在线教育、数字文旅、康养健身等领域数字化，提高公共服务资源数字化供给和网络化服务水平。

再次，以数字技术提高对公共服务重点群体的识别精度，精准识别包括老年人群体、低收入群体、低文化群体、低技能群体等在内的对公共服务有迫切需求但对数字技术接受困难的群体，以恰当的资源分配和资金投入让这些特殊群体更多地受惠于数字技术和数字化公共服务，以数字技术的温度弥合“公共服务鸿沟”，也解决“数字鸿沟”问题。

最后，以数字经济与服务产业深度融合提高非基本公共服务优质化。以数字技术算法整合大数据提供的海量信息和分散资源，以数字技术的精准化特性实现向个体提供多样化和个性化的服务，满足不同群体对非基本公共服务多层次、多元化的需求。

（五）加快数字政府建设，以政府治理能力提升为经济高质量发展提供重要保障

数字政府建设推进、政府治理能力提升是甘肃经济高质量发展的重要保障。首先，以数据驱动实现科学决策。以城市建设、综合规划、分类管理和相关服务的数据和信息为基本要素，运用城市信息虚拟模型等技术，搭建甘肃省数字政府运营指挥中心，建设宏观、中观、微观一体化的经济决策大脑和产业大脑，为全省各级政府部门的重大决策提供系统、精准的参考依据和多指标、多维度的科学支撑，全面提升政府在社会治理、经济调控、环境保护、公共服务及市场监管等领域的履职能力。

其次，以数字技术的创新应用实现协同治理。贯彻落实《甘肃省数字政府建设总体规划（2021-2025）》，建设政府运行“一网协同”，以信息技术的创新应用为抓手，构建服务流程持续优化、数据信息无缝流动、线上线下融合创新的业务协同联动体系，打破时间和空间的限制，实现跨层级、跨区域、跨系统、跨行业、跨部门的协同关联业务对接和信息高效共享，以“数据多跑路”提高政府整体运行效率。

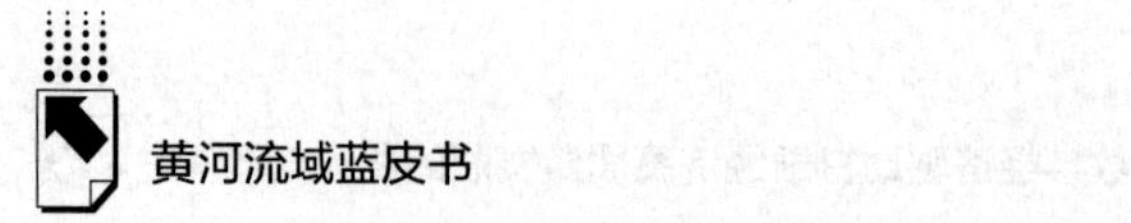

最后，以治理精准化实现政府服务高效化。持续完善全省政务服务一体化平台，通过信息化手段推动服务事项“一网通办”，以“不来即享”“不落幕的政务服务”为目标，推动“短视频+政务”新型政务服务模式更加完善。建设以“V政务”为主线的西部政府数字化转型示范区，深化信息技术与政务业务融合，推进数据要素在精准扶贫、环境监测、防灾减灾、污染防治等方面的运用；借助数字技术和人工智能对交通、环境安全等领域进行智能化管理，以网络化和精准化实现政府服务高效化和普惠化，让社会公众享受数字经济带来的便捷，助力高质量发展。

B.19

河南沿黄乡村全面振兴的态势与对策研究

张　瑶*

摘　要： 推进河南沿黄乡村全面振兴，是实施乡村振兴战略和黄河流域生态保护和高质量发展战略的现实要求，具有深远的战略意义。河南省在推进沿黄乡村振兴过程中，在粮食生产、乡村产业发展、乡村建设、农民生活、生态保护等方面取得了较好的进展，但也存在一些突出短板。就当前沿黄乡村全面振兴面临的资源和环境约束日益趋紧、农村基础设施仍较薄弱、人才保障普遍不足、科技创新驱动力整体较低等困境，需要进一步加强乡村生态保护，优化乡村产业体系，实施乡村建设行动，强化乡村文化建设，推动乡村“四治”融合，锻造乡村人才队伍，助力沿黄乡村全面振兴行稳致远。

关键词： 乡村振兴　乡村建设　河南沿黄乡村

河南沿黄区域是黄河文化的重要发祥地，是重要的生态屏障，也是河南省重要的粮食生产核心区，在黄河流域生态文明建设和经济高质量发展的格局中，战略地位举足轻重。全面推进乡村振兴是党中央着眼全面建成社会主义现代化强国作出的战略部署，在乡村振兴战略和黄河流域生态保护和高质量发展战略两大国家战略叠加的背景下，如何推进沿黄乡村全面振兴是当前迫切需要解决的问题。河南沿黄地区要坚守生态优先的发展理念，切实推进乡村振兴与沿黄地区生态保护和高质量发展有效衔接。

* 张瑶，河南省社会科学院农村发展研究所研究实习员，主要研究方向为农业经济与农村发展。

一　河南沿黄乡村全面振兴的价值意义

推动河南黄河流域乡村全面振兴是乡村振兴战略和黄河流域生态保护和高质量发展战略两大国家战略融合发展的现实要求，肩负着建设中国特色社会主义现代化国家的重要任务与历史使命，具有重要的时代价值和战略意义。

（一）推进中国式现代化河南实践的必然选择

中国式现代化是实现中华民族伟大复兴的根本之路。党的十八大以来，深入实施乡村振兴战略等一系列重大战略，为中国式现代化提供坚实战略支撑。党的二十大闭幕后，习近平总书记在陕西省延安市和河南省安阳市考察时强调，全面建设社会主义现代化国家，最艰巨最繁重的任务仍然在农村，要全面推进乡村振兴，为实现农业农村现代化而不懈奋斗。2023 年 4 月 11 日，习近平总书记在广东茂名高州市根子镇柏桥村考察时再次强调，推进中国式现代化，必须全面推进乡村振兴。这是对新时代“三农”工作的清醒认知。完成以中国式现代化全面推进中华民族伟大复兴的使命任务，河南沿黄区域应展现新担当，从省情农情出发，正视在中国式现代化进程中存在的城乡发展不平衡、农村发展不充分等问题，高度重视发展的平衡性、协调性、可持续性。河南沿黄乡村全面振兴作为河南全面推进乡村振兴的重要组成部分，既有全省乡村振兴的共性特征，又有鲜明的区域特征。推动沿黄乡村全面振兴，确保乡村振兴服务于中国式现代化进程，是河南践行中国式现代化的具体行动。

（二）锚定“两个确保”目标任务的内在要求

河南省第十一次党代会锚定“确保高质量建设现代化河南、确保高水平实现现代化河南”的目标，提出全面实施“十大战略”，这是河南抢抓构建新发展格局战略机遇、推动中部地区高质量发展政策机遇、黄河流域生态保护和高质量发展历史机遇，贯彻习近平总书记视察河南重要讲话重要指示精神的具体行动。建设现代化河南，大头重头在“三农”，潜力和空间也在“三农”。乡村振兴战略作为河南锚定“两个确保”的“十大战略”之一，聚焦农业强、农村美、农民富一体推进，通过做优增量与提高质量助推农业更加高质高效、改善“硬件”与提升“软件”促进农村更加宜居宜业、物质富裕与精神富足确保农民更加富裕富足，为河南实现“两个确保”提供有力支撑。

（三）加快建设农业强省的战略重点

2019年9月，习近平总书记在河南考察时强调，要扎实实施乡村振兴战略，在乡村振兴中实现农业强省目标。2023年是河南加快建设农业强省的起步之年，抓好以乡村振兴为重心的“三农”各项工作，按照路线图稳扎稳打，为加快建设农业强省打好基础、创造条件，对于顺利推进农业强省建设意义重大。河南作为农业大省，切实把扎实推进乡村振兴放在加快建设农业强省的首位，坚持农业农村优先发展，聚焦粮食生产、产业振兴、巩固拓展脱贫攻坚成果、建设宜居宜业和美乡村、提升乡村现代治理水平等重要任务，为实现农产品供给保障能力强、农业科技创新能力强、乡村产业竞争能力强、农民收入水平高、农村现代化水平高的农业强省目标提供支撑。沿黄乡村具有乡村振兴先行先试的条件，积极探索具有河南特色、沿黄特点的乡村振兴之路，将为支撑农业强省建设提供沿黄示范、贡献沿黄经验。

（四）实现农民农村共同富裕的必由之路

共同富裕是社会主义的本质要求，是中国式现代化的重要特征，是“农民富”的具体体现，也是实现第二个百年奋斗目标的重要内容。共同富裕是全体人民的富裕，不是少数人的富裕，也不是少数地区的富裕。促进共同富裕，最艰巨最繁重的任务在农村。乡村振兴战略是实现第一个百年奋斗目标后农村工作的总抓手，更是新发展阶段实现农民农村共同富裕、最终实现全体人民共同富裕目标的必经之路和内在要求。沿黄乡村全面振兴有利于畅通城乡要素流动，推动城乡融合发展，做强做大“乡村蛋糕”，切好分好“乡村蛋糕”，为农民农村共同富裕聚势赋能。其中，产业振兴为共同富裕提供物质基础，人才振兴为共同富裕提供动力支持，文化振兴为共同富裕提供精神支撑，生态振兴为共同富裕提供环境支撑，组织振兴为共同富裕提供政治保证。

二　河南沿黄乡村全面振兴的主要成效

近年来，河南沿黄乡村全面贯彻落实乡村振兴战略，在粮食生产、乡村产业发展、乡村建设、农民生活、生态保护等方面取得了显著成效。

（一）粮食生产能力迈上新台阶

河南沿黄乡村认真落实“藏粮于地、藏粮于技”战略，紧紧抓住耕地和种子两个要害，着力稳政策、稳面积、稳产量，扛稳粮食安全重任。在“藏粮于技”方面，河南高度重视种业振兴，出台《“中原农谷”建设方案》《关于加快中原农谷建设打造国家现代农业科技创新高地的意见》《关于加快建设“中原农谷”种业基地的意见》等文件，依托郑洛新国家自主创新示范区，以新乡平原示范区为中心，以国家生物育种产业创新中心为基础，高水平建设神农种业实验室等一批重大科技平台，加快推进中原农谷建设，在新乡打造种业创新高地，不断提升良种化水平，提高良种对于粮食增产的贡献率。在“藏粮于地”方面，新乡市、焦作市印发《新乡市“十四五”自然资源保护和利用规划》《焦作市“十四五”自然资源保护和利用规划》，开封、洛阳召开耕地保护工作推进会，坚持最严格的耕地保护制度，采取“长牙齿”硬招，保持“零容忍”态度，坚决遏制耕地“非农化”，防止“非粮化”，牢牢守住耕地保护红线，坚决夯实粮食安全根基。在高标准农田建设方面，三门峡2019～2022年累计争取中央、河南省农田建设补助资金5.8亿元，新建高标准农田43.5万亩，其中，2022年新建高标准农田7.2万亩，总投资1.08亿元[①]；新乡探索高标准农田示范区“投融建运管”一体化新路径，形成高标准农田示范区建设的“新乡经验”，在投融资方面，制定多元化投入政策，实现“财政优先保障、金融重点支持、社会积极参与”，将建设标准从原来的1500元/亩提高至4000元/亩，促进中原农谷高标准农田全面“升级”；在建设方面，密切联系群众，积极引导村集体、群众参与项目规划、工程建设、土地流转、项

① 《【三门峡市】抢抓时节掀起高标准农田建设高潮》，河南省农业农村厅网站，https://nynct.henan.gov.cn/2022/09-30/2616554.html，最后检索日期：2023年5月30日。

目监督、项目管护等全过程，将高标准农田建设与乡村建设、产业发展同步推进，例如，延津、平原新区等地根据片区特色分区域、分类别推进高标准农田建设；在运管方面，利用数智赋能，打造高标准农田综合监管服务平台，实现对高标准农田建设全生命周期的有效监管。

（二）乡村产业发展取得新成效

沿黄乡村利用自然优势发展特色产业，依托直播电商等平台推动产业壮大，积极培育生态康养、休闲农业等新产业新业态，推动一二三产业融合发展。一是发展特色种养业，培育壮大县域富民产业，推动形成“一县一业”“一村一品”的发展格局。焦作四大怀药实现规模化种植，2022 年种植面积达到 16.33 万亩，年产值超 60 亿元①；三门峡沿黄乡村发展小杂果、有机菌菜、道地药材、生态养殖等特色农业，苹果生产面积、产量位居全省第一，连翘种植面积和产量位居全国第一，渑池县成功创建省级中药材现代农业产业园和省级农业绿色发展先行区②；中牟县、开封祥符区、兰考县、原阳县、封丘县、长垣市、濮阳县、范县、台前县等 9 个县（区）因地制宜发展规模化滩区特色饲草产业，打造黄河滩区优质草业带，截至 2022 年 11 月底，兰考等 9 个县（区）发展规模化饲草种植 32.2 万亩，滩区年产各类饲草 75 万吨③；兰考按照“滩内种好草，滩外养好牛”的发展思路，构建“种养加”一体化产业体系④；济源则按照“滩外养牛，滩内种草”的原则，围绕“强龙头、固基地、聚集群”，走出“一家龙头企业带动一个集群产业”的奶业振兴新路⑤。二是积极培育新产业新业态，促进一二三产业融合发展。近年来，沿黄地区实施“数商兴农”和“互联网+”农产品出村进城工程，农村

① 《焦作市 2022 年乡村振兴战略实施情况报告》，焦作市农业农村局网站，http：//nyncj.jiaozuo.gov.cn/zwgk/show.asp？id=222，最后检索日期：2023 年 5 月 30 日。

② 《三门峡：积蓄潜能　增强动能　加快向创新型城市蝶变》，河南省人民政府网站，https：//www.henan.gov.cn/2022/12-22/2660957.html，最后检索日期：2023 年 5 月 30 日。

③ 《滩区优质草业带建设综合效益明显》，河南省农业农村厅网站，https：//nynct.henan.gov.cn/2023/02-24/2695787.html，最后检索日期：2023 年 5 月 30 日。

④ 《兰考县积极构建现代畜牧业产业集群推动草畜一体化发展》，兰考县人民政府网站，http：//lankao.gov.cn/info/1022/40553.htm，最后检索日期：2023 年 5 月 30 日。

⑤ 《奶业振兴：构筑现代农业优势产业链》，《潇湘晨报》，https：//baijiahao.baidu.com/s？id=1729515552411981640&wfr=spider&for=pc，最后检索日期：2023 年 5 月 30 日。

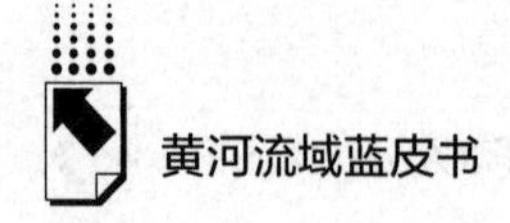

电商发展迅速，兰考以国家级电子商务进农村综合示范县建设为契机，实现县乡村三级物流配送工作，解决沿黄乡村快递服务“最后一公里”“最先一公里”末端配送难题①；温县将“四大怀药”等传统特色产业与电商产业对接融合，通过电商平台和直播带货方式，拓宽销售渠道，带动农民增收致富②；原阳立足区位、资源、产业等优势打造“国内首家预制菜全产业链工业园”和“中国（原阳）预制菜产业基地”，实现从“菜篮子”到“菜盘子”的转变③；巩义、荥阳、中牟等大力整合乡村旅游资源，培育乡村康养产业，打造A级旅游景区村庄，开通文旅专线④；灵宝建设现代智慧农业示范园，寺河苹果小镇已完成苹果追溯系统、旱作农业系统、智慧果园系统建设，实现了“互联网+果树认养”“互联网+苹果采摘”等线上线下融合应用⑤。

（三）乡村面貌焕发新气象

沿黄乡村全面贯彻落实《乡村建设行动实施方案》，扎实推进宜居宜业和美乡村建设，农村面貌和人居环境持续向好。一是沿黄乡村根据各地的乡土特色和绿色发展理念，因地制宜做好村庄规划，在完善配套基础设施、提升基本公共服务水平的同时也保留了黄河流域传统民居的特色风貌。中牟坚持现有的田园风光和文化内涵，根据村庄整体布局，以“最小化干预原则”施工，打造“一村一品、一村一韵、一村一景”的联动发展格局，连点成片，形成沿黄美丽乡村集群⑥；武陟结合宅基地改革和村庄环境整治进行改造绿化，建设

---

① 《兰考县依托电商发展 打通助企新渠道》，兰考县人民政府网站，http：//www.lankao.gov.cn/info/1022/53514.htm，最后检索日期：2023年5月30日。

② 《河南温县：农村电商助推传统产业发展》，安阳网，https：//www.ayrbs.com/content/2022-11/20/content_ 9072.html，最后检索日期：2023年5月30日。

③ 《原阳县底气十足打造中国预制菜产业基地》，大河网，https：//baijiahao.baidu.com/s？id=1736716422345318251&wfr=spider&for=pc，最后检索日期：2023年5月30日。

④ 《郑州乡村接待游客3年内拟超7000万人次 打造沿黄生态观光休闲旅游带 培育A级景区村庄50个美丽乡村示范村300个》，河南省人民政府网站，https：//www.henan.gov.cn/2022/01-10/2380607.html，最后检索日期：2023年5月30日。

⑤ 柴锦玉：《智慧赋能 促产业数字化转型》，《三门峡日报》2022年4月20日，第1版。

⑥ 《中牟沿黄美丽乡村串珠成链》，人民资讯，https：//baijiahao.baidu.com/s？id=1705760832998561402&wfr=spider&for=pc，最后检索日期：2023年5月30日。

宜居美丽乡村[①]。二是农村基础设施不断完善。沿黄乡村依托“四好农村路”等重点建设项目，补齐道路、水利、电力、网络等基础设施短板，促进城乡设施互联互通，其中封丘、济源入选2022年“四好农村路”全国示范县创建单位[②]；沿黄乡村着力完善基层公共文化基础设施，村级文化广场成为延津沿黄乡村的标配。三是大力推进数字乡村建设。自2020年7月三门峡灵宝市入选首批国家数字乡村试点地区以来，数字乡村建设稳步推进，卢氏积极推进河南省数字乡村试点建设；金水区按照“三乡”共建，“三创”共融，“三高”共谋的思路，强力推动沿黄村落从“美丽乡村”向“未来乡村”迭代演进[③]；原阳、荥阳等地区的沿黄乡村联合移动、联通、电信等运营商搭建数字乡村建设资源整合平台，推进平安乡村建设，打造全天候视频监控网络体系，解决“雪亮工程”“天网工程”从村到户的最后一公里难题[④][⑤]。四是持续推进人居环境整治。自2018年开展农村人居环境整治以来，河南沿黄乡村积极响应，把农村人居环境整治与“五星”支部创建相结合，开展“治理六乱、开展六清”集中整治行动，大力推进“厕所革命”，沿黄乡村人居环境改善成效显著。孟州“改厕治污一体推进、村容乡风同步提升”的改厕模式在全国推介[⑥]。

（四）农民生活水平得到新提升

提升现代生活质量是中国特色农民现代化的重要内容。河南沿黄乡村始终

---

① 《焦作市沿黄生态保护和高质量发展取得新进展》，中原新闻网，https：//baijiahao.baidu.com/s？id=1766862486440412014&wfr=spider&for=pc，最后检索日期：2023年5月30日。

② 《河南7地入选2022年“四好农村路”全国示范县创建单位，都有啥亮点?》，河南省人民政府网站，https：//www.henan.gov.cn/2022/12-06/2652291.html，最后检索日期：2023年5月30日。

③ 《「行走河南·读懂中国」黄河沿岸兴起“未来乡村”聚落》，大河网，https：//news.dahe.cn/2022/06-24/1048545.html，最后检索日期：2023年5月30日。

④ 《打造“数字乡村平安乡村”推动原阳振兴注入强劲动力》，新浪网，http：//k.sina.com.cn/article_1834341964_6d55d64c01900tplf.html，最后检索日期：2023年5月30日。

⑤ 《荥阳：“数字网格化”让乡村治理更“智慧”》，中原经济网，https：//www.zyjjw.cn/news/ec/qyjj/2022-08-16/744592.html，最后检索日期：2023年5月30日。

⑥ 《由“净”向“美”！焦作整治农村人居环境，让乡村更美更宜居》，河南日报客户端，https：//baijiahao.baidu.com/s？id=1699108390493169246&wfr=spider&for=pc，最后检索日期：2023年5月30日。

把增加农民收入作为乡村振兴的中心任务，全面改善农村生产生活条件，不断提高农民的获得感幸福感安全感。一是沿黄乡村将产业发展作为群众增收致富的主要途径。兰考因地制宜培育壮大特色产业体系，发展蜜瓜、红薯、花生特色农业，依托泡桐种植，发展民族乐器、家居等产业，让农民在特色农产品、民族乐器、家居等产业链中实现稳定增收。二是黄河滩区农村居民搬迁改善生活水平。封丘县李庄镇沿黄乡村的农民从黄河滩的平房搬进楼房，搬来幸福新生活①；开封黄河滩区的乡村坚持“挪旧窝”与“创新业”并举，搬迁与致富同步，统筹推进搬迁社区、产业园区两区共建，不仅改善了居住条件还实现滩区群众家门口增收②；濮阳市范县前房村在搬迁后将宅基地、土地复垦，利用资源、区位优势，发展生态养殖和生态种植，形成循环生态高效的农业生产链条，亩均收益超过 5000 元，增加农民收入，提升生活水平③。三是壮大新型村集体经济，拓宽农民收入渠道。三门峡沿黄乡村依托地域优势，结合沿黄生态休闲资源、乡村旅游资源，发展壮大集体经济，带动村民就业，集体稳定增收④；濮阳县鲁河镇创建“联合社+合作社+农户”运作模式，建立“土地驿站”，由村合作社整合农村土地资源，实行规模化、集约化、专业化、市场化经营，通过增加土地流转费用、减少农业生产费用、享受分红收益、增加务工收入等促进农民收入增长⑤；兰考沿黄乡村则是按照农民土地入股、村集体统一流转、新型农业经营主体运营的方式，实行统一品种、统一耕种、统一管理、统一收获、统一销售的“五统一”模式，农民通过“保底+分红”的模式增加收入，实现小农户与现代农业的有机衔接⑥。

---

① 《“走进黄河”行丨从黄河滩区搬到单元房　封丘李庄镇村民的幸福生活》，大河网，https：//baijiahao. baidu. com/s？id=1649911470273362335&wfr=spider&for=pc，最后检索日期：2023 年 5 月 30 日。

② 《从“穷窝窝”到“美家园”——河南开封黄河滩区迁建居民挪旧窝创新业》，光明网，https：//m. gmw. cn/baijia/2023-02/27/36392021. html，最后检索日期：2023 年 5 月 30 日。

③ 《河南濮阳：母亲河畔唱起幸福歌》，人民网，http：//henan. people. com. cn/n2/2020/0522/c351638-34035573. html，最后检索日期：2023 年 5 月 30 日。

④ 《三门峡湖滨区：文旅融合点燃冬季乡村游》，河南省文化和旅游厅网站，https：//hct. henan. gov. cn/2023/02-13/2688145. html，最后检索日期：2023 年 5 月 30 日。

⑤ 《央媒观豫丨濮阳县鲁河镇：建立“土地驿站”推动规模经营》，人民资讯，https：//baijiahao. baidu. com/s？id=1738832051819719622&wfr=spider&for=pc，最后检索日期：2023 年 5 月 30 日。

⑥ 龚砚庆、李宇翔：《产业兴旺筑牢乡村振兴根基》，《河南日报》2023 年 5 月 10 日，第 T41 版。

（五）生态保护取得新进展

河南沿黄乡村以沿黄区域要坚定不移走生态优先、绿色发展的现代化道路为指引，以保护黄河流域生态为关键，积极融入黄河流域生态保护和高质量发展重大战略，坚持生态优先、绿色发展，统筹山水林田湖草水系整治，积极推进生态乡村建设。一是各地沿黄乡村积极推进农村生活污水治理、黑臭水体整治，改善农村生态环境。近年来，焦作高度重视农村生活污水治理，沿黄乡村创新“农村人居环境+”思路，孟州市赵和镇上寨村建设“沼气池+人工湿地污水处理系统”，武陟统筹考虑农村生活污水治理和美丽乡村建设，打造“污水处理设施+湿地游园”管控模式，治理尾水进入湿地游园，为湿地游园植物提供丰富养料，再经过人工湿地的净化过滤和植物的降解，实现无害化处理、资源化利用①。二是河南省沿黄生态廊道围绕“一廊三段七带多节点”的总体布局高标准推进，带动廊道两侧乡村生态建设发展，大力开展森林特色小镇和森林乡村建设。近年来，兰考采取拉网式排查、台账化销号的方式来解决黄河“四乱”问题，建设沿黄生态廊道 32 公里、廊道绿化 1.39 万亩，滩区种植苜蓿草 8 万亩，极大改善了生态环境②；济源市 2023 年一季度完成沿黄生态廊道绿化任务 700 亩③；焦作王园线沿黄生态走廊、惠济区省道 312 生态廊道等有力带动了廊道两侧乡村生态发展，自 2020 年以来，焦作共建设森林乡村（示范村）135 个、森林特色小镇 24 个，2023 年初以来，完成筹建森林乡村（示范村）60 个、森林特色小镇 11 个④。三是沿黄乡村加强农业面源污染防治，助推绿色农业发展。封丘沿黄乡村大力推广秸秆还田技术，加快推进秸秆能源化利

---

① 《改善人居环境　助力乡村振兴》，焦作市人民政府网站，http：//www. jiaozuo. gov. cn/sitesources/jiaozuo/page_ html5/ywdt/bmdt/article3ff5c18dcbea47f0859afd9b86dd0b02. html，最后检索日期：2023 年 5 月 30 日。

② 《九曲黄河如龙舞　两岸风光画中收——“沿黄行观巨变”2022 中原环保世纪行走进沿黄四地》，大河网，https：//baijiahao. baidu. com/s？ id = 1744959861279879875&wfr = spider&for =pc，最后检索日期：2023 年 5 月 30 日。

③ 《河南黄河流域生态修复取得新成就》，金台资讯，https：//baijiahao. baidu. com/s？ id = 1763923872358139928&wfr = spider&for = pc，最后检索日期：2023 年 5 月 30 日。

④ 《焦作市沿黄生态保护和高质量发展取得新进展》，焦作市人民政府网站，http：//www. jiaozuo. gov. cn/sitesources/jiaozuo/page_ html5/ywdt/bmdt/articled0da6230dae74512865d884494a994e7. html，最后检索日期：2023 年 5 月 30 日。

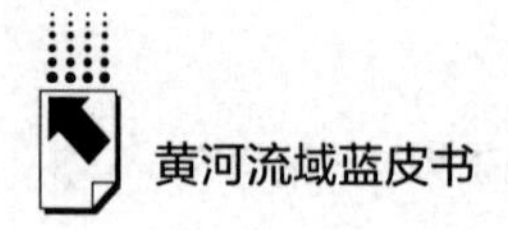

用，形成政府推动和服务、企业为主体、农户积极参与的“封丘模式”①；封丘县、兰考县、祥符区作为全国绿色种养循环农业试点县（区），发展绿色种养循环农业项目，打通种养循环堵点；滑县、封丘在创立农业面源污染治理模式、建立评估体系、完善工作机制等方面进行探索，推进农业绿色转型发展。

三　河南沿黄乡村全面振兴的现实困境

河南沿黄乡村深入实施乡村振兴战略，取得了较大进展，但是仍然面临一些难题，影响了乡村振兴战略在河南沿黄乡村地区更广范围、更深程度地效能发挥。

（一）资源和环境约束日益趋紧

河南沿黄乡村以发展农业为主，水土资源作为农业生产不可或缺的要素，是沿黄乡村农业发展的重要保障。河南沿黄区域存在平原、丘陵、山地、滩区等多种地貌类型，水资源、土地资源等自然资源分布不均匀，导致农业水土资源配置不合理。河南人多地少的资源禀赋、沿黄区域自然的水土流失和人为的不合理开发利用资源等导致资源环境承载能力有限，人—地—水矛盾突出，农业生产过程中的化肥、农药施用量仍然较大，农业面源污染、土壤酸化、生态退化等问题依然存在，部分沿黄乡村存在砂土液化、土壤盐渍化、土地沙化等环境地质问题，制约着沿黄乡村经济发展和生态保护。另外，黄河自上游流经黄土高原奔腾而下，到下游流速变缓带来泥沙淤积问题，导致黄河河床越来越高，河南沿黄区域的地上悬河问题将长期存在，由此可能引发多种生态问题，使得流域内整体生态环境仍十分脆弱，部分沿黄区域的湿地功能出现不同程度的衰退，湿地动植物数量呈下降趋势，不利于沿黄乡村“三生”融合发展。

（二）农村基础设施仍较薄弱

党的十八大以来，沿黄乡村高度重视基础设施建设，重点推进水电路信等

① 《封丘：秸秆离田回收，绿色循环发展》，封丘电视台，https：//baijiahao. baidu. com/s？id =1746470524207695056&wfr=spider&for=pc，最后检索日期：2023 年 5 月 30 日。

改善农民生产生活条件的基础设施建设，农村基础设施水平明显提升。但是，城乡二元结构的长期存在，导致城乡公共资源配置严重不均衡，城乡基础设施差距大，农民日益增长的美好生活需要与农村基础设施建设不充分、不平衡之间的矛盾日益突出。沿黄乡村基础设施建设短板需要进一步补齐、质量需要进一步提升、配套服务需要进一步完善。另外，沿黄乡村在推进基础设施提档升级的过程中存在发展不平衡的问题。与沿黄乡村振兴示范区相比，普通乡村基础设施建设相对滞后，数字乡村建设发展相对缓慢，尤其是在数字基础设施方面，建设有5G基站的沿黄乡村较少，5G网络农村热点并未实现沿黄乡村全覆盖。农村传统基础设施建设数字化转型任务比较艰巨，水利、道路等基础设施的质量和养护方面还具有较大的提升空间，尚不能很好满足数字农业、规模农业的发展要求，数字防汛防灾的能力需要进一步提高，农村公路数字化采集、信息化管理水平亟待提升。

（三）人才保障普遍不足

人才是沿黄乡村全面振兴的第一资源，但是沿黄乡村整体上引才难、育才难、留才难，存在人才总量不足、质量不高、结构不优的发展瓶颈，难以满足乡村振兴的需要。沿黄乡村青壮年劳动力外流、农村人口老龄化现象比较严重，加之人才培养机制建设滞后，导致农村基层人才严重匮乏，年龄结构断层并且失衡，村干部队伍老化，沿黄乡村全面振兴缺乏新鲜血液和活力注入，难以承担乡村全面振兴的重任。另外，沿黄乡村农民思想观念、文化素质、技术技能与乡村全面振兴的发展要求差距较大，农民受教育程度普遍不高，对数字农业、农村电商等新鲜事物的接受和适应能力较弱，难以与时俱进。沿黄乡村在生活条件、工资待遇、发展空间、政策机制等方面与城市地区存在显著差异，导致沿黄乡村对各类人才的吸引力明显不足，乡村振兴缺少高素质、专业化的专业技术人才、经营管理人才、乡村治理人才，没有形成结构合理的人才队伍。

（四）科技创新驱动力整体较低

科技创新是推动农业农村现代化、全面推进乡村振兴的重要支撑，发挥科技创新的支撑作用是党中央提出的明确要求，也是践行习近平总书记“三农”工作重要论述的必然要求。但是在推进沿黄乡村全面振兴的进程中，科技创新在先进技术、转化使用、企业管理等方面的驱动力不足，科技支农效果不显著。具体表现在：第一，沿黄乡村的农业科技支撑力度仍显不足，重大关键技术创新不够，农业现代装备设施还需升级改造，在机播和经济作物的机械化方面还有较大提升空间。第二，数字技术应用基础设施比较薄弱，数字技术对农业农村发展的支撑能力不强，数字农业的发展水平有待进一步提高，覆盖范围有待进一步扩大。第三，沿黄乡村与地方高等院校、科研院所、科技公司等方面的合作比较欠缺，供需对接不畅导致科技应用推广不足，科学技术转化率比较低。第四，乡村企业的管理创新动力不足，现代管理方法与模式运用不够，难以形成有效的治理结构与机制。

四　推进河南沿黄乡村全面振兴的对策建议

河南黄河流域乡村全面振兴要紧紧围绕“五个振兴”重要任务，统筹部署、协同推进，抓住重点、补齐短板，促进农业全面升级、农村全面进步、农民全面发展。

（一）加强乡村生态保护，厚植生态底色

沿黄乡村全面推进振兴要把乡村产业发展、乡村建设、农民增收同保护生态环境结合起来，健全生态环境治理体系，创新发展模式，走一条生态安全的乡村振兴道路。一是加强生态环境治理和保护，形成绿色的生产生活方式。沿黄乡村要因地制宜、科学合理规划人口布局、产业发展、乡村建设等，高效统筹配置水土等自然资源，大力推进高效节水农业、生态低碳农业发展，优先布局建设农业绿色发展先行区，打造河南省农业生态保护和高质量发展示范带；培育壮大绿色低碳产业，深化推进生态产业化、产业生态化发展，鼓励发展绿色低碳新模式新业态，推动乡村产业转型；引导农民践行生态环境友好行为，通过宣传教育、制订村规民约等方式，激发农民参与生态保护的积极性、主动性、创造性，引导农民主动使用清洁能源、践行绿色低碳出行、参与人居环境整治等，加快形成绿色低碳生活方式。二是健全沿黄乡村生态保护机制，完善发展补贴制度。要实行最严格的生态保护制度，制定沿黄乡村生态保护负面清单，推动黄河流域加快实施生态补偿机制，积极争取财政资金，完善补贴制

度，不断加大对黄河流域生态补偿的支持力度，各地根据沿黄乡村发展实际制订科学合理的补偿补贴标准，激励以农民为主的建设主体主动作为，自觉采取保护生态环境的生产生活方式，建设黄河流域生态保护区。三是强化生态环境科技支撑，提升生态保护水平。加强科技支撑助力生态保护修复，利用先进技术手段支持开展流域综合管理、生物多样性保护、生态监测与评估等，形成可复制、可推广的沿黄生态修复技术模式；积极与地方高校和科研院所合作，加强在农业绿色增产、资源高效利用、农业生态修复等方面进行技术研发和应用交流，大力开发和推广高效的农业生物技术。

（二）优化乡村产业体系，增强产业韧性

产业振兴是沿黄乡村全面振兴的基础和关键，要依托农业农村特色资源，优化乡村产业体系，做好“土特产”三篇文章。一是因地制宜发展特色种养产业，构建具有沿黄特色的产业体系。立足沿黄区域的区位特点、资源优势、政策支持，科学规划、合理布局、因地制宜地优化沿黄乡村农业种植结构，做强做优沿黄特色高效农业，夯实粮食安全根基，提升粮食和重要农产品供给保障能力；实施“一县一业”“一乡一特”“一村一品”工程，发展乡村富民产业，壮大村集体经济，完善利益联结机制，着力构建“政府引导、企业主导、农民参与、利益联结”的产业发展模式，把产业增值收益更多留在农村、就业机会更多留给农民。二是强化科技支撑，激发发展动力。加快推进中原农谷建设，深入实施种业振兴行动；加强智能农机装备等基础研究和关键技术攻关研究，加大力度研发、推广、应用智能化农业装备、信息终端、手机 App 等，创新农技推广服务方式，探索产学研用一体化运营模式；大力发展数字农业，将数字技术应用于现代农业生产全过程，建立健全农业数据采集系统，创建沿黄农业数字化示范基地。三是培育新产业、新业态，打造三产融合新载体、新模式。实施“数商兴农”工程，大力发展农村电子商务、零工经济等新业态，充分挖掘农业的多维功能，利用乡村独特的风土人情特质，大力发展生态农业、观光农业、创意农业；推动农业与二三产业深度融合，打造数字文旅、数字普惠金融、生态康养等农村产业融合发展新载体、新模式，不断延链补链强链，增强产业体系的韧性和稳定性，开拓乡村宜业、农民增收的新路径，有力带动当地农民就业、年轻人返乡创业。

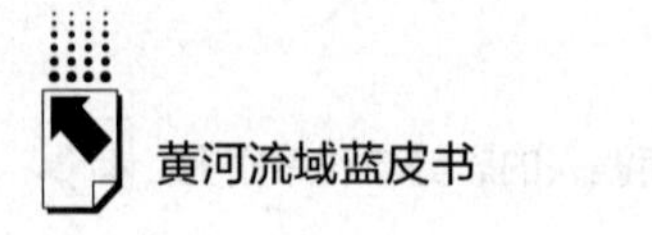

（三）实施乡村建设行动，提升乡村风貌

乡村建设是实施乡村振兴战略的重要任务，也是国家现代化建设的重要内容，要以乡村振兴为农民而兴、乡村建设为农民而建为根本原则，统筹乡村基础设施和公共服务布局，缩小城乡发展差距，持续提升乡村宜居水平。一是科学规划村庄建设，彰显沿黄乡村特色。要秉持乡村建设为农民而建的原则，充分尊重农民意愿，根据沿黄区域的自然禀赋和建设现状，统筹推进村庄规划建设，科学布局乡村生产生活生态空间，注重保护沿黄传统村落和乡村特色风貌。二是推进农村基础设施和公共服务建设，弥合城乡发展硬鸿沟。持续加快补齐沿黄乡村基础设施建设短板，健全运营管护长效机制，推进数字乡村建设，做好乡村信息基础设施升级和传统基础设施数字化改造，推进农村数字基础设施共建共享，构建农村网络新格局；统筹推进沿黄乡村教育、医疗、养老等资源提档升级，深化数字化惠民服务，依托益农信息社等平台，推动公益服务、便民服务以及电商、培训体验服务落地，大力推进“互联网+教育”“互联网+医疗”“互联网+就业”“互联网+普惠金融”等项目，调整优化公共服务供给布局，推进城乡基本公共服务均等化。三是推进农村人居环境整治，建设绿色低碳乡村。重点聚焦农村厕所革命、农村生活污水和生活垃圾处理等，开展农村人居环境集中整治行动，构建生活垃圾收处体系，建设农村污水处理系统，让农村尽快净起来、绿起来、亮起来、美起来；依托“互联网+监管”平台，加强对农村人居环境、生态环境的实时动态监测，引导村民利用互联网积极参与农村环境监督。

（四）强化乡村文化建设，筑牢文明之魂

沿黄乡村实现全面振兴既需要物质文明的积累，也需要精神文明的升华。要以乡村文化振兴为抓手，合理开发利用沿黄乡村特色文化资源，促使沿黄乡村优秀传统文化实现创造性转化、创新性发展，进一步夯实沿黄乡村全面振兴的精神基础。一是优化文化供给，丰富乡村文化生活。加大财政投入力度，在完善基础设施建设的同时也要增加沿黄乡村公共文化服务供给，以弘扬中华民族优秀传统文化为主线，依托新时代文明实践中心，借助端午节、中秋节、农民丰收节等节日气氛，举办多种形式的文娱活动，增加具有农耕农趣农味、充满正能量、形式多样接地气、深受农民欢迎的文化产品，为广大农民提供高质

量的精神营养，丰富农民文化生活。二是发展乡村文化产业，打造沿黄生态文化带。依托沿黄乡村特色资源禀赋，推进黄河文化与乡村经济深度融合，因地制宜发展具有农耕特质、民族特色、沿黄地域特点的乡村文化产业，着力打造文化产业品牌；加强资源整合，打造沿黄生态文化带，推进黄河文化与乡村旅游、电子商务等融合发展，打造富有黄河特色的乡村文旅 IP，实现黄河文化的高识别度、高附加值。三是深化“文数”结合，助力乡村文化传播。充分利用数字技术传播快速、共享便捷的优势助力黄河文化展示、传播及文化资源保护，突出黄河流域地域特色和沿黄乡村特质，着力打造“一村一品”文化品牌，以图文、直播、短视频等为载体，繁荣发展沿黄乡村网络文化，引导文明乡风；发挥农民在乡村文化振兴中的主体作用，鼓励农民利用抖音、快手等短视频平台记录生活，讲好乡村故事，积极输出黄河文化、优秀传统文化，厚植乡村文化自信。

（五）推动乡村“四治”融合，激发治理动能

乡村治理是国家治理的基石，也是乡村振兴的基础。要促进“自治、法治、德治、数治”结合，推动乡村治理体系现代化、智能化、高效化，提升乡村治理精细化、智能化水平，走好乡村善治之路。一是强化党建引领，提升自治水平。充分发挥基层党组织的引领作用，完善基层群众自治运行机制，积极探索、丰富、创新村民自治形式；搭建农村普通党员、热心群众参与村庄事务的平台，实现干群实时互动，快速、精准响应农民需求，提高村民参与乡村治理的便捷性和积极性。二是强化乡村法治，夯实治理基础。加强沿黄乡村法治文化阵地建设，搭建生动、接地气的普法教育平台，建设法治文化长廊、法治宣传栏、法治文化书屋等；拓展普法渠道和载体，以“线上+线下”方式定期开展普法教育，借助微信、抖音等平台推送法治常识，推进普法教育常态化，不断提高农民法律意识；依托互联网平台，提供法律服务资源，提高化解矛盾的效率和质量，推动数字法治。三是强化德治教育，培育文明乡风。制订村规民约，引导村民加强自我教育、自我约束，推动社会主义核心价值观内化于心、外化于行；通过广泛宣传、实行积分制、开展乡村模范等评选活动来加强典型选树，积极培育文明乡风、良好家风、淳朴民风，发挥德治教化作用。四是强化“数治”融通，提高治理效率。深耕“互联网+政务服务”，实现服

务“网上办”“掌上办”“快捷办”，让村务搬进微信群，定期公开党务、村务、财务，突出共建共享；依托“互联网+监管”平台，深入推进“雪亮工程”建设，实现智能化防控全覆盖，引导村民积极参与，深挖基层需求，不断完善长效管护机制，建立数字赋能常态化机制。

（六）锻造乡村人才队伍，激活内生动力

推动沿黄乡村全面振兴关键靠人，因此，沿黄乡村要通过精细“育才”、精心“引才”、精准“用才”等多措并举，不断加强乡村人才队伍建设。一是培育本土人才，加强人才储备。依据沿黄乡村特色种养业和产业发展需要，培育“地方专家”和“田秀才”；健全人才开发制度，加大对基层农业行政管理人员、新型农业经营主体、农村信息员及农业技术人员的培训力度，提升人才水平。二是优化人才引进，注入人才“活水”。沿黄乡村要加大招才引智力度，创新人才引进方式，畅通人才流动渠道，采取专兼结合的方式柔性引进专业型技术人才和专家扎根农村，针对稀缺专家要因人施策，一人一议，精准引入；落实吸引人才返乡留乡政策支持体系，建立一套完整的人才引进相关配套制度，提高物质保障水平和精神满足水平，让大学生、青壮年、专业人才持续投身沿黄乡村全面振兴伟大事业。三是完善用人机制，释放人才潜力。在基层人员选配方面，根据人才的专业、层次、岗位做到人岗匹配，选好配强基层干部队伍；分类推进人才评价机制改革，完善人才评价标准体系和考评机制，畅通基层农技人员晋升渠道，激发工作积极性和主动性。四是提高农民素质和技能，培育新型职业农民。以“人人持证、技能河南”建设为抓手，加大培训力度，创新培训方式，提高培训效率，着力提升农民思想政治素质、科学文化素质、创业创新素质、经营管理素质、法治素质等，培养有文化、懂技术、会经营的新型职业农民。

参考文献

方琳娜等：《黄河流域农业高质量发展推进路径》，《中国农业资源与区划》2021 年第 12 期。

关付新：《河南省沿黄区域“三带一体”高质量发展研究》，《农村·农业·农民》（B版）2020年第1期。

黄承伟：《新时代乡村振兴战略的全面推进》，《人民论坛》2022年第24期。

田祥宇：《乡村振兴驱动共同富裕：逻辑、特征与政策保障》，《山西财经大学学报》2023年第1期。

文丰安：《全面实施乡村振兴战略：重要性、动力及促进机制》，《东岳论丛》2022年第3期。

中国社会科学院财经战略研究院课题组、张昊、吕风勇：《推进乡村振兴的路径、瓶颈及对策：基于对河南的调研》，《财经智库》2022年第2期。

文 化 篇

Cultural Reports

B.20

宁夏黄河文化的地域特色及其精神建构

牛学智　徐 哲*

摘　要： 宁夏是唯一全域在黄河流域的省区，其传统地域文化的产生与黄河息息相关。宁夏北部，在沙漠环绕中，黄河干流塑造出“塞北江南”，形成以游牧与农耕相融合的地域文化。宁夏南部，黄河支流与黄土高原共同催生出半农半牧的陇山文化。二者共同构成了宁夏传统黄河地域文化，形成“北川南山”的文化格局。统观二者，在文化形成的漫长历史时期有共同的精神核心，就是“和合”，这一精神内核与干旱半干旱地区人河良好关系密不可分。新时代，传统地域文化中的精华以及“和合”精神是一笔宝贵财富，需要发挥创新创意作用，保护好、传承好、弘扬好。

关键词： 塞北江南　陇山文化　“和合”精神

* 牛学智，宁夏社会科学院文化研究所所长、研究员，主要研究方向为文学与文化批评；徐哲，博士，宁夏社会科学院科研组织处副处长、副研究员，主要研究方向为文化与文化产业。

黄河是中华民族的母亲河，是中华文化的摇篮。从黄河流域的整体来说，这一地理空间中独特的自然条件、地理资源催生了黄河文化，与长江流域等其他地域文化一起，共同形成了中华文化。微观审视黄河流域，黄河蜿蜒5464公里，自西向东流经九省区，不同河段的地理环境差异影响着各个河段的文化，出现了齐鲁文化、中原文化、三秦文化、陇山文化、河套文化等文化分支。黄河流经宁夏，为宁夏带来了冲积扇平原和丰富的水资源，提供了灌溉农业发展的便利条件，形成独特的地域文化。审视宁夏地域文化也可以发现，黄河干支流流经区域由于地理环境、历史演进、政治军事等因素的影响，也产生了南北差异，形成了“北川南山”的文化地理格局。

一　“北川南山”的文化地理格局

文化是人类与地理环境不断发生交互作用的产物。[①] 作为文化发展的一项重要指标，地理环境在一定程度上影响着文化的发展方向和程度，对文化特色的形成有着重要影响，特别是在文明起源时期，地理环境的影响尤为明显。宁夏黄河干支流流经区域地形地貌、水文地质、气候环境等的差异影响了文化生成，形成南北差异，又在不断的历史演变中进一步分化，形成以“塞北江南”为代表的北部川区文化和以“陇山文化”为代表的南部山区文化。

（一）地理环境差异

黄河干流自中卫夜明山进入宁夏，在中卫盆地形成了美丽的“几”字形河曲形态，过吴忠市、银川市、石嘴山市后流出宁夏。干流流经区域主要为卫宁平原、银川平原，地形平坦，河面宽阔，水量充足，土壤肥沃，加之北面巍峨的贺兰山阻隔了毛乌素、腾格里沙漠的脚步，形成“塞北江南”的天然屏障。虽降水量较少，但黄河带来丰富的水资源，且河面稍低于地面，有灌溉之利，气候宜人，阳光充足，宜耕宜牧。正如威廉·埃德加·盖洛所说：“黄河的开恩更使这块令人惊奇的土地变成一片绿洲。”[②]

---

① 曹诗国：《文化与地理环境》，《人文地理》1994年第2期，第49页。

② 〔美〕威廉·埃德加·盖洛：《中国长城》，沈弘、恽文捷译，山东画报出版社，2006，第128页。

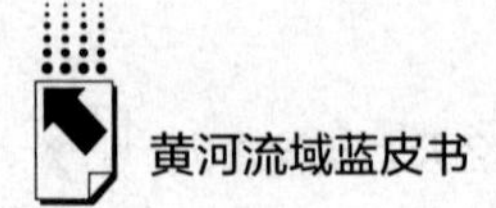

宁夏境内黄河支流有清水河、渝河、葫芦河等，其中最大的是清水河。它发源于六盘山东麓固原市原州区开城镇境内的黑刺沟脑，向北流经原州区、海原县、同心县，在中宁县泉眼山汇入黄河干流，在宁夏境内流域面积为 1.36 万平方千米。支流覆盖的中南部地区为黄土高原的边缘，以黄土丘陵为主，且流经含盐量高的陕西红层或石膏底层，河水矿化度极高，河水苦涩，难以用于生产生活。干旱少雨，水少沙多，水土流失严重，形成半耕半牧的旱地耕作方式。

（二）以"塞北江南"为代表的北部川区文化

宁夏平原地处贺兰山、黄土高原包围中，临近毛乌素、腾格里沙漠，是黄河恩赐在干旱土地上形成的"绿洲"，是农耕文化与游牧文化的交汇处。再加上"关陇咽喉"的军事属性，由此形成独特的"塞北江南"文化。

北部川区很早就有人类活动，1923 年水洞沟遗址被发现，成为我国最早发现的旧石器时代人类遗址。此外，还有青铜峡鸽子山遗址，平罗高仁泉子湾新石器时代遗址，中卫一碗泉遗址、长流水遗址、沙坡头遗址等。从出土文物上看，这些遗址是以畜牧为主的细石器文化，同时也兼有一定的农业耕作。因为在相应地层中也出土了大量磨制石器，包括磨光石斧、陶片、石磨盘和磨棒。从位置上看，这些遗址沿灵武到中卫黄河一线分布，呈现由东至西的扩张态势，可见当时以畜牧为主的部落也开始向黄河聚拢。[1] 这些史前文明遗址不仅是宁夏地域文化起源的考古依据，也为黄河是中华文明起源不可或缺的条件提供坚实的考古证据。

秦汉时期，宁夏出现了最早的行政建制，北部川区的农耕开始获得长足发展。汉武帝推行移民戍边，在宁夏北部修建渠道不下 10 条，开始使用铁器牛耕，农业向精细化发展，出现"数世不见烟火之警，人民炽盛，牛马布野"的盛景。魏晋南北朝时期，东晋赫连夏在黄河边修建皇家园林丽子园，推动着游牧文化与农耕文化的融合，北魏刁雍引进"节水灌溉"使北部灌区成为"天下粮仓"。北周"破陈将吴明彻"将南陈三万多降众迁入灵州，

① 张跃东、束锡鸿：《史前宁夏境内两种经济文化类型的存在与发展》，《宁夏社会科学》1989 年第 5 期，第 53~57 页。

“灵州……本杂羌戎之俗……其江左之人尚礼好学，习俗相化，因谓之塞北江南”。[①] 唐宋以降，水利被高度重视，特别是元朝郭守敬“更立闸堰”，黄河更加安澜。

综上，所谓“塞北江南”文化，便是黄河冲积扇形成的平原上形成的游牧文化与农耕文化相融合的川区文化，其特点包括以下几个方面。其一，从人文环境来看，多民族生产生活、与游牧区的接壤等促使宁夏北部平原区形成了兼收并蓄的文化特性以及轻伦理、重自然，轻观念、重情感的礼法观念。宁夏北部平原区长期处于边塞地区，多个民族曾在这里生产生活，不同的生活方式在这里融会贯通，多元文化的碰撞融合促使宁夏北部平原区形成兼收并蓄的文化特性。同时，该区域处于游牧业与农耕业的交界地带，在这里生活过的民族，例如鲜卑、突厥等，也曾以游牧为主要生产方式，该区域的农耕文明必然受到游牧文化流动性的影响，不同于其他农耕区宗法伦理观念的坚固，宁夏北部平原区的农耕文化更尊自然，重情感，宗法观念相对淡薄。其二，在美学风格上，“塞北江南”文化以粗犷矫健、苍凉激昂、豪迈奔放为审美旨趣。由于宁夏北部为边疆要塞，战争频仍，个体往往痛感于生命的短暂，于是养成了“轻生死，重然诺”的品格，或者“今生有酒今生醉”般自由洒脱、豪迈奔放、慷慨悲歌的情怀，大有“人生寄一世，奄忽若飙尘”的气概和豪迈。这一特点，在今天宁夏中北部方言中多去声音节和短句子就不难体会得到。

（三）以“陇山文化”为代表的南部山区文化

黄河干流以南是黄土高原在宁夏的延伸，从自然环境上来说，这一区域沟壑纵横，高山环绕，形成了封闭的文化生成空间，故而封闭性、稳定性是该地区文化的突出特点。在生产实践中，该区域土质疏松，生态环境脆弱，水土流失严重，植被稀疏，形成了半耕半牧的生产方式。虽然六盘山以南为迎风坡，降水量充沛，但因土质疏松，水土流失严重，其传统产业形态仍是半耕半牧。在半耕半牧生产方式基础上形成的农牧文化，必然与川区的“塞北江南”文化产生差异。又相较北部更靠近“关内”，且与陕甘毗邻，应同属陇山（六盘山）文化圈。

---

① （宋）乐史著《太平寰宇记（第36卷）》，光绪八年金陵书局影印版，第10~11页。

史前文明时期，这一区域土壤肥沃，水源充沛，气候温暖，尚且适合发展农耕。在海原、隆德、固原、彭阳等地发现了大量新石器时期的遗址，包括菜园遗址群、页河子遗址、曹洼遗址、柳沟遗址等等。菜园遗址群的挖掘揭示了当时土著先民农畜并重、使用蓝纹素陶、居住在原始窑洞、盛行屈肢葬的生产生活面貌，相比仰韶文化的晚期，具有明显的蓄养家畜、农业定居的特性，应属于早期农业文明。而页河子遗址是仰韶文化晚期的遗存，以粟类种植为主，开始种植蔬菜，兼有畜牧和狩猎。曹洼遗址则是“马家窑文化石岭下类型”的代表，也是以农业为主，狩猎为辅。从考古发现可见，先民时期南部地区农业已经开始发展，并呈现定居的特质。

周时出现关于宁夏固原最早的文字记录，《小雅·出车》“王命南仲，往城于方。出车彭彭，旂旐央央。天子命我，城彼朔方。赫赫南仲，玁狁于襄。”还有《小雅·六月》也有“薄伐玁狁，至于大原”的记载。这两首诗记载的是周王派兵攻打位于大原的玁狁（北狄）的故事，大原即今天的固原。春秋战国时期，“逐水草而迁徙”的戎族率先从漠北来到六盘山区、清水河畔，农耕畜牧兼顾。秦朝时，遣蒙恬灭戎族，尽收黄河以南之地，宁南山区归入秦政权的版图。而后，宁南山区与陕甘地区结成了秦地方言共同体，地域文化更为接近。

相较于“塞北江南”文化，陇山文化是在陇山（六盘山）地区形成的文化，它建立在农牧兼重的经济基础上，历史悠久，文化积淀深厚，具有以下特点。其一，注重原始意义的农耕“根本”，培养“君子人格”，提倡务实的生活原则，所谓“以农为本”“君子务本，本立而道生，不可舍本而趋末”；推崇实践理性和人生忧患意识，反对浓烈的商业氛围和以利益为先的经济原则。其二，重视家族人伦圈和乡土地域文化圈的亲密关系，反对个人对家族对故乡对土地的疏离，所谓“安土重迁”“故土难离”。由此发展，经常走向反面，极端者信奉“好出门不如穷家里待”“好死不如赖活着”一类封闭的、消极的、低层次的人生哲学和处世态度。甚至把“穷守家，富舍业”“君子固穷”等当作一个人、一个小家庭、一个家族乃至一个文化圈理应坚守的原则，导致观念保守、思维单一、自我封闭。久而久之，整个地区在文化上极易陷入静态，重祖先崇拜却轻现实变化，重历史绵延而逃避变革和进取。

二　以和合为标识的精神内涵

习近平总书记在党的二十大报告中指出，要“提炼展示中华文明的精神标识和文化精髓”，和合是中华传统文化中最富生命力的文化内核。自其产生以来，作为对普遍文化现象本质的概括，始终贯穿中华优秀传统文化之中，是中华文化的精髓和被普遍认同的人文精神。张岱年先生曾指出，中国传统文化中有一个一以贯之的东西，即中国传统文化比较重视人与自然、人与人之间的和谐与统一，也就是和合。虽然在宁夏传统地域文化中有着南北差异，但不论是“塞北江南”文化还是“陇山文化”都生动地诠释着和合精神。

在中国传统哲学中，“和”是异质物体间的协调，“合”则是异质因素的融合。因此，“和合”强调多元统一、有机有序融合，而非以一元代替多元。在有机有序的协调融合中，方能产生新事物。“和合”既包括“天人合一”也包括“修身正心”，还包括“和衷共济”“协和万邦”“美美与共”等主张，具体表现在人与自然和谐、人与人和谐、人与社会和谐、人自身心灵和谐，民族、地区间的和谐。为什么说在宁夏传统黄河地域文化的生成与发展脉络中无不体现着和合精神？因为宁夏的区域发展历史就是一部被黄河养育的历史，一部移民的历史，也是一部民族交往交流交融的历史，在这片土地上，“和合”已成为推动社会文化发展的核心力量。

首先，宁夏是民族交往交流交融的舞台，宁夏的历史文化展现着民族的“和合”。黄河流域为人类生产生活提供了适宜的自然环境，“向水而居”“逐水而迁”促进了各民族的交往交流交融，各民族逐步融入华夏，促进了社会“大一统”的形成。正如费孝通曾说，“在相当早的时期，距今三千年前，在黄河中游出现了一个若干民族集团汇集和逐步融合的核心，被称为华夏，它像滚雪球一般地越滚越大，把周围的异族吸收进了这个核心。”① 在两千多年的漫长历史中，地处游牧文化与农耕文化交汇处的宁夏一直是多民族杂居之地。夏商周时期，义渠、乌氏、朐衍等古老戎族在这里生活，秦汉至魏晋南北朝，

① 费孝通著、麻国庆编《美好社会与美美与共：费孝通对现时代的思考》，生活·读书·新知三联书店、生活书店出版有限公司，2019，第208页。

匈奴、鲜卑、羌在这里繁衍生息。隋唐以来，铁勒、回鹘、突厥、粟特等民族在这里互动交流，随着“灵州会盟”的举行，民族交流交往交融开启新纪元。宋元时期，党项、蒙古族也进入历史的舞台。近期，在贺兰山发现的苏峪口磁窑就是民族文化交流交融的考古实证。苏峪口瓷窑遗址是目前发现最早的西夏瓷窑址，专家定义这次重大考古发掘揭示了一个全新的窑业类型，首次在浙江上林湖以外地区发现大规模用釉封匣钵口的装烧技术，首次在西北地区发现在瓷胎、瓷釉和匣钵中大量使用石英的制瓷技术，填补了西北地区精细白瓷烧造的空白，复杂的窑业面貌也反映着民族间的交往交流交融。

其次，宁夏生态文明建设历史展现着人与自然的和谐。“黄河百害，唯富一套”，宁夏人民治黄用黄的水利经验就是人与自然和谐共生的生动注脚。从秦朝开始，宁夏就已经开始引黄灌溉，兴修沟渠，形成了庞大的引黄灌溉体系。东汉时期发明了“激河之法”，在河中落下重石，形成潜坝，抬高渠口水位，提高灌溉效率。唐代时修缮沟渠，形成较为完善的干渠、支渠相配套的自流灌溉系统，尽显黄河水利之优势。在元代时，郭守敬又对唐徕渠、汉延渠等进行修缮，采用“卷埽”之法固堤。清朝，通智修筑惠农渠，动员百姓在沟渠两岸种植杨柳树。正是历朝历代的治黄用黄才形成“塞北江南”这片沙漠中的绿洲，以人工修筑补充这片地区天然河道的欠缺，打造新的生态平衡，满足人的生产生活需求的同时，也维系宁夏平原和周围沙漠的稳定。这是黄河给予宁夏人的恩惠，也是宁夏人与黄河和谐关系的实证。“亲水”心理正是“天人合一”“人河和谐”的表征。

最后，宁夏各个时期的移民生动体现着人与人的和谐。正所谓“宁夏有天下人”，在宁夏的各个发展阶段中都有“移民”的身影，外地人进入这片地区生活，并在与本土居民的交往交流中推动文化的多元融合。在水洞沟考古研究中曾发现，该地区出现过来自西方、西北方人群短暂生存留下的遗物与遗迹，但这些人群并没有对本土人群产生整体替代，他们消失后这里出现了土著人群，在石器技术上保持固有传统并出现创新。他们是早期现代人大家庭的成员，而且后来演化成东亚蒙古人种的广大现生人群。这说明，本土人群受到了外来影响但仍保持着连续演化的主旋律。① 上文提及的北朝时南

① 霍文琦：《水洞沟遗址考古揭示现代人起源与扩散“连续进化附带杂交”理论获进一步证实》，《中国社会科学报》2013 年 8 月 19 日，第 A02 版。

陈三万降众迁入宁夏，从此“江左之风”盛行，也是移民带来的文化融合。再到明代，大量读书人进入宁夏，带动读书述学之风，宁夏首部志书就在此时修撰而成。随着移民的发生，各地文化融会贯通，促使宁夏文化形成兼收并蓄的文化品格。

简言之，宁夏既是地理景观的微缩盆景，也是多元文化融汇之地。悠久的移民历史、民族交往交流交融历史都使宁夏地域文化在“和合”中不断丰富。与黄河的和谐互动，充分彰显“黄河之利”，是人与自然和合的最好注释。因此，“和合”是宁夏地域文化发展的内生动力和核心因子。

三　宁夏保护传承弘扬黄河地域文化的主要做法及存在的短板

2022 年以来，宁夏以非物质文化遗产为抓手，推动黄河文化的创造性转化、创新性发展。

（一）主要举措

一是梳理非遗名录。全面梳理宁夏非物质文化遗产资源，自 2012 年至 2022 年十年间，宁夏非遗从近 3000 项增长至 5667 项，细致地梳理工作，盘点了家底，为非遗保护传承奠定了基础。其中，中卫市加强黄河文化遗产研究利用，推动黄河文化遗产资源搜集整理，对古建筑、古镇、古村等农耕文化遗产和引黄古灌区、古渡口、治河技术等水文遗产进行保护传承，古建彩绘、黄羊钱鞭被列入国家级非遗保护项目。

二是推动非遗转变为文化惠民活动，提升文化惠民活动质效。银川市举办“2022 年宁夏黄河流域非遗作品创意大赛”，活动充分挖掘黄河流域非遗的精神内涵和时代价值，讲好宁夏黄河流域非遗故事，打造宁夏黄河流域非遗品牌。吴忠市举办“非遗进万家·文旅展风采”2022 年宁夏黄河流域非遗讲解大赛吴忠市初赛、吴忠市 2022 年“我们的节日”端午节暨“文化和自然遗产日”（非遗购物节）等系列活动，吸引游客过万人次，使非遗走进人们的日常生活。中卫市的道情戏“九进”活动深受广大群众喜爱。

三是扎实推动非遗与旅游融合，厚植旅游产品的文化内涵。银川市围绕

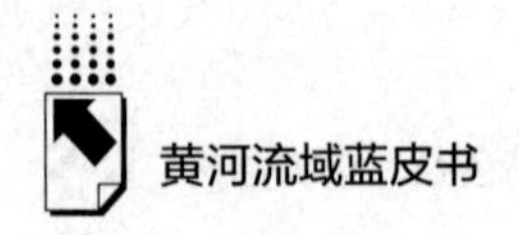

“贺兰山下、黄河两岸、长城内外、葡萄园里、稻渔空间”特色旅游资源优势，制定印发四季旅游活动实施方案，着力打造“爱上银川·四季可游”文化旅游品牌。2022年，成功举办“一山一河”文化旅游节、第三届乡村文化旅游节、文化旅游创意节、市民文化艺术节、宁夏黄河流域非遗讲解大赛等品牌节会20余场，开展温泉养生、红酒巴士、户外露营等主题旅游活动23项，进一步激发文旅市场活力。中卫统筹利用区域内的黄河文化资源、沙漠旅游资源，建设“印象黄河”的文旅品牌。推进以“活化黄河印象”为主题的黄河文化传承创新工程，培育了黄河文化物产及非遗文创深度研发、非物质文化遗产项目保护与活化形态创意设计开发等一批特色文化产业项目，推出了黄河瓷、黄河泥陶印、沙石画等“黄河印象”系列文创产品。依托丰富的人文资源，推出大漠追星等沉浸式体验式旅游项目，打造秘境之旅等非遗研学线路。

四是启动非遗文化的数字化建设。吴忠市率先发力，公共文化服务数字化基础设施建设成绩显著。数字文化馆、“吴忠记忆”黄河文化数字非遗展示馆、吴忠市图书馆信息化平台及业务智能化管理建设、吴忠市博物馆文物数字化保护与展示提升等项目已全面建成并投入运营，免费向市民开放，极大满足了群众的文化需求。

（二）存在的短板

首先，对黄河文化内涵的挖掘不够。在黄河文化的保护传承弘扬工作中，宁夏陷入“文化小省区”的误区。但文化不能以数量来衡量，出现文化资源少的困境在于缺乏发现的“眼睛”，对内涵的挖掘不到位，形成资源的浪费和闲置。从灵武恐龙到水洞沟，从秦设浑怀障到明清设“九边重镇”，几千年的历史中，宁夏有着丰富的优秀传统文化资源，它们是中华文化不可或缺的重要组成部分，需要在耙梳文化发展史的基础上，进一步挖掘。

其次，故事讲述形式的多样性、创新性不足。讲好黄河故事的关键在于让受众产生共情，进而接受。但现阶段，宁夏的黄河文化传播多是以实景观看、图片、宣传片为主，像博物馆、遗址等等。随着互联网技术的提高和文化的发展，文化传播已经开始从单向输出转变为双向互动，文化供给也开始从提供产品向提供服务转变，这对故事讲述的方式提出了更高的要求。

最后，引才难、留才难。虽然近年来宁夏大力实施“才聚宁夏1134行动”，但政策吸引力、环境吸引力等相对于东部沿海和周边省区还有一定差距，特别是创意人才的引进上尤为困难。一是地区分布不平衡。银川的人才集聚明显高于其他地市，银川的R&D人员占全区的62%，固原仅有2.26%。二是文化创意及其相关学科引才尤为困难。近年来，宁夏创意产业等发展相对落后，这些学科的从业环境、就业机会也自然少于其他地区，这些学科的人才引进就显得更加困难，创意人才明显不足。

四　推动传统地域文化“双创”发展的方法路径

通过梳理可以发现，在传统地域文化中，精华糟粕是并存的。在传统农耕文化中，既有“天人合一”的生态文明观和坚强刚毅的文化品格，也有不思变迁、安于现状、因循守旧的弊端，在当代需要传承与弘扬的是其中的优秀部分，这就需要对传统地域文化进行区分、辨析，取其精华去其糟粕。对于优秀传统地域文化要在深挖内涵、梳理资源的基础上，以创新创意将其转化为文化旅游产品，转化为宁夏故事的脚本内容，彰显优秀传统文化的时代价值。

（一）理顺宁夏传统黄河地域文化发展脉络

在深入实施中华文明探源工程的基础上，大力开展宁夏文化史专项研究。围绕宁夏文化是什么、宁夏文化有什么、宁夏文化的发展历程这些问题，组织区内专家深入研究阐释，厘清宁夏文化发展的源流脉络、梳理宁夏的文化资源，将宁夏文化融合发展的历史流程凸显出来，宁夏文化的“和羹”之美展现出来。

继续普查文化资源，建立宁夏文化资源数据库。2021年，自治区文化和旅游厅组织开展了宁夏文化和旅游资源普查（一期）工作，中国科学院地理科学与资源研究所对宁夏全区文旅资源进行了全面普查、建库、分析与评价，共登记文旅资源31872个，其中，实体资源26706个、非实体资源3245个，集合体资源1921个，形成了近34GB的数据库。在一期普查的基础上，应继续查缺补漏，建议新一轮的普查涵盖人文地理学科与文化学科，避免造成旅游资源重、文化资源轻的问题，以深挖在地文化价值。

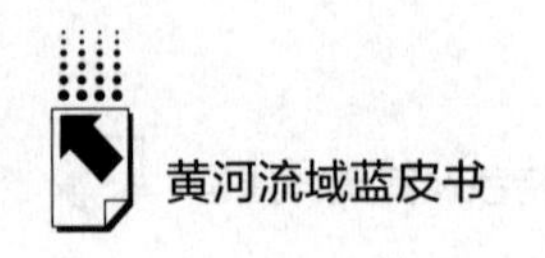

（二）以跨界融合，推动优秀传统黄河文化资源的转化

跨界融合是当下文旅发展的重要趋势，是消费升级和技术革命共同孕育的结果，需要打破原有行业的界限，寻求多维度、多取向的发展。可借助元宇宙、数字化技术，开发新项目，例如陕西的大唐·开元项目就是利用 NFT 和区块链技术，打造了一个大唐不夜城的“镜像虚拟世界”，科技力量成为撬动文旅产业创新创造的新杠杆。再如，借助剧本游戏、实景表演等让优秀传统文化转化为沉浸式体验的新商品，满足消费者参与体验也是创新开发的新趋势、新思路。

（三）以优秀传统地域文化为脚本，讲好宁夏黄河故事

讲好宁夏黄河故事，需要破解“说什么”“怎么说”两个关键问题。“说什么”，即立足宁夏传统黄河文化资源建构宁夏故事的内容。提升宁夏文化的影响力，不能只依靠“沙漠”“星星”等单纯的自然景观符号，关键是把区域优秀传统文化中具有影响力和标志性的精神标识、文化精髓提炼并展示出来。2023 年宁夏在传承旧“八景”“朔方八景”“新十景”等以往景观文化的基础上，挖掘一批新的具有文化内涵的自然地理、人文风貌和建设成就等景观文化，形成“二十一景”。其中“贺兰公园”“远古岩画”“六朝长城”“水洞遗址”等都是承载着宁夏优秀传统地域文化的景观符号，每一个都是具有宁夏地域特色的文化符号，每一个都有着厚重的历史和动人的传说，可以成为宁夏故事的底稿。“怎么说”，即丰富传播方式方法的问题。善用“巧实力”，将宁夏的地域文化元素与宁夏人民的真实故事相结合，以艺术化手段进行处理，形成影视、文学等作品，也可以形成短视频、v-log 等新媒体作品，以故事讲述的多样性拓宽传播范围，提升文化影响力。

（四）加大引才育才力度

宁夏既需要加大文化旅游高层次人才的引进力度，以更多优惠政策吸引文化产业、旅游业的高层次人才，提升人才队伍层次，也需要优化就业环境，鼓励相关人才投入文化建设中。高校毕业生不从事文旅相关工作，归根结底还是从业待遇不够，相比于房地产行业、物业管理行业，这些毕业生在旅游行业中

的收入难以达到他们的预期。只有从工资待遇、居住条件等方面提供一定的支持政策，才能为高校毕业生参与文化建设提供更多保障。

参考文献

陈育宁主编《宁夏通史》，宁夏人民出版社，2008。
薛正昌:《根脉与记忆：宁夏历史文化遗产》，中央编译出版社，2016。

B.21

中国当代黄河文学的文化建构作用与精神价值

刘　宁*

摘　要： 中国当代黄河文学与共和国命运同频共振，展现出新中国成立70余年黄河流域的社会发展与人民生活及其文化心理结构的嬗变，以其鲜活的艺术形象、不屈的民族精神和百折不挠的民族心性，淋漓尽致地呈现深层的文化建构作用和精神价值，为国家黄河战略中的黄河文化传承、弘扬、发展提供精神力量、构筑民族魂。因此，在中华民族伟大复兴之际，要加强黄河文学研究，以经典的黄河文学讲好黄河故事，展示民族精神和力量；以文学型塑黄河地理景观，创建中华文明地理和精神标识，通过黄河文学地理景观IP创建，以黄河文旅推动黄河文化深入中国人的心灵深处。

关键词： 黄河文学　国家形象　民族精神　民族心性

一　中国当代黄河文学概述

中国当代作家在大河上下、黄河穿越的崇山峻岭之间、黄土高原之巅、大河奔腾的平原之上，描绘黄河流域河湟、关中、河洛、齐鲁等区域的自然地理、历史人文、风土民俗、民众日常生活、国家认同、民族精神等文学文本，并不局限于纯文学文本，也包括由文本衍生出的重大黄河文艺活动和以黄河为

---

* 刘宁，陕西省社会科学院文学艺术研究所副所长、研究员，主要研究方向为黄河文学与文化、中国现当代文学、城市文化与文学等。

名的文艺名刊，是为中国当代黄河文学。黄河文学在自然与精神双重视角下以民族精神为内核，民族形式为载体，探讨文学型塑国家形象、高扬民族精神与心性、彰显英雄人格诸内容的文学，分为三个阶段。

（一）1950~1970年代的黄河文学

1952 年新中国建成黄河上第一座水利枢纽人民胜利渠。1955 年全国人民代表大会通过了邓子恢副总理做的《关于根治黄河水害和开发黄河水利的综合规划的报告》，从此黄河治理进入历史新阶段。1957 年在黄河干流上修建万里黄河第一坝三门峡水库，1960 年代初投入使用。1958 年刘家峡水库动工，1968 年蓄水。1959 年位于磴口县巴彦勒东南黄河干流三盛公水利枢纽工程开工，1961 年截流告成，保证了河套地区 1000 万亩粮食基地的水利灌溉问题，同年黄河流域中游的汾河水库修建，1961 年正式投入使用。1958 年修建陕西宝鸡峡水利枢纽，1960 年竣工。1971 年宝鸡峡引渭灌溉工程建成，为关中平原五谷丰登、粮棉生产提供了良好的水利灌溉条件。1950 年代初期到 1957 年国家第一个五年计划时期，黄河流域的灌溉工程尤其是宁蒙汾渭等一批老灌区得到恢复。1958~1965 年在“大跃进”下掀起了大修农田水利运动，在黄河干流上及主要支流上兴建了许多引黄闸和大中型水库，引水灌溉面积大大增强，大中型灌区猛增。

1958 年兴起的新民歌运动里对人民胜利渠、三门峡大坝、红旗渠多有描述。1961 年著名诗人郭小川写下《三门峡》，他大量采用赋体诗的创作形式，坚持民族化和群众化原则。刘白羽《黄河之水天上来》从飞机上眺望黄河，看到“这苍莽无垠的母亲大地啊，是它的乳汁，从西北高原深深地层中喷涌出这一道哺育着千秋万代、子子孙孙的河流，它纵横奔驰，滂沱摇泄，呼啸苍天，排挞岩石。这条莽荡的黄河，一下分散作无数条细流，如万千缨络闪烁飘拂，一下子又汇为巨流，如利剑插过深山，势如长风一拂、万弩齐发。”① 柳青的《创业史》反映农业合作化时期关中渭河平原一个叫蛤蟆滩地区农民，在中国共产党领导下走上社会主义道路的故事，正是黄河流域农村变迁的缩影；王汶石以其短小精悍的短篇小说反映人民公社时期渭河平原的新生活方式

① 刘白羽：《刘白羽散文》，人民文学出版社，2008，第 85 页。

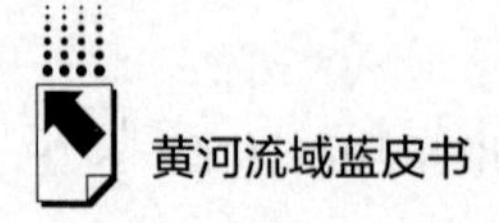

和农民精神面貌。胡正的《汾水长流》以汾河畔晋中农民组成抗旱大队，开展农业水利，展现晋中地区“初夏的田野里，麦子快熟了，高粱和玉茭子的嫩绿的苗子，正在发着沙沙沙的声响，抽叶拔节地生长。”①《李双双小传》反映“一九五八年开春，全乡群众打破常规过春节，发动起来一个轰轰烈烈向水利化进军的高潮。孙庄的男女青年们，都扛着大旗、敲着锣鼓上黑山头修水库去了，村子里剩下的劳力，也都忙着积肥送粪，耙春地下红薯秧苗，可是终因劳力缺少，麦田管理怎么也顾不过来。”② 修建黑山头水库使清泠泠的渠水从孙庄村中流过，庄子周围庄稼地变成水稻田。

（二）1980~1990年代黄河文学

黄河穿越世界上最大的黄土高原地区，西至日月山，东临太行山，南界秦岭，北达长城，甘肃、宁夏、陕西北部与山西，河南西部也属于黄土高原地区。黄土高原是大自然赐予中华先民的一重要地理单元，高原上有广阔的河谷平原，即关中渭河平原，也有许多盆地，像山西晋中、临汾、侯马、运城、洛阳盆地，黄土高原上还有许多面积广阔而平坦的塬和支离破碎的原峁和沟梁。在这片被黄土覆盖的广袤的土地上作家张贤亮曾在宁夏劳改农场改造，当1980年代重返文坛时写下大量反映宁夏黄土高原与黄河的作品。《绿化树》以雄浑而率直的文笔勾勒出西北黄土高原辽阔而苍凉、质朴、贫瘠的场景，表现黄土高原的气候特别干燥，冬季田野上的雪大部分会蒸发掉，可背阴处的沟坎还会留有积雪。作家站在历史高度审视小说中主人公的人生，文本中高亢激昂的花儿是干旱贫穷黄土高原人民心灵上的歌：“金山银山八宝山，檀香木刻下的地板；若要咱俩的姻缘散，十二道黄河的水干！”③

唐人曾有“贺兰山下果园成，塞上江南旧有名”诗句，1980年代张贤亮的《河的子孙》讲述的就是位于贺兰山下宁夏平原黄河岸边的故事。小说展现从1957年反右运动到改革开放农村实行家庭联产承包责任制时期30年的社会变迁，虽然饱经磨难，但是中华民族依然向前，正如“黄河水如同一群在一个狭窄的峡谷里奔腾的骏马，挤在河滩中间那条只有五六十米宽的河道里直

① 胡正：《汾水长流》，人民文学出版社，2008，第132页。

② 李准：《李双双小传》，作家出版社，1961，第2页。

③ 张贤亮：《张贤亮精选集》，北京燕山出版社，2006，第108页。

泻而下。"[①] 作家有意安排龙小舟在黄河边唱《黄河大合唱》，当龙小舟唱到"啊，黄河，你是中华民族的摇篮"时，在旁偷窥的魏天贵被深深震撼了。"他在黄河的流水中，在黄河的河岸上，在黄河的草滩上，在黄河之滨的田野上；在幼年、少年、青年，直到如今的中年所经历的一切，一切与黄河有关系的回忆，全部获得了一种崭新的意义。"[②] 黄河将毫无关联的人连接在一起，并产生了相同的情感和认同，这便是黄河的魅力。在五千多年的中华文明中黄河本身就是民族认同的一个符号，具有极强的向心力和凝聚力。

甘宁青黄土高原是民族交融之地，回族作家张承志倾心描述这块被热血浇灌的土地，在其《回民的黄土高原》里讲："我描述的地域在南北两翼有它的自然分界，以青藏高原的甘南为一线划出了它的模糊南缘，北面是大漠，东界大约是平凉坐落的纬线，西界在河西走廊中若隐若现——或在汉、藏、蒙、突厥诸语族住民区中消失，或沿着一条看不到的通路，在中亚新疆的绿洲中再度繁荣。为了文学，我名之为伊斯兰黄土高原。"[③] 这里是蒙、藏、回文化交融碰撞地带，草原的绿、藏族的黑，以及回族的蓝在此交替出现。黄土高原的景观苍凉壮观，焦干枯裂的黄色山头滚滚如浪，黄土沟里坐落着的黄泥小屋难能分辨，黄土壤里刨出的洋芋也是黄色，令人荡气回肠的"花儿"与"少年"飘扬。

位于青藏高原与黄土高原分界线上有一座积石山，又名阿尼玛卿山，黄河在这里将积石山拦腰切为两段，形成的积石峡，又叫孟达峡，峡长 25 公里，《禹贡》载大禹"导河积石，至于龙门。"在古人意识里积石山是黄河的源头（今天已认定青海的巴颜喀拉山列古宗列盆地是黄河源头），积石峡一带遗留下禹王石、大禹斩蛟崖、骆驼石、天下第一石崖、禹王庙等众多遗迹，证明这里曾是中华文明重要发源地之一，从古至今西羌、鲜卑、吐谷浑、吐蕃、回、保安、东乡等民族在这里演绎历史壮剧，"黄河在这里奔腾出了它最威风最漂亮的一段，它浊黄如铜，泥沙沉重，把此地的心情本色传达给半个中国。"[④] 张承志在《枯水孟达峡》里讲"在青海循化撒拉族自治县，也就是在孟达峡

① 张贤亮：《河的子孙》，百花文艺出版社，1983，第 22~23 页。
② 张贤亮：《河的子孙》，百花文艺出版社，1983，第 26 页。
③ 张承志：《张承志文集》Ⅴ，上海文艺出版社，1993，第 201 页。
④ 张承志：《张承志文集》Ⅴ，上海文艺出版社，1993，第 203 页。

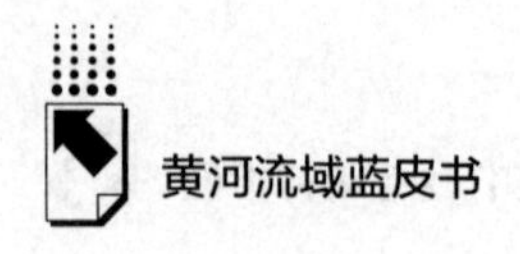

口以西，住着人称‘撒拉十二工’的悍勇撒拉人。”① 民族的融合与斗争在此看得最为清晰。

河湟谷地是黄河上第一个人文历史区域，地理范围包括祁连山以南、日月山以东，甘南草原和青海黄南牧区，是黄河水系在祁连山、大坂山与积石山三山之间游移冲积而成。《大河家》所描述的大河家渡口就位于积石山附近，这里是青藏高原与黄土高原的分界处，因此可以看到穿黑色服饰的藏族与戴白帽子的回族隔河相望。河湟地区一个重要的区域是河州，即今天的甘肃临夏所在地，这里是河湟文化的中心，东乡族集聚地。东乡族是回族的一个分支。张承志的《祝福北庄》《北庄的雪景》写的就是河州一个名叫北庄的村庄，这里也是黄土高原严重缺水区域，东乡族在此集聚。《北方的河》里描述小说中的“我”在河湟地区看到仰韶文明遗址的马家窑彩陶，“路边的田里长着碧绿的青麦子，整齐地随风摇曳。他们登上一段坡道，渐渐地看见了黄土大堤和浅山夹着的湟水河滩。”② 与黄河被赋予母亲河身份不同，张承志更彰显黄河的雄阔、男子汉的父亲气魄。《北方的河》里描述黄河壮丽的景观，把探求人生的触角深入民族历史的文化源当中，认为个体只有融入历史，才能获得永恒。《大河三景》中张承志写了壶口、龙门、三门峡三处黄河绮丽景观，在壶口看到“裸露的河床石槽”，龙门积蓄了大河的风姿，三门峡“半是干涸的苦相”。张承志是真正的黄河之子，“三十年间，我没有堕落于文人的固执，却熟悉了一段一段的黄河。无声无息之间，胸中积蓄了大河的风姿，在处处津渡，到处都是青色卧着我的堡垒户。回数自己半生，不知始自几时，我徘徊河之上下，认识了一群或一个朋友，结伴散步于大地之奥深。”③ 而黄河在国人心目中如同母亲一般神圣存在。

王家达的《血河》《清凌凌的黄河水》酣畅淋漓地表现了兰州黄河的风土民情。《血河》讲述每年七八月份黄河汛情紧急的时候，筏子客一路劈峰斩浪，飙过兰州、越过宁夏、跨过山西、冲向河南，一直到郑州，羊报水击三千里。“黄河干了海旱了，河里的鱼娃儿见了；不见的尕妹可见了，心里的疙瘩

① 张承志：《张承志文集》Ⅴ，上海文艺出版社，2015，第132页。

② 张承志：《张承志文集》Ⅱ，上海文艺出版社，2015，第31页。

③ 张承志：《张承志文集》Ⅻ，上海文艺出版社，2015，第14页。

儿散了。”[1] 民间黄河口曲展现黄河流域民众生命的苍凉悲壮，撑着羊皮筏子的筏子客从兰州跑到包头，五千里水路，跨越数十个县、上千个码头，感受到民族精神的跃动。

1980年代李凖的《黄河东流去》重现1938年花园口决口的大灾难，作者以七个家庭背井离乡故事勾勒出一幅流民图。历史上有很多大迁徙，但历时最长、涉及人数最多、最广的是这一次，黄泛区农民在苦难中找到民族自信心。现代科学和爱国主义热情共同催生了黄河文学的国家主义内涵。伴随着1980年代国门洞开，爱国主义在国内蓬勃兴起，1980年代无论是影视，还是文学都呈现强烈的爱国主义特色。从维熙的《雪落黄河静无声》展现的是遭受迫害的知识分子始终对国家忠贞不渝的感情。作者认为个人无论承受的苦难再大，也不能做黄河的不肖子孙。黄河是中华民族的骄傲，中华儿女都是黄河的伟大子孙，因此当作品中《黄河大合唱》唱起时，“黄河儿女”对民族、国家的忠诚，恰如“片片晶莹的雪花落在融入了黄河，汇成黄河的身影，织成了黄河的年轮，铸造成了黄河的精灵。”[2]

太行山是我国第二、三级阶梯分界线，这条脊梁的中心位置云集了五台山、云台山、王屋山等众多名山，孕育了沁河、漳河、滹沱河、沙河、唐河、拒马河、永定河等河流，漳河和滹沱河横穿太行山。1980年代郑义的《远村》表现太行山村老百姓“拉边套”“打伙计”民俗，表现太行山民传统的生活方式。《老井》以太行山区一个叫老井村的村民为打井祖祖辈辈付出生命代价，最终在孙旺泉带领下，利用现代科学技术打出了水的故事，彰显太行山人民高扬的英雄主义和民族精神。一口老井、一个远村，作家们将现实、历史、神话、传说融为一体，伴随着嘹亮的山歌，传达着太行山精神、黄河精神。

1980年代河南作家吉学沛的《黄河情》展现出郑州郊区邙山的风土民俗。矗立在黄河边新完成的雕像是母亲正在给孩子喂奶的情景，母亲是黄河的象征，孩子是中华民族的比喻，“河的对岸，是一片非常广漠的沙滩；春天一到就被染上一层暗绿色。再往远处，便是青色的村庄和连绵起伏的太行山了。”[3]

---

① 王家达：《清凌凌的黄河水》，敦煌文艺出版社，1994，第62页。

② 中国作家协会创作研究部选编《新时期争鸣作品丛书：鲁班的子孙》，时代文艺出版社，1994。

③ 吉学沛：《黄河情》中国文联出版公司，1986，第38页。

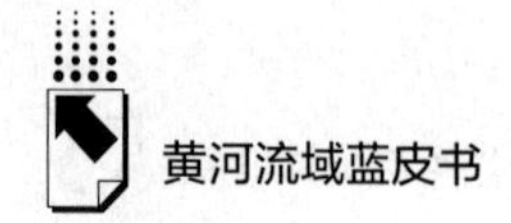

黄河在这里留下很宽的河滩，老百姓在其上种地、拾盐、捞炭、捞柴和摘野菜，河滩扫盐，“那是土地泛潮以后，留在地面上的一层白色粉状物……河滩还有一种水汪菜。春夏之交能够长到尺把高。细长的叶子，嫩绿的茎杆透着淡红色。”①“河里流鱼”喜讯出来时黄水被搅成黄汤，毋庸置疑，伟大的黄河母亲养育着我们。

（三）新世纪黄河文学呈现强烈的生态文明意识

作为新中国成立后的第一个大型水利工程，三门峡水利枢纽无论是其运行和管理模式还是工程技术，都对共和国的其他水利工程建设有着深远影响。陕西作家冷梦的《黄河大移民》再现万里黄河第一坝三门峡水库修建时的历史情境，表达对民生、对黄河上水利建设带来的生态环境变化的历史思虑。在冷梦看来，“黄河有着它的自然规律，自然和历史一样都不是可以由人们任意打扮的小姑娘。我们与生俱来的黄皮肤，我们拥有的第一个祖先始祖轩辕黄帝，养育了华夏文明的母亲河——黄河，是大自然给予我们的一份特殊的馈赠。”②距离三门峡水库修建半个多世纪过去了，再去审视那段历史，推开这扇历史之门，作者提出自然有规律、人类社会有规律，还有了从生态文明角度的关照。

李佩甫的《河洛图》以明清时代中原地区最为显赫、曾经绵延 400 余年兴盛不衰的商业神话—“康百万”家族为原型，演绎了一部河洛康家的兴衰史，更是黄河在近世以来历史起伏的写照。刘震云笔下的延津曾是三国时期曹操屯粮之地，官渡大战以及更早的牧野大战发生地，现在的延津距离黄河有 30 多公里，为黄河故道，盛产黄沙与盐碱。因此，刘震云的作品总写老乡在盐碱地里拾盐、熬盐，对故乡的情感使其始终对准这片苦焦的土地。《温故，一九四二》以多视角重构 1942 年河南大灾荒情景，《一句顶一万句》里描写有一条汹涌奔腾的津河，作家虚构的人物总是在画延津，图画里有黄河渡口，而且黄河波浪滔天。刘震云的作品始终在剖析黄河流域中原民众心理，展示民族精神。

赵本夫的黄河故道写作。苏鲁豫皖交界的丰县大体属于中原，黄河曾在那

---

① 吉学沛：《黄河情》中国文联出版公司，1986，第 40 页。

② 冷梦：《黄河大移民》，南方日报出版社，2011，第 139 页。

里流过八百年，然而 1855 年黄河在河南铜瓦厢决口，改道山东入海，但留给后人太多的遗产，其中最大遗产就是几尺厚的黄沙。赵本夫曾沿黄河故道考察，行程两千多里，最大感受就是黄河在这里打个滚，走了，留下了一片黄泛区。他在《涸辙》里写洪水改道，留下荒原与重建家园；写故道边上最初原始的村庄和随后种树的村庄、要饭的村庄。2020 年这个故事被深化、扩大成为《荒漠里有一条鱼》，通过讲述黄河故道荒漠中鱼王庄人历经磨难但顽强不屈，一代代人种树以改变生态环境，终将荒漠变为绿洲的故事。小说中的主人公梅云游所讲“衣食无忧地活着，不算本领，饥寒交迫地活着，才真正了不起”。这使《荒漠里有一条鱼》充满人性的光辉，因为“在一片看似毫无希望的千里荒漠上，有那么一群人，接连数代不管不顾地不惜一切代价地栽树以防风固沙。这样一个带有明显寓言化色彩的故事，很容易就能够让我们联想到‘愚公移山’的故事”①。

二　黄河文学的文化建构作用

山河不仅以地理形态存在于中国大地上，显示华夏民族世代居住繁衍的空间含义，而且承载丰富深厚的历史积淀和民族文化记忆。中华民族的凝聚与黄河密不可分，二十四史每一册都有黄河的浊浪回声。文学是人类文明中最灵动、最富魅力、感发人心的文化形态，因此中国当代黄河文学具有深层文化建构作用，拥有极高的精神文化价值。

（一）黄河文学彰显民族国家想象

黄河文学与国家、民族休戚相关。1949 年中国共产党启动强化国家认同、建设社会主义国家的计划。1950 年代开启的农田水利运动是国家通过对农业水利建设而达到强国目的的体现，治理黄河是治理国家的象征，1960 年完成的三门峡水利工程代表着新中国征服自然、改造自然的能力，意味着驯服黄河。国家的建立来自政治律动，但国魂的召唤，国体、国格

① 王春林：《坚韧生命力的寓言化书写——关于赵本夫长篇小说〈荒漠里有一条鱼〉》，《中国当代文学研究》2021 年第 2 期。

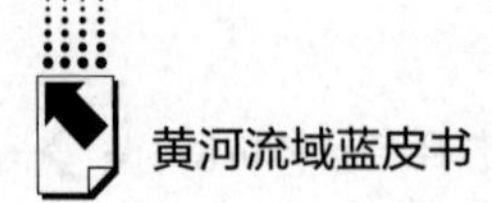

的塑造，乃至国史编撰与小说等文学有关系。中国现代文学从策论和社论中演变而来，具有强烈政治关怀、政治想象。民族国家意识是中国现代启蒙运动最重要的内容之一，包含对现代民族国家思想的启蒙和想象。从史前洪荒到已经失踪的星宿海，从河套、到龙门、潼关、最后汇入大海，华夏子孙对黄河的感情，正如胎记一般不可磨灭。因此从黄河流域第一部诗歌总集《诗经》到《河的子孙》都是黄河奶出来的文学。黄河文学凝聚国家形象，1950~1960年代涌现出的歌咏三门峡水库诗歌及其他文学作品也充满国家意志，同时期修建的刘家峡等水利枢纽体现着社会主义国家建设现代化的伟大力量，因此刘白羽的《黄河之水天上来》是对社会主义建设时期修建的刘家峡水库的赞颂，阮章竞的包头黄河诗也是新中国黄河水利催生的文学作品。

（二）黄河文学涵养中华民族心理与性格

任何民族心理与性格的形成均基于长期历史中民族的形成和发展过程。民众的文化心理是一种群体意识，由一系列不同时期的沉积层形成。自新石器时代我国就产生定居的耕种农业，农业是一种自然经济，自然是劳动的对象，也是获得生活资料的对象。因此在中国人的心灵深处，人与自然是天然亲和的关系，天、地、人三才理论里浸透着中国人的生存与发展之道。黄河流域产生的二十四节气内含季节、时序、农耕的物候，体现着中国人与自然和谐相处、天人合一的思想。儒家讲天人思想，道家主张无为理念都培育了中国人崇尚自然、任天而动的民族心性。因此，诞生在黄河流域的黄河文学始终蕴含一种独有的自然文化和生境文化，从而让黄河穿越历史时空，在华夏大地上奔腾，宛如一个伟大生命自强不息。

黄河文学涵养民族心理与个性，在于中国当代作家对黄河及其流域百姓生活的书写都浸透着真挚的感情。在王家达看来：黄河不仅是一条自然河流，还是自己的血液与骨肉，满载西北汉子的骄傲和自豪。如果没有鲜红的血液和苦涩的泪水，便没有活着的滋味，这是民族的一种血性精神。张承志在《北方的河》里描写陕北高原的夕阳点燃长云，整条黄河都变红了，铜红色的黄河浪沉重地卷起，整个山川长峡全部融入激动的火焰，仿佛黄河父亲的呼唤。

（三）黄河文学彰显不屈的民族精神

黄河衍生的文化系统承载了中华民族发展历程中的苦难记忆，黄河更像是一个伟大的生命，雄强刚健、生机勃然，从不会向任何困难和强权低头、认输。《汉书·沟洫志》里讲：“中国川原以百数，莫著于四渎，而河为宗。”黄河在约古宗列盆地还只是涓涓细流，但是流出源头后沿途不断接纳支流（流域面积大于100平方千米的支流共220条），经龙羊峡、李家峡、刘家峡、九曲十八弯的山陕峡谷，在壶口水激三千里，跃龙门，经东坝头黄河最后一湾，最后在东营投入渤海怀抱。九曲黄河十八弯的自然景观显现出中华民族不屈的民族精神。以善决、善淤、善堵而闻名的黄河，下游河道在黄淮海平原上曾经无数次决、溢、徙、改，是世界任何一条河流不能比的。20世纪最大黄河灾难是1938年花园口扒堤决口事件，“战争期间洪水导致河南、安徽、江苏三省数十万人死亡，数百万人流离失所。”① 1942~1943年的河南大饥荒，200万人死于饥荒，还有数百万河南老百姓流徙他乡。因此，李凖在其《黄河东流去》中讲，“中国人民的忍耐力是惊人的。他们可以背负着两肩石磨生活，他们可以不用任何麻醉药品‘刮骨疗毒’，但忍耐是有限度的。它和一切事物一样，‘物极必反’，‘无往不复’。……茫茫的黄河向东流到大海里去了。几千年来，人们爱她，恨她，想她，怕她。一条黄河就是中华民族流动的历史。”②

三　黄河文学的精神价值与时代意义

黄河文化是现今世界古文明中唯一延续的文化体系，以不竭的文化根源力量延续中华民族的文化记忆和中华文明的根脉。黄河文学担负唤醒国人的民族意识、启迪国人的爱国精神的使命。在今天，熔铸以爱国主义为核心的伟大民族精神、融入中华民族优秀传统文化是黄河文学中最具有活力的组成部分。

---

① 〔美〕穆盛博：《洪水与饥荒：1938至1950年河南黄泛区的战争与生态》，亓民帅、林炫羽译，九州出版社，2021，第4页。

② 李凖：《黄河东流去》，人民文学出版社，2005，第699~700页。

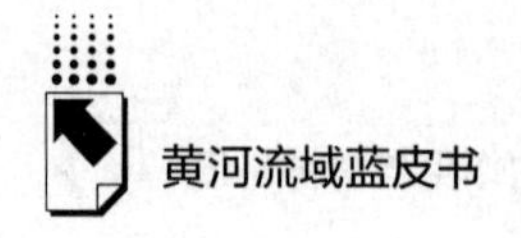

（一）中华民族至今仍需忧患意识

忧患意识是渗透在中华民族血液里的一种文化心理。它表明人要以自己的力量突破困难而尚未突破时的心理状态，体现了当事人在对吉凶成败深思熟虑后得来的远见，隐含一种坚强意志和奋发精神。中华民族在内忧外患中进入近代，此时黄河流域生态环境面临几近崩溃状态，经过新中国成立70余年发展，黄河流域生态仍然很脆弱。黄土高原沟壑在夏季暴雨季节会变成泥沙输入黄河的天然通道，大量泥沙淤积到黄河下游河道，不仅冲积出黄土平原，也造成黄河下游河道不断漫、溢、决、徙灾难。而每次灾难来临时，泥沙吞噬大片良田、湮没城镇、阻塞交通，平原布满沙岗和洼地，排水不良造成的土壤盐碱化现象扰乱了自然水系，破坏了原有生态环境。河南省东部和中部是元明时期河决最频繁的地区，其中新乡、安阳、开封、商丘四个地区受黄河决口泛滥影响最大，濒临黄河沿岸的中牟、开封、兰考一带的沙区面积广阔，今天延津县北境还残留战国至北宋黄河故道，沙丘连绵起伏，大风到来时飞沙蔽日。

（二）以创新性黄河文化为中华民族伟大复兴凝魂聚力

黄河文化以其根脉性、原创性重塑中华民族精神，熔铸民族灵魂，面对这样一个巨大而丰赡的文化遗产，我们的时代使命是对其进行创造性转化与创新性发展。文化发展的实质在于创新，中华文化的核心产生于黄河文化，黄河文化的包容性与整体性决定了这条大河成为特定时空和地域的各民族群体共同书写与创造的文明，是世界文明体系中延续最为久远、内涵最为丰富的文明类型。黄河文化凝聚中华民族精神，具有强大的向心力和凝聚力，从而将中华民族熔铸为一个强大的命运共同体。因此，在当代中国进入物质财富不断丰腴时，文明与文化的复兴和崛起便是中华民族伟大复兴题中应有之义。当代黄河流域经济明显落后于沿海与长江流域，然而黄河流域不复兴，就不能称中华民族伟大复兴。进入新世纪，黄河流域已发生了日新月异变化，黄河流域生态文明建设不断刷新中华文明新档案。黄土高原的绿色革命创造的生态文明在陕西作家冷梦的《高西沟之歌》中得到充分展现，现代生态文明是在工业文明基础上，注重绿色发展，重新思考人与自然的关系的新文明生态。近代以来，黄河流域的生态环境极为脆弱，经过新中国成立70余年生态环境治理，焕发出新的生机，而文明总是延续着一个国家和民族的精神血脉，薪火相传、代代相守，并与时俱进、不断创新。

（三）以黄河文学景观熔铸中华民族共同体、型塑国家形象

每个国家都有自己的民族景观，英格兰的多佛白崖、日本的富士山、俄罗斯的伏尔加河和大草原，都蕴含着民族认同、国家认同和爱国主义。黄河是我国众多国家、民族景观中极其重要的景观。我们有必要对黄河流域具有国家地理标识和精神标识的景观进行提炼、整合、意义阐释，通过中华民族共享的文化符号增强文化认同、文化自信，从而筑牢中华民族共同体意识。张承志在《大河三景》中讲："壶口、龙门、三门峡这一组作品，才是黄河的代表作。对它的阅读，是天下的基础课。……它无终无止，简直超绝，赋予了灵魂，也把愚钝的我们，丰盈枯旱，冲淘磨洗，变做了有信仰的人。"①

四　以黄河文学推动黄河文化发展建议

（一）精准阐释"黄河文学"概念，加大对黄河文学课题研究力度

黄河文学概念是2014年黄雅玲、刘涛在《"黄河文学"研究的意义价值与可行性分析》一文中提出的，但这一概念存在内涵与外延不确定的状况。事实上，黄河文学形式多样，以民歌、民谣、民间戏曲等形式大量存在，作家创作的文学文本从新中国成立初期到当下也是丰赡的存在。黄河文学是黄河文化中极为重要的精神文化存在形式，对研究黄河文化的精神价值极有意义，然而截至2022年国家社科基金无一项黄河文学立项，2022年9月13日全国哲学社会科学工作办公室发布2022年国家社科基金年度、青年、西部项目，黄河课题共立项有30项，在马列、理论经济、应用经济、统计学、政治学、民族学、中国历史、体育学、管理学方面具有立项，唯独文学类没有立项。黄河文学是讲好黄河故事的重要体现，因此建议国家课题立项要在黄河文学研究方面

---

① 张承志《张承志文集》XII，上海文艺出版社，2015，第17页。

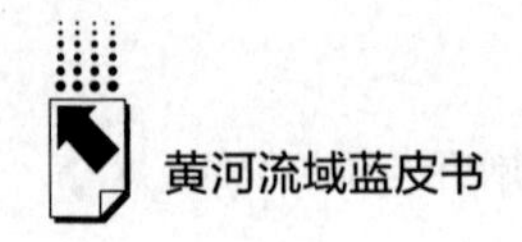

有所倾向，给予更多的支持。各省份，尤其是黄河九省区在黄河文学立项方面也要有一定的体现，通过学术研究，积极推动黄河文化的传承、发展，凝聚为现代中国建设的精神力量。

（二）确定黄河文学精品内涵，为推动黄河文学精品创作提质增量

中国当代黄河文学异常丰富，张承志的《大河家》《黄河三景》《北方的河》，张贤亮的《河的子孙》、阮章竞的《山魂》、郑义的《远村》《老井》、王家达的《清凌凌的黄河水》《血河》、从维熙的《雪落黄河静无声》、李凖的《黄河东流去》等皆是经典黄河文学，而目前这些黄河文学作品大部分是以中国现当代文学或者红色文学之名义出版发行，因此迫切需要组织精兵强将整理、编辑黄河文学精品系列丛书，故而建议陕西、山西、河南、山东、甘肃、宁夏几省区联合攻关，拿出一个从古代至当代的黄河文学经典作品丛书体系来。

同时举办大型黄河文学歌咏、吟诵会，将黄河文学经典作品转化为民族文学经典，铸造民族魂。举办“歌自黄河来”黄河民间歌谣文艺精品节目，展现黄河流域的上游花儿、中游的陕北信天游、太行牧歌、开山调、蒙古爬山调，以及黄河九省区的地方戏曲魅力，在黄河歌声中重塑民族精魂。

（三）黄河文学地理景观 IP 与精神标识 IP 打造，型塑中国形象

中华文明绵延五千多年，黄河流域是中华文明的重要发祥地，因此拥有中华文明地理和精神标识，并蕴含丰富的内涵和成熟的价值体系。标识是标记和识别的缩写，可以定义为象征性符号，具有简洁性和可视性的特征，黄河文学中对壶口、潼关、龙门、风陵渡、中条山、函谷关等地理景观有丰富的文学书写，因此可以打造一条中华文明轴心地带上大地景观与黄河诗文相互映照的黄河文学长廊，同时以文学中描写的太行山展示民族之脊、民族魂，以华山、长城、嵩山、黄土高原等文学地理景观型塑民族景观，展现中华民族起源、发展脉络，最后创建上述黄河文学景观 IP，以此形成国家认同，精心制作黄河文学艺术宣传片和艺术短片，借助微视频、微信公众号、抖音、VR、小红书等数字化传播平台，使黄河文学朝视觉文化方向发展。

参考文献

〔美〕戴维·艾伦·佩兹:《黄河之水：蜿蜒中的现代中国》，姜智芹译，中国政法大学出版社，2017。

侯仁之主编《黄河文化》，华艺出版社，1994。

葛剑雄:《黄河与中华文明》，中华书局，2020。

邹逸麟:《千古黄河》，上海远东出版社，1985。

B.22

山西黄河渡口文化保护与文旅品牌推广策略*

高春平　赵俊明　王雅秀**

摘　要： 山西是华夏文明的发源地之一，境内存在众多黄河古渡口，承载着深厚的商业、历史、民俗与红色等文化，形成了独特的山西黄河渡口文化。目前山西黄河渡口文化存在资料收集与抢救步伐缓慢、文化生态空间保护意识不强、文旅产业带动行业发展的动能不足、文化内涵与时代价值提炼宣传不到位等问题。因此，要加快构建山西黄河渡口文化保护体系，推进黄河渡口文化旅游廊道建设，深挖山西黄河渡口文化内涵与时代价值，创新黄河渡口文化旅游融合新态势，构建黄河渡口文化旅游产业体系，打造“山西黄河渡口文化”品牌精品，促进山西黄河渡口文化保护与文旅品牌的推广与转化，助力黄河流域高质量发展。

关键词： 渡口文化　文旅品牌　山西

作为中华民族的母亲河，黄河以一道天堑将晋、陕、豫、蒙等省区分隔，形成了不同的行政区和文化区。历史上，黄河两岸的民众商旅若要交流往来，需要借助渡口和船只，于是在黄河晋陕和晋豫段，形成了一些商旅繁忙、远近闻名的渡口，如西口渡、黑峪口渡、碛口渡、孟门渡、军渡、禹门渡、庙前

* 本文为山西省社会科学院第一批特色学科建设项目“晋商研究”的阶段性成果。

** 高春平，山西省社会科学院副院长，二级研究员，主要研究方向为区域经济史；赵俊明，山西省社会科学院黄河文化研究所副所长，副研究员，主要研究方向为山西区域历史文化；王雅秀，山西省社会科学院黄河文化研究所助理研究员，主要研究方向为历史地理学、山西区域文化。

渡、蒲津渡、风陵渡、大禹渡、茅津渡等。这些渡口极大地影响、促进了沿黄两岸城镇的政治、经济、军事、文化交流及社会的发展进步，也反映出历史上黄河两岸密切的往来联系。今天，黄河两岸的古渡口虽然逐渐失去了昔日的功能，却仍然拥有独特的自然生态景观，承载着丰厚的历史文化底蕴，在地方社会经济发展中发挥着作用。本文通过挖掘、梳理山西黄河渡口文化内涵，提出黄河渡口文化保护与文旅品牌的推广策略，希望为促进山西黄河文化的保护、传承与弘扬，助推黄河流域高质量发展提供有益建议。

一　山西黄河渡口的文化内涵

渡口最基本的功能就是通过水运沟通两岸交通，方便人货通行，历史上的黄河渡口都有着重要的商业价值，渡口兴衰和两岸的商贸往来密切相关。

（一）山西黄河渡口蕴含着深厚的商业文化

在历史上，山西有不少渡口是黄河水运码头，承担着转运货物的重要集散功能，尤以碛口渡最为典型。碛口上游黄河河道高差较小，流速缓慢，河道变动不大，在明清时期有重要的航运价值。黄河流至碛口段时，由于河道落差加大，再加上险滩遍布，航运环境改变，货物很难通过黄河运往下游，于是，从上游而来的大批货物不得不在此上岸，由水路改为陆路运输转运到临汾、太原、北京、天津、汉口等地，回程时，再把当地的物资经碛口转运到大西北。当时的碛口西接陕、甘、宁、蒙，东连太原、京、津一带，是东西货物运输和南北经济交流的重要枢纽，有“九曲黄河第一镇”的称誉。

在清代商业鼎盛时期，碛口码头每天来往的船只多达 150 余艘，镇上有各类店肆 300 多家，以“水旱码头小都会”的美称享誉南北。据记载，碛口镇商业从清乾隆年间开始兴起，至道光年间，全镇已有店铺 60 余个，据镇上黑龙庙内清道光时期《卧虎山黑龙庙碑记》记载，当时碛口镇为重修庙宇而捐资的施主达 72 位，除庙里住持及徒弟外，其余 66 位全是商家店号，其中 42 家为外地商号。民国 5 年（1916 年）碛口街上店铺林立，除本地人外，还有包头、绥德、府谷、汾阳、介休、平遥等地商人开设的店铺，多达 204 家。当时往来碛口的大宗货物是粮食、皮革和胡麻油，每天要装卸数十万斤，铺店众多，其中油铺多达36家，有民谣为证："碛口街上尽是油，油篓堆成七层楼，白天黑夜拉不尽，三天不拉满街流"①。

时至今日，镇内还有数量丰富且保存完好的明清时期货栈、票号、当铺、民居、庙宇、码头等建筑，古镇街道上遍布着老店铺、老字号、老房子等历史建筑，装饰着明清风格的砖雕、木雕及石刻，悬挂着随处可见的牌匾与字幌，传承着彼时的商业文化。当年，为了便于骆驼行走和方便排水，碛口古镇内的十几条小巷都是石砌缓坡，不设台阶，可见当时古镇商业之繁荣。

（二）黄河渡口蕴含着悠久的历史文化

黄河山西段水系发达、土地肥沃、气候温和、日照充足，是人类聚居生存的理想之地，孕育发展了中华早期文明，是中华民族的摇篮。山西的黄河渡口，见证了很多重大历史事件，承载了丰富的历史文化。

目前中国最早有明确文献记载的内陆河道水上运输事件就发生在庙前渡一带。春秋时期，晋惠公即位后，晋国接连几年都遇到灾荒，五谷不收。公元前647年，晋国又发生饥荒，仓廪空虚，只好向秦国借粮。《左传》中记载："冬，晋荐饥，使乞籴于秦……秦于是乎输粟于晋，自雍及绛相继，命之曰泛舟之役。"② 漕粮由车、船运输，从陕西凤翔县南起运，粮船沿渭河东顺流而下至潼关入黄河，先溯黄河而上，从今庙前村入汾河，又逆汾河而上，转运至当时晋国的国都"绛"，后来，人们把这次大规模的内河运输称为"泛舟之役"，见证了历史上秦晋之好。

历史上著名的秦晋崤山之战就发生在茅津渡一带。据《左传》等史书记载，春秋时期，秦国在秦穆公的治理下，日渐强大，图谋向东发展，争霸中原，和当时的中原霸主晋国产生矛盾。公元前630年，晋文公会同秦穆公围攻郑国。郑文公派说客烛之武前往秦军营中游说秦穆公，他说晋、秦围攻郑国只会给晋国带来好处，还会对秦国造成威胁。秦穆公听后如梦初醒，与郑国单独结盟，率兵回国。秦军撤退后，晋大夫狐偃等对穆公的行径大为不满，主张攻击秦军，晋文公则从大处着眼，认为此时攻击秦军不合时宜。于是晋国也与郑

---

① 文德芳：《烟雨碛口》，http：//www.sxllmj.org.cn/list.asp？id=3989，最后检索日期：2023年6月29日。

② （春秋）左丘明：《左传·僖公十三年》，吉林大学出版社，2011，第60页。

国媾和退兵，此事件为秦、晋交兵埋下了伏笔。公元前627年，秦穆公认为攻伐郑国的时机已到，再次东征郑国。晋国提前得到秦国偷袭郑国的情报，中军帅先轸向晋襄公建言，力主攻击秦军，襄公采纳了先轸建议，发兵击秦。而在秦国攻击郑国时，其行动被郑国爱国商人弦高知晓，他一面稳住秦军，一面派人回国传信。秦军主帅孟明视认为此次行动计划已经暴露，失去了战略突然性，认为“攻之不克，围之不继”，不如退兵。而此时的晋国已从茅津渡口渡过黄河，设伏于崤山以逸待劳，大败秦军于此地。[①] 此次战争标志着秦晋关系由友好转为世仇，深刻影响了春秋时期各诸侯国的战略关系格局。

（三）黄河渡口蕴含着厚重的民俗文化

后世脍炙人口的“鲤鱼跳龙门”的传说就发生在禹门渡附近。传说黄河鲤鱼跳过龙门（山西省河津市城西北12公里和陕西省韩城市城北32公里的禹门口），就会变化成龙。《埤雅·释鱼》中记载：“俗说鱼跃龙门，过而为龙，唯鲤或然。”[②] 清李元《蠕范·物体》：“鲤……黄者每岁季春逆流登龙门山，天火自后烧其尾，则化为龙。”[③] 后来人们用“鲤鱼跳龙门”比喻中举、升官等飞黄腾达之事，又引申为激流勇进、逆流前进、奋发向上改变命运之义。

放河灯的习俗与黄河渡口息息相关。放河灯是中华民族的古老传统，河灯也叫“荷花灯”，尤以中元夜在河流上放河灯为多。明万历《河曲县志》记载：“明弘治十三年，知县李邦彦率众祭奠大禹，放河灯”[④]。清道光十三年（1833）晋、陕、蒙边民捐资重修禹王庙，将祭奠大禹、放河灯的情形绘于庙内墙壁记之。《中国文化杂说》中记述，“河灯会”是以山西省晋西北河曲县七月十五夜黄河灯会最为盛大、壮观，是影响晋、陕、蒙三省区的典型黄河民俗文化项目和重要民俗节庆活动。[⑤] 每年的农历七月十五，河曲县西口古渡都

---

① （春秋）左丘明：《左传·僖公三十二年》《左传·僖公三十三年》，吉林大学出版社，2011，第105~106页。

② （宋）陆佃著、（明）黄承昊辑：《埤雅》卷1《释鱼》“鲤”条，乾隆三十三年（1768年）刻本，第5页。

③ （清）李元：《蠕范》卷3《物体》“鲤”条，光绪十七年（1891年）藏版，第32页。

④ 转自梁申威《黄河之魂》，山西人民出版社，2016，第61页。

⑤ 关立勋丛书主编，刘晔原、刘方成卷主编《中国文化杂说》第1卷《民俗文化卷》，北京燕山出版社，1997，第539页。

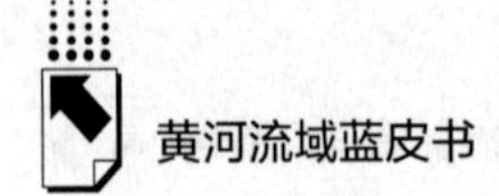

开展河灯会活动。活动中，先以隆重的仪式祭奠大禹，此后有僧人诵经，当地民众将河灯供于神龛前，祈求大禹保佑地方风调雨顺，消灾免难。晚间，河路社、渡口社、炭船社等河运组织举办大规模的放河灯活动，以此来追悼亡灵和祈祷平安。河灯会活动持续三天，晚上尤其热闹，除放河灯外，还有戏乐助兴。

河曲曾经是晋西北著名的黄河水运码头，“南来的茶布水烟糖，北来的肉油皮毛食盐粮”[①]，货物南下北上，人员西往东来，许多人依靠黄河水运谋生，滚滚黄河浊浪，不知打翻多少船舶，吞噬多少船户生命，还有当年走西口到“口外”淘金的人们，又有多少有去无回，客死他乡。为了悼念亲人，祈福水神护佑未来平安，人们会通过一些仪式来慰藉心灵，河灯会便是一种延续下来的古老习俗。随着社会的发展和时代的变迁，河灯会的意义也发生了变化，成为当地交流文化、发展经济、联络情感的重要载体。

（四）黄河渡口蕴含着丰富的红色文化

黄河两岸的渡口见证了中国共产党团结带领全国人民反抗侵略，抵御外侮，反对压迫，解放全中国的伟大历史事件。

1935 年 12 月的瓦窑堡会议提出了“抗日反蒋、渡河东征”的口号。1936 年 1 月，毛泽东、周恩来、彭德怀签发了关于红军东进抗日的命令，命令“主力红军即刻出发，打到山西去”[②]。1936 年 2 月 20 日晚，红军在陕西省清涧县西辛关的房儿沟开始渡河，河对岸是山西石楼东辛关村西渡口，抢渡黄河天险后，红军进入山西。[③] 在此之后的一百多天里，东征红军转战山西五十余县，扩充红军，筹集款项，组织地方武装，建立基层苏维埃政权，发展党的地方组织，在山西播下了抗日的革命火种，为在抗日战争初期中共中央、中央军委把山西作为坚持敌后抗战的战略支点奠定了基础，是中国革命的一个极其重要的里程碑。

---

① 河曲县志编纂委员会编《河曲县志》卷 9《交通邮电》，山西人民出版社，1989，第 267 页。

② 中国工农红军长征史料丛书编审委员会编《中国工农红军长征史料丛书》卷 4《文献》，解放军出版社，2016，第 230 页。

③ 张琦：《历史选择——长征中的红军领袖》，中共党史出版社，2006，第 327 页。

“七七事变”爆发后，国共两党达成联合抗日协议，陕甘宁革命根据地的中国工农红军被改编为国民革命军第八路军，誓师东进，奔赴华北抗日前线，将渡河地点选在了陕西韩城附近的庙前渡，这里河面宽阔，水流相对平缓，有利于八路军渡河后迅速展开。1937 年 8 月底至 9 月下旬，八路军第一一五师，第一二〇师主力，第一二九师各部从陕北各地出发，经过庙前渡口，渡过黄河，进入山西，进而开赴华北各地进行对敌斗争。[①] 全国抗战期间，《黄河大合唱》响彻大江南北，激励一大批中华优秀儿女与日伪浴血奋战。为阻止侵华日军渡河进攻西安、延安，黄河沿岸和中条山相继发生过诸如“薛公岭三战三捷”“日军七次轰炸碛口”“八百楞娃跳黄河”等一系列河防保卫战斗。

解放战争时期，黄河渡口同样为全国的解放发挥了巨大作用。1948 年初，随着全国斗争形势的改变，党中央做出了中央机关由陕北转移至西柏坡的决定。周恩来同志亲自安排和部署，经过综合考虑，决定中央机关从吴堡县川口渡河。1948 年 3 月 23 日早晨，毛泽东、周恩来、任弼时、陆定一等领导登船渡河，中午在山西临县高塔村的下滩里登岸，骑马沿黄河东岸而下，3 月 24 日中午，又沿崎岖的山路，溯湫水河而上，到达临县三交镇的双塔村。[②] 3 月 26 日上午，中央机关又取道白文、康宁，当天下午到达晋绥军区司令部驻地兴县蔡家崖，顺利从陕北进入山西，之后前往河北平山县西柏坡村，在那里继续领导全国的解放事业。

黄河渡口文化是中华优秀传统文化的重要体现，承载着商业、历史、红色、民俗等多种文化，是研究和发掘黄河文化过程中必不可少的重要内容。

二　山西黄河渡口文化保护现状及问题

黄河文化的保护、传承与弘扬是黄河流域高质量发展中至关重要的环节，近年来，随着党中央、国务院有关黄河流域文化生态保护和高质量发展战略的提出，山西省各地陆续开展对黄河文化的挖掘与保护工作，取得了一定的成

① 张晓辉编著《后土文化概论》，内部资料，2003，第 63 页。

② 石和平主编《图说延安十三年》，陕西人民出版社，2021，第 490 页。

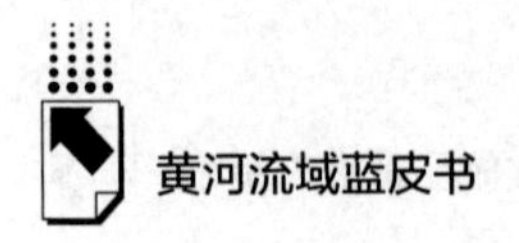

效。然而，就渡口文化而言，其研究、挖掘、保护与利用的力度还不够，方式有待创新，投入仍需加大，主要存在以下问题。

（一）渡口文化资料搜集与抢救步伐缓慢，对渡口文化见证者、传承者、研究者关注不够

山西一些地市对有关黄河渡口的文献资料、实物资料与影像资料的挖掘、抢救与保护步伐较为缓慢。有关渡口的书籍、文献、回忆录、档案等，还有相关物件、老照片等，由于研究部门经费有限，尚未充分、全面、系统地挖掘整理，与渡口文化相关的信仰民俗、地名、故事、诗歌、碑刻等资料还有极大的搜集空间。

此外，渡口文化的见证者与叙述者多数年事已高，正逐年减少，能够讲清渡口历史文化故事的人越来越少，传承工作也会越来越难。如晋西北有些渡口村落伴随着渡口的消亡，也在逐渐衰落和消亡。此外，由于进城务工者居多，许多与文化相关的非物质文化遗产也在不经意间消亡，村落不再留得住乡愁，民众的集体记忆及文化认同感也在下降①。

（二）对黄河渡口文化的生态空间保护重视不够

渡口文化作为一种文化遗产，其生存有赖于区域特定的土壤与空间，正如文化生态学理论所提到的“文化—环境适应”理论，即既强调自然环境，更强调“社会环境和文化环境。……不论是自然环境还是社会文化环境，人们在一定的环境中生活就会形成一定的适应性。文化生态系统内，各种文化相互作用并受环境制约而达到新的平衡，文化的可持续发展得以实现”②。因而，黄河渡口文化的传承首先要加强文化生态空间的保护。

黄河渡口文化生态空间的首要因素是黄河生态环境。近年来，黄河中游，尤其是山西段的生态环境还较为脆弱，洪水风险较大、水资源短缺，特别是

---

① 强亮亮：《兴县境内黄河渡口遗存调查研究》，山西大学硕士学位论文，2021，第48页。

② 谢芳：《传统文化的传承与传播——韩城案例研究》，天津科技翻译出版有限公司，2020，第181页。

“水少沙多、水沙关系不协调的‘牛鼻子’”① 问题还较为突出，渡口生态及水利条件不容乐观，严重影响了渡口的稳定与文旅融合产业的发展。此外，对渡口周边森林保护问题不够重视。渡口周边大多较荒凉，绿化程度欠缺，不利于渡口整体生态水平的呈现与景观工程的建设。

渡口文化的发展与其周边聚落的文化环境具有一定的适应性。在古代，渡口与周边村落关系极其紧密，二者相辅相生，互相依存。渡口及周遭的地理环境造就了村落独特的布局与形态，村落是渡口由物理空间转为社会空间的关键因素，因而保护渡口周边的村落文化生态至关重要。目前，山西黄河渡口与周边村落存在衔接性不够的问题，村落中与渡口相关的庙宇、堡寨、古戏台等遗迹缺乏保护。虽然有的渡口已经开发，但均只注重对渡口本身进行修复，而对渡口村落的关注度不够。有的村落仅是作为游客休闲、住宿、餐饮的场所，没有与渡口文化进行衔接与共融，以至于渡口文化的生态空间难以保存，影响其可持续发展。

此外，对作为渡口文化载体的航道、遗迹、船只等要素，保护更为欠缺。有些渡口航道已经圮坏，逐渐被湮没。有关渡口文化的实物遗存、遗迹、遗址由于地方政府缺乏重视，没有加以保护、利用。

（三）“全域旅游”理念贯彻落实不彻底，文旅产业带动发展的动能不足

在山西渡口文化旅游发展的大环境中，“全域旅游”② 理念还未彻底贯彻，导致文化旅游带动区域各行业发展的产业体系受阻。其主要阻碍因素是文旅产业自身发展的动能不足，缺乏带动全域的能力。在山西渡口文化的开发过程中，政府对经营者监管不够，经营者难以平衡渡口文化与旅游的融合程度，常以效益为先，忽略景区的安全性、专业性、完备性，加之“全域旅游”的理

① 吴普特：《推进黄河中游生态环境综合治理》，https：//news. china. com/domesticzq/13004215/20220306/41557651. html，最后检索日期：2023 年 6 月 27 日。

② 全域旅游，是指在一定区域内，以旅游业为优势产业，通过对区域内经济社会资源尤其是旅游资源、相关产业、生态环境、公共服务、体制机制、政策法规、文明素质等进行全方位、系统化地优化提升，实现区域资源有机整合、产业融合发展、社会共建共享，以旅游业带动和促进经济社会协调发展的一种新的区域协调发展理念和模式。

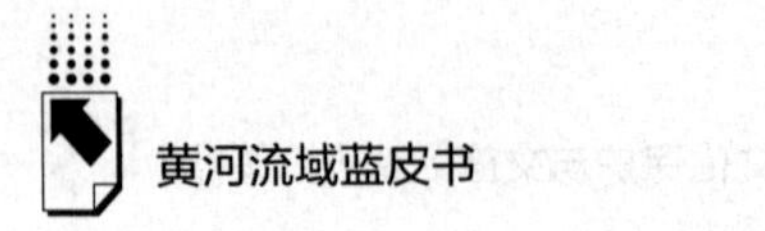

念尚未落实到位，以致在基础设施建设以及旅游周边配套方面存在缺失，不够完备。在交通方面，旅游公路建起一部分，但一些景区尚未形成“城景通、景景通”的良好局面，个体营业者较多，没有纳入统一管理；在住宿方面，以黄河文化、渡口文化为品牌的住宿较少，卫生环境堪忧，民众信赖度与体验感较差；旅游餐饮方面，许多农家乐、饭店等餐饮场所卫生环境较差，品质堪忧，价格不一，很难令游客有满意的旅游体验。

（四）渡口文化的内涵与时代价值有待挖掘与提炼，宣传力度较弱，渡口文化尚未形成具有影响力的品牌

“文化是旅游业的灵魂”，文化与旅游结合，是当今时代发展的必然产物，对于区域高质量发展具有重要的意义。一方面，文化为旅游赋予深刻的内涵，能够促进旅游行业的健康发展；另一方面，“旅游对地域的文化宣传和推广有着积极作用”①。当前，从山西渡口旅游业发展现状来讲，文旅融合程度比较低，管理者和当地居民对地方文化重视不足，文化旅游资源挖掘难度大、收益效果不明显。

1. 对渡口文化以及区域历史文化还不够重视，没有充分挖掘与宣传旅游目的地的文化内涵

虽然设置与保留了一些代表黄河文化的实物或符号，但是仅停留于表面，没有全面化、系统化、立体化、深刻化。如晋西北偏关老牛湾以军事文化闻名，相关部门开发了包子塔湾古堡、桦林堡等景点，突出了其军事文化、农耕文化，但是代表其水利文化的万家寨、代表生态文化的地质奇观却停留在开发层面，没有充分挖掘其深刻内涵；又如河津禹门渡没有保留与渡口相关的遗址、遗迹等文化符号，对文化内涵挖掘不充分。对渡口文化内涵挖掘不深刻的主要原因在于，渡口文化没有引起政府、学术界、社会的足够重视和广泛讨论与研究，另外，渡口文化时代价值没有被充分挖掘与精准提炼，这样难以引起当代民众的共鸣、唤醒民众集体记忆，不能达到民众自发参与保护渡口文化的目的，令渡口旅游的文化含义大大削弱，不利于其可持续发展。

---

① 广西壮族自治区图书馆、广西图书馆学会编《均衡　融合　智慧——新时代图书馆的转型发展研究论文集》，广西科学技术出版社，2020，第 21 页。

2. 文化旅游品牌化程度较低，推广力度较弱

在文化宣传方面，地方文旅部门对渡口文化的重视与宣传力度不够，突出表现在普遍存在“仅见旅游，不见文化”的现象。在宣传过程中，渡口文化的地域性、独特性，对中华民族、地方发展的重要地位没有深刻提炼，难以吸引游客。在文旅产品开发过程中，游客体验形式较为单一，大多处于倾听者的位置，没有设置沉浸式体验、特别缺失文化体验的环节，阻碍了文旅融合发展进程。又因营销方式较为传统，缺乏创新，形式单一，没有下大力气推广、吸引投资，文旅品牌化程度较低。文化产品是文化开发的转化形式之一，目前，与渡口文化相关产品的创新程度与推广程度亟待提高，文化转化为产品程度较低，质量欠佳，缺乏创意与艺术性、文化性，没有以市场为导向，推出受众群体喜爱的文化周边。

三　山西黄河渡口文化保护与文旅品牌推广策略

为了更好地保护和利用山西黄河渡口文化，助力山西黄河文化的挖掘、保护、活态传承与文旅产业融合的高质量发展，结合山西渡口文化保护与利用中存在的问题，建议重视以下几个方面。

（一）各级政府高度重视、加大投入，加快渡口文化保护体系的构建

当前，渡口文化的保护，同样适用于“保护为主，抢救第一，合理利用，传承发展”的指导方针，极有必要构建一套可操作性强、效果显著的保护体系。第一，加强顶层设计，加快推进“黄河渡口文化保护规划”的起草与制订，早日在全域范围自上而下推行，为渡口文化的保护提供理论基础与法律依据；第二，政府要加强对渡口文化内涵与时代价值的挖掘与投入，定期举办文化论坛，邀请专家学者讨论，并撰写高品质文章，掌握山西渡口文化的话语权；第三，聘请专家或专业团队，对包括文献、档案、影像、碑刻、老物件、老故事、回忆录、诗歌，还有船号子、渡口规章制度等各种形式在内的渡口历史文化资料进行全面调研与挖掘，对其进行评估、分类并登记在册，构建分级管理备案制度，进行系统管理，在此基础之上，建立文化资源数据库；第四，

构建渡口文化见证人保护体系、渡口非遗文化传承人保护体系，对其进行合理宣传，并给予物质保障；第五，加大力度在地方乃至全国范围内宣传黄河渡口文化，号召民众投入文化保护的行动中，宣传手段要与时俱进，可以在手机平台、电视平台、互联网等多媒体拍摄短视频宣传，或开展征集民众集体记忆的活动，在全社会展开广泛讨论，引起规模性效应；第六，政府要加大资金投入，大力扶持与黄河文化保护相关的机构或个人。

（二）建立文化生态保护区，推动黄河渡口文化旅游廊道建设

1. 持续对黄河流域生态环境进行修复与治理

深入贯彻习近平生态文明思想与习近平总书记考察调研山西重要讲话重要指示精神，坚持生态空间、历史文化空间、休闲游乐空间融合发展，系统推进黄河渡口沿岸山水林田湖草沙综合治理，以生态保护为先，推动绿色发展。首先，要持续推进黄河流域治理保护项目，加固堤防，实施生态防护，推动沿河生态环境的保护治理；其次，加快建设人工湿地、渠道、土埂、生态塘等生态修护项目，发挥生态保护、滞洪调蓄等多重功能；推进生物多样性保育区项目，加快推进景观绿化工程等建设。最后，推进实施小流域综合整治项目以缓解水土流失问题，推进入河排污口、工业废水、城乡水污染治理工程，持续实施大气污染治理工程，推进绿色农业生产、加快垃圾分类等措施以推进土壤污染治理工程。黄河渡口要统筹实施黄河流域生态环境保护工作，做优生态、做活生态，最终成为全国性的黄河流域生态涵养地或旅游目的地。

2. 对黄河渡口文化进行整体性修复与保护

黄河渡口文化可以借鉴“非物质文化遗产”保护体系，分国家、省、市、县四级对文化生态保护区进行推选与建立，将渡口文化中具有深厚文化积淀、重要社会价值与独具特色的文化形态进行整体性修复与保护。渡口文化生态保护区不仅包括黄河渡口本身，还包含与之相关的物质载体与村落等空间载体。保护包括渡口遗址在内的文化要素，修缮渡口一些标志性建筑，摆放船只等元素，复原昔日渡口情境，并按照“复旧如旧”的方针修缮沿岸村落，使村落文化与渡口文化融合衔接；另外，要将渡口非遗文化融入日常，召集以前的渔民复原渡口号子表演，全方位复原与构建往日黄河水上渡口、村落与人家。

3. 加快推进黄河渡口文化旅游廊道建设

积极投入资金建设渡口文化（记忆）博物馆或纪念馆、渡口文化雕塑博物馆、黄河中游渡口公园等空间。在渡口相对密集的地区建设一批具有代表性的渡口文化博物馆，展出具有地方特色的渡口文化，其中包含历史、军事、文物、遗址、民俗等文化形态，将文化全面、系统、生动地展现在民众面前，让黄河文化“活”起来；广泛征集与黄河渡口相关的雕塑创意，建设“黄河渡口文化雕塑公园”，将文化深刻融入雕塑，进行艺术性的升华；采用“文化加科技”的思路，运用高科技将渡口文化生动地展示于民众。譬如，可效仿山西太原古县城“梦中上河”品牌的全息技术手段，将往日渡口辉煌的景象呈现在观众面前。

黄河渡口文化生态保护区的建设，不仅有利于文化的抢救、挖掘、保护与修复，唤醒民众的共同记忆，还有利于山西黄河渡口文化旅游廊道的构建。最终，渡口文化旅游廊道将建成渡口、村落、文化博物馆（公园、雕塑馆）及黄河文化驿站等，贯穿成线，覆盖范围大，辐射面广泛，使游客在横向、纵向层面得以全面、深刻地感受黄河文化、渡口文化、村落文化的内涵，加深游客旅游记忆与体验。

（三）精准把握渡口文化内涵，不断挖掘时代价值，创新渡口文化旅游融合新态势，构建渡口文化旅游产业体系，打造“山西黄河渡口文化”品牌精品，助力黄河流域高质量发展

早在 2022 年 8 月，中共中央办公厅、国务院办公厅印发《“十四五”文化发展规划》（简称《规划》）中就提到，要“坚持以文塑旅、以旅彰文，推动文化和旅游在更广范围、更深层次、更高水平上融合发展，打造独具魅力的中华文化旅游体验”[①]。《规划》强调，要提升旅游发展的文化内涵，打造国家文化产业和旅游产业融合发展示范区，建设一批富有文化底蕴的世界级旅游景区和度假区，打造一批文化特色鲜明的国家级旅游休闲城市和街区。因而，黄河渡口文化旅游乃至黄河文化旅游，都要以此为目标，打造具有文化底蕴与独

① 中共中央办公厅：国务院办公厅印发《“十四五”文化发展规划》（2022 年第 24 号），https：//www. gov. cn/zhengce/2022-08/16/content_ 5705612. htm，最后检索日期：2023 年 6 月 29 日。

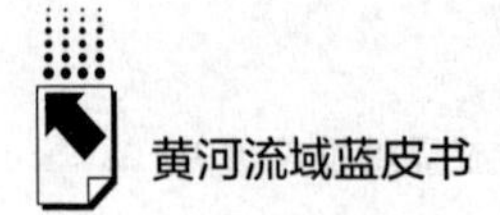

具特色的重量级品牌文化区。

1. 精准把握渡口文化内涵与时代价值，创新渡口文化旅游融合新态势

在深刻挖掘渡口文化内涵与提炼其时代价值的基础上，对其进行精准把握，认识到只有文化融入旅游，才能丰富旅游的层次，提高旅游幸福感与内涵；将旅游行业推向文化服务，才能极大拓展文化消费的市场，稳固文化的保护与传承。因而，山西渡口文化旅游产业的发展，要将黄河渡口文化与旅游融合发展深度融入山西全方位推动高质量发展布局中，以新业态、新模式、新消费撬动新的经济增长点。

目前，黄河渡口文化旅游可以从“文旅+生态+体验”“文旅+乡村”“文旅+研学”“文旅+新媒体”等模式着手，因地制宜创新融合多种旅游模式。其一，“文旅+生态”模式。渡口是渡口文化的最重要载体，渡口及周边生态环境极具生态旅游价值，要致力于建设渡口特色生态保护区，打造生态康养旅游目的地。此外，建设特色农林果树示范园区，开展采摘、品尝、购买等体验活动，打造沉浸式体验氛围。水利是生态旅游不可缺少的一环，要打造极具旅游价值的水利工程旅游目的地。其二，“文旅+乡村”模式。要秉持“全域旅游”理念，依托黄河渡口村落的重要景点，采取“景区+村庄”“景村一体化”等方式，加大政策扶持农民兴办农家乐、发展采摘园，让游客体验原生态美食、民俗文化、农副产品，拓宽游客消费渠道，助力乡村产业振兴。其三，“文旅+研学”模式。渡口不仅具有独特的地理环境，还蕴含着内涵丰富的商业文化、历史文化、民俗文化、红色文化等，是中小学生进行研学的理想之地。地方文化旅游部门可与学校进行合作，规划可行性较强的游学路线，定期安排学生体验、游学。研学期间，该地可为学生提供住宿、交通、饮食、景点、讲解、体验、旅游产品一体化服务，这样既利于加强文化认同，还能撬动新的经济增长点。

2. 建立健全山西黄河文化旅游产业体系，打造“山西黄河渡口文化”品牌

建立健全黄河渡口文化旅游产业体系，在全域范围内以深化供给侧结构性改革为主线，以文化创意、科技创新、产业融合催生新发展动能，提升产业链现代化水平和创新链效能[1]，打造“山西黄河渡口文化”品牌精品，使文化旅

---

[1] 张玫、崔哲：《加快健全现代文化产业体系　推动文化产业高质量发展》，《中国旅游报》2021 年 6 月 8 日，第 1 版。

游与区域经济协同发展，助力黄河流域高质量发展。

一方面以市场为导向，广泛向全社会企业招标，推出一系列富有创意、极具艺术价值、深刻反映区域文化内涵的旅游文化产品。可在旅游景点设立专门的文化周边销售点，形成“产、供、销”一体化的产业链条，使之成为重要的文化旅游副产品；另一方面，秉持“全域旅游、全业旅游”理念，在完善旅游景点配套设施、提高游客旅游幸福感的同时，促进文化旅游产业与区域基础设施建设、经济与文化建设，同时带动包括旅行社、民宿、酒店在内的住宿业，包括农家乐等在内的餐饮业，带动旅游交通业、旅游教育培训业、休闲娱乐业、旅游产业服务行业及制造业等相关行业。由此，文化旅游、文旅设施、文旅服务、文旅产品、文旅教育培训等形成了一条完整的文化产业体系，带动区域一、二、三产业协同发展，同时牵动跨区域产业合作与融合发展，有利于构建合作共赢、协同发展的文化旅游网络。

3. 加大宣传力度，以文化为切入点，创新黄河渡口文旅品牌推广方式

文旅品牌的宣传要以市场为导向，创新宣传方式，拓宽宣传渠道。其一，要推出地方形象代言人，主体可以是地方政府官员或具有全国影响力的名人，这是扩大地方文旅知名度的关键因素。地方宣传部门、文旅部门要以市场为导向，培育地方代言人，为其提供广阔的媒介平台。代言人要以极具内涵的人格魅力吸引民众，在获得可观流量后，可推介地方文旅产品，以达到极佳的社会效应。其二，以渡口文化内涵切入，推出质量优良的文化产品。要准确把握文旅品牌的文化内涵，从渡口的商业文化、历史文化、红色文化、民俗文化（包括非物质文化遗产在内）等方面做文章，推出如短视频、文章、歌曲、诗文、影视剧、歌舞剧等一系列制作优良、精准反映文化内涵、引起观众共鸣、极具震撼力的文艺产品，激发观众的旅游欲望。其三，创新宣传方式，扩宽宣传渠道。文旅品牌的宣传，要自上而下多管齐下，构建与推进较为完备的以国家、地方、社会、个人为媒介的宣传体系。从国家与地方电视台、广播电台、文旅局等主流媒体，与文旅相关的社会组织与民众，再到具有影响力的名人、网络红人、旅游博主，各自发挥不同层面与受众的作用。要坚持品牌的文化内核，以新闻、宣传片、综艺节目、短视频、图片、文字、诗歌、直播等多种平台，结合当下最流行的内容，在电视台、央视频、公众号、微博、微信、抖音、快手、bilibili 等多种新媒体传播，扩大宣传效果，提高渡口文化的旅游影响力。其四，加强线下宣传。各地可以在渡口附近举办具有影响力的大型会议、博览会、歌舞晚会等，扩大其社会知名度。可恢复渡口附近村落的古庙会，保留传统元素的同时创新加入现代元素，打造特色文化符号，加强文旅品牌的文化内涵。

结　语

黄河渡口是与黄河连接最紧密的地理要素，渡口文化的保护对于弘扬黄河文化而言至关重要。目前，长江流域码头文化方兴未艾，那么在以干旱少水著称的位于黄河流域、黄土高原的山西，其渡口文化研究意义更加突出。山西黄河渡口不仅在于密集，更在于文化的厚重；不仅代表一种交通方式，更是地方商业文化、历史文化、民俗文化、红色文化的载体。山西渡口文化的生态性、开放性、凝聚性、独特性，反映了人与自然和谐相处的可持续发展观念，也代表了山西民众生生不息的奋斗精神。渡口文化的开放性能够为山西重振开放意识，为中国对外开放与构建人类命运共同体提供理论依据与历史根基，有助于当代中国生态文明建设，唤醒民众的美丽乡愁，保持文化自信，增强中华民族“同根同源”的民族心理与“大一统”主流意识，维系国家统一与民族团结。

此外，黄河渡口文化的保护需要全社会力量的参与，全社会要大力推进对黄河渡口文化的保护与对文化旅游品牌的推广，让黄河渡口文化“活”起来。要以文化为魂，加快渡口文化保护体系的构建，打造文化旅游生态保护区，推动渡口文化旅游廊道建设。要精准把握渡口文化的内涵与时代价值，创新渡口文化旅游融合新态势，构建渡口文化旅游产业体系，打造“黄河中游渡口文化”品牌精品，助力文化振兴与黄河流域高质量发展。在此过程中，山西黄河流域各地区、山西黄河流域与相邻省份，要坚持合作共赢，实现协同发展。

参考文献

白利权：《黄河中游古代渡口研究》，郑州大学硕士学位论文，2010。

杜非：《商镇聚落的生成环境及其变迁的历史考察——以山西省临县碛口镇为例》，

《天津师范大学学报》（社会科学版）2001年第5期。

段晓伟：《明清时期永泰嵩口水文化探析——以厝落、渡口、墟市为考察对象》，《福建史志》2018年第2期。

侯仁之主编《黄河文化》，华艺出版社，1994。

鲁顺民：《黄河古渡口：黄河的另一种陈述》，辽宁人民出版社，2004。

刘敏、任亚鹏、王萍：《山西黄河文化：内涵、符号与旅游开发——基于晋西沿黄旅游景区比较研究》，《晋中学院学报》2018年第4期。

王子今：《秦汉黄河津渡考》，《中国历史地理论丛》1989年第3期。

徐晓丹：《兰州晚清至民国黄河津渡遗址调查与研究》，西北师范大学硕士学位论文，2018。

岳谦厚、吕轶芳：《河路·渡口·船工——偏关黄河关河口渡社会变迁的历史人类学考察》，《山西档案》2014年第2期。

B.23
沿黄九省区区域文化发展比较研究

杨 波*

摘 要： 2022年以来，沿黄九省区在文化建设方面取得一些新进展、呈现不少新气象：制定出台一系列相关的政策举措，打造一批特色鲜明的黄河文化旅游品牌，讲好新时代保护传承弘扬黄河文化故事，拉动黄河流域文化旅游消费动力，文化事业和文化产业表现出齐头并进的发展态势。通过比较沿黄九省区的特色文化资源、文化事业建设、居民人均可支配收入与消费支出情况、文化旅游业、文化及相关产业主要指标等内容，分析了沿黄九省区推进文化建设过程中存在的发展难题，指出沿黄各省区在文化建设方面的投入侧重不同，故而在文化综合竞争力上的表现也稍显参差。为提升黄河流域的区域文化竞争力，应坚持以文塑旅、以旅彰文，做好区域联动、行业联动，打造独具魅力的黄河文化旅游超级IP，推动沿黄九省区文化和旅游业在更广范围、更深层次、更高水平上融合发展。

关键词： 沿黄九省区　黄河文化　区域文化　竞争力

黄河流域生态保护和高质量发展是习近平总书记亲自谋划、亲自部署、亲自推动的重大国家战略。中共中央办公厅、国务院办公厅于2022年8月印发的《“十四五”文化发展规划》，提出了“十四五”时期开启全面建

* 杨波，文学博士，河南省社会科学院文学研究所（黄河文化研究所）副所长、研究员，主要研究方向为中国古代文学文献整理、文化学。

设社会主义现代化国家新征程的宏大目标[①]，为黄河流域文化旅游高质量发展提供了重要的战略机遇。党的二十大报告再次强调，要促进区域协调发展，推动黄河流域生态保护和高质量发展。站在新的历史起点上，沿黄九省区应持续推动优秀传统文化创造性转化、创新性发展，为培育经济发展新动能、推动社会转型新升级、提高区域文化竞争力提供更加持久的内驱动力。

一　当前沿黄九省区文化建设的基本状况

2023 年是贯彻落实党的二十大精神开局之年，是《中华人民共和国黄河保护法》的筑基之年，也是推进第二个百年奋斗目标的关键之年。黄河流域生态保护和高质量发展上升为国家战略以来，沿黄九省区牢记习近平总书记在河南、甘肃、宁夏、山东等省区调研座谈时的殷殷嘱托，持续推进文化事业和文化旅游产业高质量发展，在探索实践、开拓奋进中砥砺前行，谱写出一曲惊艳新时代的“黄河大合唱”。

（一）明确文化定位，制定出台一系列相关的政策举措

科学制定文化政策，在构建文化资源利用体系、构筑文化旅游发展空间、完善文化旅游产业链条、丰富文化旅游生产内容、拓展文化旅游消费领域等方面都具有重要意义。如四川省编制出台了《四川省黄河文化保护传承弘扬专项规划》《四川省黄河国家文化公园建设规划》以及关于文物保护、非遗保护、大草原文化和旅游品牌等方面的专项规划。山西省印发了《山西省“十四五”黄河流域生态保护和高质量发展实施方案》《山西省黄河流域生态保护和高质量发展规划》《关于印发山西省促进民间艺术保护传承若干措施的通知》《关于推动新时代山西文物事业高质量发展的实施意见》等文件，积极探索适应黄河流域生态文化旅游业态特点的改革模式。河南省聚焦黄河流域生态保护和高质量发展、文旅文创融合、乡村振兴等重大战略，出台了《河南省“十四五”文化旅游融合发展规划》《关于印发〈河南省旅游

① 中共中央办公厅、国务院办公厅印发《“十四五”文化发展规划》，2022 年 8 月 16 日。

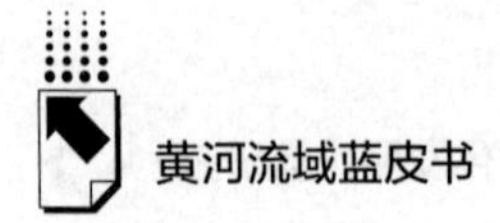

公路网规划（2022—2030年）〉的通知》《河南省人民政府办公厅关于促进老字号创新发展的实施意见》《关于印发进一步促进文化和旅游消费若干政策措施的通知》等文件，目标是推动“以中原文化、黄河文化为代表的中华文化成为世界广泛认同的文明形态”，使“文旅文创成为高水平实现现代化河南的重要标志”①，发挥旅游公路网“在全域旅游、乡村振兴中的基础支撑和先行引领作用”②，发挥文旅消费对经济增长的拉动作用，最终达到“流量变销量”的效果③。山东省紧紧围绕“在黄河流域生态保护和高质量发展上走在前”的目标定位，提出了“地处黄河下游，工作力争上游”的工作要求，出台了《山东省政府办公厅关于进一步加强文物保护利用工作的若干措施》《山东省黄河文化保护传承弘扬规划》《山东省黄河流域生态保护和高质量发展规划》等一系列政策举措，为系统保护黄河文化遗产提供了有力保障。上述各种规划政策的印发与实施，意味着沿黄九省区的文化发展战略逐渐从宏观层面落到实处，为黄河流域文化旅游高质量发展提供了有力的政策保障。

（二）坚持多措并举，打造特色鲜明的黄河文化旅游品牌

山西省明确提出在黄河流域文物和文化遗产实现有效保护传承的同时，倾力打造“穿越千年、创想山西”的“黄河、长城、太行”三大文化品牌，促进黄河文化资源有效统筹、共建共享。内蒙古自治区将“感悟中华文化·畅游祖国北疆”大黄河主题活动作为2022年六大文化旅游节庆活动之一，倾力推出了黄河峡谷观光、黄河风情体验、黄河考古旅游、黄河美食品鉴等系列活动，全力打造内蒙古“大黄河”生态旅游品牌，向海内外游客呈现内蒙古段黄河文化的独特魅力。青海省以“大美青海”旅游品牌建设为抓手，充分挖掘当地的自然生态、红色文化、民俗风情等特色文化资源优势，努力在集三

---

① 《河南省人民政府关于印发河南省“十四五”文化旅游融合发展规划的通知》，河南省人民政府网站，https：//www.henan.gov.cn/2022/01-13/2382423.html。

② 《河南省人民政府关于印发河南省旅游公路网规划（2022—2030年）的通知》，河南省人民政府网站，https：//www.henan.gov.cn/2022/11-30/2648813.html。

③ 《河南省人民政府关于印发进一步促进消费若干政策措施的通知》，河南省人民政府网站，https：//www.henan.gov.cn/2023/04-14/2725598.html。

江源国家公园和黄河文化、格萨尔文化、红色文化于一体的文旅品牌融合上创新思路，旨在探索以生态为主题的“大美青海”文化旅游新路径，持续提高以茶卡盐湖、加牙藏毯、湟中银铜器、唐卡等为代表的青海文化旅游品牌知名度。甘肃省坚持以“美丽中国”整体旅游形象为统领，把“交响丝路 如意甘肃”作为甘肃省文化旅游形象和品牌宣传总载体，采取“五全信息化”（全员、全要素、全系统、全方位、全过程）工作法，引导全省各市州分别提炼打造各具特色的区域文化旅游品牌，丝绸之路（敦煌）国际文化博览会和敦煌行·丝绸之路国际旅游节（简称“一会一节”）应运而生，其中该博览会还是中国唯一以“一带一路”文化交流为主题的综合性国际博览会。河南省重点依托登封“天地之中”历史建筑群、郑州黄河花园口风景区、洛阳龙门石窟、开封清明上河园、三门峡黄河公园等特色文化旅游资源，着力建设具有河南特色文化元素的郑汴洛世界文化旅游之都，打造具有国际影响力的河南黄河文化品牌，其中2021年河南沿黄核心区旅游总收入达到4129亿元，比2012年增长104.0%①，在推动文旅文创深度融合方面成效日益凸显。

（三）深挖文化内涵，讲好新时代保护传承弘扬黄河文化故事

讲好古今黄河故事是推动黄河流域文化旅游融合有序发展的重要环节。沿黄九省区深挖本土文化资源内涵，讲出了一个个生动鲜活的新时代黄河故事。如河南博物院从2019年起陆续推出的考古盲盒等文创产品火爆频出圈，河南电视台打造的“中国节日”系列节目潮涌境内外，其中《“中国节日”系列节目2021季》获中宣部第十六届精神文明建设“五个一工程”优秀作品奖，《“中国节日”系列节目2022季》被确定为2022年“中华文化广播电视传播工程”重点项目，2023年5月《“中国节日”系列节目》入选第28届上海电视节白玉兰奖—最佳综艺节目（提名）名单，黄河文化已经产生明显的社会效益和经济效益。山东省抓住黄河流域唯一出海口的独特优势，陆续出台了《山东省黄河流域非物质文化遗产保护传承弘扬专项规划》《关于推进黄河流

① 河南省统计局：《因地制宜统筹推进九曲黄河日新月异——党的十八大以来黄河流域生态保护和高质量发展成就》，河南省人民政府网站，https：//www.henan.gov.cn/2022/10-30/2630857.html。

域、大运河沿线非物质文化遗产保护传承弘扬的意见》，举办了“河和之契：黄河流域、运河沿线非遗展示周”，规划了黄河流经九省区的非遗展演展览、论坛、数字展映等活动，提出了到2025年基本建立山东省黄河非遗保护传承弘扬体系的总体工作目标，推动黄河非遗融入乡村振兴战略和新旧动能转换重大工程，使黄河非遗资源得到较为完整的发掘整理、归档和合理化保存。四川省依托四川境内174公里范围内黄河流域的2181处文化资源、5756处旅游资源，指出众多支流构成了黄河上游的绿色生态源头、多彩民族文化源流和红色长征精神源泉，赋予黄河流域四川段以独特气质与文化符号，绘就了“黄河九曲第一湾”的魅力画卷，与沿黄其他省区共同构建起保护传承弘扬黄河文化的多元一体格局。

（四）发挥平台作用，拉动黄河流域文化旅游消费动力

为充分彰显黄河文化的时代价值，沿黄九省区以博物馆、美术馆、图书馆、文化馆（站）等公共文化服务场所为平台阵地，开展形式多样的黄河文化主题宣介活动，形成了推动黄河文化旅游发展的强劲动力。2022年8月，“长河大道——黄河文化主题美术作品展巡展（四川站）”开幕式在四川美术馆举办。该展览由文化和旅游部主办，文化和旅游部艺术司、中国艺术研究院、中国国家画院及四川等沿黄九省区文化和旅游厅承办，四川省艺术研究院协办，通过近150件美术作品展现了融生命之河、人文之河、发展之河、自然之河于一体的黄河的万千气象。2023年4月，在山东省东营市举行的黄河文化论坛上，沿黄九省区的相关代表相继签署了包括弘扬红色文化、社科院合作协议、唱响新时代黄河交响曲等在内的一系列主题合作协议，公布了2023年将启动实施合作的十大文化领域项目、活动等，在弘扬黄河文化的同时拉动黄河流域文化旅游消费，不断扩大黄河文化的传播力和影响力。2023年5月，由山东广播电视台发起，联合山东省文化和旅游厅主办，沿黄各省区文旅部门、电视台联合制作的一档大型黄河文化溯源节目《馆长来了》，以沿黄九省区博物馆馆藏文物为载体，从黄河源头青海出发，溯源九省区至山东入海，邀请沿黄九省区27家博物馆及国家级权威专家、文化学者、文物相关人员交流碰撞，依托文物故事解读黄河文化，共同溯源孕育中华文明的文化基因。在文化和旅游深度融合的过程中，文化平台和文化品牌都是非常重要的资产，是推

动文化企业行稳致远的活力之源，也为相关企业、相关领域、相关地域赢得非常广阔的发展空间。

二　沿黄九省区区域文化竞争力对比分析

五千年的文化积淀，为黄河流域留下非常厚重的文化资源。“十四五”以来，在建设文化强国的发展进程中，沿黄九省区不断优化文化产业结构，积极培育现代文化市场主体，引领传统文化产业转型升级，推动服务方式朝多元化方向发展，文化与旅游、科技的融合模式日渐清晰，“文化+”战略朝着多维度融合方向逐渐迈进。

（一）沿黄九省区特色文化资源比较

沿黄九省区地处华夏历史文明发源的中心区域，传统文化底蕴深厚，保存文化资源众多。青海的河湟文化、甘肃的丝路文化、四川的河源文化、宁夏的彩陶文化、内蒙古的草原文化、山西的三晋文化、陕西的关中文化、河南的中原文化、山东的齐鲁文化等可谓源远流长，地域文化特色非常鲜明。中华五千年文明进程中保存下来的文物古迹在沿黄九省区俯拾皆是。以国务院公布的142座历史文化名城为例，截至2023年3月，黄河流域九省区就占了45座，占了近1/3，其中青海1座、甘肃4座、四川8座、宁夏1座、内蒙古1座、山西6座、陕西6座、河南8座、山东10座。

漫长的历史文化为沿黄九省区保存了众多文物遗迹。河南省被称为“中国历史自然博物馆”，截至2023年6月，共拥有世界文化遗产5处，即洛阳龙门石窟、安阳殷墟、登封“天地之中”历史建筑群、丝绸之路河南段、大运河河南段；拥有不可移动文物65519处，其中有全国重点文物保护单位420处，省级文物保护单位1170处，国家历史文化名城8座。山西现有不可移动文物53875处，其中全国重点文物保护单位538处，是全国重点文物保护单位最多的省份，尤其是宋以前木结构建筑占全国70%以上；拥有国家历史文化名城6座，世界文化遗产3处。众多的国宝文物、革命遗址、遗物等，共同构成黄河流域独特的风景线（见表1）。

表1　沿黄九省区重要文化资源对比

省份	国家级重点文物保护单位(处)	国家历史文化名城(座)	世界文化遗产(处)	特色文化资源
青海	51	1	1	河湟文化
甘肃	150	4	3	丝路文化
四川	262	8	5	河源文化
宁夏	37	1	0	彩陶文化
内蒙古	149	1	1	草原文化
山西	538	6	3	三晋文化
陕西	270	6	3	关中文化
河南	420	8	5	中原文化
山东	226	10	3	齐鲁文化

资料来源：沿黄九省区官方媒体。

除文物资源外，沿黄九省区的自然资源也十分丰富。如山西境内的北岳恒山、五台山、壶口瀑布等，河南境内的中岳嵩山、伏牛山、云台山等，四川境内的九寨沟、黄龙、峨眉山—乐山大佛、青城山—都江堰等，山东境内的泰山、曲阜孔庙孔林孔府、大运河等，甘肃境内的莫高窟、长城（嘉峪关）、丝绸之路、麦积山石窟等，也是文化与自然的完美结合。

（二）沿黄九省区文化事业相关指标比较

文化事业是社会主义文化建设的重要内容，与广大人民群众的日常生活息息相关。有无健全完善的公共文化服务体系，是衡量一个国家、一个地区文化建设综合水平的重要指标之一。试以九省区的公共场馆、艺术表演团体、广播电视综合人口覆盖率为例，简要说明沿黄各省区在公共文化基础设施建设和公共文化服务方面的大致情况。

表2　沿黄九省区公共场馆及艺术表演团体情况统计

单位：个

省区	公共图书馆	群众文化机构	博物馆	艺术表演团体
青海	50	442	24	116
甘肃	104	1453	228	392

续表

省区	公共图书馆	群众文化机构	博物馆	艺术表演团体
四川	207	4295	267	663
宁夏	27	272	64	43
内蒙古	117	1201	168	221
山西	128	1491	182	814
陕西	117	1477	312	577
河南	169	2692	367	2249
山东	153	1979	629	1572

资料来源：《中国文化及相关产业统计年鉴（2022）》。

从表2可以看出，沿黄各省区的公共文化基础设施分布不太均衡。从数量上看，四川、河南、山东的公共图书馆和群众文化机构数量均居前三名，山东、河南、陕西的博物馆居前三名，河南、山东、山西的艺术表演团体居前三名，黄河流域现有博物馆的数量和服务质量都有明显提高，艺术表演团体数量的增加和取得的经济效益都相当可观。但从人均拥有公共图书馆藏量（册）、每万人拥有公共图书馆建筑面积（平方米）等情况来看，公共场馆或文化机构总量的多少与实际的使用成效并不成正比。比如，2021年沿黄各省区人均拥有公共图书馆藏量分别是青海1.01册、甘肃0.78册、四川0.55册、宁夏1.18册、内蒙古0.89册、山西0.66册、陕西0.58册、河南0.42册、山东0.74册，排名前三的省区分别是宁夏、青海和内蒙古。再如，2021年沿黄各省区每万人拥有公共图书馆建筑面积分别是青海217.7平方米、甘肃154.0平方米、四川98.7平方米、宁夏204.6平方米、内蒙古209.8平方米、山西167.2平方米、陕西108.8平方米、河南84.2平方米、山东119.5平方米，排名前三的省区分别是青海、内蒙古和宁夏。又如，2021年沿黄各省区艺术表演团体在国内演出观众人次方面参差不齐，分别是青海1109.5万人次、甘肃3587.3万人次、四川14890.5万人次、宁夏172.6万人次、内蒙古676.8万人次、山西3975.0万人次、陕西4297.7万人次、河南11748.0万人次、山东6234.5万人次，排名前三的分别是四川、河南、山东，但除了河南的收入合计（165198万元）略高于支出合计（164076万元）、青海的收入合计（34895

万元）远低于支出合计（63237万元）外，其他7个省区的收入合计均低于支出合计，这一领域还有不少可以开掘的空间。

“十四五”时期，沿黄九省区在广播和电视人口综合覆盖率方面继续保持良好势头，广播电视早已实现从村村通到户户通、优质通、长期通的跨越。截至2022年11月底，各省区广播和电视节目综合人口覆盖率均达到98%以上，但有线广播电视实际用户数占家庭总户数的比重仍有一些不同。其中，山西以110.5%的比重位居九省区之首，远远高于全国44.6%的平均值，仅次于上海的134.3%，居全国第二，而四川、内蒙古、河南、甘肃四省则低于全国平均值（见表3）。

表3　2021年沿黄九省区广播和电视综合人口覆盖情况

省区	年末人口数(万人)	广播覆盖率(%)	电视覆盖率(%)	有线广播电视实际用户数占家庭总户数的比重(%)
青海	594	99.10	99.17	57.3
甘肃	2490	99.43	99.49	18.5
四川	8372	99.17	99.58	29.2
宁夏	725	99.93	99.98	44.8
内蒙古	2400	99.74	99.74	23.3
山西	3480	98.84	99.22	110.5
陕西	3954	99.36	99.66	56.5
河南	9883	99.66	99.64	20.1
山东	10170	99.51	99.65	45.4

资料来源：《中国文化及相关产业统计年鉴（2022）》。

（三）沿黄九省区居民人均可支配收入与消费支出情况比较

近年来，沿黄九省区经济社会发展步伐总体加快，各省区的文化影响力和市场占有率明显加大，但不同省份之间在经济、社会、文化、生态等方面仍然存在显而易见的差距。下面以沿黄九省区2021年居民人均可支配收入与消费支出情况简要加以比较说明。

表 4　2021 年沿黄九省区居民人均可支配收入与消费支出情况

单位：元

省份	城镇居民			农村居民		
	人均可支配收入	人均消费支出	人均文化娱乐消费支出	人均可支配收入	人均消费支出	人均文化娱乐消费支出
全国	47411.9	30307.2	922.8	18930.9	15915.6	280.5
青海	37745.3	24512.5	637.8	13604.2	13300.2	204.8
甘肃	36187.3	25756.6	721.5	11432.8	11206.1	164.1
四川	41443.8	26970.8	744.8	17575.3	16444.0	272.3
宁夏	38290.7	25385.6	726.4	15336.6	13535.7	148.7
内蒙古	44376.9	27194.2	818.5	18336.8	15691.4	285.9
山西	37433.1	21965.5	651.5	15308.3	11410.1	186.5
陕西	40713.1	24783.7	672.3	14744.8	13158.0	199.9
河南	37094.8	23177.5	690.7	17533.3	14073.2	224.1
山东	47066.4	29314.3	1399.0	20793.9	14298.7	278.6

资料来源：《中国文化及相关产业统计年鉴（2022）》。

从表 4 可以看出，2021 年沿黄九省区城镇居民人均可支配收入与人均消费支出均低于全国平均水平；除山东外，其他八省区农村居民人均可支配收入均低于全国平均水平；除四川外，其他八省区的农村居民人均消费支出均低于全国平均水平；除内蒙古外，其他八省区的农村居民人均文化娱乐消费支出均低于全国平均水平；无论城镇还是农村，居民人均可支配收入与人均消费支出情况与经济发达的省份相比较还有很大差距，亟须进一步挖掘文化消费的内生动力。

（四）沿黄九省区文化旅游业主要指标比较

文化是旅游的灵魂，旅游是文化的载体。受经济发展水平所限，黄河中上游地区用于文化消费的支出相对较少。以沿黄九省区 2023 年春节假期的统计数据为例，四川省旅游接待人数位居全国第一，共接待游客 5387.59 万人次，实现旅游收入 242.16 亿元，同比分别增长 24.73%和 10.43%；青海省共接待游客 139.3 万人次，实现旅游收入 18.39 亿元，同比分别增长 33.6%和 25.1%；甘肃省共接待游客 1012 万人次，实现旅游收入 55 亿元，同比分别增长35%和31%；宁夏回族自治区共接待游客152.63万人次，实现旅游收入6.33亿元，同比分别增长22.51%和5.65%；内蒙古自治区共接待国内游客477.24万人次，实现旅游收入25.37亿元，同比分别增长10.80%和9.51%；河南省共接待游客3375.28万人次，实现旅游收入175.21亿元，同比分别增长21.90%和34.00%；山东省共接待游客3916.3万人次，实现旅游收入260.3亿元。[①] 从上述统计数据可以看出，沿黄九省区的文化旅游业正有序恢复正常，但各地的发展水平参差不齐。

（五）沿黄九省区文化及相关产业主要指标比较

在黄河流域生态保护和高质量发展的版图中，文化产业的发展具有举足轻重的位置。目前，沿黄九省区只有限额以上文化批发和零售业企业还保持着较为平稳的发展态势，规模以上文化制造业企业和文化服务业企业均受到一定程度的影响。从规模以上文化制造业企业的利润总额看，青海和甘肃两省出现了下降；青海、甘肃、宁夏、内蒙古、山西5个省区规模以上文化服务业企业的利润总额均出现大幅下降（见表5）。

表5　2021年沿黄九省区文化及相关产业主要指标

省份	规模以上文化制造业企业		限额以上文化批发和零售业企业		规模以上文化服务业企业	
	单位数（个）	利润总额（万元）	单位数（个）	利润总额（万元）	单位数（个）	利润总额（万元）
青海	8	-2380	11	1206	31	-19443
甘肃	20	-86	37	6648	131	-29608
四川	553	792096	354	150709	1524	4670641
宁夏	14	7950	19	2249	41	-789
内蒙古	10	5390	40	46878	116	-44909
山西	48	1240	114	25868	207	-16078
陕西	226	491596	321	55546	1118	197146
河南	997	675142	580	161895	1318	455391
山东	1111	1882816	723	275335	1092	504949

资料来源：《中国文化及相关产业统计年鉴（2022）》。

① 山西省和陕西省的统计数据不完整，此处暂未列入。

从上述文化企业统计数据看，各省区规模以上文化制造业企业、限额以上文化批发和零售业企业、规模以上文化服务业企业的发展情况各有千秋。由于各省区的总体发展思路和企业发展能力不尽相同，黄河流域文化产业的发展前景也不容乐观。从沿黄九省区 2020 年文化产业增加值及 GDP 占比情况，大致可见一斑（见表 6）。

表 6　2020 年沿黄九省区文化及相关产业增加值及占 GDP 比重

单位：亿元，%

省份	增加值	占 GDP 比重
全国	44945	4.43
青海	51	1.71
甘肃	187	2.08
四川	2037	4.20
宁夏	103	2.61
内蒙古	375	2.18
山西	405	2.27
陕西	694	2.67
河南	2203	4.06
山东	2709	3.72

资料来源：《中国文化及相关产业统计年鉴（2022）》。

从上述统计数据看，受制于经济发展水平和文化发展基础，沿黄九省区的文化产业发展水平并不平衡，无论是发展规模、产业体量还是占 GDP 比重，都远远落后于先进省份。如 2020 年山东、河南、四川三省的文化及相关产业增加值居黄河流域前三名，其占 GDP 比重与全国平均值 4.43%相比还有一些差距，与同期排名全国前四的北京 10.49%、浙江 6.95%、上海 6.13%、广东 5.59%相比，整体还有较大的提升空间。如何提升沿黄九省区文化及相关产业的增加值，使其逐渐成长为经济发展的新的增长极，是摆在黄河流域各省区面前的一个现实问题。

三　沿黄九省区文化建设过程中存在的发展难题

随着我国文化产业对社会经济增长的贡献率越来越高，从区域视角来考察

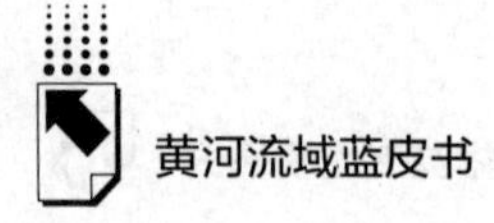

文化产业的发展态势进而提升区域文化竞争力的问题，也越来越引起社会各界的高度重视。总体来说，沿黄九省区文化旅游产业起步虽然不晚，但区域文化竞争力在各省区文化建设中的作用尚未得到充分发挥，仍然面临着诸多现实发展难题。

（一）文化旅游资源市场整合度不高

旅游是文化最大的市场，文化是旅游最好的资源，推动文旅产业融合发展是大势所趋。黄河文化资源并不独属于某一个省区，而是沿黄各省区、市盟、县（区）共同拥有的文化资源。以昭君文化为例，地处雁门关外的山西朔州，是汉族与少数民族聚居交融的过渡地段，也是昭君文化广为传播的地区。其中山西朔城区南榆林乡青钟村，不仅有世世代代为昭君守墓、供奉昭君神位的习俗，而且建有纪念昭君的昭君广场和昭君雕像，成立有昭君文化歌舞表演队，尊称昭君为护佑一方平安的昭君娘娘，自 2013 年起祭祀昭君又由民间上升为官方主导的昭君文化系列活动，在山西省内外产生了一定的影响。而同样是主打昭君文化这张牌，内蒙古呼和浩特市已深耕细作二十余年，不仅深度开发了与昭君墓有关的物质文化遗产，还建有昭君博物院、昭君文化研究基地，开发有以昭君文化、草原文化等为主题的 MV、短视频等，出版有《昭君文库》，举办有昭君文化高层论坛，以厚重深远的民族文化为题材，开启了一扇扇向世界讲述昭君故事的大门。再如被誉为“诗圣”的河南籍唐代大诗人杜甫，在其组诗《咏怀古迹五首》（其三）中写有“群山万壑赴荆门，生长明妃尚有村。一去紫台连朔漠，独留青冢向黄昏。画图省识春风面，环珮空归夜月魂。千载琵琶作胡语，分明怨恨曲中论”的诗句，对昭君的曲折经历表达出深深的悲愤之情。与此相类似，全国各地的黄河文化资源还较为分散，省与省之间、地区与地区之间往往缺乏有效联动，很多地方不同部门各自为战，文化规划和旅游规划各行其是，在一定程度上忽视了文化与旅游之间的共享与互补，导致很多历史文化密码仍“藏在深闺人未识”，需要进一步提高文旅资源的市场化程度。

（二）文旅品牌综合影响力有待提升

有学者认为，2022 年虽然文旅行业全年持续“低气压”，但也是行业不断洗牌、文旅主体不断弯道超车的一年，一些文化品牌的影响力波动起伏非常明显。下面以河南为例，从最具代表意义的5A级景区品牌影响力加以简要分析。迈点研究院发布的“2021年5A级景区品牌影响力100强榜单”显示，河南现有5A级景区15家，但只有洛阳龙门石窟景区、开封清明上河园景区、安阳的红旗渠·太行大峡谷景区、焦作修武的云台山—神农山青天河景区、洛阳栾川老君山鸡冠洞旅游区等5家景区上榜，且排名全部在50名以后。与周边省份相比，山东上榜数量为7个，基本在前50名；山西有2个景区冲进了前10名。从上述榜单的排名位置和数量均可看出，河南省文旅资源优势与综合影响力还不相匹配，在国内影响力方面还需要寻求突破。根据迈点研究院最新发布的“2022年文旅集团品牌影响力100强榜单”，其中排名前十的品牌及其MBI指数分别是携程集团855.6、华侨城集团674.9、中国旅游集团636.3、复星旅文620.1、曲江文旅578.0、中国东方演艺集团473.1、中国中免441.5、凯撒旅业424.9、首旅集团407.0、锋尚文化381.4，沿黄九省区只有陕西的曲江文旅一家进入前十名，文化品牌的综合影响力有待于进一步提升。

（三）文旅龙头企业仍需要持续发力

2022年以来，沿黄九省区围绕保护传承弘扬黄河文化这一发展目标，积极谋划、持续推动区域文化品牌的打造与塑造，极大提升了各省区的文化形象和文化地位。根据迈点研究院于2023年1月推出的“2022年文旅集团品牌影响力100强榜单”，沿黄九省区共有30家旅游公司进入排行榜，各家公司名称及排名依次列举如下：曲江文旅（5）、陕旅集团（14）、山西文旅集团（17）、山东文旅集团（18）、成都文旅集团（22）、陕文投集团（23）、甘肃省公航旅集团（26）、华夏文旅（34）、济宁孔子文化旅游集团（38）、建业文旅集团（39）、河南银基文旅集团（41）、四川旅投（48）、兰州新区科文旅集团（50）、青岛旅游集团（51）、西安旅游集团（55）、敦煌文旅集团（56）、蜀南文旅集团（62）、甘肃文旅集团（70）、潍坊滨海旅游集团（72）、菏泽文旅集团（74）、洛阳文旅集团（76）、雅安文旅集团（83）、济南文旅发展集团（85）、榆林文旅集团（87）、兰州黄河生态旅游开发集团（90）、威海文旅集团（94）、临沂文旅集团（96）、开封文投集团（98）、华旅集团（99）、山东

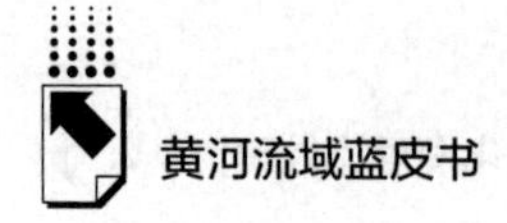

龙冈旅游集团（100）。其中山东共有10家入选，居九省区第一名；陕西共有7家入选，居第二名；四川、甘肃、河南均有4家入选，并列第三名；山西1家入选，居第四名；其余四省区没有入选名单。另据迈点研究院推出的《2022年4月中国文旅业发展报告》统计数据，河南银基文旅集团、建业文旅集团、洛阳文旅集团、河南文旅投资集团分别以第35位、36位、37位、96位入选4月份“全国文旅集团品牌影响力百强榜”榜单，其中河南银基文旅集团是二次入榜，在全国大型民营文化企业中位居第五。但到目前为止，河南还没有一家上市的本土文旅企业，甚至连影响较大的河南建业文旅集团在疫情与地产主业的双重打击下也步履维艰。打造文旅业的旗舰劲旅，亟须提升本土龙头企业发展的数量、质量与韧性。

（四）文旅消费新潜力仍需持续挖掘

近年来，黄河文化这一品牌借助主流媒体的推介，美誉度和影响力逐渐提升，在主流媒体上的网络传播力也在不断提高。但与那些超级文化品牌的传播力和影响力相比，与周边文旅发展先进的省市相比，黄河流域的文化资源优势尚未转化成有效的产业优势，行业文化品牌的影响力尚未转化成生产力，文旅产业没有发挥出应有的社会效益和经济效益。在新经济常态下，人们对文化产品的需求更加个性化、理性化、多元化，对旅游观赏性、体验性、互动性等方面要求更高，这就要求文旅市场及时做出积极转变和应对。从前述2021年沿黄九省区居民人均可支配收入与消费支出统计情况看，黄河流域在释放文化和旅游消费潜力方面仍有很大空间。相对于一些不温不火的旅游景区，黄河流域各省区仍需将文化创意和文化旅游有机结合起来，加快推动文化旅游、数字传媒、创意设计、工艺美术等重点文化产业向动漫、影视等潮流行业延伸，力争实现“一个文化IP，多领域多区域受益”，将黄河文化打造成世界了解中国的一个重要窗口，进一步提升传统文化品牌的影响力、竞争力、生产力。

四　推进沿黄九省区创新创造发展的对策建议

文化是国家和民族之魂，也是国家治理之魂。为在新的历史起点上进一步推动黄河流域文化建设繁荣发展，沿黄九省区应充分发挥文化在激活发展动能、提升发展品质、促进经济结构优化升级中的作用，坚持以文塑旅、以旅彰文，推动文化和旅游在更广范围、更深层次、更高水平上融合发展，打造独具魅力的中华文化旅游超级 IP。

（一）推动文化资源有效整合

推动文化资源有效整合，是关乎文化旅游产业发展的首要问题，也是实施创新驱动的有效途径。一是通过自然地理资源与文化资源融合，倾力打造黄河文化旅游带长廊。二是通过历史人文资源和文化资源融合，依托西安、成都、郑州、开封、洛阳等历史古都或历史文化名城，重点建设黄河不同时段、不同风格的文化片区。三是通过多种资源有效整合，积极推进国家级、省级全域旅游示范区建设，让人们认识到传统文化的重要作用，明白创新驱动是实现经济高质量发展的核心动力，差异化推出更多高质量文化产品，打造出一条内涵丰富、业态完整、设施完备的国家级康养产业链条。

（二）推动数字赋能有力突破

新技术的迭代和突破为文化旅游产业提供了新的发展方向，数字赋能则成为有力的突破口。一是建设数字博物馆，对包括黄河、洛河、老君山、嵩山、太行山等自然景观和秦始皇兵马俑、龙门石窟、少林寺、古城遗址等重要文化遗产实行数字化保护展示。二是构建网上云平台，对黄河、大运河、长城、长征国家文化公园等进行线上规划、展出和管理运营。三是建设沿黄各省区文创文旅融合数字创意中心，利用数字传媒打响黄河文化招牌。四是建设数字文旅智慧产业园区，为黄河流域文化旅游产业的后续发展保驾护航。

（三）推动文化消费升级转型

近年来，人们对文化消费的多元需求刺激着文化产业由单一型业务向综合供应链服务转型，逐渐拓展出“文旅+”等新业态和新品牌。其中“夜经济”是刺激文化消费的新着力点，也是尚未充分开拓的新领域。如河南结合自身情况，提出了“建设 30 个省级夜间文旅消费集聚区”的目标，鼓励和推动夜间文化和旅游经济的发展，为开拓更广泛领域的跨界融合提供新借鉴。同时，黄河流域还需要建设更多文化产业中心，既体现出层次多样、韵味丰富的城市内涵，又能实现城市内部各板块之间的功能互融，还能为当地的文化旅游业开掘出更大的发展空间。

（四）推动产业要素功能融合

随着全国各地城市化进程的加快，资金、人力等要素源源不断流向城市，城市已成为文旅业发展的主要阵地。如在智联招聘携手“泽平宏观”发布的《中国城市人才吸引力排名：2022》中，河南郑州、洛阳和新乡 3 个城市上榜，分别列第 18 名、第 71 名、第 100 名，远远落后于先进省市的推进力度，亟须培养更多创新型科技人才和各类急需的紧缺专门人才，打造国内一流文旅文创专业团队，充分激发文化领域的原创活力。从营销学的角度看，决定产业发展的关键是市场需求，没有市场需求就不能进行产业化。因此，要进一步解决对黄河文化产业化的认识问题，以开放的、时代的、产业化的视野，将那些“藏在深闺人未识”的传统文化资源寻找出来、整理出来、挖掘出来，对优秀传统文化进行再审视、再发掘，推动产业要素功能融合，并针对不同的目标客户开发出相适宜的不同产品，让原创内容在不同形式的再创作中绽放光芒，让传统文化品牌更具核心竞争力。

（五）推动区域联动空间拓展

各城市乃至城市内部各区域在文旅产业上的各自为营，是束缚文旅资源利用实现价值最大化的主要原因之一。有效解决这个问题，需要高起点规划文化创意城市建设，推动城市与地区之间的互动与联合，持续提升黄河文化的综合影响力、竞争力和软实力。一方面，文化是一种软实力，既影响着政府服务的提质增效，又影响着企业文化的高质量建设，还影响着营商环境的优化和消费认知的提高等，为经济社会发展提供克难攻坚的正确方法和精神动力。另一方面，文化又是一种硬实力，并以产业的形式展示着自己的独特魅力。比如美国的电影、韩国的电视剧、日本的动漫等早已在世界叫响，《战狼 2》《你好李焕英》《唐宫夜宴》等为中国文化产业的发展增添了亮丽的色彩，其巨大的经济效益吸引了世人关注。文化作为社会生产的高级要素，正在通过产业内融合、跨界融合等多种形式，融入社会生产的不同环节、不同部门、不同领域，在经济社会中发挥着更大作用。建议以沿黄九省区的中心城区为核心，以省会城市和重要节点城市为门户，通过城市间文化资源的联动和互补，打造一条首尾完善、功能齐备的文化旅游产业链，持续提升声名远播的黄河文化品牌。

（六）推动黄河文化成果转化

文化产品的品质优是提高文化产品市场占有率的关键。从生产销售层面看，要依据市场需求进行多种形式的创新表达，持续推动文化与科技深度融合，对文化作品进行创意性转化，以求满足不同层次、不同兴趣的消费者的认可。从技术支撑层面看，要充分利用大数据、智能监控以及信息过滤技术，不断健全文化市场监管和文化产品评价体系，尽量做到动态化举措与静态化制度的有机结合，有效提高文化产品市场占有率，倾力打造健康发展有活力的文化市场。从宣传推介层面看，需要搭建各种文化服务平台，做好相应的转化资金、转化技术、转化成果的宣传推介，以及文化产品的前沿市场培育等。政府要长期有效地组织学校、研究机构、宣传部门等进行重点宣传、推介，推动文化事业和文化产业的有效对接，培育出更多更具竞争力的河湟文化品牌、丝路文化品牌、关中文化品牌、晋祠文化品牌、河洛文化品牌、黄帝文化品牌、齐鲁文化品牌等，推动黄河文化成果有效转化。无论是提升沿黄九省区的区域文化硬实力，还是提升软实力，都要聚焦文化发展难题，把实施结果导向作为最有效的手段，最大限度释放文化创意活力，用市场眼光提高文化产品的市场占有率，用扎扎实实的文化举措推动文化产业成为国民经济的重要支柱产业。

参考文献

《习近平谈治国理政》（第一、二、三、四卷），外文出版社，2014、2017、2020、2022。

习近平：《在庆祝中国共产党成立100周年大会上的讲话》，《求是》2021年第14期。

B.24

黄河文化与黄河国家文化公园（山东段）建设研究

徐建勇*

摘　要： 建设黄河国家文化公园与保护传承弘扬黄河文化关系密切，又存在显著差异。黄河国家文化公园（山东段）建设稳步推进，在建章立制、遗产保护、文旅融合、研究阐发、交流合作等方面不断突破。规划引导缺失、理论储备不足、资源开发乏力、项目资金匮乏、运维体制不畅、配套制度缺位等是当前黄河国家文化公园建设的主要问题。推进黄河国家文化公园高水平建设，要加快规划和方案编制、深化黄河文化研究、系统保护文化遗产、构建黄河文化旅游带、讲好黄河故事、弘扬黄河精神、强化科技赋能、健全投融资体系、完善管理体制机制。

关键词： 黄河文化　黄河国家文化公园　山东黄河流域

黄河是中华民族的母亲河，黄河文化是中华民族的根和魂。党的二十大强调，要"建好用好国家文化公园"。建设黄河国家文化公园，是党中央为推动中华文化伟大复兴、推动黄河流域生态保护和高质量发展作出的重大决策部署，是彰显中华民族文化自信、建设社会主义文化强国的重大文化工程。

一　黄河文化与黄河国家文化公园的关系辨析

调研发现，社会上对黄河国家文化公园认识不深、认识不准、认识不清的

* 徐建勇，山东社会科学院文化研究所副研究员，主要研究方向为传统文化、文化和旅游产业发展。

现象广泛存在，普通大众对我国国家公园、国家文化公园、他国国家公园的区别认识模糊，学术界对黄河国家文化公园的基本概念、边界范围、建设目的宗旨等尚存争论，不少机关工作人员对黄河国家文化公园建设的目标任务尚且把握不清。黄河文化与黄河国家文化公园关系密切，但是不能把建设黄河国家文化公园等同为保护传承弘扬黄河文化或视为建设“黄河文化国家公园”。

（一）概念内涵不同

黄河文化是沿黄地区人民群众在长期的社会实践中创造的物质财富和精神财富总和。[①] 黄河流域是中华文明的核心发祥地，黄河文化是中华传统文化的主要源头、构成主体和鲜明标识。地域性、持续性、农耕性、正统性、包容性是黄河文化的基本特征。建设黄河国家文化公园，是通过整合黄河沿线具有突出意义、重要影响、重大主题的文物和文化资源，实施公园化管理运营，形成具有特定开放空间的公共文化载体，集中打造中华文化重要标识。[②] 可以看出，保护传承弘扬黄河文化的对象是清晰明确的，一切工作都要围绕黄河文化进行；黄河国家文化公园建设的内涵更加丰富，其目标指向不仅是黄河文化，还包括黄河沿线一切重要文化遗产。

（二）空间范围不同

在历史上，黄河三年两决口、百年一改道，从先秦到解放前的2500多年间，黄河改道26次，北达天津，南抵江淮，形成通常所说的“大黄河”。因而，广义上的黄河文化覆盖区域还应当包括古代黄河流经的河北、天津、安徽、江苏、北京等省市，即多条黄河故道文化带。黄河国家文化公园的建设范围，是以承载河湟文化、河洛文化、关中文化和齐鲁文化的黄河河段为主，涉及青海、四川、甘肃、宁夏、内蒙古、陕西、山西、河南、山东9个省区。黄河文化的空间边界是模糊的、在历史发展中自然形成的，黄河国家文化公园的空间边界是清晰的、人为划定的（具体由各省区在制定黄河国家文化公园省区段规划中明确）。

---

① 袁红英：《弘扬黄河文化 筑牢中华民族的根和魂》，《光明日报》2023年3月30日，第6版。

② 《探索新时代文物和文化资源保护传承利用新路——中央有关部门负责人就〈长城、大运河、长征国家文化公园建设方案〉答记者问》，《人民日报》2019年12月6日，第6版。

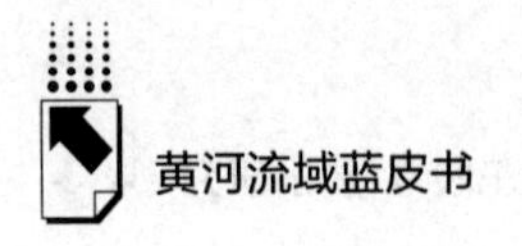

（三）背景宗旨不同

保护传承弘扬黄河文化的直接出发点有两个。一是传承弘扬中华优秀传统文化。传承弘扬中华优秀传统文化是延续中华文明、推动民族复兴的必然要求，是中国共产党的重要初心使命。黄河文化是中华优秀传统文化的主体，建设社会主义文化强国、推动中华优秀传统文化创造性转化创新性发展，离不开对黄河文化的保护传承弘扬。二是推动黄河流域生态保护和高质量发展。中国式现代化是物质文明和精神文明相协调的现代化。黄河流域高质量发展是经济、政治、社会、文化、生态全面协调可持续的发展，是让沿黄人民群众物质富足、精神富有的发展。实现黄河流域生态保护和高质量发展，保护传承弘扬黄河文化是重要任务，也需要黄河文化的引领和支撑。

建设黄河国家文化公园是发展中国特色社会主义文化的创新途径、重大工程。在社会主义文化建设探索过程中，针对文化遗产保护传承，我国采取了多种行之有效的形式，如建立文物保护单位、世界文化遗产单位、文物保护片区、文化生态保护示范区等，国家文化公园则是文化遗产保护传承方式的升级版。国家文化公园建设，是对世界各国文明成果的成功借鉴，对国家公园建设实践的进一步探索拓展。2013 年党的十八届三中全会首次提出建立国家公园体制，2015 年开展了 10 个国家公园体制试点工作，2017 年中办、国办印发《建立国家公园体制总体方案》。随着对国家公园建设规律认识的不断深化，国家文化公园建设开始被提上议事日程。2017 年 1 月，中办、国办印发的《关于实施中华优秀传统文化传承发展工程的意见》，首次提出“规划建设一批国家文化公园，成为中华文化重要标识”。2017 年 5 月，《国家“十三五”时期文化发展改革规划纲要》中明确，“依托长城、大运河、黄帝陵、孔府、卢沟桥等重大历史文化遗产，规划建设一批国家文化公园，形成中华文化的重要标识”。2019 年 12 月，中办、国办印发《长城、大运河、长征国家文化公园建设方案》。十九届五中全会提出“建设长城、大运河、长征、黄河等国家文化公园”。党的二十大提出“建好用好国家文化公园”。目前，我国已经形成长征、长城、大运河、黄河、长江五大国家文化公园体系，成为新的国家级文化标识。

（四）命名依据不同

在当前的黄河国家文化公园建设中，存在所处地带是否属于黄河文化区的争论纠结，或属于黄河文化的地区为什么没有被划入黄河国家文化公园建设范围的疑问。实质上，每个国家文化公园的命名主要依据地理标识而非文化标识，黄河国家文化公园实际是“黄河沿线的国家文化公园”。当然，如果地理标识和文化标识能兼顾体现更好，黄河、大运河、长江国家文化公园即此。再者，每一种地域文化的形成，通常需要几百上千年的沉淀，且有特定的内涵特征。所以，长征、长城虽然很难被认定为特定的地域文化系统，其仍然可因显著的象征意义而用来命名；黄河、大运河、长江国家文化公园的边界也并非完全以黄河文化、大运河文化、长江文化的存在范围为依据，而是由沿线地区根据文化建设实际情况来确定。这样做的好处，一是以地理空间为依据，边界清晰，便于公园化管理运营；二是回避文化覆盖空间的模糊性，便于实际工作的开展；三是将来更多国家文化公园的命名更为简单，不至陷于特定文化的争论之中。

二　黄河国家文化公园（山东段）建设的基本情况

山东作为黄河文明的重要发祥地、黄河流域最便捷的出海通道、沿黄地区经济综合实力最强的省份，在推动黄河流域生态保护和高质量发展中具有十分重要的战略地位。山东也是少数几个兼具黄河、大运河、长城三大国家文化公园建设任务的省份，是黄河国家文化公园重点建设区之一。自黄河国家文化公园建设启动以来，全省认真贯彻落实习近平总书记对山东提出的“三个走在前”总要求、总定位、总航标，坚持“地处黄河下游、工作力争上游”的指导方针，高起点谋划，扎实推进山东段各项工作有序开展。

（一）强化顶层设计，加强规划引领

1. 健全组织机构

成立了由省委常委、宣传部部长任组长，分管文化工作副省长任副组长，15 个部门单位主要负责同志为成员的山东省国家文化公园建设工作领导小组，在省文化和旅游厅设立了领导小组办公室，从发改、交通、文旅系统抽调专人

组建工作专班，形成省级层面“领导小组+办公室+工作专班”的运行机制。各市分别建立相应领导小组和工作专班，形成了“省负总责、分级管理、分段负责”的工作格局。在省领导小组统一指挥下，由山东省发展改革委、省文化和旅游厅牵头，建立黄河国家文化公园（山东段）建设推进组，推动资金整合、资源集聚、政策集成。

2. 完善制度规划体系

山东省委办公厅、省政府办公厅印发了《山东省国家文化公园建设实施方案》，明确了黄河国家文化公园建设的范围、内容、目标、主要任务和责任分工。国家文化公园建设工作领导小组制定印发黄河国家文化公园建设年度工作要点，细化责任分工，建立任务台账，确保各项任务明确清晰、扎实推进。山东省发展改革委牵头，根据山东黄河沿线人文自然资源分布特点、保护传承弘扬现状与齐鲁地域文化特征，编制《黄河国家文化公园（山东段）建设保护规划》，构建“一廊一带四区多点”的黄河国家文化公园建设格局。

（二）加强遗产保护，延续文化根脉

1. 加强文物保护

全省着力建设黄河下游文化遗产廊道，将黄河文化遗产带纳入《山东省文物事业发展“十四五”规划》，把黄河流域文物保护列入全省文物保护利用“十大工程”第一项，推动沿黄 57 个县入选国家革命文物保护利用片区分县名单。印发实施《黄河流域文物保护利用工程实施方案》，加强沿黄重点遗址片区保护，推进国家考古遗址公园建设，做好重要农业遗产、灌溉工程遗产保护工作。深入开展黄河沿线文物资源调查，推进鲁西黄河沿线堌堆、黄河三角洲盐业遗址等文物保护工程。

2. 强化非遗保护传承

出台《关于推进黄河流域、大运河沿线非物质文化遗产保护传承弘扬的意见》，建立黄河非遗年度行动、展示交流、区域协作等机制，举办“河和之契：黄河流域、大运河沿线非物质文化遗产交流展示周”“黄河记忆专题档案文献展”。开展“非遗进校园”活动，认定 100 个省级非遗传承教育实践基地。新评选黄河文化（东营）、泉水文化、孙子文化（惠民）3 个省级文化生态保护实验区，沿黄地区省级文化生态保护实验区达到 9 个，占全省的 69%。

3. 推进文化遗产保护项目

争取国家文物保护资金 1.36 亿元，支持章丘城子崖遗址考古发掘等 79 个重点项目修缮保护利用。推动 31 个国家文化公园建设项目列入国家“十四五”文化保护传承利用工程项目储备库（其中黄河国家文化公园项目 9 个），4 个项目被列入国家文物保护项目支持名单。扎实推进定陶汉墓等重大文物保护工程、大汶口等考古遗址公园建设，完成羊山战役前线指挥部旧址等 45 处革命旧址修缮和展示利用工作。

（三）深化文旅融合，推动高质量发展

1. 建设沿黄河文化体验廊道

编制印发《关于建设文化体验廊道推动文旅融合高质量发展的实施计划（2023—2025 年）》，统筹山东沿黄 25 个县（市、区）文化旅游资源，突出民俗游、生态游，打造集民俗体验、农耕研学、自然观光等于一体的沉浸式文化旅游体验线性廊道，塑造“沿着黄河遇见海”文化旅游品牌。以沿黄河、沿大运河、沿齐长城、沿黄渤海、沿胶济铁路线的“四廊一线”文化体验廊道为骨架，在全省构建形成国家文化公园引领、文化交通线贯穿、文化体验廊道示范、文化片区支撑的全域文化“两创”和文旅融合高质量发展新格局。

2. 打造黄河文化旅游带

编制《黄河国家风景道（山东）建设指南》，高标准建设黄河国家风景道（山东）。依托全省基础设施“七网”行动，建设黄河千里自驾旅游风景道，打通黄河沿岸交通“毛细血管”。重点打造黄河记忆乡愁之旅等黄河精品旅游线路，策划推出“十个一”黄河本地游产品，推出黄河沿线 18 家生态旅游区创建单位，推动沿黄 8 家单位创建为第四批山东省级工业旅游示范基地。策划打造“领略黄河文化，品悦时代变迁”等一批经典主题精品旅游线路，探索推进自驾车房车营地、驿站建设。

3. 打造精品旅游目的地

聚焦轻休闲、微度假、慢生活，开展旅游目的地产品提升行动，对黄河沿线 194 家 A 级以上旅游景区实施提档升级工程，加快智慧景区建设，推动沿线 7 个省级及以上全域旅游示范区、2 个省级及以上旅游度假区、4 个国家级乡村旅游重点村、20 个省级乡村旅游重点村、72 个景区化村庄、5 个民宿集聚

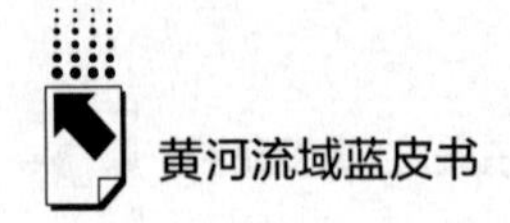

区实现文化和旅游深度融合发展。创新开展“好客山东·乡村好时节”品牌活动，沿黄9个市举办5场主题活动。2022年，沿黄地区创建旅游民宿集聚区5家、省级乡村旅游重点村24家、景区化村庄152家，微山湖旅游区成功创建国家5A级旅游景区。

4. 支持重大文化旅游项目建设

建立山东黄河文化旅游重点项目库，储备入库项目200余个，计划总投资超过5700亿元。2021年以来，山东争取中央预算内资金6000万元，省级安排部分配套资金，支持黄河故道古桑树群文化公园、胡集书会非物质文化遗产传习中心、成武县大台历史文化公园等3个重点项目建设，支持德州齐河博物馆群等15个沿黄重点文旅项目2962万元。沿黄9市的88个文化旅游项目累计发行债券70.61亿元，总投资569.8亿元。曲阜尼山圣境、淄博高青天鹅湖国际慢城等一批项目陆续建成，淄博齐风胜境、德州黄河文化博物馆群、济南章丘明水古城、德州黄河故道古桑树群文化公园等一批重点项目正在快速推进。

（四）加强研究发掘，讲好黄河故事

1. 深化黄河文化研究阐发

印发实施《山东省黄河文化保护传承弘扬规划》，深入挖掘黄河文化的历史渊源、内在精髓、时代价值。推动高等院校和科研机构开展黄河文化专项研究，在省社科规划项目申报指南中增加国家文化公园建设选题，推出一批重要研究成果。高水平举办黄河文化论坛，设立黄河文化研究院、黄河流域生态保护和高质量发展研究基地、文旅融合发展研究基地，为黄河国家文化公园建设提供理论支持和智力支撑。

2. 推动黄河主题文艺创作

推出柳子戏《大河粮仓》、吕剧《一号村台》、现代京剧《黄河滩上凤还巢》、山东梆子《梦圆黄河滩》、电视纪录片《大河流日夜》、文化专题片《大河润齐鲁》、网络纪录片《生声不息：黄河的咏叹》等一批优秀文艺作品。大型纪录片《大河之洲》入选国家广电总局“十四五”纪录片重点选题规划，广播剧《守望黄河口》荣获第十六届精神文明建设“五个一工程”奖，剪纸《黄河情》获第十五届中国民间文艺“山花奖”。出版《黄河文化通览》《黄河三角洲文化书库》《黄河文化概论》《大河安澜：共和国黄河治理纪实》等一批黄河文化丛书，成功举办“长河大道——黄河文化主题美术作品展全国巡展首展活动”“黄河入海流·山东省黄河文化主题美术作品展”“大河奔腾·沿黄九省区省会（首府）城市画院联盟优秀作品联展”等展览，推进黄河文化艺术交流。

（五）优化生态环境，健全配套设施

1. 加强生态保护修复

加快黄河三角洲生态保护修复，黄河三角洲国家级自然保护区修复湿地5万亩、黄河口国家公园8项创建任务顺利完成。推进沿黄重点区域生态保护修复，将济南、东营、齐河等22个地区纳入生态产品价值实现机制省级试点。推进沿黄生态廊道规划建设，济南黄河百里风景区中心景区景观提升项目、济南黄河防洪工程绿化提升项目和高青县黄河淤背区生态廊道项目快速推进。开工建设黄河下游“十四五”防洪工程（山东段），重大防洪减灾项目漳卫新河河口应急清淤、东平湖洪水外排河道应急疏通工程提前完工，小清河防洪综合治理、南四湖湖东滞洪区、恩县洼滞洪区等重点工程基本完工。

2. 完善公共服务设施

围绕互联互通，将黄河国家文化公园交通网络建设纳入《山东“十四五”综合交通运输发展规划》，编写《山东省国家文化公园旅游公路建设指南研究》，加快构建“快进慢游”体系。举办2022山东黄河生态旅游体验季活动，推动黄河沿线湿地、景区等生态保护。推进数字再现工程，开展黄河文化数字化“八个一”提升行动，加强黄河沿线特色文化资源数字化采集和呈现。推进监管数字化，建设国家文化公园省、市、县三级监管平台，将其纳入文物安全“天网工程”，把沿黄9市所有4A级及以上重点景区视频监控接入全省重点景区监控平台。

（六）加强宣传推介，促进交流合作

1. 持续开展传播推广活动

统筹传统媒体和网络媒体，通过短视频、直播、专题节目、海报、图解等多种形式，多角度做好黄河国家文化公园宣传，持续提升黄河国家文化公园（山东段）的品牌传播力和影响力。开展“沿着黄河遇见海”新媒体联合推广

活动，讲好新时代“黄河故事”。推出《黄河文化大会》重点文化节目，多维度展现黄河文化魅力。组织开展“相约黄河口 唱响新时代”2022 年中国沿黄九省区民歌艺术展演、“黄河入海”大型交响音乐会、“大美黄河”实景演出、首届黄河流域戏曲演出季、第五届中国（黄河流域）戏剧红梅大赛、“太阳照在黄河边”第十五届（中国）山东青年微电影大赛等活动，彰显黄河文化时代价值。

2. 推动区域文化旅游交流合作

围绕发挥山东半岛城市群对黄河文化旅游带的辐射带动作用，成立沿黄 9 市黄河流域城市文化旅游联盟，建成区域黄河文化旅游发展共同体。2021 年，全国黄河国家文化公园建设推进会、黄河文化旅游带建设推进活动先后在山东举办，有力推动了相关政策措施的落地落实。

三 黄河国家文化公园（山东段）建设的主要问题

从黄河国家文化公园（山东段）建设实践来看，规划引导缺失、理论储备不足、资源开发乏力、项目资金匮乏、运维体制不畅、配套制度缺位等问题对全省工作推进形成严重制约，需要创新举措，协调相关部门统筹加以解决。

（一）项目投融资困难

黄河国家文化公园本质上是公益属性，重大文化遗产项目以财政投入为主，山东省沿黄地区经济社会发展相对落后，文化遗产保护资金缺口较大。当前经济下行压力增大，文化旅游市场显著萎缩，全省文化旅游企业普遍经营困难，黄河国家文化公园文旅产业项目投融资面临极为艰难局面。

（二）资源开发能力不足

目前，山东黄河文化旅游资源开发仍处于探索阶段，文旅产品不够丰富，带动能力强的地标性项目不多，产业集聚发展能力不足，品牌和游线策划推广滞后。黄河沿线道路、营地、驿站、服务中心等旅游服务设施仍不健全，形象标识有待完善。文化数字化战略刚刚起步，“智慧黄河”建设任重道远。

（三）研究力度不够

黄河国家战略启动以来，不少沿黄省区把黄河文化研究作为黄河文化保护传承弘扬的基础性工程加以推动，河南与中国社会科学院共建黄河文化研究院，甘肃高规格成立黄河国家文化公园研究院，陕西成立黄河文化遗产研究中心，举办了多场黄河文化高层论坛。相较而言，山东黄河文化研究的高度、广度、深度不够，整体性、系统性不强，研究队伍力量薄弱，学术交流平台稀缺，黄河国家文化公园建设缺少深厚理论支撑。

（四）体制机制不畅

根据国际经验，国家公园建设运营需要专门机构负责。目前，我国国家公园管理局行使国家公园建设管理职能，黄河、大运河、长城、长征、长江国家文化公园建设由中央、省、市三级领导小组负责。山东黄河、大运河国家文化公园建设由发改部门牵头，长城国家文化公园由文旅部门牵头。山东黄河与大运河、长城国家文化公园及黄河入海口国家公园，有着空间重叠、资源共拥、文脉相连的特点，需要统一规划、统筹部署。在目前建设体制下，山东三大国家文化公园规划建设存在衔接不够、效率不高、权责不清、力量分散等问题。

（五）规划和方案不完善

制定建设保护规划是黄河国家文化公园建设的任务之一。《黄河国家文化公园（山东段）建设保护规划》尚未出台，规划草案与《山东黄河文化保护传承弘扬规划》衔接不够，提出的空间布局不合理，研究阐发、数字提升等工程前瞻性、操作性不强，需要进一步完善、尽快发布。

（六）配套制度尚不健全

黄河国家文化公园建设是一项系统工程，需要统筹处理好文化遗产保护与展示利用、文化旅游产业发展同生态环境保护修复、区域经济社会发展、人才科技土地资本要素、地方利益诉求的关系。目前，黄河国家文化公园相关立法和配套制度建设滞后、协调性不足是沿黄各省区普遍存在的短板，山东要积极作为，发挥引领示范作用。

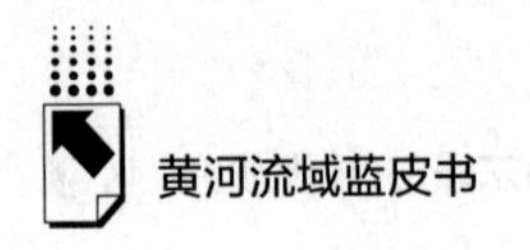

四　推进黄河国家文化公园高水平建设的思路对策

建设黄河国家文化公园，是推进黄河流域生态保护和高质量发展国家战略、保护传承弘扬中华文化的重大国家文化工程。加快推进黄河国家文化公园建设，要以习近平新时代中国特色社会主义思想为指导，全面贯彻落实党的二十大精神，高端策划、整合资源、创新方法、完善机制，促进黄河沿线重要文化遗产科学保护、合理利用、世代传承，生动呈现中华文化的独特创造、价值理念和鲜明特色，打造传承展示中华文化的新标识、新空间、新形象。

（一）加快规划和方案编制，提供科学思想指导

黄河流域跨度大，文化旅游资源地域孤离现象突出，区域文化和旅游发展不平衡，山东、河南、陕西处于第一方阵，上游省区较为落后。针对目前全流域文化旅游发展规划和统筹协作机制缺位现象，需要中央有关部门尽快出台《黄河国家文化公园建设保护规划》《黄河文化旅游带建设规划》，沿黄省区各自制定分段规划和实施方案，为黄河国家文化公园建设提供科学指引。规划编制要立足千年大计、百年工程，处理好前瞻性与操作性、整体布局和地方特色、保护和运营、政府和市场的关系，厘清管控保护、主题展示、文旅融合、传统利用等主题功能区的布局思路，明确保护传承、研究发掘、环境配套、文旅融合、数字再现等工程的实施方案。[①] 要依托沿黄地区价值突出、内涵丰富的自然标识、水利工程、重大历史事件、重要文化遗址、黄河故道遗迹、重大文旅项目等资源禀赋，打造一批国家级、省级黄河文化地标，形成层次清晰、特色鲜明、具有较高知名度美誉度的黄河国家文化公园标识体系。要建立沿黄省区文化旅游合作发展机制，统筹文化遗产保护、资源整合、项目布局、平台打造、市场推广等事宜。

（二）深化黄河文化研究，形成深厚理论支撑

黄河文化研究是传承黄河文化基因、推动黄河国家文化公园建设的基础性

① 陈琛、张珊：《加快推动黄河国家文化公园（山东段）建设 让黄河成为造福人民的幸福河》，《联合日报》2023 年 3 月 29 日，第 2 版。

工作。长期以来，黄河文化因其跨时空、跨地域的宏大特点，在学术研究领域几乎处于“隐身”状态。推动黄河文化研究，要引导高等院校、研究机构、学术社团等整合资源，打造一批跨学科、交叉型、多元化的黄河文化创新研究与学术交流平台。要加大对研究项目、研究队伍的支持，结合中华文明探源工程，系统研究梳理黄河文化发展脉络，推动开展黄河文化、黄河精神、黄河国家文化公园、文物考古、文献古籍、文旅发展等专项研究，推出一批社会广泛认同的标志性黄河文化研究成果。要支持黄河文化与黄河水利、黄河生态等一体研究的新兴学科和交叉学科建设，重视保护和发展具有重要文化价值和传承意义的“冷门、绝学”，探索构建“黄河学”。

（三）推进黄河沿线文化遗产系统保护，守护好民族根脉

保护珍贵文化遗产是国家文化公园设立的初衷。要加强黄河文化遗产普查，摸排梳理各类文化遗产资源的种类、数量、分布和保护情况，重点开展黄河水利遗产专项调查和评估工作，建立黄河文化资源分级、分类保护名录，绘制黄河文化资源地图，建设黄河文化资源数据库并接入国家文化大数据体系。加快建设黄河干支流线性文化遗产廊道，分类实施沿黄文化遗产本体保护工程，在物质文化遗产富集地区进行集中连片保护，推动沿黄省区联合申报世界自然遗产、文化遗产。加强沿黄非物质文化遗产保护传承，实施黄河非遗濒危项目及年老体弱传承人抢救工程，启动“黄河手造”工程，推进黄河传统工艺振兴，在非遗项目集中、特色鲜明、保存完整的特定区域建设文化生态保护实验区。

（四）建设黄河文化旅游带，彰显黄河文化时代价值

文化是旅游的灵魂，旅游是文化的载体。全面推动黄河文化与旅游融合发展，要以沿黄世界文化遗产、国家文保单位、古都、古城、古镇、古村为载体，打造一批具有标识意义的国际旅游城市和景区，建设一批国家文化体验基地、研学旅游基地。坚持以文塑旅、以旅彰文，深入挖掘河湟文化、河套文化、秦陇文化、关中文化、三晋文化、河洛文化、齐鲁文化等地域特色文化资源，开发培育文化遗产游、红色文化游、乡村微假游、精品研学游、体育赛事游、水利工程游等专题旅游产品。积极开展黄河文化旅游品牌塑造行动，提高

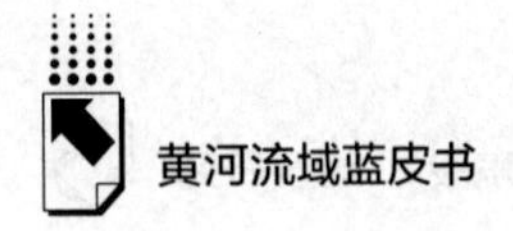

“九曲黄河”“中华母亲河”品牌辨识度和影响力。以沿黄重点旅游城市、旅游景区、文化遗产为支点，串珠成线，以点带面，培育文明探源之旅、传统文化体验之旅、大河风光之旅、红色文化之旅、休闲度假之旅、黄河乡愁之旅、黄河研学之旅等若干主题鲜明、布局合理的参观游览经典线路，建设品牌化、全流域的黄河旅游风景廊道，成为展示国家形象的重要窗口。

（五）讲好黄河故事，建设幸福黄河

保护传承弘扬黄河文化，归根结底是为了满足人民群众日益增长的美好精神文化生活需要。

要让沿黄人民物质富足。坚持人民主体地位不动摇，把黄河文化融入沿黄地区经济社会发展，发展壮大文化旅游产业，助力沿黄地区乡村振兴，实现黄河文化育民惠民利民。牢固树立绿水青山就是金山银山的理念，深入挖掘利用黄河生态文化，统筹做好生态环境保护、防洪减灾工作，整合黄河沿线重要文化资源、生态资源、旅游资源，推动黄河流域生态保护与生态旅游协调发展。

要让沿黄人民精神富有。鼓励人民参与文化创新创造，推出一批黄河主题文艺精品，生动讲述黄河故事，推动黄河文化在新时代发扬光大。实施黄河文化惠民工程，健全沿黄城乡公共文化服务体系，切实保障人民文化权益。要特别重视用黄河文化涵养青少年，通过文艺进校园、研学体验等方式，让广大青少年用脚丈量黄河印记，用心感受黄河脉搏，坚定青少年文化自信。

（六）挖掘黄河文化精髓，弘扬黄河精神

黄河文化源远流长、博大精深，包含着丰富的哲学思想、价值观念、道德情操、审美品格和科学智慧，积淀着中华民族崇高的精神追求、独特的精神标识和深沉的行为准则，支撑着中华民族历经五千余年生生不息、代代相传、傲然屹立，是新时代中国特色社会主义发展道路、科学理论、基本制度和先进文化的源头活水。黄河文化的精髓或黄河文化蕴涵的精神，可被称为“黄河精神”，是黄河文化的核心和灵魂，并最终演变为伟大的中华民族精神。“黄河精神”集中体现为自强不息的奋斗精神、通达求变的创新基因、兼收并蓄的开放理念、和谐共生的价值追求、同根同源的家国情怀。要弘扬黄河精神，倡

导自强不息、改革创新，为建设社会主义现代化强国、实现中华民族伟大复兴提供精神力量。要弘扬黄河精神，倡导开放包容、兼收并蓄，推动黄河文化与世界文明交流互鉴，不断促进黄河文明发展进步，为全人类的和平与发展贡献中华智慧、中国力量。要弘扬黄河精神，倡导“天人合一”的绿色理念和价值取向，为人类社会可持续发展、我国人与自然和谐共生的现代化建设提供丰厚思想滋养。要弘扬黄河精神，倡导同根同源、家国天下，提升民族凝聚力、向心力，维护国家和民族的团结统一。

（七）强化科技赋能，推进数字再现工程

科技赋能是保护传承弘扬黄河文化的重要途径。要围绕实施黄河数字再现工程，加快大数据、云计算、物联网、区块链及5G、北斗系统、虚拟现实、增强现实等新技术普及应用，推动黄河文化旅游数字化、网络化、智能化发展。积极推动黄河文化保护传承弘扬融入国家文化大数据体系建设工程，打造黄河文物、非遗、文艺、旅游等专题数据库。推动黄河流域加快以“互联网+”为代表的旅游场景化建设，打造一批智慧旅游城市、旅游景区、旅游街区，培育一批智慧旅游创新企业和重点项目，开发数字化体验产品，发展沉浸式互动体验、虚拟展示、智慧导览等新型旅游服务。推动沿黄省区共同建设黄河智慧文旅公共服务平台，实现游客“一部手机游黄河”。

（八）健全投融资体系，推进重大工程项目建设

黄河文化和旅游项目，不仅是黄河文化保护传承弘扬的基本载体，对黄河水患治理、黄河生态改善、沿黄经济高质量发展也有重要价值。破解当前黄河国家文化公园建设项目的投融资困局，要建立以财政投入、市场参与为总体导向的资金多元化利用机制。重大黄河文化旅游项目要积极争取国家黄河流域生态保护和高质量发展奖补资金、黄河流域生态保护和高质量发展基金的重点支持。鼓励有条件的省区设立黄河文化旅游发展专项资金，将黄河文化旅游项目纳入地方政府专项债券支持范围。支持文化旅游企业积极利用世界银行、亚洲开发银行、欧洲投资银行等国际金融组织和外国政府贷款。支持黄河生态旅游、休闲旅游项目申报使用各级水利资金、生态保护资金，支持黄河文化科技项目申报各级科技计划（专项、基金等），扩大享受所得税“三

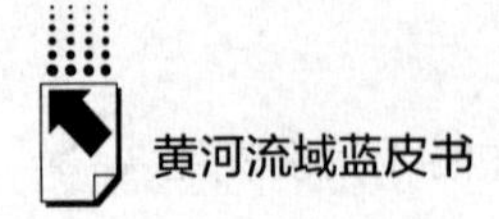

免三减半”优惠的黄河文化旅游企业范围，落实个人所得税优惠、津贴补贴、科研经费等政策，吸引高层次人才创新创业。利用各级文物保护、非物质文化遗产保护等资金，加强黄河流域相关文化遗产保护和文化生态保护区建设。沿黄省区各级文化产业资金、旅游产业资金要注重向黄河文化旅游项目和基础设施倾斜。拓宽社会资金投入渠道，规范推广政府和社会资本合作（PPP），积极举办系列投融资洽谈会、项目推介会，吸引社会关注，形成强大合力。

（九）建立高效管理体制，完善相关配套制度

从国家文化公园建设运维的长远考量，建议根据“省负总责、分级管理、分段负责”的要求，在省级层面成立国家公园管理局，统一行使各国家公园与黄河、大运河、长城、长征、长江等国家文化公园的建设和管理职能，形成统一规划、统一部署、统一机构、集成政策、整合资源的强大合力。

积极推进黄河国家文化公园建设保护立法，完善文化遗产保护管理制度，合理划定遗产保护功能分区，完善责任追究制度。完善黄河文化资源常态化普查制度，建设黄河文化资源数据库。健全黄河国家文化公园管理运营体制，合理划分中央与地方权责。构建社区协调发展制度，建立社区共管机制，通过签订合作保护协议等方式，共同保护黄河国家文化公园周边文化资源。健全文化遗产保护、生态保护补偿制度，加大对重点功能区的转移支付力度，解决黄河国家公园建设与地方经济社会发展的矛盾。完善社会参与机制，在黄河国家文化公园设立、建设、运行、管理、监督等各环节，引导居民、专家学者、企业、社会组织等积极参与，形成全社会共同参与建设、共享发展成果的良性互动局面。

参考文献

习近平：《在黄河流域生态保护和高质量发展座谈会上的讲话》，《求是》2019 年第 20 期。

安作璋、王克奇：《黄河文化与中华文明》，《文史哲》1992 年第 4 期。

徐吉军：《论黄河文化的概念与黄河文化区的划分》，《浙江学刊》1999年第6期。
李学勤、徐吉军主编《黄河文化史》，江西教育出版社，2003。
葛剑雄：《黄河与中华文明》，中华书局，2020。
姚大中：《姚著中国史1：黄河文明之光》，华夏出版社，2017。
李玉洁主编《黄河流域的农耕文明》，科学出版社，2010。
牛建强编著《黄河文化概说》，黄河水利出版社，2021。

案 例 篇

Case Study Reports

B.25 黄河上游民族地区文化旅游高质量发展案例研究

——以循化撒拉族自治县为例

韩得福*

摘　要： 循化县委、县政府立足满足人民群众日益增长的美好生活需要，坚持“旅游立县”战略，科学谋划，充分挖掘地方、民族特色文化资源，努力打造“和美循化全域旅游”品牌。本文对循化县文化旅游高质量发展的资源优势、推进全县文化旅游高质量发展的主要举措进行研究，探索循化实践对黄河上游民族地区文化旅游高质量发展的经验启示，认为循化县实施的加强顶层设计、注重载体创新、加快文体旅深度融合、推动全域联合协作、挖掘特色文化等举措对黄河上游民族地区文化旅游高质量发展提供了可借鉴、可复制的“循化经验”。

关键词： 黄河上游　民族地区　文化旅游　循化

* 韩得福，青海省社会科学院民族与宗教研究所助理研究员，主要研究方向为民族学。

习近平总书记在河南主持召开黄河流域生态保护和高质量发展座谈会时强调，要促进黄河全流域高质量发展、改善人民群众生活、保护传承弘扬黄河文化，让黄河成为造福人民的幸福河①。循化撒拉族自治县（以下简称循化县）坚持“旅游立县”战略不动摇，把加快推动全域旅游发展作为贯彻落实“五四战略”、实现“一优两高”战略的主攻方向，依托丰富的自然资源、得天独厚的区位优势、悠久深厚的历史文化资源、丰富的非物质文化遗产和备受青睐的文旅产品，聚焦文化和旅游融合发展目标，充分调动一切可利用资源，着力打造地域特色突出、民族风情浓郁的“和美循化全域旅游”品牌，文化旅游业呈现“发展逐年提速、服务逐年提升、比重逐年提高”的良好发展景象。

一　循化县基本情况及文化旅游高质量发展的资源优势

循化县位于青海省东部，祁连山支脉拉鸡山东端，隶属青海省海东市。地理位置介于东经102°04′~102°49′、北纬35°25′~35°56′之间，属于中纬度内陆高原，平均海拔2300米。东部接壤甘肃省临夏回族自治州，南临甘肃夏河县和青海同仁县，西与尖扎县交界，北同化隆县相连，东北与民和县毗邻，东西长68公里，南北宽57公里，全县总面积2100平方公里②。当前辖3镇6乡154个行政村，截至2022年底总人口16.16万人。

（一）丰富的自然资源

1. 气候条件

循化县位于青藏高原东部边缘地带，属于高原大陆性气候，表现为气候温和，夏无酷暑，冬无极寒，多东南风，降雨量少，蒸发量大，春季十年九旱，全年日照时间长，昼夜温差悬殊，太阳辐射强，年辐射总量为532.1~596.78kJ/cm③。地势南高北低，四面环山，从北部的黄河谷地到南部的山区，

① 习近平：《在黄河流域生态保护和高质量发展座谈会上的讲话》，求是网，http://www.qstheory.cn/dukan/qs/2019-10/15/c_1125102357.htm。

② 循化撒拉族自治县地方志编纂委员会编《循化撒拉族自治县志》，中华书局，2001，第85页。

③ 循化撒拉族自治县地方志编纂委员会编《循化撒拉族自治县志》，中华书局，2001，第120页。

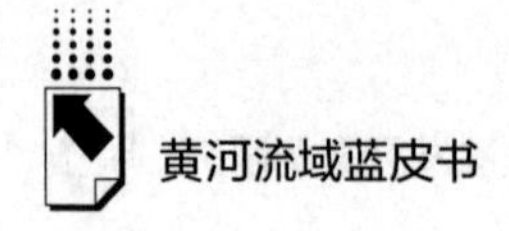

海拔呈现阶梯式升高，随之气候、植被、雨水、光照和紫外线强度等发生垂直变化。境内晴天较多，日照丰富，气候干燥，年平均气温9℃，是青海省平均海拔较低、平均气温较高的地区，素有“青海的小江南”之美称。

2. 水资源

中华民族的母亲河——黄河流经循化境内北部。循化的黄河蜿蜒曲折，水却清澈碧绿，令人惊奇不已，它就像一块碧玉镶嵌在这片高原谷地，又宛如一位性格恬静温婉的少女，静静流淌，美丽动人，吸引着四方游客。

黄河流经循化90余公里，先后建成公伯峡、苏只、黄丰、积石峡4座大中型水电站，库区水域面积近10万亩，水电站总装机容量达300万千瓦，形成了旅游黄金水道。境内还有清水河、街子河等17条重要支流，支流总水流量达到2.64亿立方米。凭借独特的水资源优势，循化县已连续成功举办17届国际抢渡黄河极限挑战赛。

3. 森林资源

循化县森林资源较为丰富多样，东北部和西南部整个山区分布着茂密的原始森林。天然林面积45.06万亩，其中有尕楞、文都、夕昌三个国营林场，东北部的孟达森林为国家级自然保护区，全区总面积259350亩，以孟达天池为中心的核心区约3900亩①。

循化各大林区中有10余种四季常青林木，不仅发挥着防风、固沙、保持水土的重要功能，还曾为国家和当地各族群众提供了大量的烧柴和建筑木材，现已禁止砍伐。川水地区林木种类、覆盖面更丰富更广泛，常见的主要有杨、柳、榆等树木。大部分山区出产各类药材，有党参、牛子、狼毒、天南星等多达584种，有猞猁、麝、狼、岩羊、马鸡等多达30余种野生飞禽走兽②。

4. 矿产资源

循化县地下矿藏蕴藏量较丰富，分布较广，已探明的金属和非金属矿藏有岩石、金、铁、铜等储量较大，易开采的有磁铁、铝、锗、铀、锌、钡、硫、钙、芒硝、花岗岩、石英岩、石灰岩、石膏、水晶、钾长石、云母等20

---

① 循化撒拉族自治县地方志编纂委员会编《循化撒拉族自治县志》，中华书局，2001，第243页。

② 循化撒拉族自治县地方志编纂委员会编《循化撒拉族自治县志》，中华书局，2001，第139页。

多种，矿床、矿点 32 处，其中探明夕昌铜金矿的储藏量铜 3000 吨和金 500 公斤①。

（二）得天独厚的区位优势

循化县位于青海省东部，与甘肃省、四川省接壤，具有极大的区位优势。循化县四面环山，东端有积石峡，西端有公伯峡，此二峡自古成为“丝绸之路青海道”上通内地、往西域的重要枢纽。如今循化亦属于青藏线铁路、公路及新丝绸之路建设通道中的重要节点，青海省平安县至甘肃省临夏县的临平公路、黄南州同仁县至临夏县的临同公路、循化至甘肃积石山县大河家的循大公路等要道贯穿县域全境，因此循化被誉为“青海的东大门”。循化县同时也是内地汉族农耕文明和西部藏族游牧文明的交汇地。这样天然的区位优势，使循化成为东西商品及商贾云集的地方，自古以来商业相对发达。循化人民群众充分利用区位优势，在汉—藏、东—西、农—牧文化间搭起了一座桥梁，促进了东西部各地各民族间人口、商品、文化、经济的交往交流交融，也为循化文化旅游高质量发展奠定了坚实的基础。

（三）悠久深厚的历史文化资源

1. 主体民族东迁史

循化撒拉族自治县的主体民族撒拉族，其先民大约在 13 世纪初从中亚的今土库曼斯坦沿着丝绸之路进入中国，定居今循化县境内。根据撒拉族民间传说，在很久以前，在遥远的撒马尔罕，有尕勒莽、阿合莽兄弟两人，他们为了逃避政治迫害，用一峰白骆驼驮着《古兰经》和家乡的水、土，举族东迁，来到今循化县街子地方时，发现这里的水土跟家乡的水土完全一样，于是就在这里安了家，他们是撒拉族的祖先。研究显示，撒拉族先民来自今土库曼斯坦境内，他们从土库曼斯坦出发，路经撒马尔罕，最终到达今循化境内骆驼泉附近定居下来，距今已有近八百年的历史。围绕先民的万里东迁史，撒拉族民间流传有许多动人的故事，也使撒拉族民族文化兼具中国文化、伊斯兰文化与异

① 循化撒拉族自治县地方志编纂委员会编《循化撒拉族自治县志》，中华书局，2001，第 139~141 页。

域风情，为地方文旅发展奠定了厚重的历史与文化基础。

2. 红色文化资源

循化是个高原小县，却有着光荣悠久的革命历史传统。有一个红色精神教育基地，即查汗都斯乡红光村，位于公伯峡大坝附近，距离循化县城二十多公里，曾经是一片荒芜之地，也是马步芳苦役西路红军战士的地方。该村的清真寺、小学、老宅院、部分农田、灌溉渠道等均由红军西路军设计、建造或开垦，为此村里修建有西路红军纪念塔和纪念馆各 1 座。

1937 年 3 月，红军西路军在与马步芳军队的战斗中惜败。马步芳将数千名被俘红军西路军指战员押解到青海西宁、祁连、大通等地，令事苦役。其中 400 多名被编入所谓“补充团工兵一营”，转押至位于循化县西端的赞卜乎附近，从此被迫从事砍伐木材、烧制砖瓦、开垦荒地等苦役。在 1939～1946 年长达 7 年多的时间内，这 400 多名被俘红军西路军指战员先后共开垦荒地 1750 亩，修建巨型水车 5 架、庄廓 60 多处、房屋 300 余间，学校 1 所、清真寺 1 座、水磨 2 盘、油坊 1 处①。大约在 1943 年，近百名撒拉族群众从循化县清水、街子、白庄等地纷纷迁入赞卜乎长期定居，遂形成聚落。经过数十年发展，如今已成为约千人的大村庄，后来根据村民心愿改称红光村。

红光村有不屈不挠与敌斗争的光荣历史。当年被俘西路军指战员被押解至此后，在敌人的严密监视看管下从事苦役，但始终没有放弃与敌斡旋斗争。他们在木质家具、门扣和砖瓦等很多新建新制的物件上，都暗中雕刻留下了工农红军的“工”字、五角星、镰刀、斧头、锤头等象征革命的永久图案，历经 80 余年风吹雨淋至今依然轮廓清晰、保存完好、熠熠生辉。他们修建的红光小学如今在各方大力支持下得以重修扩建，成为红光村从娃娃抓起、子子孙孙持续传承红色精神的重要教育平台。

红光村现有的清真寺，已被证实系由当年被俘红军设计、修筑，在建筑设计中包含着诸多代表红色理念的图形符号和其他元素，因此在村民们的强烈要求下于 1987 年 4 月被更名为“红光清真寺”。先后被列为省级、国家级重点文物保护单位，同时也是国家宗教事务局确定的宗教界爱国主义教育基地。近年来，在县委、县政府的规划支持下，红光村的红色文化资源得到有效保护，并

---

① 姚湘成：《中国共产党青海地方组织志》，青海人民出版社，1999，第 672 页。

实现了深度开发利用，有力推动着循化文化旅游高质量发展。

3. “英雄救英雄”的故事

1949 年 8 月 27 日，中国人民解放军解放甘肃后，第一野战军第一兵团司令王震奉命率领兵团向西翻越大力加山，进入循化县，驻扎在草滩坝清真寺及其周围，由此开启了解放青海的伟大历程。当地各族群众牵着披红挂彩的大花牛，抬着大量的美味西瓜，手持纸质小红旗，夹道欢迎解放军入城，当日下午循化正式解放，成为解放青海、建立县级政府的第一个县份。王震率领的兵团随后就遇到了很大的麻烦，国民党军队为了阻拦解放军渡河，将黄河桥和所有渡水工具全部毁坏，解放军必须渡过黄河才能北上西宁继续解放青海，他们却不识水性。8 月 30 日开始，王震司令在当地群众的建议下，分军从查汗都斯乡大庄村渡口、积石镇乙麻目村渡口、积石镇草滩坝渡口等境内三大黄河渡口北渡。沿途三大渡口所有村庄的撒拉族群众都加入帮助解放军渡河的行列，延绵 50 余里。他们将自家收藏的木头、门板拿出来，扎成筏子，帮助渡河，甚至身强体壮的撒拉汉子，坐着羊皮口袋，直接将解放军扛过去。查汗都斯乡中庄村村民、远近闻名的筏子客、当时年仅 22 岁的好水手马四十九，在护送中国人民解放军战士渡河期间不幸落水英勇牺牲，1983 年被追认为烈士，被民间认为是解放青海征程中第一位为国捐躯的撒拉族群众烈士。随后（当天或之后）的一个下午，当时 28 岁的伊麻目村村民韩进帅，在护送解放军北渡时，奋力向前游，把绳头抛向对岸的群众，皮筏子上的解放军全部安全北渡，而自己因反复渡河过度疲劳，再也没能游上来，壮烈牺牲。韩进帅后来被追认为烈士，但追认时间不详，从不追名逐利的韩进帅烈士家人不知何时竟将烈士证给丢失了，2014 年民政部补发。当国家需要时，撒拉族群众用实际行动展现了大公无私、不怕牺牲的宝贵精神。1949 年 9 月 2 日上午，解放军战士们在草滩坝村征用一座撒拉族群众用来磨面的船磨，当做渡船。随后船磨在黄河中央完全失控，随着黄河水急速向下游流淌，一直漂流十余里，冲到清水湾。当船磨载着官兵们漂到马上就要进入凶险无比的积石峡时，在清水乡阿什匠村附近，在村民韩五十七、韩苏力毛、韩尕汉等人的动员下，阿什匠村民们纷纷跳入滔滔黄河中，奋力抢救士兵。经过约一个半小时的战斗，他们用绳子将船拉上河岸，船上的 167 位官兵全部得救。韩五十七等人的英雄之举，充分体现了撒拉族有史以来从善如流、扶危济困、见义勇为的正义精神，感动了全军，感动了王震司令，立令军政治部赠送了一横一竖两面锦旗，横面锦旗书“奋勇救船全村光荣”，竖面锦旗书“英雄救英雄”。“英雄救英雄”的故事从此成为撒拉族的骄傲，不仅是代表撒拉族光荣革命史的象征符号，同时也是激励撒拉族普通百姓明辨是非、伸张正义、英勇为公的精神力量。2019 年 8 月 7 日，在循化县清水乡下庄村清水河与黄河交界处，三个孩子玩耍时溺水，正在附近劳作的下庄村 64 岁村民韩热者布听到呼救，毫不犹豫奔去跳入河中施救。他先救起一个孩子，在回去救另外两个孩子的过程中，双腿深陷淤泥之中，使年老体衰、早已精疲力竭的他无法前行上岸，他完全被黄河水无情淹没，却用尽最后的力气，用双手将两个孩子高高托起。闻讯赶来的人们将三者从河水中救出，孩子们无恙，但韩热者布因溺水时间过久，经抢救无效不幸离世。2022 年，韩热者布荣获第十四届“全国见义勇为模范”荣誉称号①。

黄河在循化北部由西往东顺流而下，在清水乡境内拐了个漂亮的“S”形大弯，名清水湾，当地人又叫作“英雄湾”，因为这里正是“英雄救英雄”的故事发生的地方，英雄的撒拉族群众勇救英雄的解放军，演绎了一场军民鱼水情深的感人故事。这里也是韩热者布为救落水孩子英勇牺牲的地方，他用自己的生命谱写了一曲新时代的英雄壮歌，“英雄救英雄”的精神在这里传承发扬。

4. 爱国宗教领袖

循化是十世班禅额尔德尼·确吉坚赞和喜饶嘉措大师的出生地，是国内外佛教信徒慕名拜谒、四方游客向往的圣地。十世班禅大师 1938 年 2 月 19 日出生于循化县文都乡，1989 年 1 月 28 日在西藏扎什伦布寺圆寂。大师一生爱党爱国爱教，为国家发展、民族团结、宗教和顺、人民幸福做出了极大贡献，深受各族群众爱戴。喜饶嘉措大师 1883 年出生于循化县道帏乡，幼年在循化古雷寺出家。他是一位杰出的宗教领袖，是坚定维护祖国统一、坚持祖国领土不可分割的爱国人士，为和平解放西藏作出了艰辛努力和巨大贡献，被周恩来等国家第一代领导人称为“爱国老人”。

（四）丰富的非物质文化遗产

循化非物质文化有撒拉族的婚俗、谚语和歇后语、古篱笆楼编造技艺、皮

① 陶成君：《韩热者布获“全国见义勇为模范”荣誉称号》，《海东日报》2022 年 7 月 20 日，第 2 版。

筏子等，有藏族的夏尔群鼓舞、螭鼓舞、尤阙疗法等。循化县始终坚持“保护为主、抢救第一、合理利用、传承发展”的非物质文化遗产保护工作方针，植根县域多民族生产生活深厚文化土壤，大力实施非遗文化保护工程，使非物质文化遗产得到有效保护传承和精彩再现。截至2022年底，全县共有国家级保护名录6项：撒拉族婚礼、撒拉族服饰、撒拉族民歌、撒拉族篱笆楼营造技艺、骆驼泉的传说、藏族螭鼓舞，省级保护名录11项：撒拉族羊皮筏子制作技艺、撒拉族口弦制作技艺、撒拉族寺院古建筑技艺、撒拉族谚语歇后语、撒拉族饮食习俗、藏族夏尔群鼓舞、藏族民族歌舞“扎西勒”、藏族虎狮舞、撒拉族食醋酿造技艺、藏族砌墙技艺、尤阙疗法。这些非物质文化遗产项目是循化县具有自主知识产权的优秀民族文化和技艺的代表，也是推动当地文旅高质量发展的重要文化资源。

（五）备受青睐的文旅产品

1. 特色果蔬产品

循化县分别沿黄河、街子河、清水河等主要河流两岸分布着广阔肥沃的农田，丰富的日照与温和的气候条件使这里现代特色农业发展强劲。位于黄河谷地的查汗都斯、街子、积石、清水等4个乡镇平均海拔1850米，共有3.5万亩水浇地，农作物可一年两熟。农业以种植小麦、土豆、青稞为主，兼盛产荞麦、玉米以及各种瓜果蔬菜，其中花椒和辣椒因口感独特、香味浓郁而享有盛名，是青海著名特产，分别被人们称作“循椒”和“循辣”，并称“循化两椒”。循椒颗粒大而均匀，色泽鲜红，麻味醇厚，香气浓郁，是调味佳品。循辣质量优良，色艳肉厚、油多籽少，辣度适中，因“香而不辣，辣中带香”而备受青睐，鲜辣可炒食，干辣可磨粉作调味品，部分循辣被加工成辣椒酱、辣椒面等多种地方特色产品。循辣富含辣椒碱、辣椒红素、胡萝卜素等，能促消化，增食欲，内服可驱虫、发汗，外敷治冻疮、风湿、镇痛、散毒。

循化撒拉族园艺业比较发达，户户擅长园艺，家家辟有果园。盛产桃、梨、杏、苹果、樱桃、枣、葡萄、核桃等。在清水乡孟达村出产一种露仁核桃树，为核桃树中独一无二的珍奇品种，果实成熟时无硬壳，只覆盖着一层薄薄的仁衣，用指尖一点即破。循化特产冬果梨，色泽黄润，汁多味甘，优质高产，单株产量可高达500多公斤，单个重量可达500多克。尕杏子，色嫩黄，味甜酸，解干渴，消暑热，生津健胃。杏仁既可入药，还能做脆菜，深受大众喜爱。

2. 民族拉面产业

人多地少和黄河上游生态保护功能区的特殊县情，让越来越多的撒拉族群众离开故乡走南闯北，踏上拉面致富路。有七千余家“撒拉人家”主题品牌餐饮店遍布全国31个省市自治区200多个大中城市，并向新加坡、马来西亚、巴基斯坦、迪拜等“一带一路”国家延伸。截至2022年底，循化撒拉族餐饮从业人员达4万余人，相当于全国撒拉族总人口的1/4，占全省劳务输出总数的3%，成为循化人民外出创业的主要行业和群众脱贫致富的主导产业，也成为青海省打造“拉面产业”的重要力量。撒拉族拉面产业还带动了当地以“一核两椒”为主的现代特色农牧业发展，形成了拉面、特色种养和小微加工企业产业链。循化的红色旅游、红辣椒、红花椒以“三红”产业远近闻名。

二　循化县推进文化旅游高质量发展的主要举措

循化县贯彻“绿水青山就是金山银山”的理念，坚持“旅游立县”战略，通过构建文旅协调发展新格局、谋划“旅游+”融合发展等举措，求实创新、攻坚克难，着力加强生态保护治理和传承弘扬黄河文化，全面推动循化生态保护和文化旅游高质量发展。

（一）突出规划引领，构建文化旅游协调发展新格局

1. 完善统筹协调机制，坚持科学编制规划

坚持以发展全域旅游作为推动循化经济社会全面发展的支柱产业不动摇，不断完善全域旅游发展的领导保障、组织保障、政策保障和考核保障，构建统筹联动的领导机制和工作机制，成立以县长为组长的全域旅游发展领导小组，制定《循化县创建国家全域旅游示范区工作方案》。通过召开会议、制定文件、指导检查等方式，强化全域旅游全民参与意识，全力破除“发展旅游全靠旅游部门、旅游企业”的陈旧观念，牢固树立全县“一盘棋”思想，形成汇聚干群齐抓旅游的强大合力。立足“青藏之旅 · 首游循化”品牌定位，按照“大旅游、大产业、大统筹、大融合”的思路，委托专业机构完善《循化

县旅游发展总体规划》，印发和贯彻落实《循化县全域旅游规划》《青海省级全域旅游示范区验收工作手册》《循化县创建全域旅游示范区三年行动方案》《循化县乡村旅游发展规划》等旅游发展规划文件，并组织编制各景区景点修建性详细规划，促进旅游规划与土地利用、产业发展、道路交通、城市建设、文物保护等规划的衔接。

2. 巩固传统旅游产品，做大特色产业主体

进一步巩固和扩大“一核两椒”特色产品以及撒拉族服饰、工艺帽、民族刺绣、黄河石画工艺品、黄河水上游乐等特色旅游产品研发力度和生产规模，并将实体发展作为提升旅游产业效益的关键，抓住薄弱环节，制定更加积极的扶持措施，鼓励社会资本投入旅游业发展。全县以住宿餐饮、游乐、交通运输、商品零售、特色旅游商品加工为主的旅游服务实体健康快速发展，旅游产业发展成为促进循化经济增长的强大动力，呈现“一业活，百业兴”的可喜局面。截至 2023 年 4 月，全县共建成宾馆 54 家（其中星级宾馆 14 家）、撒拉人家 138 户、定点旅游纪念品加工企业 15 家、旅游服务公司 6 家（黄河水上旅游服务公司 2 家）、黄河奇石馆 3 家、旅行社 2 家，近 5000 名城乡居民直接或间接从事旅游业。

（二）丰富宣传载体，挖掘地域民族文化魅力

1. 举办推介活动，宣传地方文旅资源

通过参加以“携手灵秀无锡 · 畅游醉美海东”为主题的海东文旅（无锡）专场推介活动，对循化县非遗（青绣）、特色美食（拉面）、文创产品等进行展示展演。发布旅游奖励办法和优惠措施，现场签订友好合作框架协议和合作意向协议。以“和美循化春来早”“生态旅游环线踩线”“农家院星级评定”等为平台，不断提升循化文旅知名度和美誉度。

2. 借助媒体平台，广泛开展交流合作

签约西宁生活频道、西海都市报等主流媒体，为循化文旅增色添彩，加大对循化文旅宣传，发挥平台优势，推出系列文旅资讯，深度挖掘县域特色旅游资源和文化内涵，积极向省内外推广循化，打响“和美循化 · 撒拉故里”名号。

3. 创新营销方式，组建专业抖音团队

立足本土特色文旅资源优势，积极打造以内容为驱动的短视频拍摄团队，

通过短视频的方式，对循化黄河文化、民族文化、红色文化等进行多维度、多渠道、全场景展示，深入发掘地域、民族文化内涵及资源禀赋，为文旅融合注入更多时尚新玩法。

4. 大力推进“旅游+”，拓宽旅游发展空间

一是以品牌赛事串联旅游资源，重点围绕“国际抢渡黄河极限挑战赛”“乡镇男子篮球赛”等具有地域特色、民族风情的体育品牌赛事，依托“青海年·醉海东·循化游”系列文体活动，以节造势、以节聚客、以节增收，吸引越来越多的省内外游客，为文旅发展注入新活力。二是健全完善旅游服务设施，积极争取项目和资金，投资420万元实施循化县全域旅游游客集散中心二期配套设施精品民宿建设，建成后将成为集游客集散、旅游咨询、旅游预定、旅游商品展示等服务功能及智慧数据于一体的旅游服务平台，为旅客提供全方位的旅游服务。

（三）立足县情实际，谋划“旅游+”融合发展新路径

坚持把乡村旅游作为发展循化旅游业最重要一环，深入挖掘全县文化、旅游、休闲和特色农业资源禀赋和独特价值，创新呈现形式，全面推动生态旅游、活动节庆、民俗文化、康养休闲等深度融合、一体发展。

1. 加快文旅融合

借助“撒拉族绿色家园”“高原西双版纳”“黄河上游流动的风情走廊”、全国重点文物保护单位、国家级非物质文化遗产等文化品牌，打造了以孟达天池、黄河清水湾为主的自然生态文化，以骆驼泉景区和撒拉人家、班禅故居为主的民俗文化，以西路红军旧址为主的红色旅游文化，以县城、波浪滩景区为主的休闲度假等旅游精品线路①。以文化品牌为载体不断丰富和发展旅游业内涵，不断推动文化、旅游深度融合、高质量发展，为经济社会发展注入新活力。并按照“大活动促进大宣传”的思路，有特色、高水平举办“国际抢渡黄河极限挑战赛”“国际男篮争霸赛”“西北五省区花儿会”“撒拉族旅游文化节”“多彩孟达摄影展”“孟达天池千人徒步大赛”等丰富多彩的活动，充

① 中共循化县委：《关于循化县发展全域旅游的实践与思考》，《调查研究》（内刊）2022年第3期。

分利用多媒体平台加强宣传工作，设立专题网页，强势推介文化资源，不断扩大循化文化知名度和市场影响力。

2. 加快农旅融合

结合美丽乡村、村集体经济“破零”等工作，加强民居、民宿和古村落的保护改造。完成街子镇马家村、清水乡大庄村、道帏乡古雷村等重点旅游村寨的绿化、亮化、洁化工程，完善特色民宿、停车场等旅游基础设施建设。把改善农村生态和人居环境作为农旅融合的突破口和主攻点，着重在交通道路沿线、沿黄区域，新建和改造一批鲜辣椒、核桃、花椒等特色种养业规模化、标准化、景观化的农业田园综合体，展示地方特色农耕文化、民俗文化和地域风情，打造生态景观、农业景观、创意景观交相辉映的主题休闲农业。

3. 加快民旅融合

围绕“打造黄河上游生态环境优美、地域民族文化特色浓郁的现代商贸和国家级休闲度假旅游名城”的目标定位，遵循“打文化牌、走特色路、谋发展策”的新发展思路，依托撒拉族民俗文化的唯一性，主打撒拉族文化品牌，同时打造民风民俗、宗教人文、自然景观以及古文化等四大特色品牌，推动文化旅游产业高质量发展。依托特色资源和擅长优势，培育了一批民族工艺品加工、民族餐饮服务、民族服饰加工、木雕技艺、民俗博物馆、网络文化服务等为主的文化产业实体，并通过产业开发和链条沿伸，努力把循化建成青海新丝绸之路经济带特色文化建设的重要支撑点和西北独具特色的民族文化发源地。

4. 加快康旅融合

充分利用循化县气候宜人、生态环境优良的天然优势，推动生态旅游、宜居城市和康养休闲产业快速发展，加大生态、体育、医疗等领域基础设施投入力度，全面促进养生旅游基地、医疗服务机构、医疗旅游等项目建设，占地150亩、总投资3.6亿元的现代医疗城项目已全面开工建设，全面打造自然景观丰富，融康体养生、文化体验、生态观光、休闲娱乐于一体的养生、养老、养心、养病旅游目的地。

（四）推进文旅资源开发，助力乡村全面振兴

1. 以项目为引擎，进一步完善旅游发展基础

一是围绕“省内大众游、省外高端游”目标，以重点项目建设为核心，

投资1100余万元实施了撒拉尔故里民俗文化园撒拉族饮食文化展示交流中心、撒拉尔故里民俗文化园雪舟产品展销中心、撒拉尔水镇、撒拉印象城配套设施、循化县孟达天池景区智慧系统及生态停车场等建设项目。二是统筹整合各类项目资金1900余万元，对原有的红色教育基地进行全面升级，修缮了西路红军烈士陵园，新建了红色木栈道、“军民一家亲”雕塑群、西路军西征路线图浮雕墙，修复了红军庄廓院和红色展厅，建成了集红光清真寺、红军小学、红色广场、红军纪念馆、红色文化长廊“五点一体”的红色旅游路线[①]。三是积极探索发展特色旅游，激发黄河水上旅游活力。加快运营县城中心码头至积石峡水上旅游航线，实施了黄河水上游船（梁溪号）采购项目、23座游艇（一艘）采购项目、县城中心浮动码头及小游艇采购项目、黄河水上运动公园码头建设等项目，累计完成投资1300余万元。四是投资9.87亿元实施了突出气候条件温暖宜人、自然景观碧水丹山独特优美、地方和民族文化独特且浓厚、“黄河彩篮”农业种植产业发展强劲等民族地域特色项目，构建文旅、农业、康养“三位一体”的循化撒拉尔水镇建设项目。

2. 合理开发特色资源，进一步丰富文化旅游发展业态

制定《县级非物质文化遗产项目传承人认定及管理办法》，鼓励和支持非物质文化遗产代表性传承人开展传承活动，全方位开展撒拉族传统民俗实物征集展示等，助力巩固脱贫攻坚成果和乡村振兴战略的有效衔接。邀请当地学者、民俗专家成立循化县非遗保护专家委员会，召开非遗项目研讨交流会、传承人座谈会等，对撒拉族服饰、撒拉族婚礼、民间文学等进行有效的传承保护，整理并保存了一批极其珍贵的非遗保护传承资料，向世人展示循化非遗文化魅力。依托2018年设立的省级循化撒拉族文化生态保护实验区，贯彻落实《海东市河湟文化保护条例》，加强对全县文化遗迹、馆藏文物和遗迹文物的保护。科学利用各方资源，推动对文都古城遗址的进一步考古发掘，组织省内外专家学者加强对古城文化历史的全方位研究解读，科学复原文都古城风貌。整合全县名胜景区和文化资源，科学统筹谋划布局，推动循化文旅高质量发展，打造具有深厚文化底蕴的沿黄民族地区人文景观，体现历史文化的厚重性、生态文化的多元性和地域文化的立体性。

---

① 循化县文体旅游局：《循化县文化旅游融合发展情况汇报材料》，内部资料，2023年4月6日。

（五）聚焦人才培养，推进文旅从业人员水平得到新提升

积极适应新时代文旅发展需求，大力推进创新型高素质文旅人才队伍建设，培育和造就一批具有长远视野、专业水平的文旅战略人才、领军人才和青年人才队伍作为支撑。

1. 加强文旅基础理论培养

注重道德提升，树立诚信理念，使旅游从业人员在职业岗位上以诚信的态度为游客服务，传递正能量。注重文化软实力培养，以少数民族历史文化为基点，深入挖掘全县非物质文化遗产、地方风土人情、各民族民俗、经典故事等旅游文化资源，引导游客沉浸式体验旅游景区所蕴含的文化，形成旅游特色。目前有国家级非遗代表性传承人 5 人、省级非遗传承人 10 人、市级非遗代表性传承人 57 人。

2. 加强文旅专业人才培养

强化文旅职业技能培训，积极争取每年安排专项培训经费，通过举办文旅人才专题培训班，选派相关人员到旅游业发达地区、旅游院校进修学习，有效解决循化县旅游队伍整体素质偏低、人才管理乏力等问题。

3. 加强旅游人才平台建设

探索建立旅游人才激励机制，积极培养和引进一批专业水平高、发展潜力大、创新意识强的新时代优秀旅游人才，在保证他们基本待遇的同时，建立完善奖励制度，有力激发旅游人才的热情和潜能，使他们安心于循化旅游事业发展。

三　循化实践对黄河上游民族地区文化旅游高质量发展的启示

循化县委、县政府立足该县文化旅游资源优势，明确文旅发展思路，强化责任担当，优化发展举措，努力打造“和美循化全域旅游”品牌，先后赢得了“中国县域旅游品牌百强县”“中国绿色名县”“中国最佳民族生态旅游休闲胜地”等殊荣，在 2023 年“五一”期间，全县共接待游客 12 万人次，实现旅游收入 3369 万元，同比分别增长 403%和 321%，创该县历史同

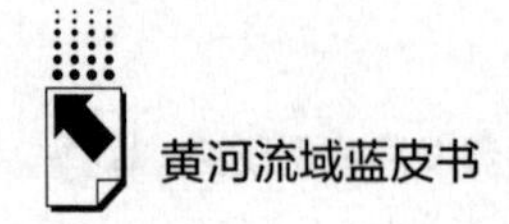

期最高纪录[①]。循化县推动文化旅游高质量发展成效显著，为黄河上游民族地区文化旅游高质量发展提供了可借鉴、可复制的“循化经验”。

（一）加强顶层设计，高位统筹推动

循化县坚持实行“旅游立县”战略，成立以县长为组长的全域旅游发展领导小组，完善统一领导工作机制。加强基础设施建设，持续推动循化文化与旅游深度融合，牢固树立“旅游立县”的新发展理念，把全县的“绿水青山”打造升级转化为造福全民全业的“金山银山”。打造中国撒拉族绿色家园AAAA级景区和国家级休闲旅游度假区，研究挖掘循化特有的革命历史、红色文化、爱国传统、风土人情、经典故事、自然资源的发展逻辑和新时代价值，探索持续有效的融合发展路径。先后建成红光村红色旅游服务中心、全域旅游游客集散中心、黄河水上旅游、班禅故居红色旅游景区等一批红色印记明显、产业关联度高、互补性强、融合面广的生态游、黄河游、民俗游项目，促进旅游多业态多彩融合，让循化“全域旅游”更具地域灵魂、民族风情、红色基因和时代气息，努力提升“青藏之旅首游循化”的知名度和影响力，为乡村振兴注入了强劲动力，探索出一条“旅游+扶贫”的新路子[②]。在县委、县政府统一领导、统筹谋划推动下，循化文化旅游得到快速发展，先后获得国家AAAA级旅游景区、全省旅游扶贫开发示范县、全国农业观光旅游示范县、中国县域旅游品牌百强县、中国绿色名县、中国最佳民族生态旅游休闲胜地、省级风景园林化城镇、省级休闲旅游度假区等殊荣。

（二）推动载体创新，拓展宣传覆盖面

循化县充分挖掘地方特色文旅资源，不断扩大宣传覆盖面，在“青海年·醉海东·循化游”“和美循化春来早”文化旅游节、县乡村三级各类体育赛事等系列大型文体活动期间，不仅动用省、市各大主流新闻媒体、旅行社的宣传力量，同时积极邀请网红主播全程参与，采风考察全县景区景点，通过各

① 《循化县“五一”旅游市场爆棚》，循化撒拉族自治县人民政府网站，http://www.xunhua.gov.cn/html/1351/413638.html，2023年5月4日。

② 《循化县发挥红色文化“引擎”作用 持续激发全域旅游发展动能》，循化撒拉族自治县人民政府网站，http://www.xunhua.gov.cn/html/1351/404994.html，2021年4月12日。

方微信公众号、快手、抖音等热门多媒体平台，开展多元、多角度、全方位立体宣传推介循化县各精品旅游产品和线路，中央及省市各级媒体多次采用转发循化县旅游宣传短片，青海日报、海东日报等省市报刊多次发布循化旅游推介资讯，全面提升循化县文化旅游的影响力和吸引力。

（三）加快文体旅深度融合，引领旅游高质量发展

循化县依托各大节会、文体活动，大力推进“旅游+”，成功打造青甘男子篮球邀请赛、撒拉人家美食体验、“梁溪号”游船启航、旅游采风考察、黄河彩篮踏青采摘、赏樱花、文旅产品展销、文创作品和黄河奇石书画摄影展、黄河诗会、锅庄舞蹈表演等特色浓郁、主题鲜明、体验舒适的文化旅游产品，满足群众对游览体验的差异化需求①。活动期间邀请原生态歌手联袂助唱，循化经典歌曲、民族服饰表演、民族联舞全新演绎，为广大游客带来全新视听盛宴。积极举办青甘男子篮球邀请赛，邀请甘肃省甘南州、积石山县、广河县、康乐县以及省内黄南州、海南州、果洛州等地球队前来参赛，推动体旅融合新发展。撒拉人家美食体验街成为旅游打卡新亮点，展示花花、馓子、包子、麻花、蜜枣、手抓等各类特色美食，推出网红产品“竹筒奶茶”吸引游客体验。清水湾主题公园小山顶向黄河上空延伸而建的“U”字形玻璃栈道，不仅使游客能近距离欣赏翡翠般的黄河水、小积石山的非凡姿态和被誉为全县颜值最高自然景观的黄河“S”形清水湾，还能身处“英雄救英雄”的故事发生现场缅怀英雄，传扬革命精神和正义文化。

（四）推动全域联合协作，提高行业服务水平

循化县始终坚持“旅游立县”目标，深化部门协作联动，加强文旅、市监、公安、交通、消防等相关部门联动，对全县所有景区景点、餐饮店（包括农家院）、住宿单位的门面形象、环境卫生、经营场所、市场秩序、服务质量、安全设施、应急方案等进行统筹安排和执法检查，保障全域文旅相关行业服务到位、消费合理透明、交通安全畅通、客流平稳有序，全力以赴为四方游客创造安全舒适、品质高优、口碑佳良的高质量旅游体验。

---

① 李晓娟、韩斌：《循化旅游收入创历史同期最高水平》，《海东日报》2023年5月5日，第2版。

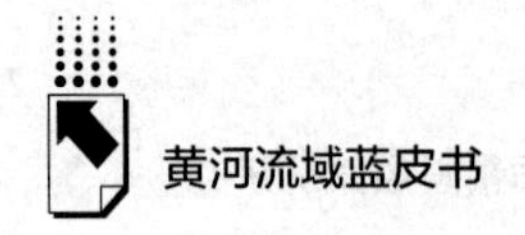

（五）挖掘特色文化，促进品牌建设

持续加强对全县及各民族的历史、民俗、非物质文化、爱国文化、红色文化、革命文化、黄河文化、生态文化等本地特色文化的探索挖掘和深入解读，努力打造循化独有、意义重大、体验独特的黄河牌、红色牌、爱国牌、美食牌、避暑牌、乡村牌、民俗牌等，形成全面推动“旅游+”高度融合发展的强劲动力。推动撒拉尔水镇、撒拉尔故里民俗文化产业园、街子骆驼泉、红光村等重点景区提档升级，显著提升旅游品牌的颜值和品质。深入挖掘非遗资源优势，助力脱贫攻坚和乡村振兴战略实施。组织当地撒拉族、藏族有关服饰、音乐、乐器等非遗项目进行展示展演，依托撒拉家宴等非遗资源，积极推动非遗进景区活动，促进文化与旅游融合发展。积极争取实施文化扶贫产业项目，研发设计刺绣类文创产品进景区，丰富旅游景区文化旅游内涵，为非遗传承人、非遗企业拓展增收渠道。

参考文献

陶成君：《海东：如何保障旅游市场活力无限》，《海东日报》2023 年 5 月 18 日。

董高洋：《少数民族经济发展研究——以循化县撒拉族为例》，《中国集体经济》2021 年第 17 期。

郭长龙：《坚定不移推动黄河流域生态保护和高质量发展》，《山东干部函授大学学报（理论学习）》2023 年第 1 期。

韩秀枝：《黄河流域生态保护与高质量发展研究》，《合作经济与科技》2021 年第 9 期。

韩永寿、姬智攀、禹永娜、马妍、冉雨洁：《从区域特点谈循化县振兴乡村经济的途径》，《现代营销（下旬刊）》2020 年第 1 期。

祁桂芳：《撒拉族文化遗产的旅游开发与保护》，《中国商贸》2011 年第 21 期。

石晨：《打造黄河文旅产业新格局助力黄河流域高质量发展》，载董力主编《贯彻新发展理念 全面提升水利基础保障作用论文集》，长江出版社，2022。

张旭娟、李翠林：《青海文旅融合高质量发展路径研究》，《黑龙江生态工程职业学院学报》2022 年第 3 期。

赵宇、马明忠：《循化县红光村红色文化资源的历史形成及当代价值研究》，《青藏高原论坛》2021 年第 1 期。

B.26
郑州市以新赛道引领制造业高质量发展研究

赵西三　刘晓萍*

摘　要： 党的二十大报告强调，“坚持把发展经济的着力点放在实体经济上”“开辟发展新领域新赛道，不断塑造发展新动能新优势”。新赛道不仅是国家布局产业高质量发展的重点，也是各区域重塑产业竞争优势的关键抓手。近些年，郑州市实施“制造强市”战略，制造业发展突出呈现五个“加”特点，但对标先进省会城市，郑州市制造业还存在产业首位度不高、产业辨识度不高、研发首位度不高、龙头企业能级不高及产业生态环境不优等现实制约。面对合肥、成都、长沙、西安等城市抢位新赛道、重塑新优势的区域发展态势，郑州市应聚焦“新计算、新型车、新装备、新食品、新材料、新生物、新设计”等七大赛道重塑城市形象，积极谋划打造“新赛道之城”，以新赛道培育全力引领制造业高质量发展。

关键词： 新赛道　制造业　郑州市

新赛道是以新要素、新技术、新模式迭代更新全产业链而形成的新业态，具有跨界融合、爆发增长、动态演进和面向未来等特点，是新兴产业中最具引

* 赵西三，河南省社会科学院数字经济与工业经济研究所副所长、副研究员，主要研究方向为产业经济学；刘晓萍，河南省社会科学院数字经济与工业经济研究所副研究员，主要研究方向为产业经济学。

领力、最具爆发性的领域①。当前，随着数字经济对产业链、产业组织、产业形态的持续渗透，已经形成了一批制造业新赛道，合肥、武汉、成都、西安等多地也将培育新赛道作为推进新旧动能转换、重塑新时代竞争优势、实现制造业高质量发展的重要抓手。因此，立足制造业高质量发展，以新赛道培育加快塑造制造业新优势，对郑州市发展意义重大。

一　制造业新赛道发展趋势

新赛道是数字化与实体经济深度融合过程中涌现的新产业，是塑造制造业发展新动能新优势的重要引擎。当前，制造业新赛道发展主要呈现以下四大趋势。

（一）新消费引领

随着新生代、新中产、新老人、新小镇青年等新消费群体崛起，国风国潮、智能尝新、悦己为先、朋克养生、共情体验等新消费潮流蓬勃兴起，“消费升级”和“内容下沉”同步推动消费释放新活力，潮流食品、国货美妆、微度假等新赛道接连涌现。如食品饮料产业，面对消费者更加注重健康概念、科学配比、锁鲜升级、多元化口味等消费趋势，奇亚籽、胶原蛋白、益生菌等功能性元素成为食品新宠，“0 反式脂肪酸”“低糖无糖”等新概念产品不断面市，气泡水、速食、代餐、植物奶、低度酒等新赛道快速崛起。如美妆个护产业，随着国潮国风盛行、国内护肤品研发水平提升、供应链完备，国货品牌开始打破海外垄断，美妆产品更加突出成分、原料与功效，美妆赛道愈加细分，国货底妆、功能性护肤、高端头发护理等新赛道表现亮眼。又如近郊旅游，近三年受新冠疫情管控影响，作为“诗与远方”旅游的“代餐”，城郊户外运动搭配精致露营的微度假成为新消费的一种时尚潮流，露营装备、户外电源、小众运动器材等新赛道跨越发展。

① 长城战略咨询：《中国新赛道 2022“制造+”专题报告》，2023 年 3 月。

（二）硬科技支撑

当前，“新赛道”更多地是对新兴产业和未来产业的演绎，往往被认为是符合科技革命和产业变革方向的产业细分领域，是颠覆科技创新的载体，而驱动新赛道发展的核心技术属于具有突破性和颠覆性的前沿技术，产业新赛道的发展规模、创新速度和影响范围受制于前沿技术的产业转化进程，因此伴随着区块链、人工智能、数字孪生、脑科学等硬科技跨越临界点，更多富有科技感、未来感的新赛道逐渐显现。如围绕推动高效能计算、人机交互、新型显示等方面的关键技术突破，提升沉浸式交互体验品质，将引领元宇宙等新赛道爆发式增长。再如围绕智能网联汽车所需核心芯片及基础软件、智能机器人所需控制感知运动核心部件及云端智能操作系统等突破关键核心技术，推动智能终端产业跨越发展，将引领智能网联汽车、智能家居机器人等大终端赛道创新发展。又如，近日由马斯克创立的脑机接口公司 Neuralink 宣布该公司已经获得美国食品和药物管理局批准开始临床实验，以及全球首例非人灵长类动物介入式脑机接口实验在北京获得成功，这些技术的突破落地将推动脑机接口在医疗、教育、工业、娱乐等领域应用落地，更会加速推动脑机接口成为未来产业发展的重要赛道。

（三）新场景赋能

在传统工业经济时代，新型产业兴起源于科技创新，以基础技术研究攻关为核心循序渐进为应用研究、小试中试直至市场化量产，进而发展壮大为规模性产业。但是进入数字经济时代后，新型产业改变原有发展模式和路径，以创意场景为起点，推动传统实验室试错型创新晋级为科学家、创业者、消费者共同参与的生态型即时创新，围绕新场景进行新技术创造性应用和产业化推进，推动数字文化消费场景、泛在智能物联场景、太空场景等新场景不断突破。如文旅领域，数字化推动文化消费空间从传统空间向创新型、体验型、虚拟性等空间延展，文化消费新场景依托多语言互动、生物识别技术、集成全息影音等新型数字体验技术进步带来的多元呈现方式不断吸引消费者入场，文旅产业新业态持续涌现、产业链不断延伸，在线文娱、在线云旅、在线会展等一批新赛道快速成长。与此同时，不断涌现的新物种企业也正在通过打造新场景引领新

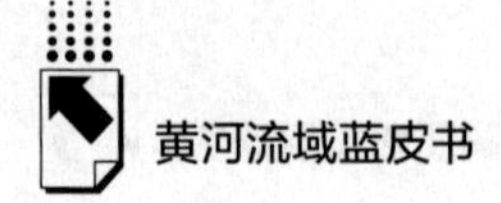

赛道发展，如孩子王、酒仙网等企业颠覆了消费领域传统线下购物方式，开拓了互联网母婴、在线零售等新场景；蚂蚁集团、度小满等独角兽创新了支付消费方式，开拓在线支付新场景；高顿网校、学堂在线等企业颠覆线下学习培训服务模式，开拓在线远程教育等新场景。

（四）低碳化发展

当前，以绿色低碳为特征的技术变革正在重塑全球产业发展新版图，在碳达峰碳中和、生物安全等国家战略布局和政策引导下，关乎绿色低碳及人类生命健康等方向的新赛道备受关注，尤其我国产业结构偏重、能源结构偏煤、单位 GDP 能耗物耗偏高，对标“双碳”转型目标将催生各类新技术、新业态、新模式。一方面，随着能源结构从高碳向低碳、零碳转型，电力、氢能源、可再生能源、新型储能、新能源汽车等新兴产业及未来产业迎来发展新空间。另一方面，立足产业基础与沉淀，聚焦有色金属、化工、汽车、装备制造等传统优势产业减碳提质，一批新技术、新工艺、新材料、新装备将不断催生一批绿色低碳新赛道。

二　郑州市制造业发展的现状态势

近年来，郑州市实施“制造强市”战略，加快布局先进制造业发展，制定了《郑州市“十四五”先进制造业高地建设规划》《郑州市制造业高质量发展三年行动计划（2020-2022 年）》《郑州市实施换道领跑战略行动计划方案》等一批文件，出台了加快制造业高质量发展“1+N”政策体系，政策措施含金量持续提升，整体上看，全市制造业发展呈现稳步提升态势，突出表现为五个“加”的特点。

（一）产业实力加强

2022 年，郑州规上工业增加值增速达到 4.4%，居国家中心城市第 4 位，在全国 27 个省会城市中排第 13 位。规模以上工业企业数量达到 2606 家，超百亿企业达到 17 家，其中国家制造业单项冠军 9 家、技术创新示范企业 7 家、质量标杆 5 家、专精特新“小巨人”企业 111 家，入选“中国制造 500 强”

企业 3 家。郑州先后获批国家服务型制造示范城市、燃料电池汽车应用示范城市群等国家级示范平台，郑州制造竞争力和影响力持续提升。

（二）换道领跑加快

深入实施换道领跑战略，产业结构持续优化，2022 年，六大主导产业、战略性新兴产业、高技术制造业增加值占比分别达到 83.3%、52.5%和 38.5%。产业新赛道持续拓展，算力服务器、芯片、新型显示、智联汽车等新兴产业链正在集聚，传统优势产业领域新业态新模式持续涌现，如家居领域的致欧家居科技股份有限公司成为全球知名的互联网家居品牌商，晋身独角兽企业。

（三）创新投入加码

突出把创新作为“华山一条路”，2022 年，全市研发投入经费总量为 310 亿元，强度达到 2.45%，首次超过国家平均水平，实现历史性突破。截至 2022 年，全市规上工业企业研发活动覆盖率超 60%，高新技术企业数量达到 5189 家。创新载体平台能级提升，国家自创区建设成效突出，中原科技城格局呈现，累计建有省产业研究院 5 家、省级制造业创新中心 6 家，建成国家级企业技术中心 28 家、国家级工业设计中心 2 家、国家级技术创新示范企业 8 家。

（四）集群聚链加力

特色集群优势彰显，已经形成电子信息、汽车、新材料、装备制造、现代食品、铝加工 6 个千亿级产业集群，中牟汽车、经开盾构、新郑食品、巩义铝精深加工等全产业链优势彰显。新兴产业集群逐步壮大，下一代信息网络产业集群和信息技术服务产业集群被纳入国家战略性新兴产业集群发展工程，航空港“芯屏端”产业集群、高新区智能传感谷、金水科教园区信息安全等集群已具较强影响力。

（五）数智赋能加速

深入实施数字化转型战略，制造业实现数字化、网络化、智能化转型明显加速，入选国家级智能制造试点示范企业（项目）40 个，131 家企业建成省级智能工厂（车间），30 家企业入选省级及以上新一代新技术融合新模式项目，富士康郑州工厂、海尔热水器工厂获评全球“灯塔工厂”，2家企业入选国家工业互联网创新工程，4家企业获评国家级工业互联网试点示范项目，上云企业累计6.2万家。全市集聚省级企业上云服务商35家，省级中小企业数字化转型服务商60家，15家企业入选省级智能制造系统解决方案供应商推荐目录，中机六院成为全省首个国家级智能制造解决方案供应商。

三　郑州市制造业发展的瓶颈制约

2022年12月，赛迪研究院发布《先进制造业百强市（2022）》，报告显示深圳、苏州、广州、南京、杭州、宁波、青岛、长沙、成都、武汉进入榜单前十名，郑州仅列第18位，对标其他工业强省、中西部省份主要省会城市，郑州制造业发展还存在一系列障碍亟待突破。

（一）产业首位度不高，辐射带动力不强

基于目前数据可得性，以2021年为例，郑州工业增加值完成3400亿元，在六个工业大省（江苏、广东、浙江、山东、福建、河南）省会城市中略高于福州、济南，中部六省中居第3位，相当于广州的59.4%、南京的68.1%、杭州的70.8%（见图1）。同时，郑州是高新技术产业产值唯一不足万亿元的国家中心城市。

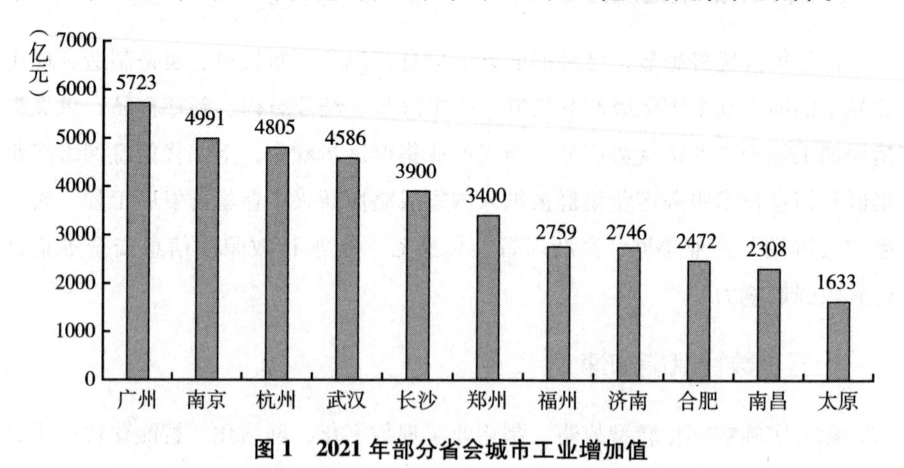

图1　2021年部分省会城市工业增加值

资料来源：根据网络数据整理。

产业首位度体现出省会城市在全省工业大盘中的产业规模层次、产业链地位等多个方面，与中部其他省份省会城市相比，2021 年郑州工业首位度（工业增加值占全省比重）为 18.1%，居中部六省最后一位。当前，河南很多龙头企业越过郑州在沿海城市设立区域总部、研发中心、营销中心等，郑州对全省产业升级的辐射带动力明显不够（见图 2）。

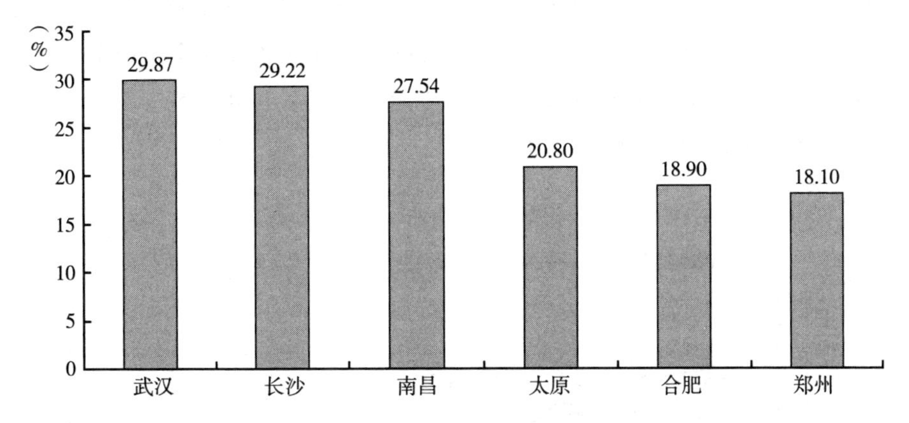

图 2　2021 年中部六省省会城市产业首位度

资料来源：根据各省统计公报整理。

（二）产业辨识度不高，链群竞争力不强

一个城市能否在全球范围和中国双循环发展大局中独具一格，核心是其自身的区域辨识度是否充足，而这个区域辨识度主要体现为产业链供应链版图上的产业辨识度。比较看，郑州主导产业没有形成特色品牌，与杭州的新制造、西安的硬科技、合肥的“芯屏汽合、集终生智”、武汉的“光车星网”四谷、长沙的“三智一芯”等相比，郑州特色产业聚焦度不够、辨识度不够。缺乏产业辨识度就难以集聚高端要素，难以真正形成产业链整体竞争力，工信部公布的 45 个先进制造业集群名单中，广州 3 个（超高清视频和智能家电、智能装备、高端医疗器械）、南京 2 个（软件和信息服务、智能电网装备）、长沙 2 个（工程机械、新一代自主安全计算机）、西安 1 个（航空）、合肥 1 个（智能语音）、杭州 1 个（数字安防），而郑州没有优势制造业集群上榜。

（三）研发首位度不高，创新引领力不强

一般来说，内陆省份只有省会城市才有吸引集聚高端要素的能力，省会城市在科技创新中更应发挥引领带动作用。从城市创新能力上看，2021 年郑州研发强度达到 2.45%，首次超过全国平均水平，但是与另五个工业大省及中部五省省会城市相比，郑州创新投入还显不足，研发投入绝对量及研发投入强度都处于中下游（见图 3）。与此同时，由科技部发布的 2022 年全国城市创新能力百强榜显示①，郑州位于第 24 位，低于南京（4）、杭州（5）、广州（6）、武汉（7）、西安（8）、长沙（10）、合肥（11）、成都（14）、济南（16）等城市排名。

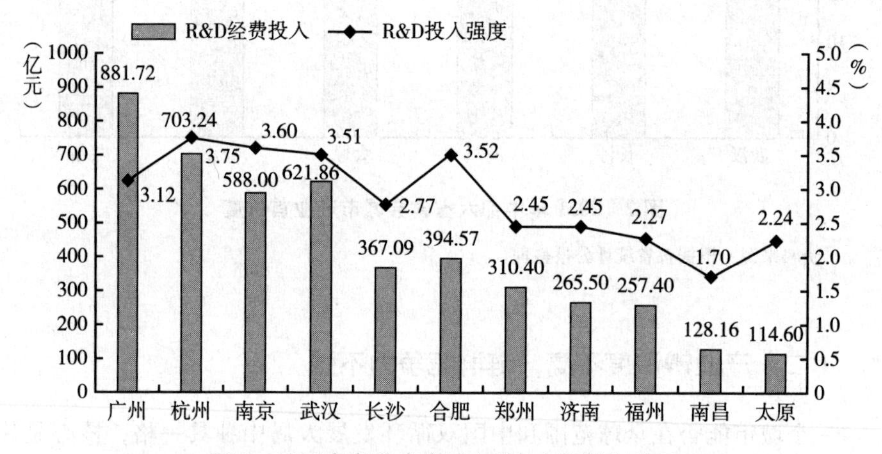

图 3　2021 年部分省会城市科技创新投入状况

资料来源：根据各省统计公报整理。

此外，从城市创新集聚引领力上看，对比中西部主要省会城市，郑州研发首位度（研发投入占全省比重）与西安、武汉、成都差距较大，也低于太原、长沙、合肥等城市，对全省的创新引领作用相对较弱（见图 4）。

从创新企业支撑力上看，郑州科创板上市企业尚未实现“零”的突破。与主板上市公司不同，科创板企业几乎都是硬核科技公司，更依赖所在区域的

① 科技部、中国科学技术信息研究所：《国家创新型城市创新能力评估报告 2022》，2023 年 2 月 15 日。

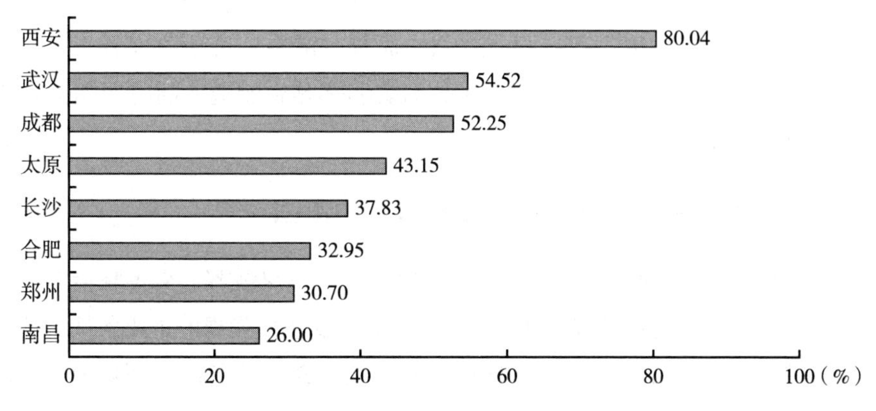

图 4　2021 年中西部主要省会城市创新首位度

资料来源：根据各省统计公报整理。

科教资源，上市企业数量更能反映出区域的科技创新能力。上交所官网显示，截至 2022 年 6 月科创板共有 428 家上市企业，分布在 67 个城市，其中上海（65）、北京（56）、苏州（38）位居全国上市企业数量前三，杭州（23）、广州（15）、成都（14）、合肥（14）、西安（9）等居省会城市前五名，而郑州科创板上市公司一直处于“挂零”状态，这也凸显郑州市的创新能力对制造业的赋能作用还远远不够。

（四）龙头企业能级不高，产业链掌控力不强

城市制造业水平通常体现在龙头企业的竞争力和影响力上，与国家中心城市及主要省会城市相比，郑州龙头企业数量和竞争力亟待提升，尤其是平台型、生态型、总部型企业不多，对产业链的整体掌控力不强。国家级高新技术企业数量是衡量一个地区产业先进性创新性的重要指标，从国家级高新技术企业数量看，2022 年郑州达到 5189 家，同期广州、杭州均突破 1.2 万家，武汉超过 9000 家，南京、长沙超过了 7000 家，合肥也超过了 6400 家。从国家级制造业单项冠军示范企业数量看，2016 年以来工信部先后公布六批 848 家企业，郑州 7 家，而杭州 26 家、广州 16 家、南京 14 家、长沙 15 家、济南 13 家、武汉 10 家，郑州仅比南昌、太原企业数量领先，制造业单项冠军示范企业专注于特定细分市场、占据全球产业链主导地位，此类企业数量是衡量城市

制造业水平高低的重要标志。由《2022 年中国制造业民营企业 500 强》榜单统计，郑州有 2 家入围，而杭州、广州、成都、济南、长沙分别有 27 家、6 家、6 家、5 家、4 家企业入围，上述数据表明郑州在制造业品牌影响力和产业链话语权上还有所欠缺。

（五）产业生态不优，高端要素吸引力不强

产业平台、产业配套、金融资本、技术创新、人才支撑、营商环境等产业生态环境，是制造业新经济、新技术、新业态、新模式发展的重要条件。郑州相比于沿海省份，目前产业生态环境还有较大差距，从营商硬环境看，2022 年 2 月中国社科院发布的 2021 年中国城市营商环境竞争力排行榜中，郑州仅排第 29 位。产业生态影响高端人才集聚，我们在调研中了解到，一些创新型企业给予了高层次人才与沿海地区一样的工资待遇，但是高端人才还是不愿长时间在郑州工作，主要是离开产业创新圈限制了职业发展上升空间。2023 年 5 月，智联招聘发布《中国城市人才吸引力排名 2023》，公布了 2022 年最具人才吸引力城市 100 强，北京、上海、深圳、广州、杭州、南京、成都、苏州、武汉、无锡位居前十强，超六成人才流向长三角、珠三角、京津冀、成渝、长江中游五大城市群。郑州人才吸引力仅居 28 位，较 2022 年下降了 10 个位次，且位居长沙（12）、济南（13）、合肥（19）、西安（20）之下，这反映出郑州人才吸引力不仅与一线城市相比不具备竞争力，甚至与中西部其他省会城市也有差距。

四　制造业新赛道培育的城市实践

近年来，省会城市更加强调制造立市战略，在产业定位和谋划上敢于创新抢位，全力提升产业辨识度，如合肥聚焦新场景、成都聚焦新经济，长沙聚焦新消费，西安聚焦硬科技。上述城市都是紧紧围绕城市发展主线，构建产业生态，集聚高端要素，催生新物种新场景新赛道，持续打造竞争新优势，其发展实践及经验值得借鉴。

（一）重塑城市产业品牌

近年来，部分省会城市围绕新产业新业态新模式发展趋势，超前谋划布

局，重塑产业品牌，吸引优质产业要素集聚，打造独特的产业形象，在城市产业竞争中创造新优势。杭州聚焦“新制造”，2019 年杭州发布《关于实施“新制造业计划”推进高质量发展的若干意见》，召开全面实施“新制造业计划”动员大会，聚焦“三提两改一创”，打造数字经济和制造业高质量发展双引擎，“产业大脑+智能工厂”新制造模式全国领先。成都发力“新经济”，2017 年成都设立全国首个新经济委员会，发布《关于营造新生态发展新经济培育新动能的意见》，聚焦“六大产业形态”“七大应用场景”，逐步构建“1+6+7+N”新经济政策框架，定期举办新场景新产品“双千”机会清单发布会，“新经济标杆城市”品牌形象深入人心。西安打造“硬科技”，2017 年西安发布《西安市发展硬科技产业十条措施》，放大科教资源优势，聚焦硬科技“八路军”（航空航天、光电芯片、新能源、新材料、智能制造、信息技术、生命科学、人工智能），连续 5 年召开全球硬科技创新大会，“硬科技之都”品牌形象在全国迅速出圈。

（二）打造地标产业名片

部分省会城市发挥自身产业基础优势，融入产业发展新趋势，培育地标性产业，打造城市产业新名片，增强标志性产业辨识度，吸引相关产业链和高能级要素集聚，提升全产业链整体竞争力。合肥聚焦“芯屏汽合、集终生智”发展壮大战略性新兴产业，精准制定“综合政策+专项政策+金融产品”的全方位政策体系，“芯屏汽合、集终生智”已经成为合肥现象级产业地标和特色名片，实现了城市产业发展的“换道超车”，成为合肥打造全国重要先进制造业高地的核心支撑。长沙突出深耕“三智一芯”产业，2020 年 7 月长沙创新性地提出以“三智一芯”（智能装备、智能终端、智能网联汽车和新能源汽车、功率芯片）产业为主攻方向，把本地产业优势与产业发展趋势结合起来，作为长沙向产业链、价值链高端领域突破的发力点，一批重大项目落地投产，实现了长沙制造向“长沙智造”华丽转身。

（三）强化产业创新策源

科技创新是先进制造业发展的引擎，部分省会城市强化科创资源优势，争取进入国家科技战略布局，促进创新链产业链融合发展，抢占先进制造业发展制高点。合肥争取综合性国家科学中心布局，早在 2017 年国家发改委和科技部就联合批复了合肥综合性国家科学中心的建设方案，合肥代表国家在更高层次上参与全球科技竞争与合作，合肥综合性国家科学中心集聚了 4 个国家大科学装置，引领高水平科技创新人才团队加速汇聚，2021 年中国科技十大突破就有 4 项产生于国家科学中心；2022 年 6 月合肥规划建设“科大硅谷”，打造具有重要国际影响力的科技创新策源地和新兴产业集聚地。武汉进入全国科技创新中心布局，2022 年 6 月，国家在武汉布局建设具有全国影响力的第五个科技创新中心，提出 51 项重大支持举措，脉冲强磁场、精密重力测量等 5 个大科学装置进入国家序列并落地。

（四）抢占产业前沿赛道

近年来，新一轮科技革命和产业变革加速演进，产业新赛道持续涌现，新赛道代表着产业发展新方向，成为城市产业竞争的新焦点，省会城市纷纷布局新赛道，再造新优势。成都立足城市功能定位，把握赛道成长逻辑，提出抢占未来产业发展新赛道的详细规划，包括战略型未来赛道（量子科技、6G 通信、合成生物、超级高铁等）、趋势型未来赛道（智能网联汽车、商业航天、高性能医疗器械等）、人本型未来赛道（XR 扩展现实、脑科学应用等）等三大未来新赛道，提升成都在全球创新网络和产业分工格局中的位势能级。南京全力打造“2+2+2+X”创新产业体系，着力提升软件和信息服务、智能电网两大优势产业，做强集成电路、生物医药两大先导产业，着力突破智能制造、新能源汽车等潜力产业，积极布局未来网络与通信、基因技术、氢能与储能等产业新赛道。

（五）搭建产业高端平台

产业开放合作平台是城市打造先进制造业高地的重要支撑，近年来，省会城市纷纷通过筹办世界级产业发展大会、博览会等，打造汇聚产业资源、提升招商能级的枢纽平台，成效明显。合肥 2018 年以来连续 4 年举办世界制造业大会，展示全球制造业领域新产品、新技术、新模式、新业态，已成为世界制造业领域高端交流、深化合作、共享共赢的重要平台，合计签约合作项目 2455 个，投资总额达 23821 亿元。合肥自 2019 年开始又创办了世界显示产业大会，已经连续举办了 3 届，为合肥新型显示产业提质发展提供了平台支撑。

南京自2016年开始连续6年举办智能制造大会，开展智能制造创新大赛等系列活动，已成为全球智能制造有机对接、协同合作的重要窗口和行业共商发展大计、共享最新成果的重要平台。武汉打造了多个产业开放平台，如国际光电子博览会暨论坛已经连续举办18届，累计吸引全球30多个国家和地区的5400余家知名企业参展，已是全球最有影响力的光电子信息专业展会；2021年开始又创办了“5G+工业互联网大会”，是我国“5G+工业互联网”领域唯一的国家级盛会，超过40个“5G+工业互联网”领域的合作项目现场签约，武汉成为我国5个工业互联网标识解析国家顶级节点之一。济南2021年创办了世界先进制造业大会，搭建先进制造业企业与政界、学界对话交流的高端平台，促进国际合作、部省合作和省际区域合作。

（六）优化提升载体布局

顺应产业转型升级趋势，建设更高能级产业载体，持续优化产业空间布局，挖掘释放空间潜力，重塑产业经济地理，提升对高端项目的吸引力和承载力，是城市竞争力的重要方面。武汉逐渐形成了“四谷”联动发展格局，《武汉市工业高质量发展“十四五”规划》提出依托各区未来产业核心，着力构筑“光谷、车谷、网谷、星谷”四大工业板块，引导产业优化布局，推进高端高新产业集群崛起。杭州在“十三五”规划中重点布局“城东智造大走廊”和“城西科创大走廊”，形成对杭州先进制造业的两翼支撑，城东智造大走廊依托“一带两区多平台”总体空间架构，建成全球未来产业发展先行区；城西科创大走廊依托“一心聚力、两轴提升、七圈驱动、全域风景”空间格局，打造面向世界、引领未来、服务全国、带动全省的创新策源地。成都重点布局了14个产业生态圈66个产业功能区，按照“主导产业匹配、功能定位匹配、区位布局匹配”原则，引导产业错位布局，聚焦特定产业的新技术、新业态、新模式、新要素、新材料，为制造业高质量发展提供持久动力。

五　郑州市培育制造业新赛道的战略方向

对标郑州制造业高质量发展目标，借鉴先进省份省会城市发展经验，郑州应围绕“新赛道”这个战略定位和发展主线，积极谋划打造“新赛道之城”，

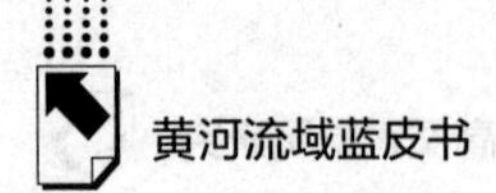

聚焦新计算、新型车、新装备、新食品、新材料、新生物、新设计七大赛道重塑城市形象，与成都新经济之城、长沙新消费之城、西安硬科技之城、合肥新场景之城逐渐形成“内陆五城”发展格局，助推国家中心城市建设。

（一）新计算

新计算产业是以服务器集群为代表的传统计算产业的升级与扩展，包括算力、算法和算数三大板块，近5年产业增速均接近50%。伴随着长城、浪潮生产基地及鲲鹏计算、超聚变服务器等一批头部企业陆续落地，郑州正在信创、X86两大领域发力，持续推动新计算生态集聚。此外，郑州还获批创建国家新一代人工智能创新发展试验区、国家区块链发展先导区，2022年8月，郑州数据交易中心挂牌，郑州在算力、算法和算数等领域都有了发展突破口。

（二）新型车

新能源及网联汽车是当前最令人瞩目的新兴产业领域，随着以电动化、智能化、网联化、共享化为趋势的汽车“新四化”加速渗透，汽车产业正在由传统技术密集型的机械制造逐步转变为与新能源、数字技术深度融合的新产业形态。汽车是郑州的战略支撑产业，在换道新能源及网联汽车新赛道发展上，郑州具有较好的基础。尤其，伴随着上汽乘用车郑州基地升级为新能源汽车基地、宇通开工建设新能源商用车基地、规划产能40万辆的郑州比亚迪投产、一汽解放新能源商用车基地建设、造车新势力盒子智行落地以及郑州入围国家燃料电池汽车示范应用城市群政策的加持，郑州在新型车上具备了后发赶超的基础。

（三）新装备

智能化时代新装备需求空间巨大，郑州在智能机器人领域有了一些基础，规模以上装备制造企业有400余家，具有了一定的综合实力。一方面，在盾构机、矿山装备、工程机械等传统优势领域智能化升级不断加快，“装备+平台+服务”一体化发展格局呈现；另一方面，智能机器人产业发展迅速，如欧帕工业机器人的搬运机器人、科慧科技的焊接机器人、中原动力的智能机器人等竞争优势明显。

（四）新食品

食品行业作为新消费下的主要赛道，面对更挑剔的新生代消费群体、更快迭代的食品研发理念、更趋数字化的营销生态，近两三年尤其在新冠疫情时期在全国范围内开启了新一轮消费升级及赛道细分，代餐轻食、咖啡茶饮、朋克养生、运动营养、植物基、低度酒、预制菜等细分赛道更新换代不断加速。食品产业是郑州传统优势产业，郑州是全国最大的速冻食品生产、研发、物流中心，方便面行业约占全国20%的市场份额，拥有三全、思念、白象等一批国内知名品牌，尤其近些年还孕育出蜜雪冰城、锅圈食汇、巴奴毛肚火锅等新锐品牌，未来围绕新消费趋势积极培育食品行业新品牌、新模式具有坚实的产业基础。

（五）新材料

材料兴则制造强，我国新材料发展正在由原材料、基础化工材料逐步过渡至新兴材料、半导体材料、新能源材料、节能材料。目前，郑州新材料产业体系日趋完善，产品已涵盖了超硬材料、先进金属材料、高性能复合材料、先进半导体材料、新型显示材料等领域，并形成了高端耐材和超硬材料两大优势。2022 年，全市耐材年产量占全国 30%，是全国最大的新型耐材基地；全市人造金刚石产量达 23. 9 亿克拉，立方氮化硼聚晶产量占全国总产量超过 80%，立方氮化硼单晶产量超过 70%，精密加工用超硬材料工具产量超过 30%。此外，在技术支撑上，郑州拥有国内唯一的国家级超硬材料产业基地，拥有超硬材料行业的国家级重点实验室、企业技术中心、工程技术中心、质量检验中心、生产力促进中心和全国标准化技术委员会等国家级平台，未来发展新材料产业，郑州基础雄厚。

（六）新生物

近年来，生物经济已成为引领战略性新兴产业和未来产业发展的重要力量，国家发布了生物经济发展规划，河南出台了《河南省促进生物经济发展实施方案》和《支持生物经济发展若干政策》，全省生物经济总体规模超过万亿体量。其中，郑州在生物医药领域具有一定基础，小容量注射剂年产能占据全国市场份额1/4，体外诊断系列产品总体规模居全国前列，形成了以太龙药业等为代表的现代中药集群，以明峰医疗、安图生物等为代表的医疗器械集群，以润弘制药、遂成药业等为代表的高端仿制药集群，以博睿医学、金域医学等为代表的现代医疗技术集群。

（七）新设计

"设计"贯穿产品的研发、生产、流通、体验、评估等全生命周期，加快设计产业发展有利于加速应用新材料、新技术、新工艺、新模式，因此对设计产业的持续推动成为区域发展共识。当前，郑州在文化创意上出圈、在工业设计上出新、在平台建设上出彩，下一步可以围绕郑州创建世界"设计之都"，依托河南博物院、二砂工业遗址、芝麻街、瑞光创意工程、油化厂创意园等载体，积极发展文化创意产业、工业设计产业、建筑设计产业。

六　推动郑州市以新赛道引领制造业高质量发展的对策建议

（一）升级产业功能定位

郑州在产业发展中的功能定位，不仅仅要着眼于郑州，还要成为带动全省制造业高质量发展的平台和引擎。郑州的定位应该是创新链的枢纽、产业链的高端、价值链的关键、供应链的平台、数据链的节点。一是创新链的枢纽，郑州依托高端创新平台融入国际国内创新网络，打造能够链接外部创新要素、集聚内部研发资源的枢纽，促进河南企业与外部创新要素的高效对接；二是产业链的高端，郑州聚焦优势产业链的高端环节，提升亩均效益和产业附加值，引导一般加工制造环节向周边转移；三是价值链的关键，郑州应聚焦研发、品牌等价值链关键环节，带动全省产业转型升级；四是供应链的平台，郑州聚焦优势领域打造产业供应链平台，提升优势产业链的协同效率，带动提升全省优势产业链整体竞争力；五是数据链的节点，郑州集聚产业、资源、公共服务等数据要素，链接数据分析平台，成为全省数据链的关键节点，推动数据价值化，赋能全省制造业高质量发展。

（二）打造新赛道名片

新赛道主要集中在创新性强、辨识度高、附加值高的产业，郑州应对综合优势和产业优势进行再整合、再聚焦、再提升，梳理一个新的产业架构，打造产业新名片，提高在省会城市中的产业辨识度。具体来看，应围绕新计算、新型车、新装备、新食品、新材料、新生物、新设计等七大战略方向，设立产业新赛道培育中心，出台产业新赛道培育行动计划，组建新赛道招商专班，编制新赛道图谱，以“七新”产业名片集聚创新要素和产业资源，加快新兴未来产业布局和传统产业提质升级。

（三）强化新赛道策源

近年来，伴随着郑州建设国家中心城市稳步推进，研发向郑州集聚、一般加工制造环节向外围转移的态势已经非常明显，“郑州研发+周边制造”的区域分工格局越来越清晰。因此，围绕强化新赛道创新策源，一是建议郑州出台关于推动“科创飞地”建设的意见，支持每个区建设一个“科创飞地园”，吸引市县企业在郑州集中设立研发中心，对接郑州科创资源，同时吸引省外科研机构在“科创飞地园”落地分支，形成打通河南省与省外创新要素的枢纽。二是依托轨道交通线打造创新创业创意带，用轨道交通线把郑州创新创意创业资源串起来，在地铁口附近打造一批2.5产业大楼，集聚科研机构、工业设计、科技服务、产业基金、双创空间等，引导部分地铁口由商业圈向创新圈、产业圈转型，培育形成内聚外联创新要素的关键节点。

（四）提升新赛道发展载体

一是构建“沿黄科创带+南部智造带”协同发展格局。郑州“十四五”规划中提出了“沿黄科创带”布局，建议在此基础上提出“南部智造带”包括经开区、航空港区、新郑市、新密市、巩义市等，加快制造业智能化改造，对接“沿黄科创带”科技成果产业化落地。二是打造“七新”产业创新生态圈，培育7个新赛道生态圈，每个生态圈突出打造若干个特色产业园，以“生态圈+特色园”格局重塑郑州产业地理。三是拓展立体垂直空间，顺应都市型产业发展趋势，推进“工业上楼”，培育发展楼宇经济，推广新型产业（MO）

标准地土地供给模式，为高附加值产业发展拓展空间，鼓励企业建设多层厂房、开发利用地下空间，实施“零地技改”，重点打造一批都市工业楼宇。

（五）链接域外高端要素

郑州这样国家中心城市层面的城市，就是要打造成平台型城市，以平台集聚创新创业资源以及数据流、信息流、资金流，形成能够链接外部资源、集聚内部资源的枢纽，为全省制造业创新提供平台支撑。一是搭建产业开放平台。持续提升世界传感器大会、国际生物药发展高峰论坛、中国（郑州）智慧产业发展峰会、机械润滑暨设备健康管理产业链国际论坛等产业开放平台品牌影响力，积极承接国内外产业峰会和论坛落地郑州。建议创建“世界制造业数字化转型大会”“中国新算力生态大会”，引导供需对接，搭建招商平台。二是搭建产业数据平台。按照“平台集中、服务下沉”的思路，依托新设立的郑州数据交易中心，引导全省数据共享资源池、数据交易中心等在郑州集中布局，探索建设产业数据价值化示范先行区，为全省产业数转智改赋能；加快建设国家级工业互联网平台应用创新推广中心，支持工业互联网平台和产业大脑落地郑州。

参考文献

叶东晖：《全球科技革命和产业变革下上海强化产业新赛道布局研究》，《科学发展》2023 年第 3 期。

赵西三：《加速抢占制造业新赛道》，《河南日报》2021 年 8 月 4 日。

赵西三：《打造“新赛道之城”，重塑郑州城市形象》，顶端新闻，2023 年 1 月 9 日。

刘晓萍：《选准路径全力打造“设计河南”》，《河南日报》2022 年 7 月 8 日。

B.27 聊城市推进绿色低碳高质量发展的探索与实践

于　婷*

摘　要： 推动黄河流域生态保护和高质量发展，要严格落实生态优先、绿色发展战略导向，在绿色低碳发展方面走在前。聊城市深入贯彻落实黄河流域生态保护和高质量发展国家战略，坚持以高质量发展为纲，加快发展方式绿色转型，深化新旧动能转换，形成了具有聊城市特色的绿色低碳高质量发展道路。本课题立足聊城市茌平区工业经济绿色低碳高质量发展，主动服务和融入黄河流域生态保护和高质量发展国家战略的生动实践，总结主要经验做法，从中探知新发展阶段以工业经济提质增效实现经济高质量发展的一般性规律。为沿黄各地区制造业转型升级和加快推进现代化发展提供经验借鉴和参考。

关键词： 绿色低碳转型　循环经济　聊城市

深入推动黄河流域生态保护和高质量发展，共同抓好大保护，协同推进大治理，坚定不移走生态优先、绿色发展的现代化道路事关中华民族伟大复兴和永续发展的千秋大计，也是黄河流域沿岸地区义不容辞的政治责任。2021 年 10 月，习近平总书记在深入推动黄河流域生态保护和高质量发展座谈会上强调，要坚定走绿色低碳发展道路，推动流域经济发展质量变革、效率变革、动力变革，在生态保护和高质量发展上迈出坚实步伐。为深入贯彻党的二十大精

* 于婷，管理学博士，山东社会科学院经济研究所助理研究员，主要研究方向为生态经济。

神，全面落实《国务院关于支持山东深化新旧动能转换推动绿色低碳高质量发展的意见》（国发〔2022〕18号），推动《山东省建设绿色低碳高质量发展先行区三年行动计划（2023—2025年）》重点任务攻坚突破，聊城市抢抓黄河流域生态保护和高质量发展重大国家战略机遇，推进绿色低碳高质量发展，大力推动全市新旧动能转换取得突破、塑成优势，为新时代社会主义现代化强省建设贡献力量。

一　聊城市茌平区积极践行绿色低碳高质量发展

党的十八大以来，聊城高度重视绿色低碳高质量发展，明确提出“深入实施制造业强市战略”。聊城市茌平区地处鲁西平原、济南省会城市群经济圈和山东省西部经济隆起带的叠加区，是潜力巨大的工业基地，发电装机容量、氧化铝、电解铝及其加工、聚氯乙烯及其加工、纺织、人造板等主导产品生产能力均位居全省或全国前列。聊城市茌平区统筹规划引领，助推传统产业转型升级，大力培育新兴产业，协同发展特色产业集群，加快推动茌平工业经济绿色低碳高质量发展。

（一）助推传统产业，加速新旧动能转换升级

茌平区注重推动有色金属、化工等传统产业高端化、智能化、绿色化转型。一方面，坚决关停淘汰过剩和落后产能。截至2021年底，先后关停19台、169.1万千瓦落后机组，53.05万吨电解铝产能，取缔8家“地条钢”企业，拆除145台30万蒸吨以下锅炉，为新动能发展创造了条件、腾出了空间。另一方面，坚决改造提升传统动能。茌平区立足传统产业发展根基，瞄准设备换芯、生产换线、机器换人，持续开展“百企百项技改”行动，将传统产业升级改造为优势产业。截至2021年底，茌平区共实施技改项目上千个，完成技改投资750亿元，铝及铝加工、汽车配件、纺织、人造板等重点行业基本完成一轮次改造升级，已经形成铝深加工、生物医药、木材加工等多个绿色循环产业链，促进了传统产业在产品设计、生产、物流、仓储等环节的高效协同发展。

产业是支撑经济高质量发展的核心和基础。茌平立足既有产业，着眼“强链、建链、延链”，持续向产业链终端和价值链高端延伸，实现产业全面

提档升级。瞄准山东省新旧动能转换“十强”产业，加速“改旧育新”步伐，形成以新一代信息技术、高端装备制造、新能源新材料和高端化工为主体的产业发展新格局。依托龙头企业信发集团，围绕延伸铝精深加工产业链条，引入上海友升特斯拉项目，研发的新材料配套特供特斯拉汽车，成功打破进口垄断，年可供应特斯拉门框梁等产品630万台套以上；引入上市企业南京云海金属集团，与信发集团强强联合，聚力打造国内最大的铝中间合金基地；实施骏程科技年产200万只锻造铝合金车轮项目，全部引进德国和日本自动化生产设备，生产工艺由铸造改为锻造，产品减重15%，强度增加10多倍，价格实现翻倍。同时，瞄准高端高质高效精商选资，实施8个高端化工项目，全部列入省级和市级重点项目，省级绿色化工园区加速发展。

（二）培育新兴产业，大力扶持新供给新动能

茌平区深入推进创新驱动发展战略，努力增强企业科技创新意识，增加科技研发投入，提升创新研发能力，实现经济由外延投入向内涵创新增长型逐步转变。截至2021年底，全区新增高新技术企业19家，数量增至原来的近5倍；新增省级制造业单项冠军企业1家、瞪羚企业3家、“专精特新”企业17家；新建市级以上创新平台32家，也实现了数量倍增。全区有研发活动的企业占比由原来的不足10%提升至2020年的73.8%，规模以上工业企业研发机构申报量和覆盖率均居全市第一位。数据管理能力成熟度进一步提升，新增两化融合贯标试点企业7家、DCMM贯标试点企业12家、省级数字经济重点项目3个、省级智能工厂2个；茌平区入选全省首批DCMM贯标试点县（市、区）。信源环保建材、智慧冷链物流等项目被工业和信息化部评选为优秀案例。

围绕绿色低碳高质量发展战略，茌平区积极推进重点项目建设质效并进，在“十强”产业、“四新”经济、重大民生等重点领域，狠抓项目储备和建设，上海友升、信发鸿蒙、英伦环保等一大批好项目大项目相继落地。2021年，全区谋划实施重点项目113个，总投资591亿元，其中被列入省重点12个、列入市重点20个，投资过10亿元的项目多达17个。

（三）培育特色产业集群，推进产业链协同创新

产业集群能够汇聚创新资源和实现专业化分工。茌平区注重培育区域特色

优势产业集群，推动各特色产业集群不断提高自主创新能力，提升产业链配套协作水平，加强基础设施和区域品牌建设，发挥龙头骨干企业带动作用，提升公共服务能力，加快特色产业集群高端化发展。

茌平区积极统筹谋划中国绿色智慧铝精深加工产业园和省级化工产业园“两大百亿产业园”建设，打造高端产业集聚服务中心，围绕做大优势产业、延展发展空间做文章，对入园项目在土地保障、能源供应、基础设施配套和财税扶持等方面予以最大支持。茌平区把园区作为经济发展的主引擎和主阵地，促进产业集聚发展、布局集中优化、资源高效配置，推动构建“三区引领、特色支撑、镇街补充”的制造业空间布局。目前，茌平高端产业集聚区已初步形成以电力、化工、金属深加工、汽车配件、建材为主导的产业格局。

（四）以政策规划为引领，推进传统产业技术改造

聊城市茌平区为积极贯彻落实山东省《关于推进工业企业“零增地”技术改造项目审批方式改革的通知》要求，积极争取《聊城市人民政府办公室关于支持数字经济发展的实施意见》《数字聊城建设三年行动计划（2020-2022年）》等一系列打造产业数字化示范工程项目的政策红利，有效激发企业进行自主创新的主动性，把技术改造投资情况作为工业企业“亩产效益”综合评价改革的一项加分项，引导企业推动“零增地”技术改造，推荐符合条件的企业申请技术改造综合奖补资金，积极打造一批示范工程项目，引导企业以科技创新赋能产业发展，抢占企业数字化转型升级新机遇，努力实现绿色智能转型。

同时，茌平区全面优化营商环境，为经济高质量发展提供强劲动力和活力支撑。在硬件上，茌平区充分发挥被列入京津冀协同发展区、中原经济区、省会城市群经济圈、山东西部经济隆起带等战略叠加优势，倾力打造中国信发绿色铝精深加工智慧产业园、省级绿色化工产业园和南部高铁新城三大平台载体，投资24亿元实施绿色化工产业园基础设施配套、郑济高铁茌平南站配套设施项目，其均被列入省级重点和地方债券资金项目。在软件上，推动政府性投资基金市县联动，参与设立聊城市新旧动能创投基金，助力科技型、创新性项目建设；搭建“亲清云港”企业服务平台，推进“网上办、掌上办”常态化，行政审批事项网上可办率达到96.8%；打造企业开办“4012”新模式，

即：零材料提交、零成本开办、零距离服务、零见面审批，一个环节办理，20分钟办结；创新工程建设领域规划许可证、施工许可证等“十事项七证齐发”服务，审批时限压减至原来的1/6。

二　聊城市茌平区信发集团绿色低碳转型之路

聊城市茌平区信发集团是一家集发电、供热、氧化铝、电解铝、碳素、化工、铝深加工、盐矿、煤矿、铝矿开发等产业于一体的现代化大型企业集团。党的十八大以来，信发集团深入贯彻习近平生态文明思想，牢固树立“绿水青山就是金山银山”理念，把发展绿色低碳循环经济作为破解资源环境约束的长远之计和根本之策，在全国同行业中率先实现了热电平衡、铝电双赢，彻底颠覆了铝电行业高能耗、高污染的传统发展模式，建立了生产集约化自动化水平高、废物减量化再利用程度高的循环经济链网，铸就了循环经济绿色发展的信发模式。本部分以聊城市茌平区龙头企业信发集团为分析案例，总结聊城市茌平区自觉融入黄河流域生态保护和高质量发展国家战略的主要做法。

（一）循环利用，积极探索经济发展新模式

信发集团按照“生态、创新、清洁、高效”的原则，将变废为宝、循环利用的理念贯穿到产业发展的每一个环节，积极探索循环经济发展新模式。信发集团长期坚持循环经济理念，不断强化铝产业链条内部循环。通过技术改造和产业链条延伸，形成了以铝矿石、岩盐、石子、煤炭等为上游原料，以氧化铝、电解铝、热电为中间产品，以铝产品深加工、新型碳素、石膏板、砌块、制砖、PVC及其深加工、液氨、赤泥综合利用、气电暖供应等为下游产品的产业链网和园区经济。具体来看，主要包括四大板块：一是以煤矿开发、发电、供热为主的热电板块；二是以铝土矿开发、氧化铝、碳素、电解铝及铝深加工为主的铝产业板块；三是以盐矿开发、液碱、石灰、电石、聚氯乙烯及精深加工为主的化工板块；四是以石膏、粉煤灰及深加工为主的建材板块。四大板块之间环环相扣，又相互关联，形成了“热电联产、铝电联营、铝粉结合、化工配套、集群发展、吃干榨净”的循环经济链网。上述链网相互衔接，融

汇成一个统一的循环网络，上一环节产生的废气、废水及固体废物，变成下一环节生产所需的能源、原料，努力实现生产全过程综合利用、循环发展，确保资源全部“吃干榨净”、闭环效用持续放大。目前，信发集团整个工业园区，已呈现厂房集约化、原料无害化、生产洁净化、废物资源化、能源低碳化、建材绿色化的现代园区循环经济特征，资源利用效率明显提高，经济效益、生态效益不断凸显。

一是加大固废研发力度。为破解工业固废资源化利用难题，信发集团投入上亿元开展专项研发，经过上百次试验，攻关了41项技术难题，获得18项专利，成功开发建设了粉煤灰渣制砖、制砌块和脱硫石膏生产石膏粉、石膏板等多个固废综合利用项目。其中，石膏板项目为目前世界单厂最大产能，蒸压加气混凝土砌块入选“国家级绿色设计产品”。集团内部产生的粉煤灰渣、脱硫石膏等全部实现变废为宝，年可减少固废存量1000万吨，创造经济效益100多亿元，实现了“出灰不见灰、出渣不见渣、固废变资源”的目标，被列为“国家大宗固体废弃物综合利用基地”。

二是延伸循环产业链条。以低消耗、低排放、高效率为特征，通过“建链、补链、强链”，不断完善循环产业链条，逐步形成四大循环产业链网，即：以煤矿开发、发电、供热为主的能源产业链网；以铝土矿开发、氧化铝、炭素、电解铝、铝深加工为主的铝产业链网；以盐矿开发、液碱、石灰、电石、聚氯乙烯及精深加工为主的化工产业链网；以电石渣脱硫，脱硫石膏生产石膏粉、石膏板，粉煤灰渣生产蒸压标砖、砌块等固废综合利用为主的生态环保产业链网。

三是构建循环经济体系。四大循环链网上下产业衔接，左右工序相连，环环相扣、闭路循环。上一家企业生产过程中产生的废气、废水、废渣及能量变废为宝，成为下一家企业生产所需的能源、原料，将各种废物吃干榨净，形成了独具特色的循环经济体系，实现资源、能源高效利用的最大化。以石灰石为例，其在生产过程中就被循环利用了6次：用石灰石生产石灰，石灰生产电石，电石生产聚氯乙烯，生产聚氯乙烯产生的废料电石渣可以替代石灰生产氧化铝，同时替代石灰用于电厂脱硫，脱硫产生的固废脱硫石膏用于生产石膏粉，石膏粉又可以广泛应用于生产纸面石膏板等优质建筑材料。经专家评估，信发集团通过发展循环经济，年可节约资金100多亿元。

（二）创新引领，不断提高资源利用效率

信发集团坚持全过程清洁生产，将创新举措贯穿始终，推广应用具有原创性、牵引性的技术创新、设备改造和工艺革新，变污染控制末端治理为全过程控制和源头治理。

一是污染防治源头化。治污要治本，治本先清源。信发集团将环保关口前移，从物料进厂环节入手，投资 14 亿元建设火车智能卸煤系统，采用全自动双翻翻车机卸煤。翻卸过程通过纳米级干雾抑尘、负压收尘，煤炭由地下 30 米深输煤皮带输送到燃煤系统或全封闭式储煤棚，全程无扬尘产生，被铁路总公司评为清洁卸车标杆企业。根据氧化铝粉、石子、石油焦、兰炭等物料自身特点创新设计了不同类型的全自动无尘装卸系统，既提高了工作效率，又杜绝了扬尘污染。其中，可容纳 5 辆罐车同时卸车的氧化铝粉自动卸料站，由信发集团自行设计，为全国首创。

二是物料管控封闭化。在储存和输送环节，信发集团投资 5 亿元对所有露天料场进行改造，全部建成高标准全封闭式储料棚。料棚内部设有雾炮，定时喷雾降尘，减少物料堆存扬尘。不同厂区之间以及各生产流程的粉状物料采用密闭管道输送，粒状及块状物料采用封闭管廊传送，杜绝物料输送扬尘。例如，化工厂产生的电石渣直接通过密闭管道输送至电厂、电解铝厂、碳素厂进行脱硫，产生的脱硫石膏再直接通过封闭皮带廊传送至建材厂生产石膏粉等。

三是排放达标超低化。达标排放是企业落实生态环境保护主体责任的基本义务和底线要求。信发集团在末端治理环节自我加压、提标减排，先后投资 100 多亿元升级改造燃煤电厂、氧化铝、电解铝、碳素等行业的脱硫、脱硝、除尘环保治理设施，在达标排放的基础上实现超低排放。改造过程不乏技术创新，例如电解铝厂烟气脱硫打破传统单塔设计，率先采用双塔设计，一用一备，在设备检修时可实现无缝切换，不耽误生产、不影响减排，信发集团也在全国率先完成电解铝脱硫改造。

（三）环保优先，绿色低碳高质量发展

信发集团坚持以新旧动能转换为统领，瞄准世界一流、紧盯发展前沿加强

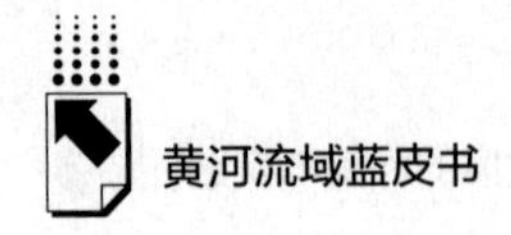

前瞻布局，持续推动装备提档升级、技术更新换代、能源调整替代，在绿色低碳、节能降耗等优势产业高质量发展上争取主动、赢得先机。

一是清洁能源发展规划。清洁能源作为能源革命的过渡阶段，能够满足企业对能源安全可靠稳定供应和节能减排的需求。信发集团积极探索发展高效清洁天然气利用项目和可再生能源发电项目，在山东总部已核准了150MW分布式光伏发电项目，该项目利用集团产业的屋面、设施顶面建设光伏发电，实现自发自用绿电消纳，年发电量达1.8亿度，可实现压减煤炭量12万吨，减少二氧化碳排放30万吨。目前已有30MW分布式光伏投运发电。同时，信发集团加强可再生能源企业之间的合作。信发集团已与知名央企签署合作协议，充分发挥双方的优势，在光伏、风电、氢能、海上风电、储能等领域全面合作，在省内外共同建设开发新能源项目，合作开发新能源产业。

二是“上大压小”促进产业升级。积极淘汰落后产能，2016年以来，主动关停13台30万千瓦以下的机组，总装机容量164.5万千瓦。投资300亿元建设600MW级高效超超临界机组，发电煤耗率仅为248g/（kw·h），是目前环保指标最好、最节能的发电机组，荣获亚洲电力大奖。“上大压小”年节约标准煤105.8万吨，相当于减排二氧化碳263.6万吨。同时调整运输结构。大力推进“公转铁”，建设9条铁路专用线，逐步实现煤炭、铝土矿等大宗物料由公路运输转为铁路运输，年减少重型柴油货车42万车次，减少一氧化碳、氮氧化物等汽车尾气排放2000余吨。

三是“节水减煤”降低资源消耗。在节水上，投资18亿元，在全省首创水冷机组改间冷机组新模式，建设两台全球最大的间冷塔，年可节水2012万立方米。在减煤上，把降低单位能耗作为攻坚重点，持续减燃煤、提效能、保蓝天，确保完成上级下达的煤炭消费减压目标任务。同时，通过“能源替代”推动绿色发展。聚焦“双碳”目标，将绿色低碳作为发展方向，积极调整能源结构，提前布局可再生能源和新能源。加强碳资产管理，2019年、2020年两年碳排放实现盈余总量1759万吨，圆满完成全国碳排放权交易市场第一个履约周期配额清缴任务。截至2021年1月，信发集团完成碳交易1140万吨，总交易额5.89亿元。投资6亿元，充分利用现有厂房屋顶，建设150MW分布式光伏发电项目，年可利用太阳能发电1.65亿千瓦时。

三　聊城市茌平区工业经济绿色低碳转型经验启示

要深入推动黄河流域生态保护和高质量发展，必须摒弃以往依靠传统要素驱动和依赖低成本竞争的增长模式，解决好黄河流域产能过剩、要素成本上升、资源环境压力增大的传统产业转型升级问题。聊城市茌平区立足发展实际，直面传统产业转型升级带来的阵痛，逐步探索了一条生态保护和高质量发展路径。信发集团循环经济绿色发展的过程表明，只有主动顺应循环经济时代发展潮流，科学处理产业发展与环境保护的互动关系，推动产业与生态互利共生，兼顾经济效益、生态效益和社会效益，才能更好地参与市场竞争，赢得生存和发展的权益。从中可以得到以下几点启示。

（一）坚持绿色发展理念，凝聚攻坚合力

党的十八大以来，我国生态环境保护进入关键期。如果不彻底扭转环境继续恶化的局面，不仅会影响到人民的生命健康，更会阻碍经济高质量发展。为此，习近平总书记提出了著名的“两山论”，科学指出了生态环境保护和经济发展二者之间的辩证关系。习近平总书记多次指出，“保护生态环境就是保护生产力，改善生态环境就是发展生产力”。因此，必须旗帜鲜明地反对只顾眼前、不顾长远、涸泽而渔的做法。紧紧抓住生态环境保护和经济发展的一致性，“像保护眼睛一样保护生态环境，像对待生命一样对待生态环境”，找准切入点，把握转换点，“绿水青山就是金山银山”。习近平总书记的“两山理论”不仅是习近平生态文明思想的核心注解，而且阐明了新时代发展的绿色财富观，指明了循环经济发展的新方向。

一是牢固树立“绿水青山就是金山银山”理念，构建全域常态化环境治理体制。茌平区立足于“改”，正视问题，着手于“建”，把舵智能绿色发展方向，着眼于“治”，突破产业链条资源约束，致力于“管”，以新科技支撑、以新产业激活，为传统产业转型升级既创造了良好外部环境，又注入了内生动力，开启了生态保护和高质量发展的新征程。推动传统产业转型，实现生态保护和高质量发展必须坚持党的全面领导，发挥党委统筹协作职能，凝聚县域发展合力，以科学顶层设计为先，以区域发展一盘棋为要，以优化服务环境为

本，在用足用好政策上下功夫，在抢抓国家战略机遇上下功夫，在提高服务质量上下功夫，以政策扶持带动传统产业转型，以发展机遇激发传统产业新活力，以保姆式服务引导传统产业转型升级，集聚各方面的力量探寻生态保护和高质量发展之路。

二是牢固树立“绿水青山就是金山银山”理念，发展循环经济。发展循环经济，首要强化循环经济意识。充分认识发展循环经济的重要性。信发集团的经验表明，发展循环经济，能够为传统产业转型升级提供新方向新路径。发展循环经济，能够提高资源利用效率，打通资源→产品→废物→产品之间的壁垒，延伸产业链，创造新产品，进而增加新价值；扩大设计—生产加工—营销每个环节的规模经济，提高集约化水平，降低成本，进而创造价值。从纵向看，发展循环经济，能够实现范围经济；从横向看，发展循环经济，能够实现规模经济。因此，通过发展循环经济能够改变产业的“传统”属性，催生产品的更新迭代能力，使企业始终处于创新的轨道上，永葆生机活力，进而推动传统产业转化为创新产业和优势产业。

（二）坚持改革创新，激发企业主体活力

促进传统产业转型升级，实现生态保护和高质量发展，必须坚持改革创新。对传统产业的转型、升级、改造要以体制机制改革为抓手，以科技创新、制度改革为支撑，以激发企业主体地位和发展活力为根本，坚持立足优势、挖掘潜力，蹄疾步稳地实现转型升级。因地制宜发展产业集群，做大做强优势产业，引导企业自觉贯彻落实生态优先、绿色发展理念，形成优势互补、资源共享、合作共赢的良性发展格局。

茌平区有铝电及深加工、纺织、生物制药、味精、密度板、木地板等六大传统支柱产业，特别是铝电及深加工、纺织、生物制药产业既有厚实的发展根基，也形成了相对成熟的市场。以六大传统支柱产业为依托，茌平区在传统产业的资源循环利用上、在转型高精端市场上、在顺应市场需求变化上做文章，发挥信发集团、金号集团、华鲁生物制药等龙头企业的引领带动作用，成功打造了多个特色产业集群，逐步形成全产业链融合发展新模式，为茌平区区域经济转型升级奠定了产业基础。

信发集团发展循环经济的经验之一，就是始终坚持以铝电为主导产业，主

要围绕热电、电解铝和氧化铝发展上下游产业，打造了热电、铝、化工和建材四大板块，形成了吃干榨净的产业链条和循环链网。信发集团发展循环经济，最初是通过省政府扶贫上马电解铝项目，解决发电过剩的问题。电的问题基本解决了，进而解决铝粉配套的问题。最后，随着节能减排压力增大，继续解决电的效率和再生问题以及水、汽、废弃物的循环利用问题。因此，需要在传统产业转型升级过程中，明确企业在本行业产业链的位置，分清主业和副业，构建企业循环经济发展的支点和链条。

（三）坚持科技支撑，挖掘资源潜力

习近平总书记多次对加快传统产业优化升级作出重要指示，提出要着力推动传统产业向中高端迈进，更多依靠产业化创新来培育和形成新增长点，这为传统产业“蝶变”指明了路径。以智能化、数字化为经济发展赋能，优化资源配置，推广互联网、大数据、人工智能云计算、智能终端等与实体经济深度融合，以智能化推进制造业产业模式和企业形态的创新，让数字经济和实体经济在同频共振中融合发展，促进传统产业提质增效。同时，传统产业的供给侧改革不是简单的去产能，而是要把着力点从需求侧上转到优质供给上，强化人才智力支撑，全方位引进行业领军人才，朝高附加值发展，往下游产业延伸，向全产业链发展要效益。

新旧动能转换行动实施以来，茌平区以创新科技产业园为载体，在扶持企业技术研发、推动电商产业基地发展、完善智慧社区建设等方面全方位推动高新技术产业、战略性新兴产业发展，逐步由跟随变引领，实现由代加工生产到打响“茌平制造”自主品牌的更迭，挺进制造产业中高端市场，形成产业园区集群优势，并在公共服务、智慧生活、高精端应用等多领域培育出茌平区发展的竞争新优势，为创造经济高质量发展的新辉煌注入持续原动力。

传统产业能够保持新兴的朝阳活力，主要依赖于持续的产业技术创新。产业发展规律表明，“没有夕阳产业，只有夕阳技术”。大力发展循环经济，必须依赖绿色循环技术创新。而实现技术创新，靠的不是窍门和捷径，而是绿色技术创新投入。2020 年，信发集团研发经费投入达到 15. 75 亿元，集团部分公司研发经费投入强度超过了国家平均水平。其中，山东信发化工有限公司 2020 年研发经费投入达到 0. 44 亿元，研发经费投入强度达到 4. 59%；茌平信发聚氯乙烯有限公司研发经费投入达到1.29亿元，研发经费投入强度达到3.31%。

加大创新投入，不仅体现在经费上，还包括平台建设和管理创新。加强创新平台建设，鼓励全员创新。信发集团于2003年设立国家级“博士后流动工作站”一处，工作站先后引进数名博士从事博士后工作，在电工圆铝杆、赤泥利用等方面开展研究。信发集团技术中心于2012年获得省级企业技术中心认定，通过技术中心创新平台建设，下属公司先后申请聊城市技术中心3家、工程技术研究中心2家、企业重点实验室1家。集团成立技术创新领导小组，出台创新奖励政策，鼓励全员创新。

（四）坚持规划引领，优化制度保障能力

茌平区是全国大型铝生产加工基地，电解铝和氧化铝产能居全国前列，2019年以前，产品主要停留在铝粉、铝锭等初级阶段，产业链低端、附加值不高的桎梏十分明显。结合自身铝产业发展实际，聘请全国有色金属加工工程技术龙头企业——中色科技股份有限公司（原洛阳有色金属研究院），精心编制《茌平区铝业高质量发展实施方案》，为全区铝产业发展指明了方向。同时，组织开展了“两院院士茌平行”、承办第十届中国能源科学家论坛等活动，邀请30多位“两院”院士、100多名国内外知名专家为茌平铝产业发展把脉问诊，并与宝武钢铁、坚美铝业、兴发铝业等知名央企强企和中国工程院、中国科学院、中国铝业协会、中国有色金属研究院等知名科研院校、商会协会建立密切联系，全面增强铝产业高质量发展后劲。

树立先进理念，制定实施最严格的管理制度。信发集团在参与制定国家标准的同时，主持或参与制定、修订了部分团体标准和行业标准。信发集团2018年主持制定了《火力发电厂废水资源化再利用》团体标准、《火力发电厂湿法脱硫废水零排放》团体标准，2021年参与制定《氧化铝焙烧烟气脱硝装置》《火电厂湿法烟气脱硫装置可靠性评价规程》《电解铝烟气脱硝装置》《砖和砌块行业绿色工厂评价要求》等行业标准。通过严格标准管理，信发集团清洁绿色生产迅速推进。同时，信发集团特别注重安全生产管理，信发集团旗下各公司根据不同的生产工序制定了《现场规范化管理细则》，明确优秀现场管理标准，建立以分数为量化指标的评比和经济处罚制度，充分保障了集团公司以标准化、规范化、系统化的方式推进清洁绿色安全生产。

参考文献

袁红英：《加快建设人与自然和谐共生的现代化》，《城市与环境研究》2022年第4期。

张宪昌、刘学侠：《习近平新时代高质量发展观的辩证思维》，《山东社会科学》2021年第9期。

刘洋、盘思桃、张寒旭、罗梦思：《加快建设粤港澳大湾区综合性国家科学中心》，《宏观经济管理》2023年第2期。

高杨：《聊城信发集团：推动企业实现高质量发展》，《中国经济导报》2020年11月11日。

刘京青：《信发集团：以“匠人”之心推动高质量发展》，《中国有色金属报》2019年6月27日。

刘京青：《中国有色金属行业的八个维度》，《中国有色金属报》2022年10月22日。

杨啸林：《绿色引领高质量发展》，《经济日报》2022年3月9日。

于成水、徐培苑：《山东聊城推动有色金属产业向高端化跃升》，《中国工业报》2021年9月24日。

周志霞：《新旧动能转换下高质量发展研究》，企业管理出版社，2020。

附　录　黄河流域生态保护和高质量发展大事记（2022年7月1日至2023年6月30日）

金东　韩鹏　秦艺文　程文茹*

2022年

7月

1日　黄河正式进入主汛期，黄河水利委员会召开防汛会商会，分析研判近期黄河流域降雨形势，进一步安排部署防汛和调水调沙工作。

6日　为深入贯彻习近平生态文明思想，完整、准确、全面贯彻新发展理念，推动新阶段水利高质量发展，水利部印发《母亲河复苏行动方案（2022—2025年）》，全面部署开展母亲河复苏行动。

7日　黄河水利委员会根据上游来水情况，决定调整小浪底水库下泄流量至每秒500立方米，标志着黄河2022年汛前调水调沙水库调度过程结束。此次调水调沙历时19天，三门峡水库、小浪底水库累计排沙量1.04亿吨。

9日　黄河下游“十四五”防洪工程开工建设，为黄河安澜、造福人民筑牢屏障。黄河下游“十四五”防洪工程是国务院部署实施的150项重大水利工程之一，也是国务院常务会议确定的年度重点推进的55项重大水利工程

* 金东，河南省社会科学院城市与生态文明研究所副研究员，主要研究方向为区域经济；韩鹏，河南省社会科学院城市与生态文明研究所助理研究员，主要研究方向为城市经济、区域经济；秦艺文，河南省社会科学院城市与生态文明研究所研究实习员，主要研究方向为区域经济；程文茹，河南省社会科学院城市与生态文明研究所研究实习员，主要研究方向为区域经济。

之一。

11日 第二十八届中国兰州投资贸易洽谈会圆满落幕。本届兰洽会共签约合同项目898个、总金额5311.13亿元，项目涉及新能源、新材料、装备制造、数据信息等，签约项目数量、金额比上届分别增长28.84%和35.86%。

15日 为深入贯彻习近平总书记对山东工作的重要指示要求，加强下游河道和滩区环境综合治理，提高河口三角洲生物多样性，山东省生态环境厅印发《黄河流域生态环境保护2022年“十大行动”工作方案》。

同日 文化和旅游部发布公告，通过推荐、综合评定、公示等程序，确定黄河壶口瀑布旅游区（山西省临汾市·陕西省延安市）等12家旅游景区为国家5A级旅游景区。黄河壶口瀑布是山西和陕西两省共同拥有的文化和旅游资源。按照文化和旅游部要求，晋陕两省的吉县和宜川县共同创建国家5A级旅游景区，两地统一协管机构、统一形象标识、统一门票价格、统一投诉处理、统一对外宣传，实现互利共赢。

23日 以“发展新能源助力碳达标”为主题的2022年黄河流域新能源创新发展大会在济南召开。这是国内首个以黄河流域新能源发展为题材的会议活动，来自能源领域的10多位知名专家学者，用世界眼光、国际标准、山东优势，针对风电、光伏、智慧能源、绿色低碳、氢能等行业热点话题，从不同维度进行探讨交流，共商黄河流域新能源发展大计。

27日 “2022黄河流域视听合作发展大会”在山东省东营市开幕，主题是“大河奔腾新时代广电视听向未来”。举办本次大会是广播电视和网络视听行业服务、融入黄河流域生态保护和高质量发展国家战略的重大创新性举措，对于促进黄河流域视听合作发展，共同弘扬黄河文化、讲好黄河故事具有重要意义。

8月

2日 第一次黄河流域省级河湖长联席会议以视频形式召开。会议全面贯彻习近平生态文明思想，深入落实习近平总书记关于黄河保护治理重要讲话指示批示精神，按照党中央、国务院决策部署，积极践行“节水优先、空间均衡、系统治理、两手发力”治水思路，建立完善联防联控联治机制，交流工作经验，研究部署重大事项，协调解决重大问题，统筹推进黄河流域河湖长制有关工作，深入推动黄河流域生态保护和高质量发展。

4日 青海省召开“六河三库”责任河湖长座谈会，传达学习长江流域、黄河流域省级河湖长联席会议精神，压实河湖长制责任，进一步推进重点河流水库管理保护。

5日 打好黄河流域深度节水控水攻坚战协商推进会在银川市召开。会议旨在深化节水工作交流，推动重点领域节水控水。

同日 生态环境部等12部门联合印发《黄河生态保护治理攻坚战行动方案》，以维护黄河生态安全为目标，以改善生态环境质量为核心，明确到2025年黄河流域森林覆盖率、水土保持率、退化天然林修复面积等目标要求。

11日 山东省文化和旅游厅、山东省黄河河务局在济南签订合作协议，联合推进黄河国家文化公园（山东段）建设。根据协议约定，双方将按照优势互补、合作共赢、共同发展的原则，合力推进黄河国家文化公园主体功能区建设、强化黄河文化遗产保护、打造特色主题展示格局、实施黄河国家文化公园风景道建设、深化黄河文化研究阐发、打响黄河国家文化公园品牌。

11~12日 黄河流域生态环境保护联合创新中心成立大会暨第一届黄河流域生态环境保护学术研讨会在山东青岛召开。该创新中心由青岛理工大学、河南科技大学、太原理工大学等黄河流经省区的9所高校和4家企事业单位共同发起，将联合相关高校、企业、科研机构、政府部门，围绕黄河流域生态恢复和环境污染治理开展深度合作，提高人才培养质量、激发科技创新活力、提供高质量社会服务。

18日 保护传承弘扬黄河文化座谈会在兰州市召开。座谈会由甘肃省委宣传部指导，兰州大学主办，甘肃省国家文化公园建设领导小组办公室、兰州大学黄河国家文化公园研究院承办，旨在深入挖掘黄河文化蕴含的时代价值，助力延续历史文脉、坚定文化自信。

22日 黄河流域自贸试验区联盟启动暨对外开放高质量发展大会在济南市开幕。本次大会以“自贸试验区赋能黄河流域高质量发展”为主题，旨在加强黄河流域九省区合作，进一步发挥自贸试验区制度创新优势，推动黄河流域开放型经济发展，构建优势互补、各具特色、共建共享的区域协同发展格局。

26日 山东省生态环境厅、青海省生态环境厅举行《推进黄河流域生态保护和高质量发展战略合作协议》视频签约仪式，共同签订双方推进黄河流域生态保护和高质量发展战略合作协议。根据协议，双方将在应对气候变化和绿色低碳发展、智慧生态黄河共建、生态环保领域重大活动交流、生态环保产业、生态环境执法监管、核与辐射安全管理、应对舆情等方面加强交流合作，共同推进建立长效合作机制

同日 水利部、国家发展和改革委员会、财政部联合印发了《关于推进用水权改革的指导意见》，对当前和今后一个时期的用水权改革工作作出总体安排和部署。

26~28日 中共中央政治局常委、全国人大常委会委员长栗战书在甘肃省就黄河保护法立法进行调研。他强调，要深入贯彻落实习近平生态文明思想，完整、准确、全面贯彻新发展理念，切实制定好黄河保护法，在法治轨道上推进黄河保护，让黄河成为造福人民的幸福河。

27日 山东省人民政府办公厅印发关于《支持黄河流域生态保护和高质量发展若干财政政策》的通知，提出要通过建立健全生态保护和补偿机制、污染防治投入机制、集约节约用水和重点水利工程投入机制、高质量发展支持机制、黄河文化投入机制、资金引导保障机制六大机制，着力推动黄河流域生态保护和高质量发展。

28日 由河南省社会科学院联合省法学会、黄河水利委员会共同主办的第三届"黄河流域生态保护和高质量发展法治保障论坛"，在河南省社会科学院成功举办。本次会议的主题是"黄河流域生态环境协同治理与绿色发展的法治保障"。来自省内外相关单位近百人参加论坛。

30日 山西省科技厅发布《山西省黄河流域生态保护和高质量发展科技专项规划》，提出将实施一批具有全局性、带动性的重点科研项目，建成一批科技成果转化基地，加快"数字黄河"建设，推进黄河全流域治理的信息化和智能化，充分发挥科技对生态保护和高质量发展的支撑作用。

9月

6日 财政部发布《中央财政关于推动黄河流域生态保护和高质量发展的财税支持方案》，提出要研究设立黄河流域生态保护和高质量发展基金，支持沿黄省区规范推广政府和社会资本合作（PPP），中国政企合作投资基金对符

合条件的PPP项目给予支持，鼓励各类企业、社会组织参与支持黄河流域生态保护和高质量发展，建立黄河流域生态保护和高质量发展多元化投入格局。

13日 由国家广播电视总局策划，水利部指导，北京广播电视台拍摄完成的大型纪录片《黄河安澜》在BRTV科教频道、北京卫视晚间黄金档播出，并于咪咕视频同步上线。该片真实记录了沿黄九省区共同抓好大保护、协同推进大治理的恢宏场景，是一部反映国家战略实施过程的精品力作。

18日 第三届大河文明旅游论坛世界旅游联盟·黄河对话暨首届黄河流域生态保护和高质量发展重要实验区峰会在临汾市乡宁县云丘山开幕。本次大会由世界旅游联盟、山西省文化和旅游厅、山西省生态环境厅、中共临汾市委、临汾市人民政府主办。

20日 国家发展和改革委员会举行新闻发布会，相关负责人介绍，经过3年的共同努力，黄河流域生态保护和高质量发展取得阶段性重要进展。“1+N+X”规划政策体系加快构建，推动战略实施的“四梁八柱”基本构建。流域水资源节约利用水平稳步提升，生态环境不断改善。黄河实现连续23年不断流，不仅彻底摆脱断流危机，还持续向黄河三角洲、乌梁素海、库布齐沙漠、白洋淀等重要生态区域补水。

23日 宁夏回族自治区水利厅、财政厅发布《宁夏回族自治区用水权收储交易管理办法》，旨在加快建立完善的用水权制度，规范用水权确权、收储、交易及监管行为。

29日 首届黄河流域生态保护和高质量发展产业工人创新交流大会在德州市齐河县开幕。本次大会由中华全国总工会指导，全总劳动和经济工作部、山东省总工会主办，黄河流域其他八省区总工会联合主办，旨在大力弘扬劳模精神、劳动精神、工匠精神，持续深化产业工人队伍建设改革，充分激发亿万产业工人创新创效创造热情，为推动黄河流域生态保护和高质量发展贡献智慧力量。

10月

8日 科技部印发《黄河流域生态保护和高质量发展科技创新实施方案》，统筹提出支撑实现黄河流域生态保护和高质量发展战略目标的科技创新行动与保障举措，为生态修复技术突破、黄河流域生态环境全面改善、生态系统健康稳定、流域水资源节约集约利用水平提升提供有力支撑。

10 日　水利部召开“加强河湖安全保护协作共同保障国家水安全”新闻发布会，与公安部共同发布《关于加强河湖安全保护工作的意见》，重点围绕水利部门和公安机关协作的职责定位、重点任务、协作机制、协作保障等，全面加强河湖安全保护合作，构建河湖保护新模式，协力保障国家水安全。

16~22 日　中国共产党第二十次全国代表大会在北京胜利召开。这是在全党全国各族人民迈上全面建设社会主义现代化国家新征程、向第二个百年奋斗目标进军的关键时刻召开的一次十分重要的大会。

27 日　亚洲开发银行执行董事会批准了黄河流域绿色农田建设和农业高质量发展项目。该项目总投资 3.56 亿欧元，其中亚洲开发银行提供 1.57 亿欧元（1.57 亿美元等值）主权贷款，政府和地方配套资金 1.99 亿欧元，旨在促进提升黄河流域的生态韧性，保障粮食安全，并改善绿色农业生产体系的可持续性。

30 日　十三届全国人大常委会第三十七次会议表决通过《中华人民共和国黄河保护法》，国家主席习近平签署第 123 号主席令予以公布，自 2023 年 4 月 1 日起施行。黄河保护法包括总则、规划与管控、生态保护与修复、水资源节约集约利用、水沙调控与防洪安全、污染防治、促进高质量发展、黄河文化保护传承弘扬、保障与监督、法律责任和附则 11 章，共 122 条。这是我国针对黄河流域生态环境保护，继长江保护法之后通过的第二部流域法律，是全面推进国家的“江河战略”法治化的又一重大实践，是我国“1+N+4”生态环保法律体系的重要组成部分，为黄河流域生态保护和高质量发展提供了坚实的法治保障。

11月

11 日　全国政协在京召开网络议政远程协商会，围绕“推进黄河国家文化公园建设”协商议政，全国政协主席汪洋主持会议并讲话，10 位政协委员和特邀代表在全国政协机关和山东省、宁夏回族自治区 3 个会场以及通过视频连线方式发言，100 多位委员在委员履职平台上发表意见。

16~17 日　国家发展和改革委员会地区振兴司会同亚洲开发银行东亚局以

视频方式召开生态保护补偿国际研讨会，黄河流域九省区代表交流了生态保护补偿制度建设进展和成效。

20日 《农业农村部关于加强水生生物资源养护的指导意见》印发，明确提出了黄河流域水生生物资源养护主要目标和重要举措。

29日 黄河流域生态保护和高质量发展省际合作联席会以视频会议形式召开，国家发展和改革委员会、生态环境部、水利部和沿黄八省区相关负责人参会。本次会议由宁夏回族自治区主办，主题是“保护黄河、绿色发展”。会议通过了《黄河流域生态保护和高质量发展省际合作联席会议合作共识》，各方将在加强生态环境保护、改善黄河流域生态环境、深化科技创新合作、提升科技创新支撑能力、促进区域重大战略融合发展、共同扩大开放合作等7个方面携手发力，共同抓好大保护、协同推进大治理，谱写黄河流域生态保护和高质量发展新篇章。

12月

12日 工业和信息化部、国家发展改革委、住房城乡建设部、水利部联合印发《关于深入推进黄河流域工业绿色发展的指导意见》，明确黄河流域工业绿色发展2025年主要目标，提出推动产业结构布局调整、推动水资源集约化利用、推动能源消费低碳化转型、推动传统制造业绿色化提升、推动产业数字化升级等5个方面具体任务和相关保障措施。

15日 以“科技助力黄河安澜，弘扬黄河文化的时代担当”为主题的黄河保护与文化发展论坛在河南省新乡市举办。

16日 “黄河文化保护与传承·全方位推动文化旅游高质量发展”新时期文化保护与传承国际研讨活动在山西省太原市举办。

27日 《生态环境部黄河流域生态环境监督管理局入河排污口设置审批范围划分方案》印发。

29日 全国节约用水办公室发布公告，水利部、国家发展和改革委员会、住房城乡建设部、工业和信息化部、自然资源部、生态环境部等六部委公布全国典型地区再生水利用配置试点城市名单，黄河流域青海、甘肃、宁夏、内蒙古、陕西、山西、河南和山东八省区16座城市入选，占全国试点城市总数的1/5。

2023年

1月

12日 工业和信息化部、国家发展和改革委员会等四部门联合印发《关于深入推进黄河流域工业绿色发展的指导意见》。意见提出，到2025年，黄河流域工业绿色发展水平明显提升，产业结构和布局更加合理，城镇人口密集区危险化学品生产企业搬迁改造全面完成，传统制造业能耗、水耗、碳排放强度显著下降，工业废水循环利用、固体废物综合利用、清洁生产水平和产业数字化水平进一步提高，绿色低碳技术装备广泛应用，绿色制造水平全面提升。

19日 推动黄河流域生态保护和高质量发展领导小组办公室召开全体会议。会议集中观看2022年黄河流域生态环境警示片，通报2021年警示片整改情况和2022年警示片问题移交情况，研究部署下一步整改工作。

31日 三江源国家公园管理局和生态环境部黄河流域生态环境监督管理局签署了《共同推进黄河源区生态环境保护合作意见》，共同谋划黄河流域与重点区域生态环境协同保护工作。

2月

1日 兰州市制定出台《兰州市黄河文化保护办法》，于2月1日起正式施行。

2日 2023年全河工作会议在河南郑州召开。会议强调，要坚持用党的二十大精神统一思想、统领全局、统揽工作，准确把握黄河保护治理事业发展方位、使命任务、历史机遇和风险挑战，围绕水利部提出的“六条实施路径”和提升“四种能力”要求，奋力谱写新阶段水利高质量发展的“黄河篇章”。

13日 青海省作为黄河源头省份组织召开首届黄河流域九省区应急救援协同联动会，进一步推动九省区应急救援力量体系建设工作，相互学习借鉴，加强研讨交流，共享信息资源，统筹应急力量，落实保障措施，共同完善组织体系，提高联合应对事故灾害的能力。

17日 全国人大常委会在北京市召开黄河保护法实施座谈会。全国人大常委会委员长栗战书出席座谈会并讲话。他强调，要深入学习贯彻习近平总书记关于黄河流域生态保护和高质量发展的重要指示精神，贯彻落实党中央重大决策部署，进一步统一认识，明确任务，落实责任，推动黄河保护法贯彻实施。

27日 水利部办公厅印发《2023年水利系统节约用水工作要点》。

3月

1日 山西省政府办公厅公布《“一泓清水入黄河”工程方案》，提出要加快实现“汾河水量丰起来、水质好起来、风光美起来”目标，全方位、一体化推进汾河流域生态保护与修复治理，确保“一泓清水入黄河”。

同日 由韩宇平等学者编写的《〈黄河保护法〉科普知识读物》一书由黄河水利出版社出版发行。

16日 黄河内蒙古河段全线开河，标志着2022~2023年度凌汛期结束，本年度凌汛期黄河凌情总体平稳，全河未发生凌汛灾害。

21~23日 水利部水利水电规划设计总院在兰州组织召开黄河甘肃段河道防洪治理工程可研报告复审会议。会议对工程水文、地质、施工、概算、环评、水保、征地与移民安置等技术方案进行了认真讨论，进一步明确了工程治理范围，确定了工程治理任务，优化了工程技术方案，为加快推进工程早日立项和开工建设奠定了坚实基础。

22日 东营市、兰州市、西安市、运城市、渭南市、郑州市等城市开展了“世界水日”“中国水周”主题宣传活动。

同日 郑州市正式启动“百名博士进百校”黄河保护法宣讲活动，博士宣讲员代表和青年志愿者代表积极表态，首场宣讲报告反响热烈、催人奋进。

22~24日 2023年联合国水大会在美国纽约联合国总部召开。黄河博物馆选送的摄影作品《黄河水车》和绘画作品《生命之源——水》在联合国总部水大会主题摄影及绘画展上展览。

24日 宣传贯彻黄河保护法暨黄河流域（片）水利工作座谈会在河南省郑州市召开。黄河水利委员会党组书记、主任祖雷鸣强调，要更加紧密团结在以习近平同志为核心的党中央周围，全面践行习近平法治思想，宣传贯彻好黄河保护法，扎实推进新阶段黄河流域水利高质量发展，为推进强国建设、民族复兴做出应有贡献。

28 日 最高人民法院贯彻实施黄河保护法暨沿黄九省区法院黄河流域司法保护工作推进会在吕梁市召开，并签署《司法服务黄河流域生态保护和高质量发展山西倡议》。

同日 黄河水利委员会组织发布了《2022 年黄河流域（片）部批生产建设项目水土保持公报》，向公众公开了68 个水利部审批水土保持方案的生产建设项目水土保持工作情况，依法公开水土保持监督检查信息，接受社会监督，督促生产建设单位全面履行水土流失防治责任，切实做好各项水土保持工作。

同日 农业农村部、公安部联合印发通知，决定自 2023 年 4 月 1 日至 7 月 31 日在沿黄九省区同步开展 2023 年黄河禁渔专项执法行动，进一步强化黄河禁渔执法监管，维护黄河禁渔秩序，切实保护黄河水生生物资源。

29 日 黄河保护法颁布后，黄河流域九省区首部新制定出台的配套地方性法规——《河南省黄河河道管理条例》，在河南省第十四届人民代表大会常务委员会第二次会议上获表决通过，于 2023 年 7 月 1 日起施行。

31 日 山西省财政厅于上海证券交易所首次发行黄河流域生态保护和高质量发展主题专项债券 3. 71 亿元，用于支持黄河流域生态环境治理、推进水资源节约集约利用等重点项目。

4月

1 日 《中华人民共和国黄河保护法》正式开始施行。

同日 为保障《中华人民共和国黄河保护法》有效实施，黄河水利委员会组织制定的《黄委〈中华人民共和国黄河保护法〉水行政处罚裁量权基准（试行）》《黄委〈中华人民共和国黄河保护法〉水行政处罚裁量权基准适用规则（试行）》正式开始施行。

同日 河南省郑州市铁路运输法院在该院黄河流域第一巡回审判法庭公开审理邵某某等五名被告人因在黄河河道非法采砂被指控犯非法采矿罪一案，当庭达成附带民事公益诉讼调解协议。该案系《中华人民共和国黄河保护法》开始施行后河南省首例适用该法对破坏黄河矿产资源犯罪予以惩处的案件。

同日 农业农村部在宁夏、甘肃、青海、陕西、山东等沿黄省区同步启动“中国渔政亮剑 2023”黄河禁渔专项执法行动，黄河全域进入禁渔期。

3 日 2023 世界研学旅游大会在洛阳开幕。与会人员聚焦黄河文化研学主题，就黄河文化与研学旅行如何深度融合展开探讨，并考察体验了洛邑古城、隋唐洛阳城、黄河小浪底等研学营地。

5 日 生态环境部发布关于宣传贯彻《中华人民共和国黄河保护法》的通知。

7 日 黄河下游“十四五”防洪工程主体工程开工建设。工程建设任务涉及山东、河南两省 14 个市 42 个县（区）的河道整治工程和堤防工程，总工期 36 个月。

7~8 日 中国工程院与黄河水利委员会在河南省郑州市组织召开了黄河流域生态保护和高质量发展国际工程科技战略高端论坛。25 位院士、9 位勘察设计大师及众多知名专家学者共同探讨黄河保护治理面临的新形势新问题，谋划推动黄河流域生态保护和高质量发展的重大举措。

9 日 2023 年青海·贵德第十七届黄河文化旅游季在青海省贵德县黄河岸边启幕。本届黄河文化旅游季以花为媒，整合资源，融入了更多民众喜闻乐见的元素，形成了沐春风、赏花海、游黄河、品美食的特色生态旅游线路。整个旅游季将持续一整年，通过美食展、非遗展、体育比赛等 55 项文体旅游活动，向游客展示贵德县丰富的文旅资源。

12 日 水利部、最高人民检察院联合启动黄河流域水资源保护专项行动，期限为 2023 年 4～12 月，聚焦黄河流域水资源短缺这个最大矛盾，对黄河流域违法取水问题进行集中整治，强化水资源刚性约束，规范流域水资源节约、保护、开发、利用秩序。

同日 首届服务保障黄河国家战略检察论坛在郑州举行。会上，最高人民检察院和水利部联合发布 11 件检察监督与水行政执法协同保护黄河水安全典型案例，聚焦河道堤防保护、水资源管理、滩区治理、水土保持等黄河水安全领域问题，依法严惩非法采砂等严重危害黄河流域防洪安全、供水安全、生态安全的违法行为，体现了共同抓好大保护、协同推进大治理的实践成效。

16 日 甘肃省白银市第五届黄河风情文化旅游节在西区人民广场正式启动。举办此次节会，旨在深入挖掘白银黄河文化旅游资源，发挥节庆赛事带动作用，打响“黄河之上·多彩白银”的文旅 IP，助力开拓文旅消费新场景。

18 日 由中国社会科学院、中国公共关系协会、山东省人民政府共同主办的黄河文化论坛在东营市开幕。本次论坛以“弘扬黄河文化讲好黄河故事”为主题，全国人大常委会原副委员长吉炳轩讲话并宣布论坛开幕，山东省委书记林武致辞。

20日 黄河水利委员会印发《贯彻落实〈关于加强新时代水土保持工作的意见〉工作方案》，明确新时代黄河流域全面加强水土保持工作的重点任务，细化落实措施，压实工作责任。

26日 黄河流域节水型高校建设现场交流会在陕西省西安市召开，交流黄河流域高校节水专项行动进展和经验，现场观摩节水型高校建设亮点，研讨黄河流域高校节水抽查工作，协同推进黄河流域高校节水走深走实。

28日 黄河防汛抗旱总指挥部在郑州召开2023年防汛抗旱工作视频会议，深入贯彻党的二十大精神，全面落实习近平总书记关于防汛救灾工作重要指示，按照全国防汛抗旱工作电视电话会议安排部署，分析研判黄河汛情旱情形势，对2023年黄河防汛抗旱工作进行动员部署。

5月

11日 黄河水利委员会召开黄河流域（片）水土保持规划编制工作领导小组第一次会议暨启动视频会，部署规划编制工作，黄河流域（片）水保规划编制工作正式启动。

16日 习近平总书记在运城市盐湖考察时强调，黄河流域生态保护和高质量发展，是党中央从中华民族和中华文明永续发展的高度作出的重大战略决策，黄河流域各省区都要坚持把保护黄河流域生态作为谋划发展、推动高质量发展的基准线，不利于黄河流域生态保护的事，坚决不能做。

同日 为深入学习贯彻党的二十大精神和习近平总书记关于黄河流域生态保护和高质量发展重要讲话精神，贯彻《中华人民共和国黄河保护法》，落实水利部、最高人民检察院《关于开展黄河流域水资源保护专项行动的通知》要求，水利部政策法规司联合水资源管理司，组织黄河水利委员会、黄河流域九省区及部直属有关单位以视频方式对专项行动有关工作部署推进。

17日 在听取陕西省委和省政府工作汇报时，习近平总书记强调，要把黄河流域生态保护作为陕西高质量发展的基准线，严格执行《中华人民共和国黄河保护法》和相关规划，推进水土流失、荒漠化综合治理，加强流域生态保护修复，深化农业面源污染、工业污染、城乡生活污染防治和矿区生态环境整治，守护好黄河母亲河。

18日 黄河流域国家级经开区投资促进大会在郑州国际会展中心开幕。此次大会由商务部投资促进事务局、河南省商务厅、郑州市人民政府主办，郑州经济技术开发区管理委员会承办，以“开放·转型·再出发”为主题，共设1场主活动、3场平行活动。沿黄九省区经开区代表、数百位企业家等500多位嘉宾与会，共同探寻新发展格局下经开区发展新模式，共同谱写黄河流域高质量发展新篇章。

19日 青海省人民检察院、省水利厅在素有“天下黄河贵德清”美誉的海南藏族自治州贵德县，举行“黄河青海流域水资源保护专项行动”启动仪式，助力黄河青海流域生态保护和高质量发展。这标志着2023年4月最高人民检察院、水利部部署的“黄河流域水资源保护专项行动”在青海省正式启动。

25日 由国家林业和草原局科学技术司指导，中国林业科学研究院黄河生态研究院主办，中国林科院经济林研究所承办的第三届黄河流域生态保护修复战略研讨会在河南省郑州市召开。会议邀请国内关注和研究黄河流域生态问题的专家，围绕黄河流域山水林田湖草沙一体化保护和系统治理进行解读和分享。

同日 由中国物流与采购联合会、山东省发展和改革委员会、山东省交通运输厅、山东省商务厅、济南市人民政府、山东省港口集团主办的2023济南·服务黄河流域高质量发展研讨会在济南召开。此次会议旨在围绕深入学习贯彻习近平新时代中国特色社会主义思想，聚焦服务黄河重大国家战略，推动沿黄流域各省区共商共建大交通、大枢纽、大平台，全面强化陆海统筹、双向通达，加快构建现代物流业新发展格局。

30日 《山东省黄河三角洲生态保护条例》经山东省第十四届人民代表大会常务委员会第三次会议审议通过。条例共8章52条，对生态保护规划、水资源保护与利用、生物多样性保护、生态修复与污染防治、保障措施等作了规定。条例的出台，对于加强黄河三角洲生态保护、保障生态安全、推进水资源节约集约利用、促进人与自然和谐共生、推动高质量发展，具有重要意义。

6月

2日 宁夏回族自治区党委和政府召开黄河流域生态保护和高质量发展先行区建设推进会，结合主题教育开展，深入学习贯彻习近平总书记关于加强黄河流域生态保护和高质量发展的重要论述、视察宁夏重要讲话指示批示精神，对先行区建设再深化、再部署、再推进。

5日 为切实做好2023年黄河流域水旱灾害防御工作，按照水利部统一部署，黄河水利委员会组织开展2023年黄河防洪调度演练。演练以中游水库群联合拦洪运用和东平湖滞洪区分洪运用为重点，分版块开展了洪水预报调度、险情应急处置、应急保障等业务综合演练。

同日 在绿色低碳高质量发展先行区建设山东论坛上，沿黄九省区生态环境部门负责人共同发布《2023黄河流域生态保护和高质量发展济南宣言》。根据宣言，沿黄九省区将着力强化全流域生态环境分区管控协同联动，加快推动产业、能源、交通运输结构调整，创新推动重点行业转型升级，坚定不移走绿色低碳高质量发展之路。

8日 山西省举行“一泓清水入黄河”誓师大会及全省“一泓清水入黄河”工程开工仪式。会议提出，为了推动实现“一泓清水入黄河”，2023~2025年山西省将实施十大工程280个项目，确保到2025年黄河流域国考断面稳定达到三类及以上水质。

14日 首届黄河流域高校图书馆论坛在山东省济南市开幕。沿黄九省区高校图书馆联盟在论坛上成立，联盟将聚焦文化赋能，挖掘整理黄河文献资源，推动黄河文化研究创新成果的应用和推广，为服务黄河流域生态保护和高质量发展贡献力量。

16日 黄河水利水电开发集团有限公司与中国保护黄河基金会在郑州市签署战略合作协议。根据协议，双方将在加强黄河流域生态保护、维护黄河健康生命、改善黄河流域民生环境、推进数字孪生黄河建设、促进黄河流域高质量发展、促进黄河流域防灾减灾救灾等方面，开展全方位、深层次、多元化合作。

20日 水利部在洛阳市小浪底水利枢纽召开数字孪生水利建设现场会，检视数字孪生水利建设阶段进展，部署下一步重点任务。

21 日 2023 年度黄河汛前调水调沙正式启动。本次调水调沙历时 20 天，在确保后期抗旱用水安全的条件下，利用水库调节库容，实现水库排沙减淤，优化水库淤积形态，维持黄河下游中水河槽稳定。

25 日 曲阜师范大学隆重举行黄河生态保护学术研讨会，邀请 9 位中国科学院院士和中国工程院院士相聚在孔子家乡的大学，交流研究成果，凝聚智慧力量，为黄河流域生态保护和高质量发展献智献策。

28 日 最高人民法院发布关于贯彻实施《中华人民共和国黄河保护法》的意见，意见结合 2023 年司法服务黄河流域生态保护和高质量发展的重点工作安排，将推进环境资源审判专门化、审判机构运行实质化、审判能力水平现代化、环境司法功能多元化、流域司法协作常效化等五个方面，作为全面加强黄河流域司法保护工作的着力点。

30 日 由中国环境科学学会、甘肃省生态环境厅指导，甘肃省科学技术协会、甘肃省环境科学学会联合主办，兰州大学承办的黄河流域生态保护和高质量发展论坛暨甘肃省环境科学学会学术年会在兰州大学成功举办。本次论坛旨在搭建生态环境领域学术交流平台，汇聚全国生态环境科技工作者的智慧和力量，为更好地推动黄河流域生态保护和高质量发展提供科技支撑。

皮书

智库成果出版与传播平台

皮书定义

皮书是对中国与世界发展状况和热点问题进行年度监测，以专业的角度、专家的视野和实证研究方法，针对某一领域或区域现状与发展态势展开分析和预测，具备前沿性、原创性、实证性、连续性、时效性等特点的公开出版物，由一系列权威研究报告组成。

皮书作者

皮书系列报告作者以国内外一流研究机构、知名高校等重点智库的研究人员为主，多为相关领域一流专家学者，他们的观点代表了当下学界对中国与世界的现实和未来最高水平的解读与分析。截至 2022 年底，皮书研创机构逾千家，报告作者累计超过 10 万人。

皮书荣誉

皮书作为中国社会科学院基础理论研究与应用对策研究融合发展的代表性成果，不仅是哲学社会科学工作者服务中国特色社会主义现代化建设的重要成果，更是助力中国特色新型智库建设、构建中国特色哲学社会科学“三大体系”的重要平台。皮书系列先后被列入“十二五”“十三五”“十四五”时期国家重点出版物出版专项规划项目；2013~2023 年，重点皮书列入中国社会科学院国家哲学社会科学创新工程项目。

法律声明

权威·前沿·原创

皮书系列为

“十二五”“十三五”“十四五”时期国家重点出版物出版专项规划项目